토목구조기술사 합격 바이블 제3판

터널·지하차도·공항·항만· 가시설·방재 및 관계 법령

이 책은 기본서 위주의 이론과 최신의 KDS 설계기준과 편람, 학회지 등의 주요 내용을 정리하고 있으며,
기존의 기출 문제를 분석하여 최대한 이론을 바탕으로 작성하였다.

토목구조기술사 합격 바이블 제3판 7권

터널·지하차도·공항·항만·가시설·방재 및 관계 법령

안시준, 최성진 저

에이퍼브

인류의 수명이 지금처럼 길어진 10대 요인 중 가장 중요한 요인이 의학의 발전과 더불어 사회 기반시설의 발전이라고 합니다. 상하수도가 놓이면서 오염으로 인한 전염병 등 질병의 전파가 늦어지고, 험한 지형에 교량과 터널을 이용한 도로가 만들어지면서 사람의 이동이 수월해졌습니다. 인류는 모르는 사이에 인류복지를 실현하는 중요한 역할을 토목기술자가 최일선에서 수행하고 있다는 사실을 잊고 있었는지도 모릅니다.

기술은 빠르게 변하고 있습니다. 그 변화의 중심에는 바로 AI(Artificial Intelligence)가 있습니다. 과거에 인간이 만든 모든 피조물은 인간의 명령에 따라 움직였는데 이 AI는 스스로 생각하고 판단한다고 합니다(유발 하라리). 어떻게 하면 구조기술자가 이 변화하는 흐름 속에서 주도적인 역할을 할까? 업종의 경계가 없어지고 업종 간 융복합되고, 심지어 기획–설계(디자인)–홍보–판매–피드백 순의 시간적 흐름도 순서가 없어지는 시대의 한복판에 서 있습니다. 빅데이터, 사물인터넷(Iot), 인공지능, 공간정보 등을 이용하여 기존의 요소기술을 조합한 새로운 업역을 창출해서 우리 구조기술자가 그것들의 플랫폼 역할을 해야 합니다. 부화뇌동할 필요는 없지만 시작은 하여야 하는 시점입니다.

토목구조기술사는 수치적인 감이 있어야 하고 과목도 다양해서 시험 준비가 만만치 않습니다. 과거와 달리 지금은 학원이 있기는 하나 학원에 다닌다고 공부를 잘하는 것이 아니라는 사실은 잘 알고 계실 것입니다. 최소 하루에 4시간 집중해서 6개월은 하셔야 시험을 볼 수 있습니다. 기술사를 취득한다고 해서 많은 것이 달라지지는 않지만, 자기만족이라는 성취감과 자신감이라는 귀한 선물을 얻어 세상을 사는 데 힘이 될 것입니다.

기술사가 되시면 헬기를 타고 아래를 내려보듯 과업 전체를 보시기 바랍니다. 그리고 복잡하다고 생각되시면 목적물의 기능성, 안전성, 미관, 경제성을 차례로 생각하십시오.

개정판을 준비하면서 안시준 님께서 바쁜 가운데에도 장시간에 걸쳐 자료를 수집하고, 바뀐 기준을 정리하는 등 힘든 과정을 거쳐 애써 주신 덕분에 좋은 책이 세상에 나오게 되었습니다. 이 책이 많은 분에게 도움이 되리라 확신합니다.

기술사가 되는 날까지
Never, Never, Never, Give up

2025년 12월
최 성 진 올림

개정판을 준비하면서

'토목구조기술사'라는 길을 함께 걸어가고자 하는 분들에게 조금이나마 도움이 되고자 하는 마음으로 『토목구조기술사 합격 바이블』을 처음 세상에 선보인 지 벌써 10년이 흘렀습니다.

이 책을 처음 집필하게 된 계기는 방대한 기술사 시험 범위와 자료를 체계적으로 정리한 책이 필요하다는 생각에서 시작되었습니다. 저 또한 수험생 시절, 정리되지 않은 자료 속에서 어려움을 겪으며 '누군가 이 내용을 일목요연하게 정리해 두었더라면 얼마나 좋았을까'라는 생각을 늘 해왔습니다.

이번 3판을 준비하면서 과목별로 정리하다 보니, 과거와 현재의 설계기준이 혼재되어 출제되고 있어 수험생들에게 많은 혼란을 주고 있다는 생각이 들었습니다. 그나마 다행스러운 것은 과거 설계기준 변경에 따른 혼선과 허용응력설계법, 강도설계법, 한계상태설계법의 혼용 문제들이 KDS 기준 체계로 정비되면서 체계적이고 명확하게 정리되어 가고 있다는 점입니다.

이론에서부터 실무에 이르기까지, 전문 기술사를 준비하는 수험생들에게 요구되는 지식과 역량은 더욱 폭넓어지고 있습니다. 단순한 공학적 문제뿐만 아니라, 관계 법령과 기술기준, 신기술, 그리고 제도 변화까지도 폭넓은 이해를 필요로 합니다. 실제 최근 기출문제를 분석해 보면, 구조역학 19%, 철근 콘크리트 17%, 프리스트레스트 9%, 강구조 13%, 교량공학 27%, 동역학 및 내진 6%, 가시설 및 지하시설물 등 3%로 구성되어 있으며, 건설기술진흥법, 중대재해처벌법, BIM, CM, 건설사업관리 등 다양한 관계 법령·제도와 관련된 문제도 약 6% 정도 출제되고 있습니다. 특히, 계산문제의 비중은 1교시에서 점차 낮아지고 있으며, 2~4교시 선택 문제로 이동하는 경향을 보이고 있습니다. 또한, KDS 기준의 개정과 새로운 제도 도입에 관련된 문제들도 꾸준히 출제되고 있어, 수험생 여러분께서는 과목별 학습 비중을 잘 조절하여 대비하시기 바랍니다.

기술사라는 길은 언제나 그렇듯 많은 시간과 노력이 필요한 과정입니다. 바쁜 일상과 어려운 환경 속에서도 꿈을 향해 도전하는 모든 수험생께 진심 어린 응원과 찬사를 보냅니다. 지금 흘리고 있는 땀과 노력이 반드시 값진 결실로 돌아오리라 믿습니다. 처음 품었던 목표와 꿈을 끝까지 잊지 마시고, 포기하지 마시기를 바랍니다.

최근의 설계기준에 대한 이론과 출제경향을 반영해 개정한 본 수험서가 부족하나마 수험생 여러분에게 도움이 되기를 바랍니다.

마지막으로, 언제나 저를 인도해주시는 하나님께 감사드리며, 사랑하는 가족의 변함없는 응원에도 이 자리를 빌려 깊은 감사의 마음을 전합니다.

2025년 12월
안 시 준 올림

차 례

Chapter 01　터널 구조물

01 터널설계 일반 • 2
02 콘크리트 라이닝 • 9
REFERENCE • 37

Chapter 02　지하차도 구조물

01 지하도로 등 지중구조물 설계 일반 • 40
02 지하차도 등 지하구조물의 설계 • 46
REFERENCE • 128

Chapter 03　공항·항만 구조물

01 공항시설물 • 130
02 항만 구조물 • 144
REFERENCE • 161

Chapter 04　가시설 설계

01 지하구조물 굴착공법과 가시설 설계기준 • 164
02 가설 구조물의 설계기준 • 167
03 흙막이 구조물의 설계 • 178
04 가설용 거푸집, 동바리 설계 • 213
REFERENCE • 242

Chapter 05 방재 설계

01 위험의 분석과 관리 • 244

02 방재 설계 • 247

REFERENCE • 266

Chapter 06 건설 관계 법령

01 관계법령 • 268

02 설계 VE와 LCC • 305

03 스마트 건설기술과 BIM • 333

REFERENCE • 354

터널 구조물

터널 구조물

01 터널설계 일반

1. 터널 구조물의 계획

지하에 설치하는 터널이나 구조물 계획 시에는 건설 중 안전성과 시공성뿐만 아니라 공사가 지상 및 지하에 미치는 영향을 고려하고 인접 구조물과의 안전성을 확보할 수 있도록 하여야 한다. 터널 단면은 터널의 목적 및 기능에 따라 소요되는 시설한계와 선형조건에 따른 확폭량, 환기방식, 방·배수형식, 터널 내 제반설비의 시설공간 및 유지관리에 필요한 여유폭 등을 고려해 결정한다.

1) 터널 단면의 형상

터널의 단면은 응력·변형 등에 대하여 구조적 안정성 및 굴착량 등을 고려하여 선택해야 하는데 최근의 도로 터널에서는 대부분이 난형을 채택하고 있다.

구분	난형	원형	마제형
형상			
장점	(1) 구조적으로 안정 (2) 양수압에 안정 (3) 원형보다 굴착량 적어 경제적	(1) 구조적으로 가장 안정 (2) 양수압에 안정	(1) 굴착 시공성 양호 (2) 여굴량이 적어 경제적
단점	(1) 마제형보다 굴착량이 크므로 다소 비경제적	(1) 굴착 시공 공법에 따라 난이 (2) 굴착 면적이 크므로 비경제적	(1) 구조적으로 불안정 (2) 양수압에 불안정

2) 병렬터널의 계획

터널을 2개 이상 병렬 또는 인접하여 계획하는 경우에는 터널 단면의 크기, 굴착 대상 지반의 공학적 특성, 발파진동 영향, 터널 전·후 구간의 용지보상 규모, 지장물 및 민원 물건 등을 감안하여 터널굴착공사로 인한 주변 지반 거동 및 발파 진동이 인접 터널에 나쁜 영향을 미치지 않도록 상호 충분히 이격시켜야 한다. 다만, 주변 지장물, 용지 조건의 제약 또는 경제성 등의 이유로 터널 간 이격거리를 줄여야 할 경우에는 안정성을 확보할 수 있도록 굴착방법, 굴착공법 및 보강공법 등 적절한 대책을 수립해야 한다.

① 병렬터널 중심간격 : 터널 중심간 간격 2D~3D, 최대 1.5D
  (1) 터널공사 표준시방서(94년, 국토부) : 원지반이 완전 탄성체 2D, 연약지반 5D, 일반 2~3D
  (2) 도로설계요령(00년, 도로공사) : 터널 순간격 굴착폭의 1.5배
② 2-Arch 터널 : 누수 결빙 대책 수립
③ 대면 통행 대단면 터널은 방재기준을 고려해 가급적 500m 미만에 적용

2. 터널 갱구부

KDS 27 10 15(터널설계기준)에서는 갱구부는 일반적으로 갱문구조물 배면으로부터 터널길이 방향으로 터널직경의 1~2배 범위 또는 터널 천장부로부터 토피고 3~5m에서 터널직경 1.5배의 토피고가 확보되는 범위까지로 정의한다.

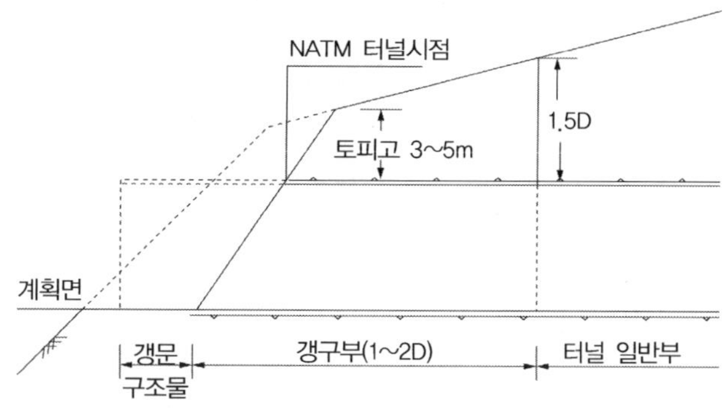

갱구부 계획 시에는 안정성 확보와 환경훼손 최소화를 위해 다음의 사항을 검토하여야 한다.
① 갱구의 위치 및 설치방법
② 갱구부의 범위
③ 갱구부의 굴착공법, 지보구조, 보조공법과 콘크리트라이닝 구조
④ 갱구비탈면의 안정검토와 필요한 사면 안정공법
⑤ 갱구비탈면의 지표수 및 지하수 배수 대책
⑥ 기상재해의 가능성과 필요한 대책공법
⑦ 지표 침하 등 갱구 주변의 구조물에 미치는 영향

1) 갱문의 형식

갱문은 갱구를 보호하고 변위·침하 등이 생기지 않도록 하며, 공기압 감소 효과, 소음 방지, 전열을 이용한 눈녹임 장치, 미관 등을 고려해야 하며, 갱문부는 휨모멘트와 인장력이 작용하기 때문에 갱문 및 터널 라이닝 설계 시 필요에 따라 철근 등으로 보강해야 한다.

① 갱문 지형 유형

구분	지형	특징
경사면 직교형		· 갱문 형성 시 좌우 대칭 · 절토 최소화, 비탈면 경사와 지형 윤곽선을 고려한 갱문 형태 설정 유리 · 주행 시 시야 확보 유리
골짜기 진입형		· 급경사 많고 지하수위 높음 · 토사붕괴 등 자연재해 발생하기 쉬운 유형 · 골짜기 형성하는 경사면 경사도에 따라 갱문 형태 다양
경사면 경사 교차형		· 비대칭적인 절취 비탈면 발생 · 절취가 많고 비탈면 경사와 윤곽선 고려한 갱문 설정 불리 · 옹벽 등 인공구조물 필요
경사면 평행형		· 비대칭적 절취면 발생 · 편토압 검토 필요 · 비틀린 경사와 지형 윤곽선 고려한 갱문 설정 불리 · 옹벽, BOX 형태의 피암터널 다수

② 국내 적용 갱문 종류별 특징

구분	장점	단점	적용지형
중력 옹벽형	· 터널 갱구부 시공이 용이 · 터널 상부 되메우기 불필요 · 터널 상부 유하하는 지표수 배수 처리 용이	· 운전자에게 위압감을 줌 · 인위적 구조물로 주변 경관과 부조화 · 정면벽의 휘도 저하 고려 필요	· 갱구부 지형이 횡단상 편측으로 경사진 경우 · 배면 배수처리 용이한 지형 · 갱문이 암층에 위치한 경우 · 갱구부 지형이 종단상 급경사인 경우
원통 절개형	· 도로와 자연스런 접속으로 운전자 안전감 · 주변 지형과 조화로 미관 수려	· 갱구부 개착 터널 길이 김 · 갱구부 터널 상부 인위적 쌓기 필요 · 터널상부 지표수 배수처리 필요	· 지형이 편측 경사가 없고 갱문 전면 깎기가 적어 개착 터널 설치 후 자연스럽게 조화를 이룰 수 있는 지형

3. 개착 터널부

개착터널은 갱구부 및 터널 중간 계곡부 개착 부분이나 터널과 터널 사이의 연장이 짧아 터널로 연장시키기 위하여 지반을 굴착하고 구조물을 설치한 후 복개시키는 모든 터널을 뜻한다. 개착터널은 터널 본체와 동일한 내공단면인 터널을 연속해서 설치해야 하며, 완성 후의 쌓기에 대한 상재하중·토압 등의 하중을 고려하여 단면력, 지반의 지지력을 계산해야 한다. 또한, 아치 칼버트 구조의 일부가 지상에 노출 시에는 온도변화, 건조수축, 지진의 영향 등을 받기 쉽기 때문에 필요에 따라 이를 고려하여 설계해야 한다.

1) 개착터널의 종류

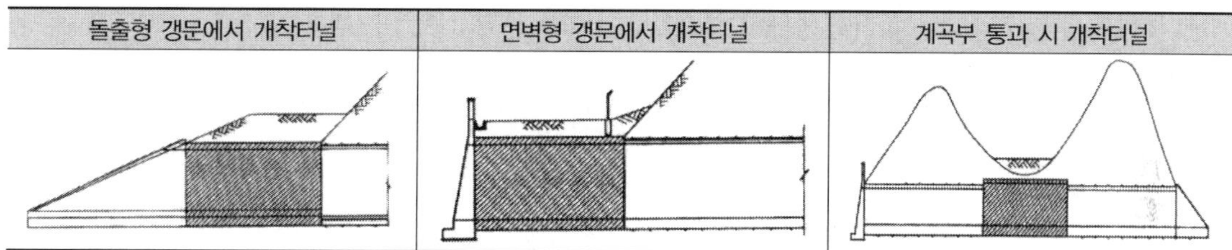

2) 개착터널 종류별 설계 검토

① 돌출형 갱문에서 개착터널 : 터널 본체와 동일한 내공단면의 아치칼버트가 터널 갱구부에 연속해서 만들어지며, 완성 후에 쌓기에 의한 상재하중·토압·기타 하중(적설하중 등)이 재하되며, 아치칼버트 구조의 일부가 되메우기 흙에서 노출되었을 때는 온도변화, 건조수축, 지진의 영향 등을 받기 쉬우므로 이를 고려해서 단면력, 지반의 지지력 등을 계산해 검토한다.

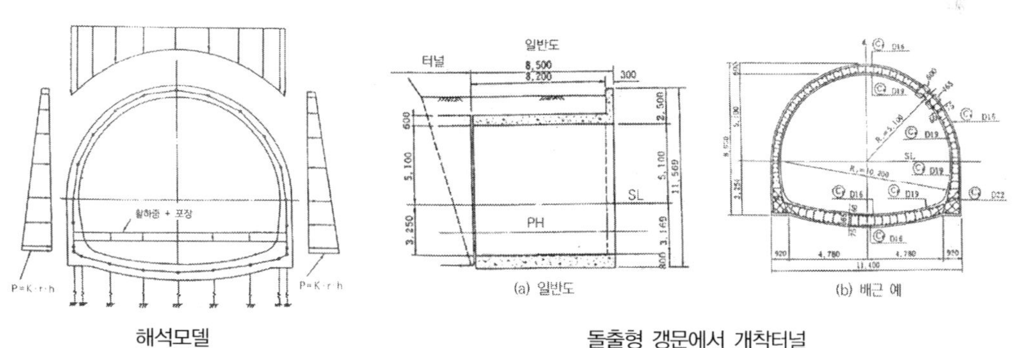

해석모델

돌출형 갱문에서 개착터널

    (1) 인버트의 모양은 터널 안의 중앙배수공사의 연속성에서 터널단면과 동일한 곡률을 갖는 형상으로 하는 것을 원칙으로 하나, 지지 지반이 연약하고 기초말뚝이 필요한 경우에는 수평 인버트로 하는 것이 유리할 때도 있으므로 주의해야 한다.

    (2) 일반적으로 인버트 밑면이 탄성영역 내의 지반에 위치할 때는 인버트 하부의 원지반의 응

력이 곡률에 스무스(smooth)하게 흐르기 때문에 터널 구조로서 유리하다.
  (3) 해석모델은 원칙적으로 개착터널과 주변 지반의 실제 거동을 고려하기 위하여 모든 인장
      스프링 요소는 반복되는 계산과정에 따라 제거하여 압축 스프링 요소만으로 해석하는 탄
      성스프링을 고려한 변형법에 따라 계산한다.
  (4) 돌출형 개착터널에서의 철근배근 시, 암반이 노출되어 하부지반이 견고한 경우에는 인버트
      부의 보강을 생략할 수 있다.

② 면벽형 갱문에서 개착터널 : 면벽형 갱문에서의 개착터널은 구조상 터널 본체에서 독립하여
   외력에 저항하는 형식으로 입체적 형상을 하고 있다.
   (1) 갱문 뒷면의 되메우기 흙에 대한 재하중과 주동토압이 작용했을 때 구조적 안정 검토
   (2) 수직벽도 외력에 대하여 충분히 저항할 수 있는 단면으로 설계

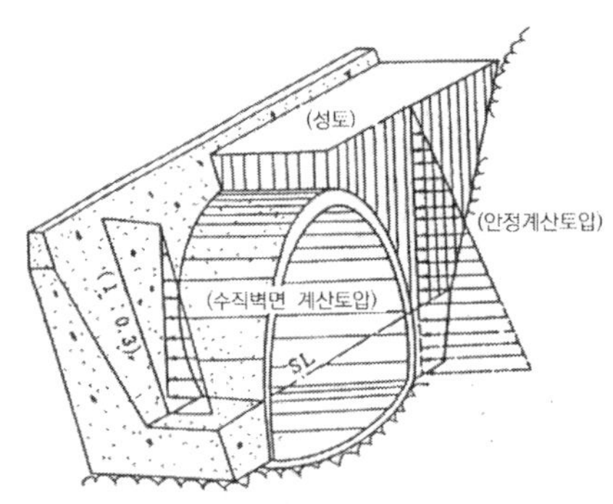

③ 계곡부 통과 시 개착터널 : 계곡부 통과 시 터널의 상부 토피고가 낮아 터널굴착에 따른 붕괴
   의 우려가 있는 경우에 적용한다.
   (1) 누수가 발생될 소지가 있으므로 누수방지 대책 수립
   (2) 계곡수가 개착터널 상부의 쌓기재를 세굴시킬 수 있으므로 세굴방지 공법 검토 : U형 박스
       혹은 표면 마무리 구조물을 설치

3) 개착터널 설계 시 하중

터널의 외부에서 작용하는 하중·자중·터널 내부의 하중 및 이에 의하여 생기는 지반반력을 고려
한다. 터널의 외부에서 작용하는 하중은 터널 상부의 상재하중·토압·수압 등이며, 터널 내부의
하중이란 터널 내의 주행 하중, 자동차 하중 등이다.
① 상재하중   ② 토피 하중   ③ 토압
④ 수압   ⑤ 자중   ⑥ 터널 내부의 하중
⑦ 온도변화 및 건조수축   ⑧ 지진 하중   ⑨ 시공 시 하중

4) 접속부 처리와 개착부 방수보호재

① 접속부 : 갱문 구조물과 굴착터널·개착터널과 굴착터널이 접합하는 개소는 양 구조 간 거동 차이에 따라 접합부는 분리구조로 하고, 조인트를 설치하여 구조물 손상을 방지해야 한다. 이 때 접속부는 2종류의 방수시트가 접하는 사례가 많아 누수의 원인이 되기 때문에 방수시트의 선정, 방수시트 접합 및 누수 시 용수를 처리할 수 있는 도수로 설치 등을 해야 한다. 구조물 간 부등침하로 방수시트의 인장파손에 대처하기 위해 신장률이 큰 것을 사용하고, 연결부는 개착터널과 굴착터널 콘크리트 라이닝 외측 접촉부에 지수판을 적용하며, 개착터널부 2m 구 간은 시트 방수 및 폴리에틸렌 발포단열재 등을 적용한다.

② 개착부 : 개착구간의 경우 대부분 지하수위가 구조물 하단에 위치하고, 표면 녹화 및 식재로 인해 표면수의 침투 영향도 적으며, 양질의 토사성토 및 성토 하부 유공관 매설을 통해 비교적 배수가 원활하게 이루어진다. 따라서 상기의 여건 및 경제성을 고려하여 아스팔트 코팅 방수 공법으로 적용하며, 누수에 취약한 NATM-개착터널 접속부의 시트 방수를 0.5m 중첩하여 누 수에 의한 구조물의 열화를 방지한다.

개착부 방수 비교(한국도로공사)

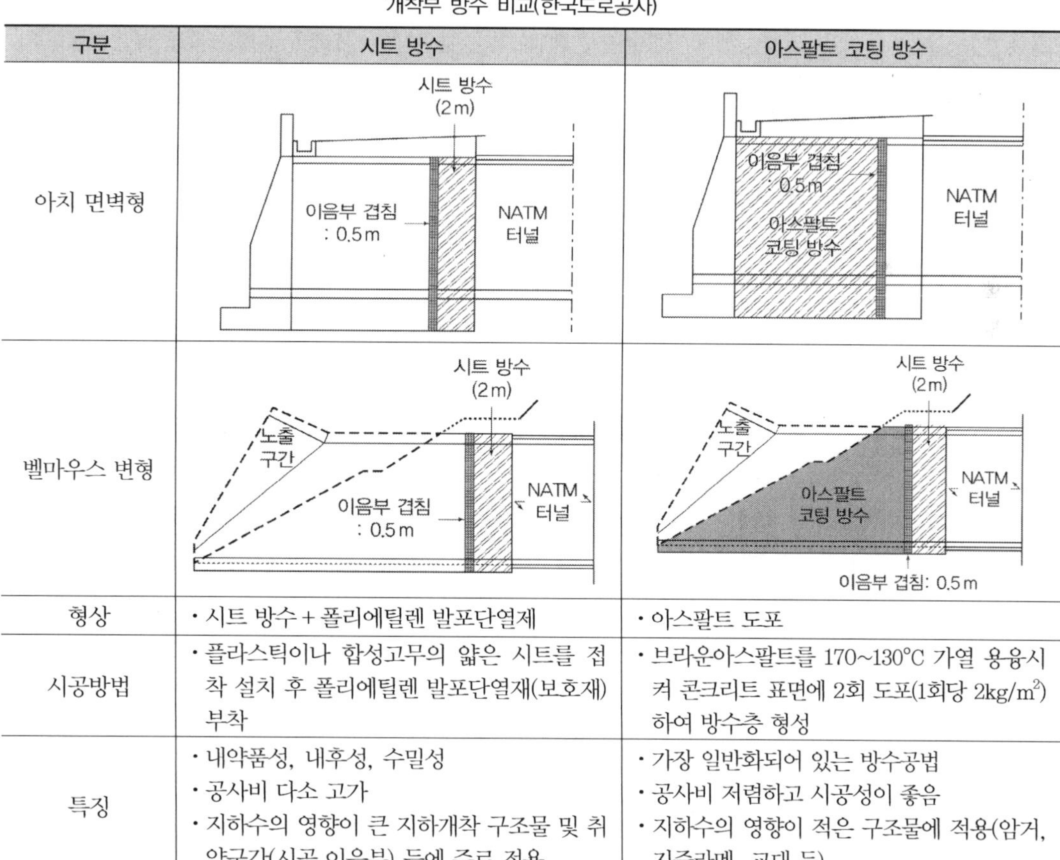

구분	시트 방수	아스팔트 코팅 방수
아치 면벽형		
벨마우스 변형		
형상	· 시트 방수 + 폴리에틸렌 발포단열제	· 아스팔트 도포
시공방법	· 플라스틱이나 합성고무의 얇은 시트를 접착 설치 후 폴리에틸렌 발포단열재(보호재) 부착	· 브라운아스팔트를 170~130°C 가열 용융시켜 콘크리트 표면에 2회 도포(1회당 2kg/m²) 하여 방수층 형성
특징	· 내약품성, 내후성, 수밀성 · 공사비 다소 고가 · 지하수의 영향이 큰 지하개착 구조물 및 취약구간(시공 이음부) 등에 주로 적용	· 가장 일반화되어 있는 방수공법 · 공사비 저렴하고 시공성이 좋음 · 지하수의 영향이 적은 구조물에 적용(암거, 지중라멘, 교대 등)

4. 터널 지보재

터널의 지보는 원지반의 지보 능력을 적극적으로 활용함을 원칙으로 하며, 터널 지보재는 터널 주변의 지반 거동 특성에 부합되도록 설계하여 시공 중이나 완공 후에도 터널의 안정을 유지할 수 있도록 해야 한다.

1) 지보단계별 지보재의 종류와 특징

구분	종류	특징
1차 지보	① 숏크리트 ② 록볼트 ③ 강지보공	·터널굴착 후 주변지반이 지보기능을 발휘할 수 있도록 지반거동을 억제하여 안정상태에 이르게 하기 위해 설치 ·터널굴착에 의해 발생되는 지반의 거동을 조기에 억제시켜 지반이 보유하고 있는 지지력 및 강도를 최대한 이용할 수 있도록 하고 지반을 안정시킴
2차 지보	① 내부 라이닝	·배수형 터널의 경우 모든 지반하중을 1차 지보가 담당, 내부 라이닝은 터널 내부 시설물의 보호, 미관유지, 쾌적한 공간유지 등의 부수적 기능 담당(일부 이완하중, 잔류수압 담당) ·비배수형 터널의 경우 배수형과 동일하나 수압을 지지
보조공법	① 포어폴링 ② 다단 그라우팅 ③ 프리그라우팅	·단층파쇄대, 터널 사·종점부, 저토피부, 용수대 등 지반이 불량한 경우 1차 지보 전 터널굴착의 안정을 위해 설치하는 것으로 1차 지보의 보강 기능

2) 지반 조건에 따른 지보 부재와 주요 기능

지반조건	지보개념	지보목적	주지보	보조지보
경암 극경암	·주변 지반의 영구 지보 기능 담당 ·라이닝은 역학적 기능 불필요	·암괴의 붕락 방지 ·균열 선단 집중응력 감소	·숏크리트 ·랜덤 록볼트 ·철망	—
경암 보통암	·지보 부재는 영구구조물 ·라이닝은 안전율 상승	·암괴의 붕락 방지 ·이완 토압지지	·숏크리트 ·시스템 록볼트 ·강지보재	—
연암	·지보 부재는 영구구조물 ·라이닝은 안전율 향상	·암괴의 붕락 방지 ·초기 토압 일부지지 ·내압 효과	·숏크리트 ·시스템 록볼트 ·강지보재	·프리그라우팅(필요시)
풍화암	·지보 부재는 영구구조물 ·라이닝은 안전율 향상	·초기 통압 일부지지 ·내압효과	·숏크리트 ·시스템 록볼트 ·강지보재	·프리그라우팅(필요시) ·훠폴링(필요시) ·막장면 록볼트
토사	·지보 부재는 영구구조물 ·라이닝은 안전율 향상	·지반 변형 억제 ·이완 토압의 지지	·숏크리트 ·시스템 록볼트 ·강지보재	·프리그라우팅(필요시) ·훠폴링(필요시) ·보강그라우팅(필요시)

 콘크리트 라이닝

1. 콘크리트 라이닝의 특징

콘크리트 라이닝은 터널 주변의 지반상태, 환경조건 및 주지보재의 지보능력을 고려하여 사용목적에 적합한 설계를 하여야 한다. 장기간 지반압 등이 하중에 견디고 균열, 변형, 붕괴 등이 생기지 않는 것으로서 누수 등에 의한 침식이나 강도의 감소 등이 없는 내구적인 것으로 설계한다. 터널 사용 개시 후 개수가 곤란하므로 장래 개수가 없도록 충분히 고려하여 설계한다.

1) 콘크리트 라이닝의 사용목적

사용목적에 따라 구조체로서의 역학적 기능, 영구 구조물로서의 내구성 확보, 터널 내부 시설물 보호 및 미관유지 기능이 있으며 다음의 표와 같이 라이닝의 기능 및 적용대상으로 분류한다.

기능	적용대상	내용
구조체로서의 역학적 기능	숏크리트 등으로 형성된 주지보재가 영구구조물로서 충분한 안전율이 없다고 판단될 경우	숏크리트에 균열이 발생하고 록볼트에 큰 축력이 작용하여 응력 저항부에 크리프 현상이 발생하거나 볼트의 부식으로 인하여 지반응력이 콘크리트 라이닝에 전달될 가능성이 높은 경우
	현장여건으로 인하여 지반변위가 수렴되기 전에 콘크리트 라이닝을 시공하는 경우	주지보 단계에서 변위가 수렴되어야 하나 공정 등의 이유로 콘크리트 라이닝을 변위 수렴전에 시공하는 경우 지반압을 지탱하는 구조로 설계
	토피가 작은 토사지반 등에서 주변환경의 영향을 받기 쉬운 경우	토사지반 등에서 토피가 작은 경우 지하 공동 구조물이 주변 환경에 영향을 받기 쉬우므로 적절한 상재하중에 의해 역학적 검토가 필요하며 장차 토피의 경감이 예상되는 경우 이를 고려
	운영중 배수시설의 기능저하로 수압이 걸릴 것으로 예상되는 경우	지하 공동 시공 후 주변 환경조건에 의해 배수가 불가능해질 가능성이 있는 경우 정수압 고려 설계
	비배수 터널 경우와 같이 완전 방수가 요구되는 경우	비배수 터널에서와 같이 방수시트를 사용 완전 방수를 실시하는 경우 콘크리트 라이닝에 수압 작용 고려
영구구조물로서의 내구성 확보 기능	주지보의 내구성이 우려되는 경우	주지보가 시간의 경과에 따라 강도 저하, 발기, 차량 및 열차 진동, 지진 등으로 내구성 저하가 예상되는 경우 영구 구조물 기능에 비교적 신뢰도가 높은 콘크리트 라이닝 설계
내부시설물 보호 및 미관유지 기능	유지관리상 필요한 경우	터널 내 시설물(전기, 설비 등) 보호 및 유지관리 기능 또는 미관상 습도조절 등의 경우에 콘크리트 라이닝 설계

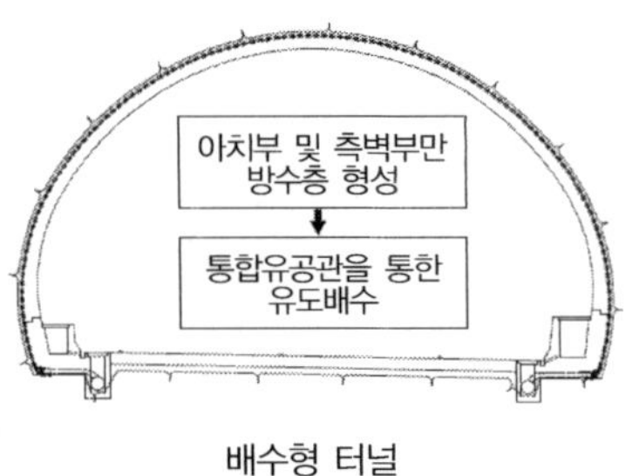

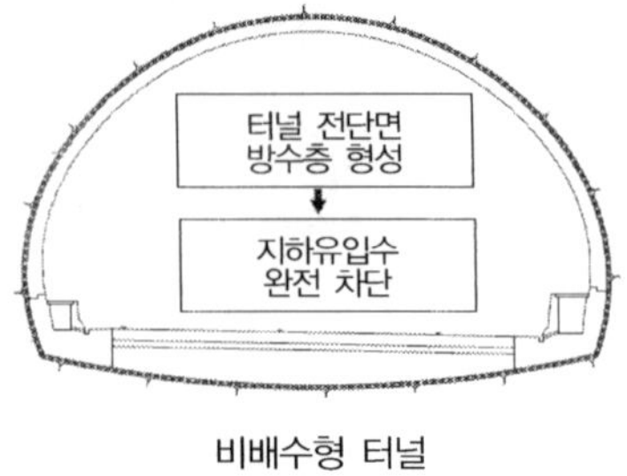

2) 콘크리트 라이닝의 일반적인 특성

구분	특성
공용성 측면	① 지하수 등의 누수가 적고 수밀성이 양호한 구조물 ② 사용 중 점검, 보수 등의 작업성이 높을 것 ③ 터널 내의 가선, 조명, 환기 등의 시설을 지지할 것 ④ 차량 운행 중 전조등에 의한 산란이 균등할 것
강도특성 측면	① 터널의 변형이 수렴하지 않은 상태에서 콘크리트 라이닝을 시공할 경우 터널의 안정에 필요한 구속력을 가질 것 ② 콘크리트 라이닝 시공 후 수압, 상재하중 등에 의한 외력이 발생되는 경우 이를 지지할 것 ③ 지질의 불균일성, 지보재 품질의 저하, 록볼트의 부식 등 불확정 요소를 고려하여 구조물로서의 안전율을 증가시킬 것 ④ 사용 개시 후 외력 변화와 지반, 지보재 재료의 열화에 대한 구조물의 내구성을 향상시킬 것 ⑤ 조립식 콘크리트 라이닝의 경우 제작, 운반, 취급, 설치와 기타 시공 중에 작용하는 외력에 견딜 수 있을 것

3) 콘크리트 라이닝의 재료 및 강도

① 콘크리트 라이닝 재료는 현장타설 콘크리트를 주로 사용

② 라이닝의 역할에 따라 철근 콘크리트 라이닝 또는 무근 콘크리트 라이닝 시공하며 예상되는 외력에 안전하도록 설계

③ KDS 27 40 05에서 제시하는 라이닝 콘크리트의 강도는 재령 28일 강도가 21~24MPa를 표준으로 한다. 일반적으로 무근 콘크리트는 16~21MPa, 철근 콘크리트의 경우 21~27MPa를 적용하는 사례가 많다. 도로공사의 경우 본선터널 콘크리트는 27MPa에 철근 400MPa를 적용하고 개착터널은 콘크리트는 27MPa에 철근 500MPa를 적용하고 있다.

④ 비배수형 터널에서 방수목적상 수밀 콘크리트를 사용하며 이 경우 재령 28일 강도 27MPa 이상

⑤ 3차로 이상 터널에서 외력 증가로 라이닝 콘크리트 두께가 증가하므로 고성능 콘크리트 적용 검토(경제성, 안정성)

⑥ 콘크리트 라이닝의 두께는 토압 등 외력에 따라 달라지나 지반이 불안정한 경우와 터널 갱구 부근을 제외하고 일반적으로 300~400mm의 두께를 적용(KDS 27 40 05, 300mm 표준)

4) 콘크리트 라이닝 공법별 특징

구분	현장타설 콘크리트라이닝	프리캐스트 콘크리트 라이닝
단면도		
설계개념	·NATM 개념으로 주지보재의 보조지보재 기능 ·마감재 및 구조체로서의 역학적 기능 수행 ·장기간 사용에 대한 안정성과 내구성 필요	·NATM 개념으로 1차 지보재에 의하여 터널 지보 완료 ·라이닝은 마감재 기능 수행
구조적 기능	·토압 및 수압에 안정되도록 철근 배근 보강 ·주지보재 기능저하에 따른 외압지지	·1차 지보재 안정성 확보로 토압·수압 작용 배제 ·차량충돌, 공기압, 이완토압, 내진 등을 감안한 상세설계 및 정밀시공 필요
안정성	·변위 수렴 후 콘크리트 라이닝 타설이 원칙 ·배수 불량 시 수압작용, 구조적 역할 기대	·주지보재를 영구지보재로 안정성 확보 ·완전 배수유도로 수압작용 배제
방수 및 내장	·숏크리트 면에 부직포+방수시트 설치 ·부직포 배수 불량 시 수압작용 ·타일 붙임	·배면공간으로 완전 배수 유도 ·씰링, 코킹으로 연결부 처리 ·특수도료 도장
품질관리	·현장 여건 및 시공 상태에 따라 품질 변화 ·천장부 및 우각부 균열 발생	·공장 제작으로 고품질의 대량 생산 가능 ·현장 조립 시 철저한 품질 관리 요망
유지보수	·라이닝 균열 시 취약부 발견 곤란 ·주기적인 유지관리 필요 ·파손 시 보수, 보강비 증가	·취약부 발견 용이 ·취약부 보수, 보강 용이 → 패널 교체 ·패널 연결부 유지관리 필요

5) 콘크리트 라이닝 배면 주입

뒤채움 주입은 충분히 충전되도록 주입 재료 및 배합, 주입 구멍의 구조와 배열 등을 정해야 한다. 모르타르는 주입 시의 분리, 고형물 침전, 주입 후의 체적 신축 등을 고려하여야 하며, 배합 시 무신축성의 혼화재를 첨가하는 것이 바람직하다. 콘크리트 라이닝 뒷면에 주입하는 재료의 강도는 콘크리트와 같은 강도는 필요치 않으나 주입 후의 상태에서 1MPa 정도 이상이 되도록 한다.

구분	타설연장 9m (R=1500m 이하, 9개)	타설연장 12m (R=1500m 이하, 9개)
주입관 배치 개념도 (한국도로공사)		

2. 콘크리트 라이닝 설계하중

1) 설계하중 개요

터널의 형식에 따라 콘크리트 라이닝의 설계방법이 달라진다.

① 배수형 터널의 경우 강지보재, 숏크리트, 록볼트 등으로 구성된 주지보재를 영구 지보재로 간주할 경우에는 모든 지반하중을 주지보재가 지탱하는 것으로 하고 지반 내 지하수는 터널 배수구를 통해 배수함으로써 콘크리트 라이닝은 수압을 받지 않는 구조물로 설계된다.

② 비배수형 터널은 지반하중에 대해서는 배수형 터널과 동일하나 지하수 배출이 차단됨으로써 발생하는 수압을 콘크리트 라이닝이 견디도록 설계한다.

③ 콘크리트 라이닝 설계하중

  (1) 사하중 : 콘크리트 라이닝 자중

  (2) 활하중 : 도로, 철도 및 기타 터널에 영향을 미치는 모든 차량하중

  (3) 토압하중(지반 이완하중) : 터널의 지반조건 및 시공법에 따라 지반자체의 지보능력을 고려하여 토압하중을 산정하는 경우와 전 토피하중(최고와 최저 지하수위를 고려한)에 해당하는 토압하중을 고려하는 경우가 있다.

  (4) 수압 : 비배수형 터널의 경우 최고와 최저 지하수위를 고려한 정수압을 산정한다.

  (5) 잔류수압 : 배수형 터널이 배수기능이 저하되어 라이닝에 하중으로 작용하는 경우

  (6) 온도하중 및 건조수축   (7) 건물하중 등

TIP | KDS 27 40 05 터널 라이닝 설계기준(2023) : 설계하중 |

1. 콘크리트 라이닝 설계 시에 다음의 하중을 고려하고, 지형 및 지반조건, 용도 등에 따라 적용한다.
  ① 고정하중 ② 활하중 ③ 토압하중 ④ 지반이완하중 ⑤ 수압 ⑥ 온도하중 ⑦ 지진하중
  ⑧ 터널 내 설비하중 ⑨ 기타 콘크리트라이닝에 영향을 미치는 하중 등

2. 현장타설 라이닝의 설계 시에는 다양한 하중조합을 적용해 상황에 가장 근접하게 모사해야 한다.

3. 배수형 방수 터널은 배수시설의 배수능력이 충분하지 않거나 시간이 경과하면서 배수능력이 저하되는 경우에는 현장타설 라이닝에 수압이 작용될 수 있으므로 이에 대한 영향을 고려하여야 한다.

4. 비배수형 방수 터널은 지하수 배출 차단으로 인한 수압에 견디도록 설계하여야 한다.

---

2) 자중 : 콘크리트 라이닝의 자중을 설계하중으로 고려한다.

  ① 무근 콘크리트의 단위중량 : $\gamma_c = 23.5\,\text{kN/m}^3$

  ② 철근 콘크리트의 단위중량 : $\gamma_c = 25.0\,\text{kN/m}^3$

3) 지반이완하중 : NATM에 의한 터널의 설계 시 지반을 지보재료로 보는 것을 기본으로 하고 있으나, 터널에서는 예상치 못한 지압의 작용으로 터널 복공의 변형, 손상이 일어나는 경우가 있으므로 이를 고려하여 이완하중을 적용한다.

① NATM 개념에서의 숏크리트와 록볼트 등의 1차 지보재가 터널의 내구연한 동안 충분한 지보 역할을 한다면 콘크리트 라이닝에는 지반이완하중이 작용하지 않을 수 있다.

② 지반조건이 열악하거나 숏크리트의 부식 등 1차 지보재가 지보능력을 상실하거나 변위가 수렴되지 않고 라이닝을 타설한 경우에는 다음의 방법과 같은 지반 이완하중을 고려하여야 한다.

③ 이완하중 산정 방법으로는 탄성파 속도별 이완영역 높이, RMR에 의한 지보하중, ROSE에 의하여 수정된 Terzaghi 암반하중, 일본도로공단 설계요령의 암질구분에 따른 이완영역 높이, 발파영향에 의한 이완하중 등이 있다.

이완하중 산정방법

산정방법	주요 내용	특징
Terzaghi의 암반하중 분류표	무결암에서 팽창성 암반까지 암반상태에 따른 ROD를 9단계로 구분하여 암반이완하중 높이를 결정하는 경험적 방법	절리상태 등에 따라 9등급으로 구분되었으나 너무 개괄적이어서 암질의 객관적 평가가 곤란
Bierbaumer의 이론식	암판하중과 토피, 암반하중과 내무마찰각과의 관계를 토피에 따라 3가지 식으로 제안, 암반이완 영역이 포물선 형태로 발생하는 것으로 가정	약 50m까지의 토피의 증가에 따라 암반하중이 계속 증가하는 식으로 지반조건의 영향반영 곤란
RMR 또는 Q방법	RMR 방법 : RMR값을 이용한 경험식 Q방법 : 절리군수 3을 경계로 Q값에 의한 경험식	현장에서 적용되고 있는 RMR 및 Q값을 이용한 경험식으로 다소 과다
수치해석에 의한 방법	1차 지보재의 기능 저하에 따른 소성영역을 이완하중으로 간주, 수치해석으로 지반거동을 분석	일반적으로 기존 이론식 및 경험식보다 다소 작은 부재력 발생
발파영향에 의한 방법	터널 경계선에서 제어발파를 실시하는 경우 굴착 시 발파공 인접 암반의 동적손상을 평가하여 손상영역을 이완하중으로 간주하여 분석	지반조건 굴진장, 장약량 등에 따라 다소 차이가 있으나 전반적으로 기존 이론식 및 경험식보다 작은 부재력 발생

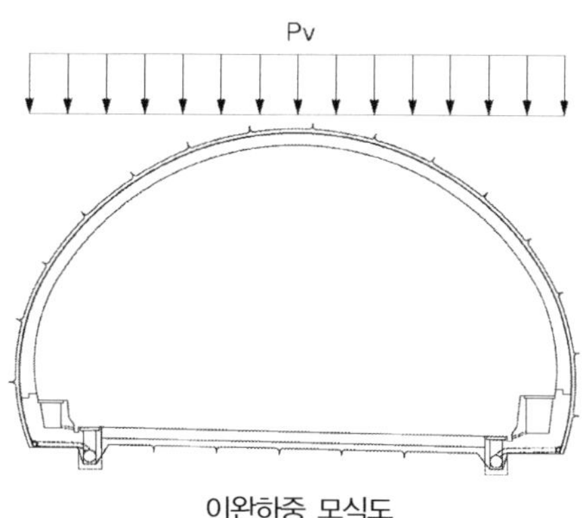

이완하중 모식도

4) 잔류수압 : 도로 터널의 경우 대부분 배수형 터널 설계하여 완전배수를 유도하므로 수압은 작용하지 않는다. 하지만 우기 시 발생하는 지하수로 인하여 유도 배수층인 부직포가 시간이 경과에 따라 제 기능을 발휘하지 못할 경우에는 내부 라이닝은 수압을 받게 되므로 그림과 같이 잔류수압을 적용하여 해석해야 한다.

① 수압 $P_w = 0 \sim (1/2 \sim 1/3) \times H_t \times \gamma_w$　　　H_t : 터널 단면의 높이

② 비배수형 터널의 경우 정수압을 고려하나 배수형 터널에서 장기적인 배수기능 저하가 우려될 경우 잔류수압을 고려하여 설계

③ 배수형 터널에서 잔류수압은 다음과 같이 2가지 형태로 고려

  (a) 침투류 해석에 의해 산정된 경험적인 형태

  (b) 얕은 터널에서 지하수위가 터널 천단부에 위치하고 측면배수기능이 원활할 때를 가정하여 산정된 수압모델, 수압의 크기는 토사지반일 경우 최대수두를 터널높이의 1/2, 암반터널일 경우 최대수두를 터널높이의 1/3로 가정

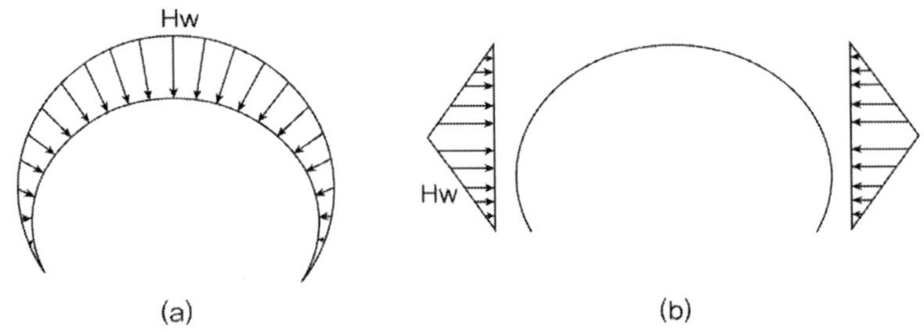

5) 온도하중과 건조수축 : 온도 변화가 예상되어 구조물에 기능상 영향을 미친다고 판단되는 경우에는 다음과 같이 온도하중을 고려해야 한다. 온도하중 및 건조수축은 내부와 외부의 온도차이 또는 단면변화에 의한 영향으로 균열이 예상되는 구간인 입출구부 50m(개착터널 제외연장)에 적용한다.

① 계절별 온도변화에 따른 온도의 승강은 ± 15°C로 한다. 단, 단면의 최소치수가 700mm 이상인 경우에는 위 표준을 ± 10°C로 한다.

② 내·외면 온도차에 의한 단면력 산출 시 적용하는 온도차는 ± 5°C로 한다.

③ 건조수축의 영향에 의한 부정정력을 산출하는 경우 콘크리트의 건조수축률을 15×10^{-5} 으로 한다. 다만, 축방향 철근량이 부재의 콘크리트 단면적의 0.5% 미만인 경우에는 건조수축률을 20×10^{-5} 로 한다.

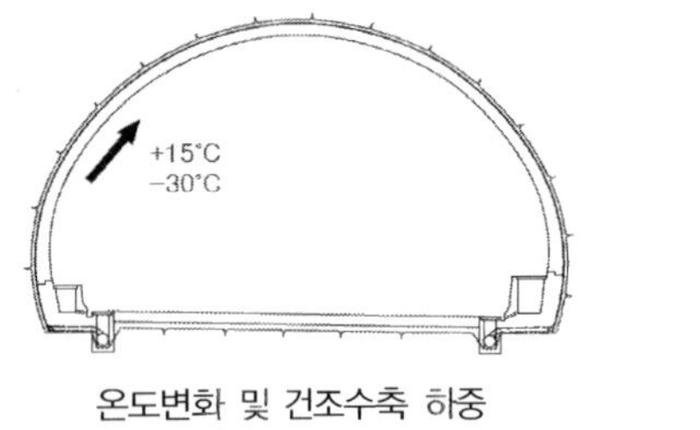

온도변화 및 건조수축 하중

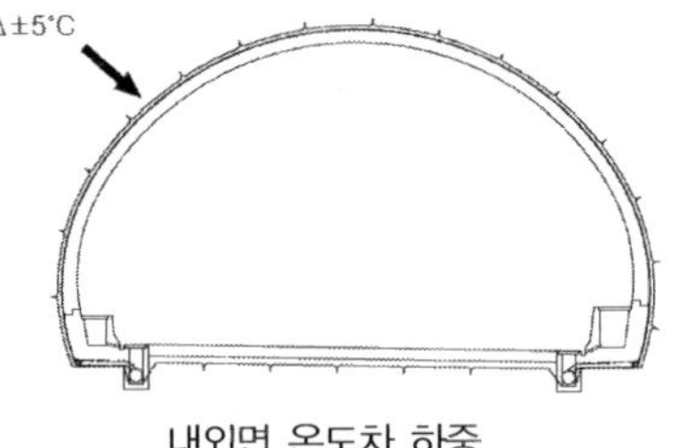

내외면 온도차 하중

6) 콘크리트 라이닝의 하중조합 : 콘크리트 구조설계기준(허용응력설계법 또는 강도설계법)

① 콘크리트 구조설계기준(강도설계법)의 하중조합

  (1) U=1.4(D+F+H$_v$)

  (2) U=1.2(D+F+T)+1.6(L+α_HH$_v$+H$_h$)+0.5(L$_r$ 또는 S 또는 R)

   여기서, α_H 토피보정계수 1.0 (이완하중고 h≤2.0m),   1.05−0.025h≥0.875 (h>2.0m)

    D 자중, H$_h$ 수평이완하중, H$_v$ 연직이완하중, T 온도하중(건조수축 등 포함)

② 허용응력설계법에 따른 하중조합 예

구분	자중(D)	이완하중	수압	계절 온도하중		온도차		건조수축	비고
				+15℃	−15℃	+5℃	−5℃	−15℃	
조합 1	1								
조합 2	1	1		1		1			
조합 3	1	1			1		1	1	단면검토
조합 4	1	1	1						
조합 5	1	1	1	1		1			
조합 6	1	1	1		1		1	1	

③ 강도설계법에 따른 하중조합 예

구분	자중(D)	이완하중	수압	계절 온도하중		온도차		건조수축	비고
				+15℃	−15℃	+5℃	−5℃	−15℃	
조합 1	1.4								
조합 2	1.2	1.6		1.2		1.2			
조합 3	1.2	1.6			1.2		1.2	1.2	단면
조합 4	1.4	1.4	1.4						검토
조합 5	1.2	1.6	1.6	1.2		1.2			
조합 6	1.2	1.6	1.6		1.2		1.2	1.2	
조합 7	1.0	1.0	1.0		1.0		1.0	1.0	사용성 검토

7) 단면력 산정 : 아치형 구조물이므로 단면검토 위치가 명확하지 않은 경우 최대 모멘트 발생지점을 가정하여 천단부, 어깨부, 측벽 하부의 3구간을 검토한다.

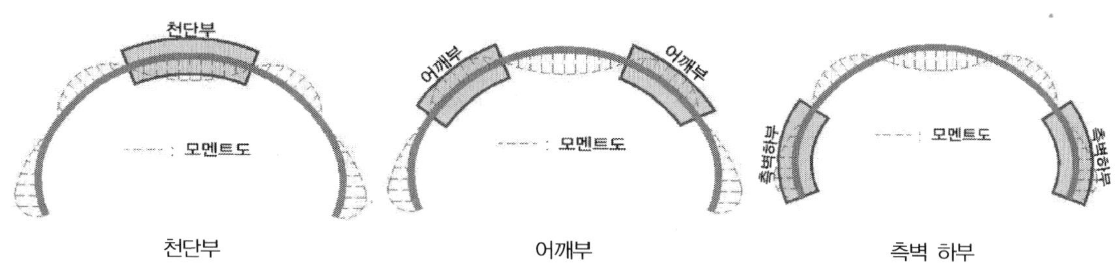

천단부　　　　　어깨부　　　　　측벽 하부

3. 콘크리트 라이닝의 해석 ^{99회}

1) 설계일반

① NATM 개념의 터널공법에서는 터널 주변의 원지반 및 주지보재를 영구 복합구조체로 보기 때문에 배수형 터널에서 콘크리트 라이닝은 단지 안전율 향상 및 미관유지 등의 목적으로 시공성 및 실적 등을 감안하여 두께를 정하고 있다.

② 콘크리트 라이닝 설계는 강도설계법, 허용응력설계법, 하중저항계수설계법(LRFD) 등 가운데 적합한 방법을 선정하여 적용해야 하고 이들의 구조해석을 실시해야 한다.

2) 허용응력설계법

① 철근보강 유무를 판단하기 위해서 허용응력 설계법 개념을 도입할 수 있다.

$$f_c \le f_{ca}(= 0.4f_{ck}), \quad f_s \le f_{sa}(= 0.5f_y)$$

③ 재료의 허용응력

$$f = \frac{P}{A} \pm \frac{M}{Z}, \quad \tau = \frac{V}{A}$$

허용휨 압축응력	허용휨 인장응력	허용휨 전단응력
$f_{ca} = 0.4f_{ck}$	$f_{ta} = 0.13\sqrt{f_{ck}}$	$\tau_{ca} = 0.08\sqrt{f_{ck}}$

3) 강도설계법

① 과거 허용응력설계법으로 우선 검토 후 철근보강 시 강도설계법을 적용하였으나 최근에는 무근 콘크리트도 강도설계법의 하중계수와 강도감소계수를 적용해 적절한 강도를 산정할 수 있다.

② 부재의 강도를 계산할 때에는 힘의 평형조건과 변형률 적합조건을 만족시켜야 한다.

③ 철근 및 콘크리트의 변형률은 중립축으로부터 거리에 비례한다.

④ 압축 측 연단에서 콘크리트의 극한 변형률은 0.003으로 가정한다.

⑤ 철근의 응력(f_s)은 설계기준 항복강도(f_y)이하일 때, 철근의 응력은 그 변형률의 E_s 배를 곱한 값으로 하여야 한다. 철근의 변형률이 f_y에 대응하는 변형률보다 큰 경우 철근의 응력은 변형률에 관계없이 f_y로 한다.

⑥ 콘크리트 인장강도는 철근콘크리트 부재 단면의 축강도와 휨강도 계산에서 무시할 수 있다.

⑦ 콘크리트 압축응력의 분포와 콘크리트 변형률 사이의 관계는 어떠한 형상으로도 가정할 수 있다(등가직사각형 블록).

⑧ 소요강도(U) $\le$ 설계강도($\phi \times$ 공칭강도)

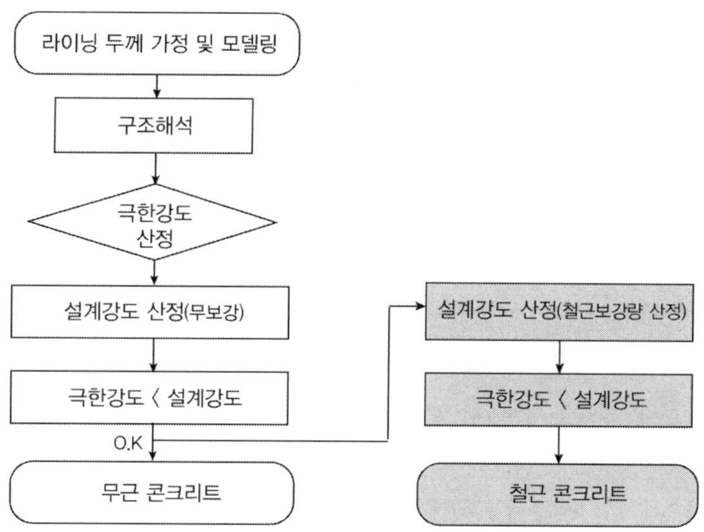

강도설계법에 따른 콘크리트 라이닝 해석 흐름도

4. 콘크리트 라이닝 설계방법

1) 경험적인 방법

Morgan은 탄성보 이론을 이용하여 라이닝 변형으로 발생되는 최대 휨모멘트 산정식을 아래와 같이 제안하였다.

$$M_{max} = 3EI\frac{\triangle R}{R^2} \qquad R : \text{터널반경}, \quad \triangle R : \text{라이닝의 상대변위}$$

① PECK등은 토사 터널에서 라이닝은 터널직경의 0.5% 이하로 변형한다고 하였다.

② 이 방법은 라이닝에 균등한 압축력이 작용한다고 가정하고 전 상재하중을 고려하므로 너무 보수적이고 라이닝 변형으로 인하여 발생하는 모멘트를 고려하지 못하는 문제점 때문에 잘 사용하지 않는다.

2) Ring & Plate 모델

① 이 방법은 지반을 Plate로 모델링하고 라이닝은 연속 Ring으로 모델링한다.

② 연속체 역학에 기초한 탄성해를 제공하며 그 해는 지중응력의 균등여부에 따라 균등 응력장에서의 해와 비균등 응력장에서의 해로 구분

③ 탄성모델로 인한 단순성으로 현장조건을 직접 고려하기 어렵고 그 결과 적용을 위해서는 신중한 판단이 요구된다. 통상 각종매개변수가 설계에 미치는 영향을 고려할 때 유용하게 이용된다.

3) Beam & Spring 모델(보요소법)

① 지반을 평면변형률 조건의 스프링으로 라이닝은 보요소로 표현한다.

② 라이닝 반경방향 스프링만 설치하고 접선방향 스프링은 통상 설치하지 않는다. 이는 지반강성을 약하게 하여 안전율을 증가시키는 요인이 되는 경향이 있다.

③ 라이닝에 임의방향의 하중을 가할 수 있다는 장점과 지반거동을 선형탄성거동으로 가정하여 지반응력 이완 후에 라이닝이 설치되는 것을 고려할 수 없는 단점이 있다.

④ 미리 예측된 외부하중값을 직접 라이닝에 작용시켜야 하며 주로 설계에 적용되는 방법이다.

⑤ 일반적으로 강성계수(β)가 200 이하인 경우에 적용하는 것이 바람직하다.

$$\beta = \frac{E_s R^3}{EI} < 200 \quad E_s : \text{지반의 탄성계수,} \quad R : \text{터널반경,} \quad EI : \text{라이닝 휨강성}$$

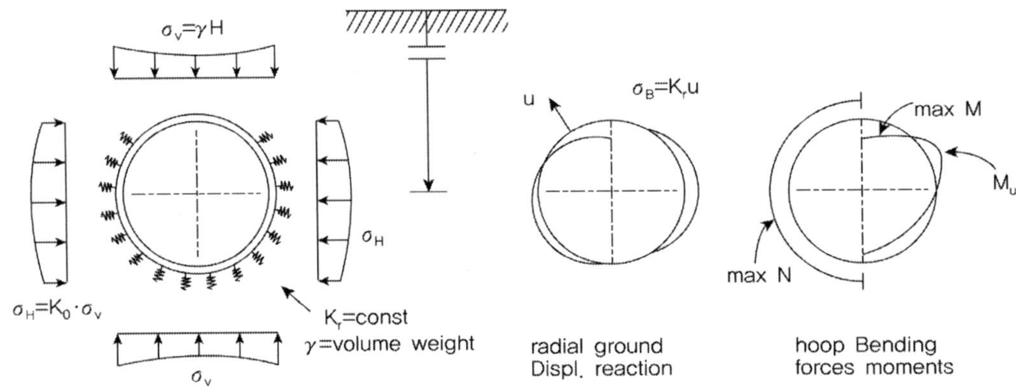

4) 수치해석방법

① 지반을 연속체요소로 모델링하는 유한요소법 또는 유한차분법 등을 이용하여 지반 및 라이닝은 연속체로 취급한다.

② Paul등은 비선형 요소를 사용하여 라이닝을 모델링하고 지반은 등방요소로 지반과 라이닝 사이는 인터페이스 요소로 모델링하여 해석하기도 했다.

③ 수치해석법의 주된 장점은 라이닝 하중과 지반변위가 동시에 얻을 수 있으며, 임의의 터널형상, 지질학적 불연속면 그리고 비선형재료 등 다양한 요소를 고려할 수 있는 장점이 있다.

터널갱구부 계획

터널 입구부에 터널 갱문을 설치하고자 할 때, 설계 시 고려할 사항 및 위치 선정 기준을 설명하고 아래와 같은 교차지형별(① 직각형, ②경사형 ③ 골짜기형)로 갱문을 설치 시 특별히 고려할 설계하중에 대하여 설명하시오.

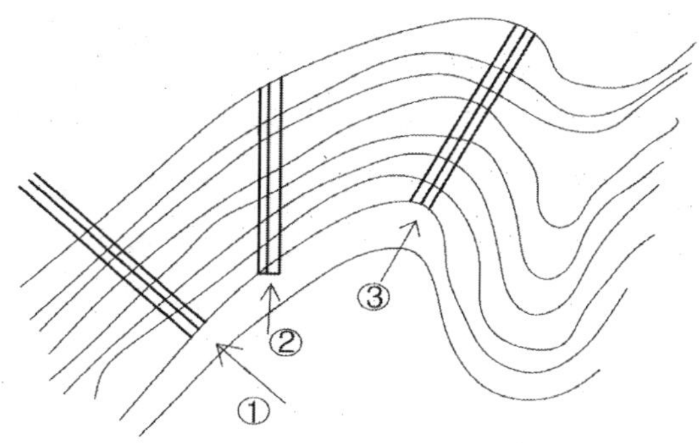

풀 이

> **개요**

갱구부는 일반적으로 갱문구조물 배면으로부터 터널길이의 방향으로 터널직경의 1~2배 정도의 범위 또는 터널직경의 1.5배 이상의 토비가 확보되는 범위까지로 정의한다. 갱구부는 주로 지반조건, 지질구조, 지하수 등 원지반 내부의 조건에 따라 그 거동이 지배되는 터널 일반부와는 달리 지반조건 이외에 지형, 기상, 입지조건, 근접시설물 등의 외적조건에도 크게 영향을 받기 때문에 이를 고려한 구조 및 시공법을 선정하여야 한다.

> **갱구부의 위치 및 갱구 연결 설계 및 시공시 고려사항**

① 갱구는 기본적으로 비탈면과 직교하는 위치에 계획하며, 공사용 설비의 배치에 대해서도 고려한다. 또한 갱구 설치 시 토피는 최소 3~5m 정도를 확보하여야 하며 절토면은 필요에 따라 숏크리트나 록볼트에 의한 보강을 하여 충분한 비탈면 안정성을 확보하여야 한다.

② 갱구부 설계 시 구조물 안정성 확보와 비탈면 형성에 의한 환경훼손 최소화를 위해 고려해야 할 사항은 다음과 같다.
   - 갱구의 위치 및 설치방법
   - 갱구부로 시공되는 범위
   - 갱구부의 굴착방법, 지보구조, 보조공법과 콘크리트 라이닝 구조
   - 갱구비탈면 안정검토와 필요한 비탈면 안정공법

- 갱구비탈면의 지표수 및 지하수 배수대책
- 기상재해의 가능성과 필요한 대책공법
- 지표면 침하 등 갱구 주변의 구조물에 미치는 영향
- 갱구주변의 환경에 미치는 영향
- 비상사태 발생 시 구난활동의 유지관리 방안(접근의 편리성)
- 갱구비탈면 및 구조물의 공사중 및 운영중 유지관리방안
- 터널 작업의 소요공간(Batch plant, 폐수처리시설, 장비의 조립 및 대기장소 등) 및 기타 방재설비의 설치공간 확보 여부, 가설, 공사용 도로 및 공사용 설비계획 등

③ 시공중 지표면 침하에 제약을 받을 때에는 대상구조물의 설계조건을 충분히 파악하고 그에 맞는 설계와 시공을 하여야 한다. 부득이하게 지반활동 지역에서 터널을 계획할 때는 터널 시공에 앞서 갱구밖에서의 압성토나 지반보강공법을 미리 시공하도록 설계하여야 하며 터널 안에서는 지반활동을 유발시키지 않는 설계와 시공법을 채택해야 한다.

④ 시공 시 원지반 이완을 최소화하도록 하고 동시에 계측을 통한 지반활동 가능성에 대한 예측을 수행한다.

▶ 갱구부의 위치선정 시 고려사항

터널갱구부의 계획은 지형이나 기상의 영향을 크게 받으며 지형과 터널중심 축선과는 다음과 같은 위치관계를 고려한다.

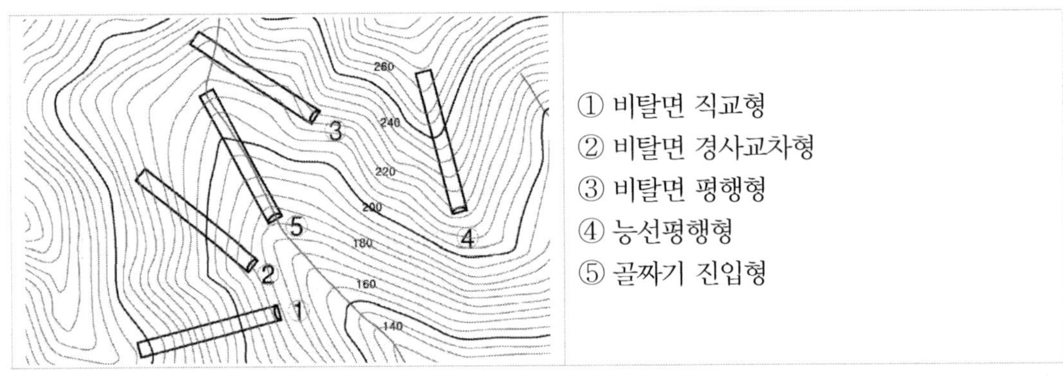

① 비탈면 직교형
② 비탈면 경사교차형
③ 비탈면 평행형
④ 능선평행형
⑤ 골짜기 진입형

① 비탈면 직교형
가장 이상적인 터널축선과 비탈면의 위치관계로 비탈면 하단보다 상부지역에 갱구부가 계획될 경우는 공사용 도로의 확보나 설치되는 도로구조물과의 관계 등 시공상의 특별한 배려가 필요하다.

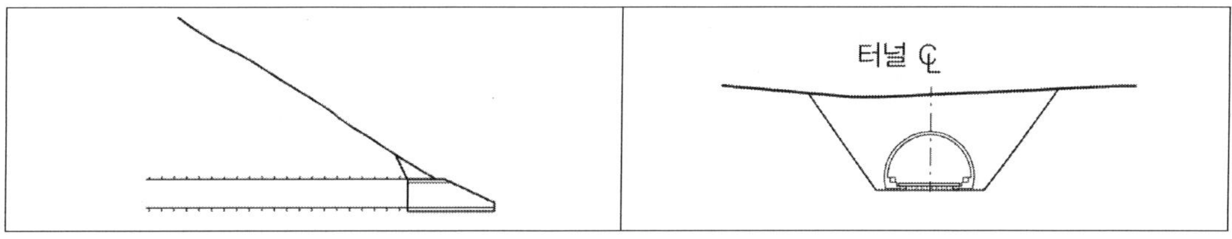

② 비탈면 경사교차형

터널축선이 비탈면에 대해 비스듬하게 진입하기 때문에 비대칭의 절취 비탈면이나 갱문을 설치하게 되므로 편토압 및 횡방향 토피 확보여부에 대한 검토가 필요하다.

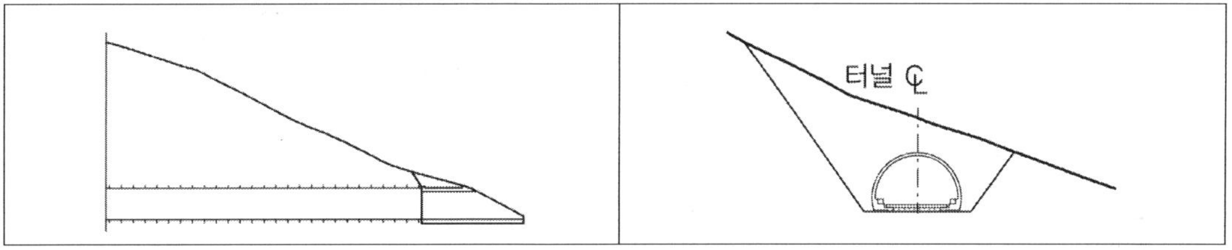

③ 비탈면 평행형

경사교차가 극단적일 때이며 가급적 피해야 하는 경우로 긴 구간에 걸쳐 골짜기 쪽의 토피가 극단적으로 얇아질 때가 있어 편토압에 대한 특별한 배려가 필요하다.

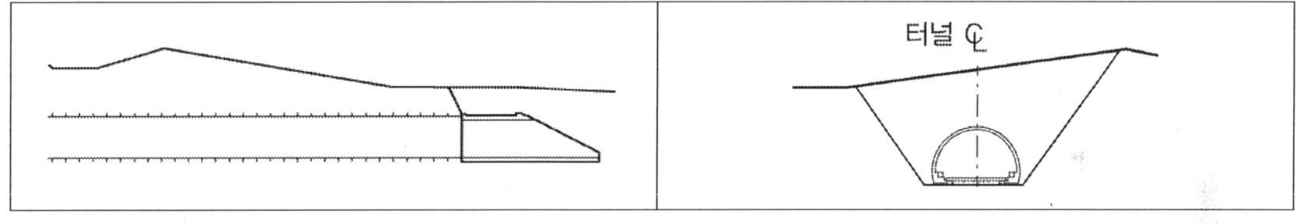

④ 능선 평행형

터널 양쪽면의 토피가 극단적으로 얇아질 때가 있어 횡단면의 검토가 요구되며 암선의 좌우 비대칭일 경우가 많고 암선이 깊게 될 경우가 많기 때문에 지반조사를 철저히 하여야 한다. 선형상으로는 갱구부의 굴착량이 최소가 되어 경제적이며 지반조건에서 문제가 없다면 바람직한 방법이다.

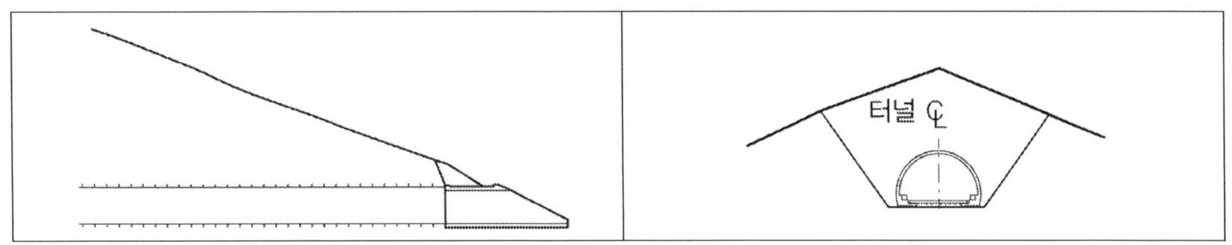

⑤ 골짜기 진입형

일반적으로 골짜기에는 지질구조대가 발달하고 있어 암질이 불량한 경우가 많으며 지표수 유입과 주위 지하수위가 높을 때가 많다. 또한 토석류, 눈사태 등의 자연재해가 발생하기 쉬운 위치관계이다. 부득이하게 계획되었을 경우는 수리 수문학적인 검토를 충분히 하여 지표수와 갱문배면의 침투수가 원활하게 배수 처리되도록 고려하여야 하며 낙석, 산사태, 눈사태 등의 자연재해 발생 가능성에도 대비하여야 한다.

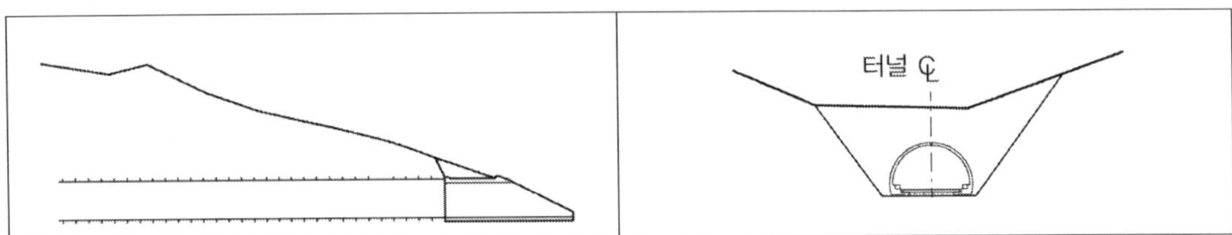

▶ 결론

터널 축선과의 관계는 현재까지의 시공 실적을 감안할 때 가능한 비탈면과 직교하는 위치를 선정하는 것이 바람직하며, 갱구부의 원 지반 조건은 그 양부의 정도에 변화 폭이 있어 복잡하므로 직교로 해도 문제가 없는 것은 아니지만 다른 것과 비교하여 편 토압이 발생하는 일이 매우 적고 문제 발생 시 대응이 쉽다. 노선 선정상의 제약을 받아 직교하기가 어려울 때가 있으나 터널 축선과 비탈면의 등고선과는 60° 이상의 교차 각도로 하는 것이 바람직하다.

개착구조물 안전검토

그림과 같은 양방향 6차로의 지하도로에서 노선 중앙부는 NATM터널이고, 양단부의 진출입부 300m 구간은 개착구조물로 구성되어 있다. 다음 사항에 대하여 설명하시오.
1) 개착구조물 계획단계에서 고려할 사항
2) 계획된 개착구조물 형식이 프리캐스트 아치(PC Arch)일 경우, 설계 및 시공단계에서 중점적으로 고려할 사항

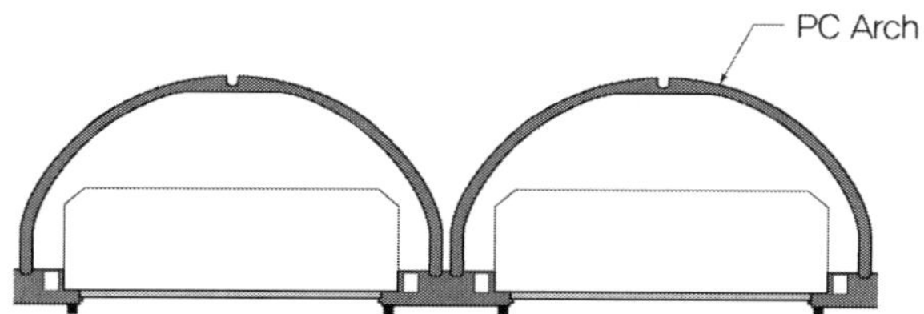

풀 이

▶ 개요

개착터널은 갱구부와 갱문사이 및 터널중간 계곡부의 개착부분이나 터널과 터널 사이의 거리가 가까워 하나의 터널로 연결하기 위해 지반을 굴착하고 구조물을 설치한 후 다시 되메우기 하는 터널을 말한다.

▶ 계획단계에서 고려할 사항

1) 설계 시 지형, 지질조건, 지하수 조건 및 기상 등의 자연조건과 민가, 구조물의 유무 등의 사회적 조건, 경사의 안정, 편토압, 기상재해의 가능성 및 주변경관과의 조화 등을 고려해야 한다.

2) 개착터널부는 특별한 경우를 제외하고는 콘크리트 지중구조물 설계에 준하여 설계해야 한다.

3) 개착터널의 종류는 크게 설치 위치, 사용 용도 및 구조물 형태에 따라 다음과 같이 구별할 수 있다.

   ① 설치위치에 따른 분류 : 돌출형 갱문, 면벽형 갱문, 계곡부 통과 시 개착터널

   ② 사용용도에 따른 분류 : 피암용, 환경생태용 개착터널

   ③ 구조물 형태에 따른 분류 : 마제형, 박스 컬버트형 개착터널

4) 돌출형 갱문에서의 개착터널은 터널본체와 동일 이상의 내공단면을 갖는 형상으로 터널 갱구부에 연속해서 만들어지며, 완성 후에 성토에 의한 상재하중, 토압, 기타하중(적설하중 등)을 고려해서 단면력, 지반의 지지력에 대하여 설계해야 한다.

5) 면벽형 갱문에서의 개착터널은 구조상 터널 본체에서 독립하여 외력에 저항하는 입체적 형상이므로 갱문 뒷면의 되메우기 흙에 대한 하중과 주동토압이 작용했을 때 구조적으로 안정해야 한다.

6) 계곡부 통과 시 터널의 상부 토피고가 낮으면 터널 굴착에 따른 붕괴의 우려가 있어 누수가 발생될 소지가 있으므로 누수방지 대책과 개착터널 상부의 세굴방지 대책을 수립해야 한다.

7) 피암용 개착터널은 낙석 또는 비탈면 급경사에 의해 도로, 택지, 철도 등의 이격부에 여유가 없거나 혹은 낙석의 규모가 커서 낙석방지울타리, 낙석방지옹벽 등으로는 안전을 기대하기 어려운 경우에 설치할 수 있다.

8) 환경생태터널은 도로나 철도 건설로 단절된 지형을 복원하여 자연생물의 이동과 번식을 유도하기 위해 설치하는 개착터널로서 이용 동물의 종류와 이동경로를 파악해 적정한 형식을 선정해야 한다.

9) 개착터널은 시공성, 경제성, 안전성, 환경성 및 지반조건 등을 고려하여 최적의 통과 공법을 검토하여야 한다.

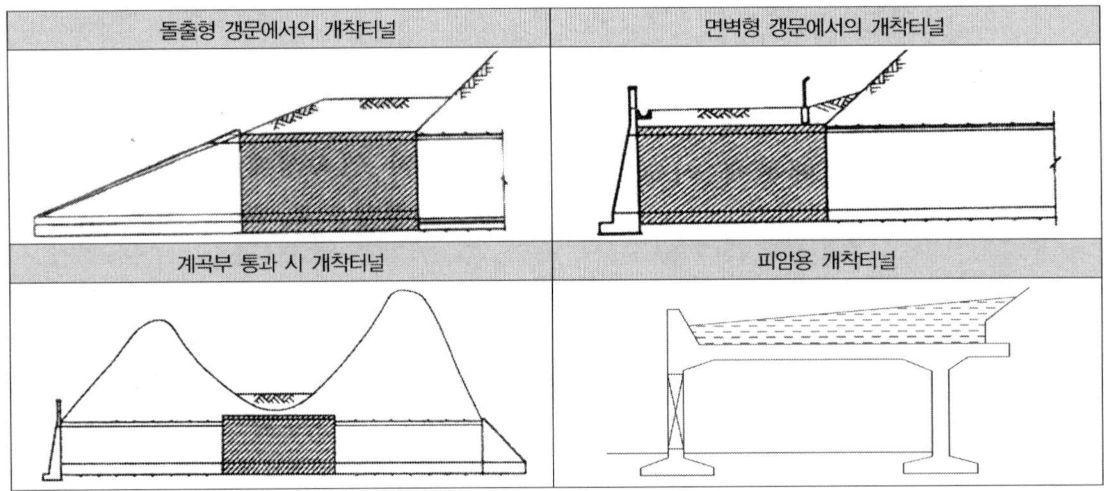

➤ 프리캐스트 아치 적용 시 설계 및 시공단계에서 고려할 사항

우리나라는 산악지형이 많아 개착식 터널의 대부분은 현장타설공법으로 시공되어 왔다. 프리캐스트(PC) 공법을 적용할 경우 여건에 따라 공사기간과 경제성 및 안정성 그리고 환경적인 측면에서 유리할 수 있다. 다만 PC 적용 시에는 본선과의 연결부, 수밀성, 접합부 안전성 등의 측면에서의 품질관리가 매우 중요하다.

1) 단면형식 선정 : 아치 형식의 PC는 설치구간의 지반특성에 따라 2힌지, 3힌지 접합이나 강결접합의 단면형식을 선정할 수 있으며, 힌지부가 많을수록 뒤채움 흙의 상호작용이 가능하기 때문에 지반변형이 많이 발생하는 곳에 적용하기 유리하나 되메우기 시에 변형이 더 많이 발생하고 공종이 많아지는 특성을 가진다.

구분	3힌지 접합 아치	2힌지 접합 아치	강결접합
표준단면	힌지접합 현장타설 현장타설	힌지접합	강결접합
구조형식	기초부와 크라운부에서 힌지 접합하는 3힌지 아치공법	모멘트 최소구역에서 힌지접 합하는 2힌지 아치공법	접합부의 주철근을 기계적 이음으로 강결한 아치공법
특징	· 뒷채움흙과 상호작용 가능 · 기초부와 크라운부 현장타 설로 공종 증가 · 되메움 시 변형 발생 · 뒷굽으로 토공량 증가	· 뒷채움흙과 상호작용 가능 · 되메움 시 변형 발생 · 뒷굽으로 토공량 증가	· 기초부와 측벽부 일체화 · 현장타설 공정 불필요 · 지반 침하시 응력 증가

2) 시공이음부 관리 : 강결접합한 PC의 경우 기계적 체결부위에 대한 상시 유지관리가 필요하며, 힌지 연결 아치의 경우 시공 중 안전성에 대한 검토가 필요하다.

3) 방수처리 및 중앙벽체 연결부 배수 : 2아치 터널의 경우 물고임현상 등으로 인한 동파, 콘크리트 내구성 저하 등의 문제점 해결을 위해 별도의 배수파이프 설치 등에 대한 고려가 필요하다.

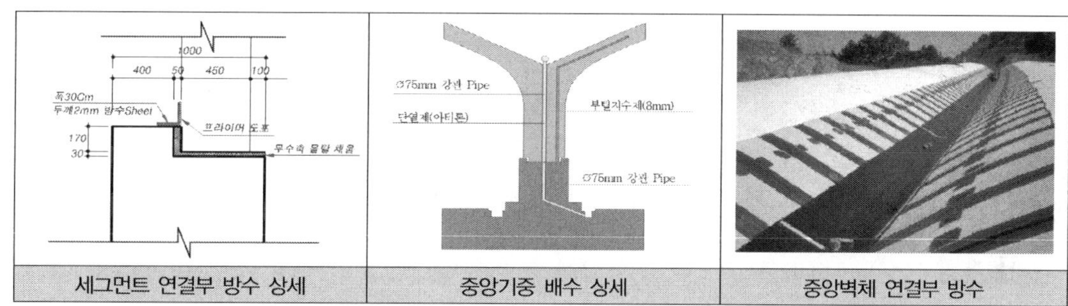

세그먼트 연결부 방수 상세	중앙기중 배수 상세	중앙벽체 연결부 방수

4) 시공 중 안정성 확보 : 곡선형 혹은 종단경사가 있는 경우 벽체 자립 가능성과 세그먼트 이음 안정성 등에 대한 검토가 필요하며, 제작장에서 제작된 세그먼트의 야적장 이동과 설치 시 인양 및 설치 공종에서의 하중에 대한 안정성을 확보해야 한다.

콘크리트 라이닝의 설계 : 아치구조물

그림과 같은 개착식 터널 단면에 활하중 75kN이 작용할 때 다음을 구하시오.

1) 최대 정, 부 휨모멘트 위치와 값, 휨모멘트가 0인 위치를 구하시오.

2) C 단면에 대해서 균열 발생여부를 판정하고 또한 강도설계법으로 철근량을 계산하고 전단강도를 검토하시오(단, 활하중 분포폭은 $1.2 + 0.06l \leq 2.1m$ 이고 $l = 2R$로 가정, 하중계수는 도로교 설계기준 적용).

〈설계조건〉

① 부재의 단면과 탄성계수 E는 일정, 축방향력 및 자중 영향은 무시

② 아치리브와 기초 경계면의 경계조건은 힌지로 가정

③ $f_{ck} = 24MPa$, 철근은 SD300
  ($f_y = 300MPa$, $f_{sa} = 150MPa$, $n = 7$)

④ 사용피복 : 50mm,
  철근은 D22(단면적 : 380mm^2)

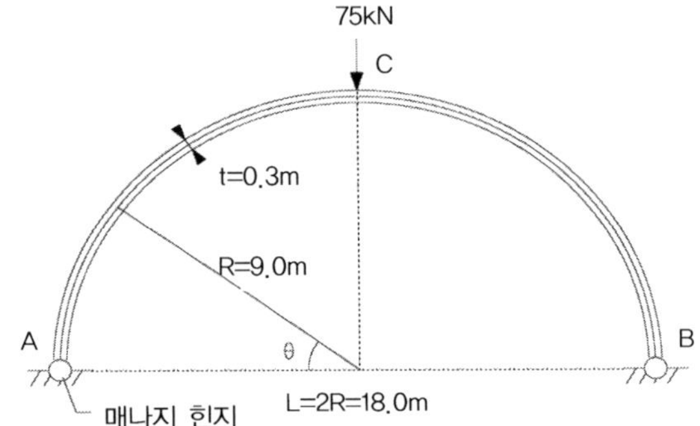

▶ 단면력 산정

대칭구조물이므로 반력은 $P/2$ 수평력 H를 부정정력으로 보고 에너지법에 따라 부정정력을 산정한다.

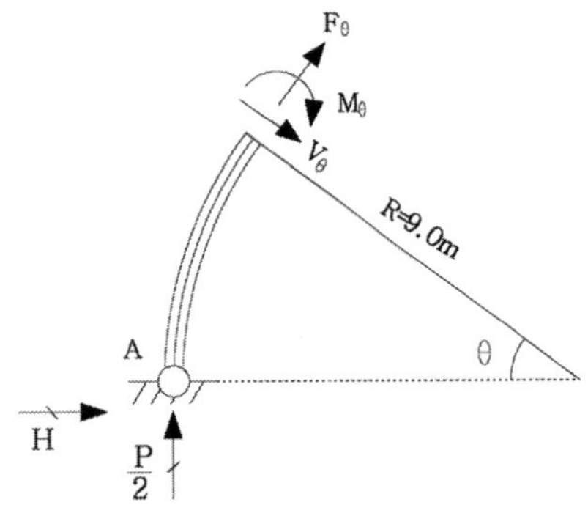

$$M_\theta = HR\sin\theta - \frac{P}{2}R(1 - \cos\theta)$$

휨모멘트에 의한 변형에너지는 축력의 영향을 무시하면,

$$U = 2 \times \frac{1}{2EI}\int_0^{\frac{\pi}{2}} M_x^2 dx$$

$$= \frac{1}{EI}\int_0^{\frac{\pi}{2}}\left[HR\sin\theta - \frac{PR}{2}(1 - \cos\theta)\right]^2 d\theta$$

최소일의 원리로부터 $\dfrac{\partial U}{\partial H} = 0$; $\dfrac{\partial U}{\partial H} = \dfrac{R^2}{2}(H\pi - P) = 0$, $\quad \therefore H = \dfrac{P}{\pi}$

$$\sum F_x = 0 \ : \ F\sin\theta + V\cos\theta = -H$$

$$\sum F_y = 0 \ : \ F\cos\theta - V\sin\theta = -\frac{P}{2}$$

$$\therefore \ V_\theta = \frac{P(\pi\sin\theta - 2\cos\theta)}{2\pi}, \quad F_\theta = \frac{-P(\pi\cos\theta + 2\sin\theta)}{2\pi}$$

➤ BMD 산정

$$M_\theta = HR\sin\theta - \frac{P}{2}R(1-\cos\theta) = \frac{PR}{\pi}\sin\theta - \frac{P}{2}R(1-\cos\theta), \quad P = 75kN, \quad R = 9m$$

$$M_\theta = \frac{75\times 9}{\pi}\sin\theta - \frac{75\times 9}{2}(1-\cos\theta) = 214.859\sin\theta - 337.5(1-\cos\theta)$$

$$M_\theta = 0 \ : \ \theta = 0°, \quad 64.96°$$

1) 최댓값 산정

$$\frac{\partial M_\theta}{\partial\theta} = 0 \ : \ 214.859\cos\theta - 337.5\sin\theta = 0 \qquad \therefore \ \theta = \tan^{-1}\!\left(\frac{214.859}{337.5}\right) = 32.4816°$$

$$\therefore \ M_{\max(\theta = 32.4816°)} = 62.588kNm$$

2) 최솟값 산정

$$\theta = 90° : \ M_{\min(\theta = 90°)} = -122.641kNm$$

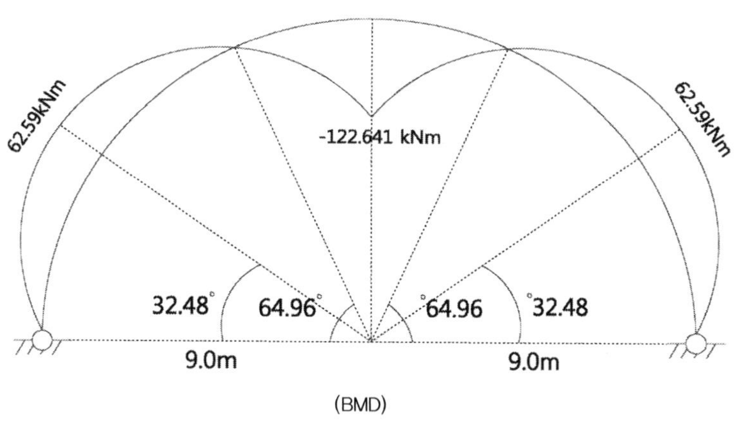

(BMD)

➤ C 단면 검토

C 단면의 활하중으로 인한 모멘트 $M_{L(C)} = -122.641kNm$

C 단면의 활하중으로 인한 전단력 $V_C = \dfrac{P(\pi\sin90° - 2\cos90°)}{2\pi} = 37.5kN$

C 단면의 활하중으로 인한 축력 $F_C = \dfrac{-P(\pi\cos\theta + 2\sin\theta)}{2\pi} = -23.87kN$(압축)

자중은 무시하고 활하중 증가계수만 고려하면,

$$M_{u(C)} = 1.6M_L = 1.6 \times -122.641 = -196.226kNm$$

구분	M_L	F_L	V_L
활하중에 의한 단면력	-122.641kN · m	23.87kN	37.5kN
계수하중에 의한 단면력	-196.226kN · m	38.20kN	60.0kN

단위 m당 검토 $f_b = f_r = 0.63\sqrt{f_{ck}} = \dfrac{M_{cr}}{Z_b}$

$$\therefore\ M_{cr} = f_r Z_b = f_r \frac{I_g}{y_b} = 0.63\sqrt{24} \times \frac{1000 \times 300^3}{12} \times \frac{1}{150} = 46.29kNm\ <\ M_{L(C)}$$

따라서 철근 배근이 필요하다.

1) 철근량 산정

$M_u \gg F_u$ 이므로 휨모멘트만 고려하여 산정한다.

휨모멘트만 고려할 경우 철근량($\phi = 0.85$ 가정)

$$\frac{M_u}{\phi} = M_n = A_s f_y\left(d - \frac{1}{2}\frac{A_s f_y}{0.85 f_{ck} b}\right)$$

$$\frac{196.226 \times 10^6}{0.85} = 300 A_s\left(d - \frac{1}{2}\frac{300 A_s}{0.85 \times 24 \times 1000}\right)$$

$$\therefore\ A_s = 3422.59mm^2, \quad A_{s(use)} = 380 \times 9 = 3420mm^2$$

$$a = \frac{A_s f_y}{0.85 f_{ck} b} = \frac{3420 \times 300}{0.85 \times 24 \times 1000} = 50.294mm, \quad c = \frac{a}{\beta_1} = 59.169$$

$$\epsilon_s = \epsilon_{cu} \times \frac{(d - c)}{c} = 0.0097 > 0.005 \qquad\qquad \text{O.K}$$

2) 전단강도 검토

$$V_c = \frac{1}{6}\sqrt{f_{ck}}\, b_w d = \frac{1}{6} \times \sqrt{24} \times 1000 \times 250 = 204.124 kN$$

$$\phi \frac{1}{2} V_c = 76.55 kN > V_u (= 60kN) \qquad \therefore \text{전단철근 배치 필요 없다.}$$

3) 철근 배치 후 균열 여부 검토(참고사항)

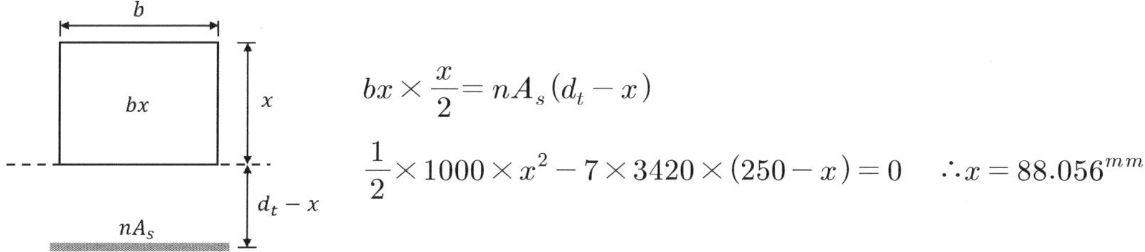

$$bx \times \frac{x}{2} = nA_s(d_t - x)$$

$$\frac{1}{2} \times 1000 \times x^2 - 7 \times 3420 \times (250 - x) = 0 \quad \therefore x = 88.056^{mm}$$

장기 지속 하중에 의한 균열 여부 검토

$$E_s = 200,000 MPa, \quad E_c = 8500\sqrt[3]{f_{cu}} = 26,986 MPa, \quad E_{ci} = E_c/0.85 = 31,748 MPa$$

$$f_{cr} = 0.63\sqrt{f_{ck}} = 3.086 MPa$$

$$A_{s(use)} = 3,420 mm^2, \quad d_b = 22mm$$

$$\therefore E_{c,ef}(t,t') = \frac{E_{ci}}{1 + \phi(t,t')} = \frac{31,748}{1 + 2.5} = 9,070 MPa$$

① 지속하중(장기하중) 휨모멘트

$$M_{sus} = M_L = 122.641 kNm$$

② 장기하중에 대한 전단면 2차 모멘트

탄성계수비 $\alpha_e = \dfrac{E_s}{E_{c,ef}(t,t')} = \dfrac{200,000}{9,070} = 22.05$

철근의 환산단면적 $\alpha_e A_s = 22.05 \times 3,420 = 75,411 mm^2$

비균열 환산단면에 대한 해석으로 단면 상단으로부터 중립축까지 거리

$$x_0 = \frac{\left[1000 \times 300 \times \dfrac{300}{2} + 75411 \times 250 \right]}{1000 \times 300 + 75411} = 170.088 mm$$

전단면 2차 모멘트

$$I_g = \frac{bh^3}{12} + A_c(150-170.088)^2 + \alpha_e A_s(250-170.088)^2 = 2.852 \times 10^9 mm^4$$

③ 균열모멘트

단면의 전체 깊이 $h = 300^{mm}$

$$M_{cr} = \frac{f_r I_g}{h_t - x_0} = \frac{3.086 \times 2.852 \times 10^9}{(300-170.088) \times 10^6} = 67.75^{kNm} < M_{sus} \qquad \therefore 균열발생$$

④ 단기하중에 대한 균열단면 2차 모멘트

균열 환산단면에 대한 해석으로 단면 상단으로부터의 중립축까지 거리 $\quad x = 88.056^{mm}$

균열단면 2차 모멘트 $I_{cr} = \frac{1}{3}bx^3 + nA_s(d_t - x)^2 = 8.554 \times 10^8 mm^4$

⑤ 철근의 응력산정

$$f_{s2} = \alpha_e \frac{M_{sus}}{I_{cr}}(d-x_0) = 22.05 \times \frac{122.641 \times 10^6}{8.554 \times 10^8} \times (250-170.088) = 252.62^{MPa}$$

⑥ 콘크리트의 유효 인장면적

$$h_{c,ef} = \min\left[2.5(h-d) = 2.5(300-250) = 125, \quad \frac{(h-x_0)}{3} = \frac{(300-170.088)}{3} = 43.3\right]$$
$$= 43.304^{mm}$$

$$A_{c,ef} = h_{c,ef}b = 43,304mm^2$$

⑦ 균열 제어를 위한 철근 배치 : 간접 균열제어 방식 적용

$\chi_{cr} = 210$(건조환경 이외), $c_c = 50+22/2 = 61mm$, $f_s \fallingdotseq 2/3 f_y = 200MPa$

$$s_a \leq \min\left[375\left(\frac{\chi_{cr}}{f_s}\right) - 2.5c_c, \quad 300\left(\frac{\chi_{cr}}{f_s}\right)\right] = \min[241,\ 315] = 241\,mm$$

$\therefore$ D22 철근을 200mm 간격으로 배치한다.

일반적인 설계 시에 라이닝 콘크리트 설계는 다음과 같이 아치부와 측벽부를 구분하여 설계 수행한다.

1. 사용하중 상태에서 하중조합에 따른 최대 단면력 산정

   작용하중 : 자중, 이완하중, 잔류수압, 내외면 온도차, 건조수축 및 계절별 온도하중 등

구 분	모멘트도	축력도	전단력도	변 위 도
하중 조합				

2. 응력상태와 허용응력 비교

   (응력상태) $f = \dfrac{P}{A} \pm \dfrac{M}{Z}$

   (허용응력) ① 허용 휨 압축응력 : $f_{ca} = 0.4 f_{ck}$

   　　　　　② 허용 휨 인장응력 : $f_{ta} = 0.42 \sqrt{f_{ck}}$

   　　　　　③ 허용 전단응력 : $v_a = 0.25 \sqrt{f_{ck}}$

   ∴ 허용응력과 응력상태를 비교하여 허용응력 이상인 경우에는 강도설계법에 따라 철근 배치를 검
   토한다.

3. 계수하중에 따른 단면력 산정 : $M,\ P,\ V$

   아치부와 측벽부를 구분하여 작용편심 등을 산정한다.

   ① 인장 및 압축부 철근 가정

   ② 평형상태 검토

   　　소성중심산정, 균형 축력(P_b)과 균형 모멘트(M_b), 균형 편심($e_b = P_b / M_b$) 산정, 압축 또는 인
   장파괴 영역 검토

   ③ 기둥강도 검토

   ④ 전단력 검토

아치부 P–M 상관도	측벽부 P–M 상관도

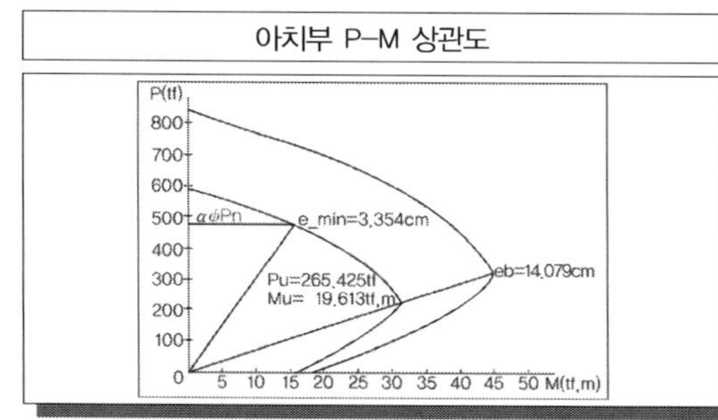

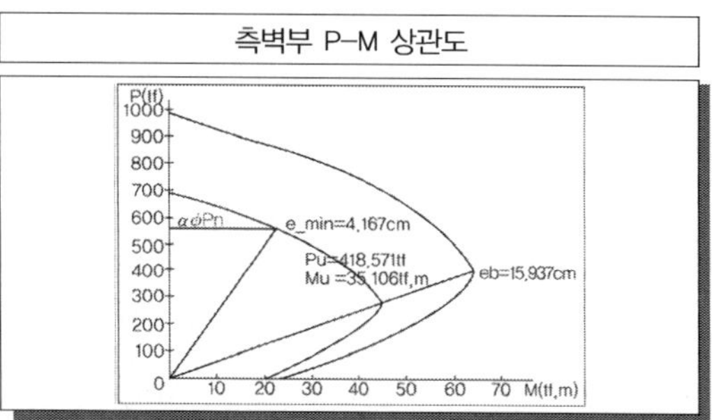

침매터널

침매터널공법에서 침매터널의 구조안정성 검토방법에 대하여 설명하시오.

풀 이

> **개요**

침매터널이란 종방향으로 긴 대형 콘크리트 박스 구조물을 육상에서 제작하여 해저나 하저에 가라앉힌 후 서로 연결하여 박스단면 내부로 이동통로를 확보한 터널을 말한다. 이러한 침매터널은 설계시 수심에 따른 수압 고려, 상시 파랑, 조류 및 태풍에 영향 등의 영향 고려, 연약지반 등으로 인한 부등침하에 대한 상세 고려 등이 필요하며, 침매터널의 가장 취약부인 조인트 부의 수밀성과 안전성이 확보되도록 안전성을 검토하여야 한다.

> **침매터널의 구조안정성 검토**

1) 선형 및 함체 분할 계획

선형은 준설량이 최소가 되도록하면서 터널 보호공이 해저면의 원래형상을 유지하여 세굴이 발생되지 않도록 설계하여야 한다. 또한 터널 내 배수가 원활하도록 종단경사를 계획하는 것이 좋다.

2) 태풍 및 파랑에 대한 안전성 확보

재현기간 동안의 파랑과 조위 조건은 호안구조물의 피해가 발생하지 않도록 하며, 내구연한 동안 초과 조우확률에 상응하는 재현기간의 파랑과 조위조건은 호안의 손상과 월파는 제한적으로 허용하되 침매터널로 해수가 유입되지 않도록 월파안정을 유지하는 조건을 만족하여야 한다.
설계파랑 및 설계조위는 관측기록 및 수치모형 등을 이용하여 선정하여야 한다.

3) 지진하중과 수압에 대한 안전성 확보

완공 후 침매터널의 지진하중에 대한 안전성 확보 및 수압에 대한 안정성 확보를 위해서 암반부에 암석키(ROCK KEY)와 같은 고정점을 통해서 안정성을 확보하여야 하며, 침매터널의 특징상 여러 개의 조인트를 가지고 있어 조인트부의 수밀성 및 안정성 확보를 위해 3차원 모델링을 통한 내진설계이 필요하다. (지반 Spring모델과 변위-시간이력→3차원 동적해석→종방향 부재력과 조인트 변위 및 전단키 안전성 검토)

4) 지반 부등침하 고려 지반보강 및 조인트부 수압안정성 확보

침매터널 구간 내 지반강성의 차이가 크거나 연약지반 등으로 인하여 지반의 부등침하가 발생할

수 있는 곳에 대한 지반보강(말뚝기초, 모래다짐말뚝(SCP), 혼합심층처리공법(DCM, Deep Cement Mix) 등) 및 부등침하로 인한 조인트 벌어짐으로 조인트부에 대한 수압 안정성 검토 및 조인트부 벌어짐 현상에 대한 허용치 선정 및 검토 등을 통해서 수압 안정성 확보 검토가 필요하다.

또한 부등침하 발생 시의 조인트부 차수를 위한 차수제 및 지수판 설계 검토가 필요하며, 부등침하를 고려하여 조인트에 전단키 설치 등을 통해서 세그먼트가 단차가 발생하지 않도록 하여야 한다.

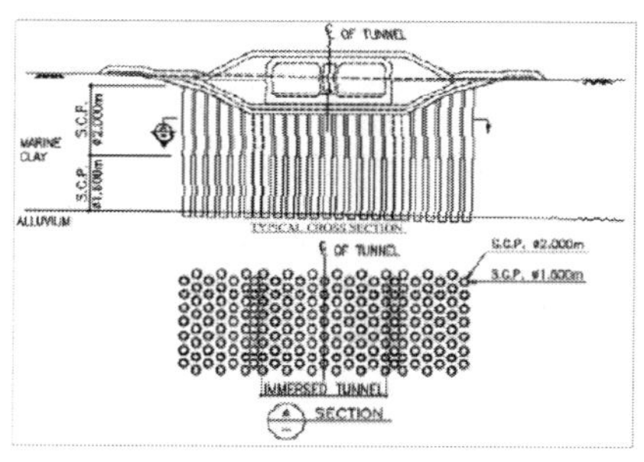

모래다짐말뚝(S.C.P)단면도

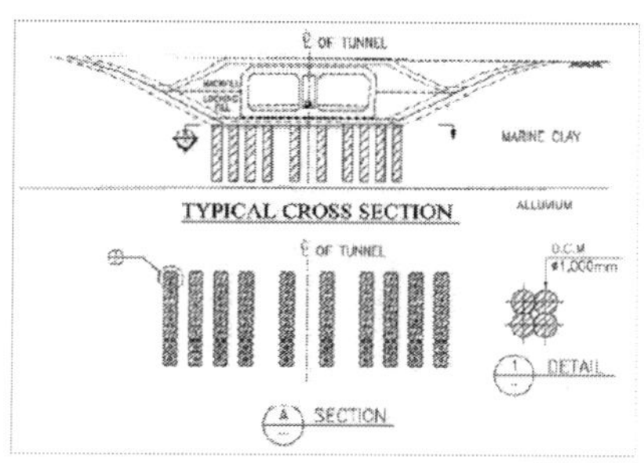

부상형 혼합심층처리공법 단면도

5) 적정 함체 설계단면 결정

침매터널은 부상과 침설이라는 상반된 조건을 만족해야 하는 공법의 특성상 함체의 부력에 대한 높은 정확도가 필요하다. 따라서 침매터널 횡단면 결정시 다음과 같은 사항들을 포함하여 단면을 결정하여야 한다.

· 해수의 밀도(최대, 평균, 최소)
· 콘크리트의 단위중량(최대, 평균, 최소)
· 철근량(최대, 최소)
· 함체 치수에 대한 허용 시공오차
· 운송 및 침설을 위한 임시장비 및 구조물 중량
· 블록아웃(Block out)
· 부력에 대한 최소안전율 만족

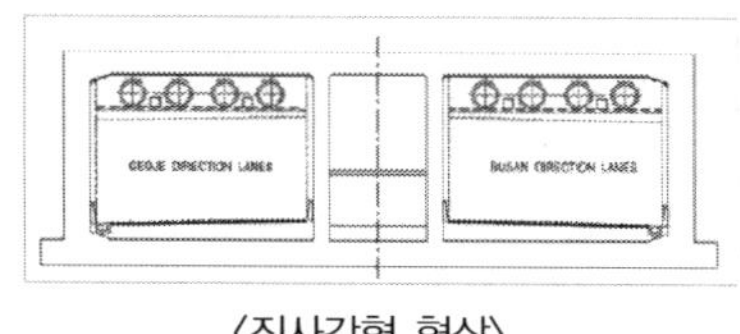

〈직사각형 형상〉

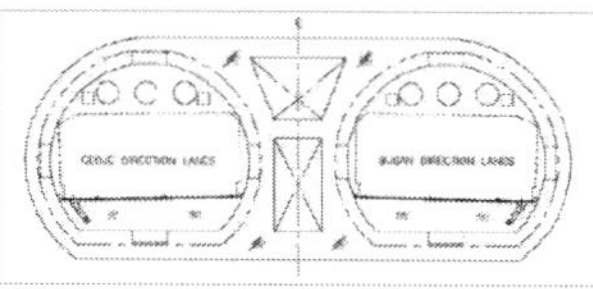

〈반원형 형상〉

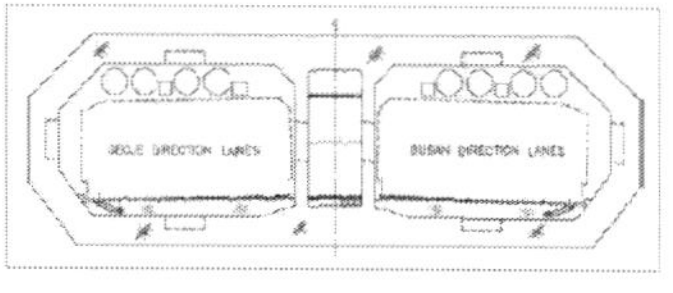

〈팔각형 형상〉

6) 보호공설계

원지반 상부로 돌출되는 구간과 원지반 아래로 설치되는 구간을 구분하여 Shield Criteria에 따라 설계한 후 파랑과 조류 등의 영향에 대한 보호공의 수리적 안정성 검증이 필요하며, 선박 좌초,

침몰, 투묘 등을 고려하여 보호공의 두께 등에 대한 검토수행이 필요하다. 경우에 따라서 보호공의 선단부에 Falling apron과 Scouring apron 등의 설치도 검토할 수 있다.

▶ 결론

국내에서는 거가대교의 침매터널 시공 등을 계기로 하여 침매터널에 대한 설계가 전파되기 시작했으며, 이러한 침매터널의 설계 시에는 가장 중요한 검토인자는 조인트부의 안정성에 있다. 조인트부의 안정성 확보를 위해서는 엄밀한 기준의 시방기준 및 설계지역의 기상 및 해상조건에 대한 데이터를 이용하여 확률론적인 허용기준에 대한 수립이 선행되어야 하며, 이러한 허용기준에 대한 안전성 확보를 위한 정밀 해석 등이 요구된다.

지하구조물 기둥 연성보강

기존 지하구조물(개착터널)의 기둥연성보강에 대하여 설명하시오.

풀 이

▶ 개요

콘크리트 구조기준 특별고려사항에서는 지진력에 저항하지 않을 것으로 가정하여 내진설계가 적용되지 않은 지중구조물의 중앙기둥부와 같은 골조부재에 대하여 설계변위가 발생할 때 부재에서 계산한 휨모멘트에 대해 검토하고 설계 부재력과 단면력을 비교하여 띠철근 등을 보강하도록 규정하고 있다.

▶ 지중구조물(2련박스) 중앙기둥부의 연성보강

1) 설계변위 때의 단면력이 설계 부재력 이내인 경우 : 설계변위와 함께 중력 휨모멘트와 전단력에 따른 조합력이 골조부재의 설계 휨강도와 설계전단강도를 초과하지 않는 경우에는 다음에 따라 연성보강을 실시한다.

① 계수 축력이 $A_g f_{ck}/10$을 초과하지 않는 부재들 : 스트럽의 간격은 부재의 전 길이에 걸쳐서 d/2 이하가 되도록 한다.

② 계수 축력이 $A_g f_{ck}/10$을 초과하는 부재들 : 띠철근의 최대 간격은 기둥의 전 높이에 걸쳐서 s_o가 되도록 하고, 간격 s_o는 띠철근으로 둘러싸인 종방향 철근 중 가장 작은 지름의 6배 이하, 또는 150mm 이하이어야 한다.

③ 계수 축력이 $0.35P_o$를 초과하는 부재의 횡방향 철근량은 아래에 규정된 값의 1/2이어야 하고, 기둥의 전체 높이에 걸쳐 간격은 s_o를 초과하지 않아야 한다.

(1) 나선 또는 원형후프철근의 용적 철근비 $\rho_s = 0.12 f_{ck}/f_{yh}$

(2) 사각형 후프철근의 전체 단면적은 다음의 값 중 큰 값 이상으로 한다.
$$A_{sh} = 0.3(sh_c f_{ck}/f_{yh})[(A_g/A_{ch})-1], \quad A_{sh} = 0.09 sh_c f_{ck}/f_{yh}$$

(3) 횡방향 철근 간격은 부재의 최소 단면치수의 1/4, 축방향 철근 지름의 6배, 또는 다음의 s_x의 값 중 작은 값 이하로 한다.
$$s_x = 100+[(350-h_x)/3]$$

2) 설계변위 때의 단면력이 설계 부재력을 초과하는 경우 : 설계변위와 함께 중력 휨모멘트와 전단력에 따른 조합력이 골조부재의 설계 휨강도와 설계전단강도를 초과하거나 휨모멘트 계산을 하지 않을

경우에는 다음에 따라 연성보강을 실시한다.

① 철근의 기계적 또는 용접이음은 설계기준에서 요구하는 조건에 만족하여야 한다.

② 계수 축력이 $A_g f_{ck}/10$을 초과하지 않는 부재들 : 스트럽의 간격은 부재의 전 길이에 걸쳐서 d/2 이하가 되도록 한다.

③ 계수 축력이 $A_g f_{ck}/10$을 초과하는 부재들

  (1) 나선 또는 원형후프철근의 용적 철근비 $\rho_s = 0.12 f_{ck}/f_{yh}$

  (2) 사각형 후프철근의 전체 단면적은 다음의 값 중 큰 값 이상으로 한다.

$$A_{sh} = 0.3(sh_c f_{ck}/f_{yh})[(A_g/A_{ch})-1], \quad A_{sh} = 0.09 s h_c f_{ck}/f_{yh}$$

  (3) 횡방향 철근 간격은 부재의 최소 단면치수의 1/4, 축방향 철근 지름의 6배, 또는 다음의 s_x의 값 중 작은 값 이하로 한다.

$$s_x = 100 + [(350 - h_x)/3]$$

여기서 A_g : 전체단면적

      A_{ch} : 횡방향 철근의 외곽으로 측정한 구조부재의 단면적

      f_{yh} : 횡방향 철근의 설계기준 항복강도

      h_c : 구속보강철근 중심간의 거리로 측정한 기둥 내부의 단면치수

      h_x : 후프철근이나 기둥 띠철근의 최대 수평간격

      s_o : 횡방향 철근의 최대간격

REFERENCE

1	KDS 27 00 00 터널설계기준	국토교통부 2018
2	도로설계요령	한국도로공사 2020
3	LH OO공사 설계 보고서	한국토지주택공사
4	KDS 21 00 00 가설설계기준	국토교통부 2024
5	도로설계요령	한국도로공사 2020
6	도로교 설계기준 해설	대한토목학회 2008
7	도로교 설계기준 한계상태설계법	대한토목학회 2015
8	도로설계편람	국토해양부 2008

Chapter 02

지하차도 구조물

지하차도 구조물

01 지하도로 등 지중구조물 설계 일반

1. 계획 일반 [128회]

【 **기출유형 ②** 】 지하차도 구조물의 시설한계

도심지내 입체화 시설 설치 시에는 경관 및 민원에 의해서 지하차도로 계획되는 경우가 많으며 이러한 지하차도의 연장이 장대화되면서 터널과 지하차도의 명확한 구분이 어려운 실정이다. 지하차도의 계획은 주로 개착식과 비개착식으로 구분될 수 있다.

1) 개착식 공법을 이용한 지하차도 계획 시 고려사항

개착식 공법 적용 시 지하차도의 굴착심도가 깊어질수록 공기나 공사비 측면에서 비경제적
① 지하차도의 평면선형, 종단선형, 굴착심도, 형상(시설한계 등) 및 부속시설
② 지장물(지하시설물, 지상 건축물) 조건, 입지조건, 지반조건 및 현장조건(토지이용현황, 도로 및 교통조건, 공사 중 기존 교통처리 대책 등)
③ 시공방법, 지반보강방법, 굴착공법 및 가시설 흙막이 구조물 공법
④ 환경보호대책, 지상구간 이용계획, 작업시간 소음 진동 대책
⑤ 포장, 환기, 방재, 배수시설, 전기, 신호 등 부대시설계획
⑥ 공정 및 공사비 등 경제성 분석
⑦ 시공안전대책 및 유지관리 대책 등

2) 비개착식 공법을 이용한 지하차도 계획

지중의 박스형 구조물의 굴착심도가 낮음에도 상부에 중요 시설이 있는 경우에 비개착식 공법이 고려될 수 있다. 비개착공법은 노면을 개착하지 않고 지중작업으로 구조물을 형성한다. 터널의

외벽 역할을 할 강관을 압입하고 그 내부를 굴착하여 터널을 형성하는 방식으로 터널 상부에 영향을 최소하여 건설이 가능한 공법이다. 비개착식 공법을 선정할 때에는 상부 보호구조물의 안전을 위해 허용 침하량 등에 대한 검토가 수반되어야 한다.

3) 시설한계

시설한계는 도로 위에서 차량이나 보행자의 교통안전을 보호하기 위하여 어느 일정한 폭, 일정한 높이 범위 내에서는 장애가 될 만한 시설물을 설치하지 못하게 하는 공간 확보의 한계를 말한다. 2023년 지하도로 설계지침(국토교통부)에서 제시하고 있는 시설한계는 포장 덧씌우기 등을 고려해 4.5m 이상으로 하며, 소형차 도로인 경우에는 주행 차량이 튀어 오르는 경우를 고려해 3.0m로 할 수 있도록 규정하고 있다.

<table>
<tr><th colspan="2">차도에 접속하여 길어깨가 설치되어 있는 도로</th><th rowspan="2">차도에 접속하여 길어깨가 설치되어 있지 않은 도로</th><th rowspan="2">차도나 중앙분리대 안에 분리대나 도로섬이 있는 도로</th></tr>
<tr><th>터널 및 100m 이상 교량을 제외한 도로</th><th>터널 및 100m 이상 교량의 도로</th></tr>
<tr><td>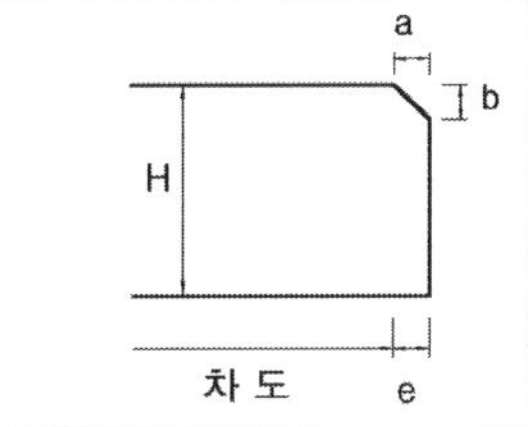
</td><td>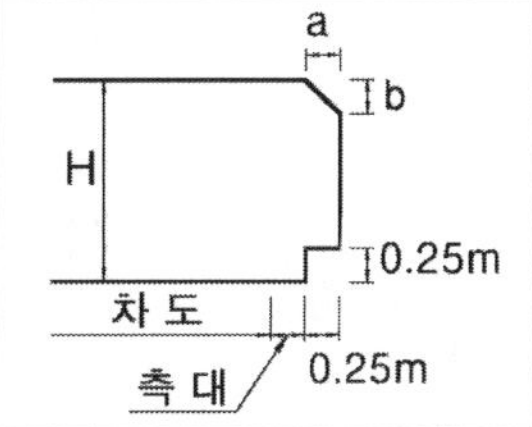
</td><td>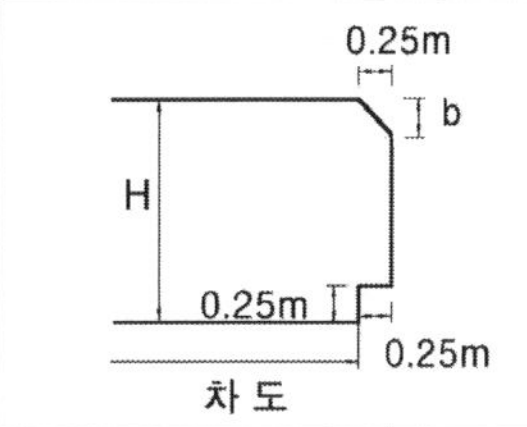
</td><td>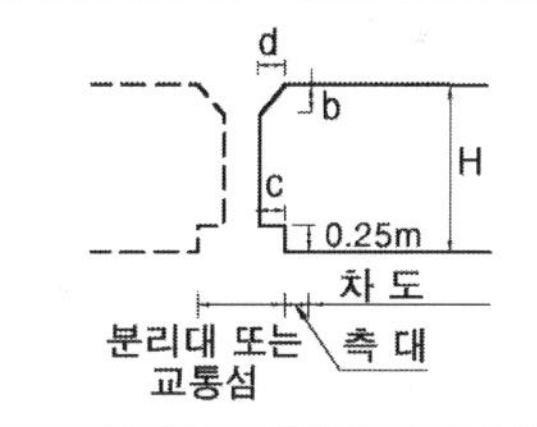
</td></tr>
</table>

1. a 및 e : 차도에 접속하는 길어깨의 폭, a는 1m 초과하는 경우에는 1m로 한다.
2. b :H(4m 미만인 경우 4m)에서 4m를 뺀 값, 소형차 도로는 2.8m를 뺀 값
3. c 및 d : 분리대와 관계가 있는 것이면 도로의 구분에 따라 다음의 정하는 값으로 하고, 교통섬일 경우 c는 0.25m, d는 0.5m로 한다.

구분	고속도로	도시고속도로	일반도로
c	0.25~0.5	0.25	0.25
d	0.75~1.00	0.75	0.5

4) 배수계획

지하차도의 배수시설은 표면수의 침투나 지하수 유입에 따른 지반지지력 약화, 포장파손을 방지하고, 노면배수 불량으로 인한 미끄러짐에 의한 교통사고 방지 등 도로기능유지와 교통안전에 매우 중요한 요소이므로 신속한 노면배수와 침투수의 차단, 지하차도 내부로 유입된 유입수를 배수처리하여야 한다. 특히 최근 치하차도 침수사고가 자주 발생하고 있으며, 침수된 지하차도의 위치가 강변지역이 약 45%가량 차지하고 있는 것으로 나타났다. 강변지역의 경우 하천범람 및 외부유입수에 의한 침수가 주요 원인이며, 강변외 지역은 집수정 용량산정에서 계획유량보다 많은 우수에 의한 것으로 나타났다.

① 집수정 : 집수정의 규모는 일반적으로 유입수량, 펌프용량, 펌프시동간격 및 시간 등을 고려하

여 결정한다. 집수정 내 침사조는 인력으로 청소가 가능하도록 하고, 집수조 전용량의 20~30% 규모로 설치하는 것이 바람직하다.

② 배수펌프 및 수·배전반 시설 : 배수펌프의 형식은 배수용 수중 펌프를 선정하는 것이 바람직하며, 배수펌프의 용량은 유량, 양정, 동력비 등을 고려하여 결정한다. 또한 수위변동에 따른 자동작동이 가능하도록 설계하고, 고장 및 수리를 대비하여 예비펌프 및 비상발전기 등을 추가로 설치하는 것이 바람직하다. 배수펌프 설비에 공급되는 전원의 수배전반 시설은 우기 시 침수되지 않도록 지하차도주변 지상에 설치하는 것이 좋다

③ 배수시설 : 일반적으로 터널구조물은 콘크리트 라이닝 외 주면을 따라 유입되는 용수처리를 위하여 자연유하 방식의 배수시설이 설치되는 반면 지하차도는 일반적으로 종단선형이 U자형으로 강우 시 유입면적 내의 우수가 노면을 통하여 내부로 유입될 수 있으며, 이로 인한 침수피해가 발생할 수 있다. 따라서 지하차도는 침수예방을 위하여 집수정 및 펌프 등을 이용한 강제배수 시스템이 일반적으로 적용되고 있다.

지하차도 종단경사가 급할 경우에는 우수집중으로 인한 침수위험이 가중될 수 있으므로 지하차도의 입출구부에 차로를 횡단하는 선배수 시스템을 설치하거나, 지하차도 유입 유량을 최소화하는 것이 바람직하다.

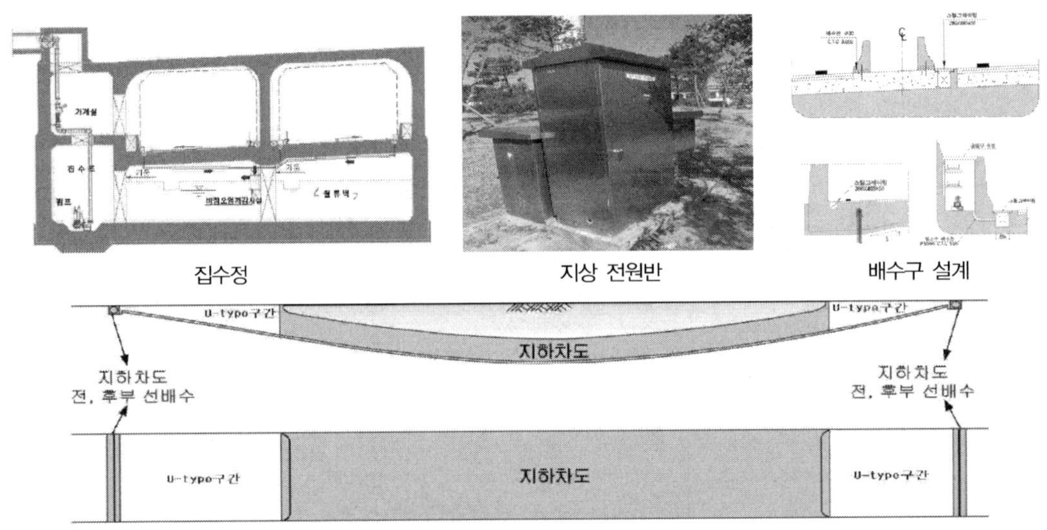

지하차도 진출입부 선배수

④ 수문분석 : 우수 유출량은 통상 합리식을 이용해 산정하고, 배수면적은 지하차도 입출구부 방향으로 하향경사가 있는 모든 면적을 적용한다. 설계빈도는 지역의 방재성능목표에 따라 설정한다. 일반적으로 도심지 내에 시공되는 지하차도는 주요 기반시설로서 침수피해 발생 시 도로의 기능 상실 등 큰 손실을 야기할 수 있으므로 지하차도 배수설계를 위한 설계발생빈도는 50년 이상을 적용하는 것이 바람직하다.

2. 지하도로의 근접시공 영향 검토(지하도로설계지침, 국토교통부 2023)

지하도로를 건설할 경우에는 기존 시설물과 근접해 시공할 경우에는 주변지반의 교란해 지반침하와 인접한 주변 시설물에 대한 영향을 미칠 수 있다. 따라서 근접시공으로 인한 지상 및 지하구조물의 안정성을 확보하기 위해 지반 및 지질현황을 철저하게 조사하고 지하수 변화에 의한 영향 검토, 공사로 인한 지반 안전성을 검토하여 검토결과에 따라 지하안전 확보 방안을 수립하여야 한다.

1) 지하도로의 터널시공 시 주변지반 거동과 인접구조물의 영향

토피가 깊지 않고 주변에 구조물이 위치한 구간에서 터널을 굴착하면 주변 지반의 응력상태가 변화하게 되어 터널굴착면의 변위가 증가하며 터널 주변의 이완영역이 발생하여 지표침하 및 인접한 구조물의 변형 등이 발생할 수 있다. 또한 지반의 교란에 의한 침하와 지반이 약화 또는 붕괴되거나 지하수 유출에 따른 토사가 유실되어 지중구조물의 침하나 변형, 지표면에 위치한 도로의 함몰 등이 발생할 수 있다.

근접시공 분류	기존 시설물의 거동 변화
병설	• 기존터널에 근접하여 병설터널이 건설될 경우 병설방향으로 변형이 발생한다. • 병설터널 시공에 의해 기존터널의 콘크리트라이닝에 작용하는 하중이 증가한다.
교차	• 신설터널이 기존터널의 상부를 통과할 경우에는 기존터널이 상부로 변위나 변형이 증가하거나, 아치형성이 되지 않아 콘크리트라이닝에 작용하는 하중이 증가하기도 한다. • 신설터널이 기존터널의 하부를 통과할 경우 기존터널의 침하가 예상된다.
상부 개착	• 터널 상부의 개착에 의해 상재하중이 제거되면 연직토압에 대한 측압의 비가 크게 되고, 상단으로의 밀어올림이 발생한다. • 토피압이 작으면 지반 아치 작용을 할 수 없어 라이닝에 작용하는 연직하중이 증대한다. • 절취가 터널에 대해서 비대칭인 경우에는 콘크리트라이닝에 편압이 작용한다.
상부 성토	• 터널 상부 성토에 의해 콘크리트라이닝에 작용하는 연직하중이 증가한다. • 토피가 깊은 경우에는 증가하중이 분산되고 그 영향은 작다. • 성토고가 균등하지 않은 경우에는 콘크리트라이닝에 편압이 작용할 수 있다.
상부 구조물 기초	• 기초 굴착 시 터널 상부의 개착과 같지만 그 정도는 일반적으로 작다. • 상부 구조물 시공 시 상부 성토와 같고 상재하중이 증가한다.
측면 굴착	• 터널측면으로 굴착된 방향으로 터널이 변형한다.
주변 앵커	• 터널 부근 앵커 설치 수량이 증가할 수 있다. • 앵커의 프리스트레스 도입 시 변위가 생긴다.
지반 진동	• 기존터널과 근접되어 있는 구간에 발파를 실시할 경우 콘크리트라이닝에 균열이 발생하고 파손될 수 있으며, 이미 균열이 발생하여 있거나 박리가 있는 경우에는 콘크리트라이닝 조각이 떨어져 나갈 수 있다.

2) 안전보호권

안전보호권(Safety Zone)은 터널이 완성된 후, 터널의 구조적인 안정을 위해 터널 주변 지반의 일정범위를 보호영역으로 확보하여야 하는 바, 이와 같은 원지반 상태의 영구적인 보호영역 한계를 터널의 안전보호권이라 한다. 안전보호권은 기존구조물의 상태, 현장여건, 지반조건, 기계 또는 발파공법 등의 시공조건, 장기적인 구조물의 안정성 측면 등의 다양한 조건을 고려해야 한다.

3) 근접시공 영향 존

지하도로가 터널형식으로 기존터널에 근접하여 병설 통과할 경우 기존터널은 신설터널 쪽으로 변위가 발생한다. 기존터널과 더욱 가깝게 근접할 경우에는 신설터널의 시공방법에 따라 기존터널에 미치는 영향이 커져 기존 터널의 콘크리트 라이닝에 작용하는 응력이 증가한다.

① 병설 및 교차 : 변위, 침하

| 위치관계 | 이격거리(D : 신설터널 외경) | | 근접도의 구분 |
	병설 통과	교차 통과	
신설터널이 기존터널보다 위에 위치	1D 미만	1.5D 미만	제한 범위(대책 필요)
	1~2.5D	1.5~3.0D	요주의 범위
	2.5D 이상	3.0D 이상	무조건 범위
신설터널이 기존터널보다 아래에 위치	1.5D 미만	2.0D 미만	제한범위(대책 필요)
	1.5~2.5D	2.0~3.5D	요주의 범위
	2.5D 이상	3.5D 이상	무조건 범위

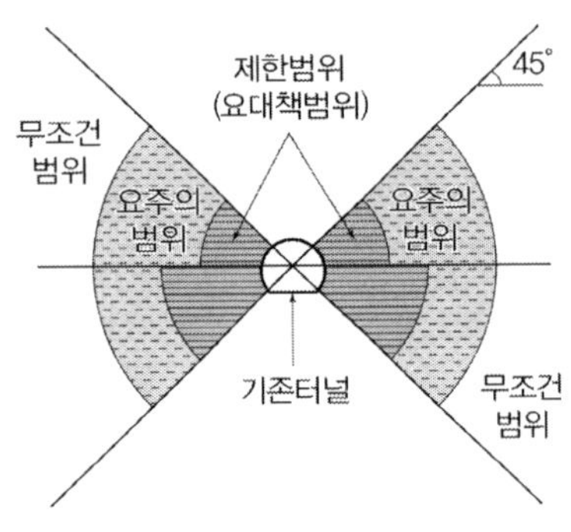

병설 통과할 경우 근접도

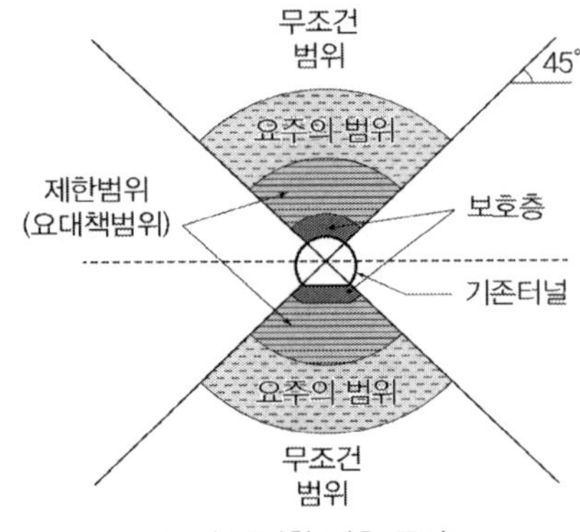

교차 통과할 경우 근접도

② 상부 성토 : 콘크리트 라이닝 하중 증가, 변위 발생

토피(H)	성토높이비($\Delta H/H$)	근접도의 구분
1D 미만	0.5 이상	제한범위(대책 필요)
	0.5 미만	요주범위(성토하중 10kN/m² 미만은 무조건 범위)
1D~3D	1.0 이상	제한범위(대책 필요)
	0.5~1.0	요주 범위
	0.5 미만	무조건 범위
3D 이상	1.0 이상	요주 범위
	1.0 미만	무조건 범위

③ 상부 구조물 기초 위치 : 콘크리트 라이닝 하중 증가

터널 상단보다 5m 위로의 예상 증가 하중	근접도의 구분
10kN/m^2 미만	무조건 범위
10~40kN/m^2	요주의 범위
40kN/m^2 이상	제한 범위(대책 필요)

④ 측면 굴착 : 변위

터널과의 이격(측방토피)	근접도 구분
1D	제한 범위(대책 필요)
1~2D	요주의 범위
2D 이상	무조건 범위

⑤ 주변 앵커 : 터널 내 천공수 유입, 그라우팅압이 터널에 전가, 긴장 시 터널주변부 변위 발생

앵커와 터널과의 이격	근접도의 구분
0.5D	제한 범위(대책 필요)
0.5~1D	요주의 범위
1D 이상	무조건 범위

⑥ 굴착 시 진동

터널과 이격거리	근접도의 구분
2D미만	제한 범위(대책 필요)
2~5D	요주의 범위
5D 이상	무조건 범위

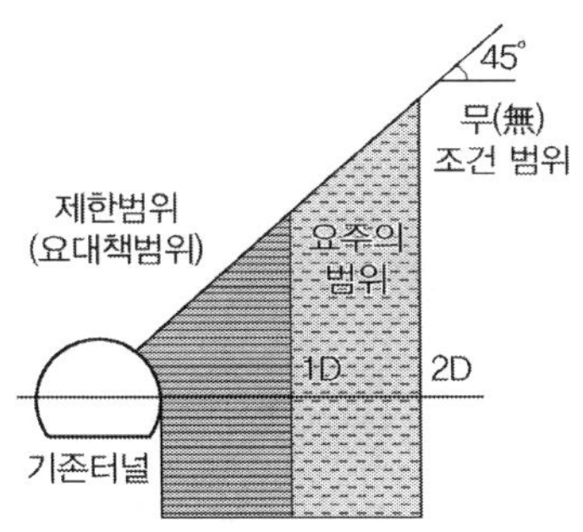

터널측면 굴착 근접에 따른 영향

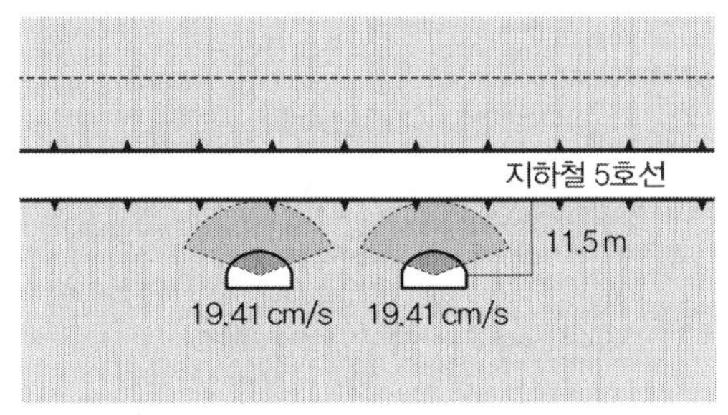

굴착 진동에 따른 영향(지하철 5호선 예)

1. 설계 방법과 작용 하중 [122회]

【 기출유형 ① 】 지하구조물 설계 시 작용하중

1) 설계방법

구조물은 적절한 신뢰도와 경제성을 확보하면서 요구되는 구조물의 수명 동안에 발생되는 하중과 환경에 안전성이 확보되어야 한다. 충분한 구조적 안전성과 사용성, 내구성을 확보하기 위해서는 적합한 재료의 선정, 적절한 설계, 엄격한 시공관리가 중요하다. 실제 구조물에서는 구조물의 시공과 사용 중에 발생 가능한 구조적 불확실성으로 작용하는 하중에 대한 불확실성, 사용하는 재료의 강도와 성질의 불확실성, 시공품질에 대한 불확실성, 거동을 예측하는 이론에 대한 불확실성에 대해 어떻게 합리적인 설계방법을 적용해 필요한 안전성을 확보하느냐가 중요하다. 설계법의 기본적인 이론은 추정하는 구조물의 저항강도가 작용하중에 비해 크게 두는 것으로 한다. 작용하중에 불확실성은 안전계수를 고려해 여유 강도를 확보하도록 한다. 국내 설계기준은 2023년 KDS 설계기준으로 통합되면서 허용응력설계법, 강도설계법, 한계상태설계법을 발주처 등에서 선택적으로 활용할 수 있도록 구성하고 있다.

구분	허용응력설계법(ASD, WSD)	강도설계법(USD, PD)	한계상태설계법(LSD, LRFD)
정의	철근콘크리트를 탄성체로 가정하고 탄성이론에 의해 재료의 허용응력 이내로 설계	철근과 콘크리트의 비탄성 거동인 극한강도를 기초로 설계하중이 단면저항력 이내가 되도록 설계	신뢰성이론에 근거하여 안전성과 사용성을 하나의 개념으로 보고 각각의 한계상태에서 확률론적으로 안전성을 확보하는 설계
기본 가정	① Bernoulli의 정리 성립 ② 변형률은 중립축 거리 비례 ③ 콘크리트 탄성계수는 정수 ④ 콘크리트 휨인장응력 무시	① Bernoulli의 정리 성립 ② 변형률은 중립축 거리 비례 ③ 압축 con 최대변형률은 0.003 ④ 콘크리트 휨인장응력 무시 ⑤ 등가압축응력블록 가정 ⑥ 철근은 선형탄성–완전소성	한계상태 구분 ① 극한한계상태 ② 사용한계상태 ③ 피로 및 파단 한계상태 ④ 극한상황한계상태
설계 개념	① 콘크리트 $f_c \leq f_{ca}$ ② 철근 $f_s \leq f_{sa}$ ③ 안전율 : 극한응력/허용응력	소요강도 ≤ 설계강도 $\sum \gamma_i L_i \leq \phi S_n$	각각의 한계상태에 대하여 소요강도 ≤ 설계강도 $\sum \gamma_i Q_i \leq \phi R_n$
장점	전통성, 친근성, 단순성, 경험, 편리성	안전도확보, 하중특성 반영, 재료특성반영	신뢰성, 안전율 조정성, 거동재료무관시방서, 경제성
단점	신뢰도, 임의성, 보유내하력 설계형식	사용성 별도 검토, 경제성, LSD에 비해 비합리적	변화, S/W, 이론에 치중, 보정

2) 작용 하중

터널형식인 경우에는 터널 설계코드(KDS 27)에 따르나, 지하차도의 경우 지하구조물로 통상 암거형식과 유사하기 때문에 공동구 설계코드(KDS 29)를 적용한다. 고려되는 하중은 주하중과 주하중에 상당하는 특수하중, 부하중과 부하중에 해당하는 특수하중으로 구분된다.

① 주하중

   (1) 고정하중(D)　(2) 노면활하중(L)　(3) 충격(I)　(4) 프리스트레스(PS)　(5) 콘크리트 크리프 영향(CR)

   (6) 콘크리트 건조수축의 영향(SH)　(7) 지반하중(또는 토압)(H)　(8) 수압(F)　(9) 부력(B)

② 주하중에 상당하는 특수하중

   (1) 지반변동의 영향(GD)　(2) 지점이동의 영향(SD)

③ 부하중

   (1) 온도변화의 영향(T)　　(2) 지진의 영향(E)

④ 부하중에 상당하는 특수하중

   (1) 가설 시 하중(T)　　(2) 기타

2. 부력 검토 84회/93회/100회/117회/125회/129회

【 기출유형 ① 】 지하구조물에서 양압력에 의해 발생되는 문제점과 검토방법, 대책

1) 부력 안정 검토

지하차도 구조물 설계 시 부력에 대한 안정성을 평가하며 부력에 대한 안전여부는 공사 중과 완공 후로 구분하여 검토하며 공사 중 공사단계별 조건 중에서 가장 위험한 조건을 기준으로 한다.

2) 부력 계산 세부 내용

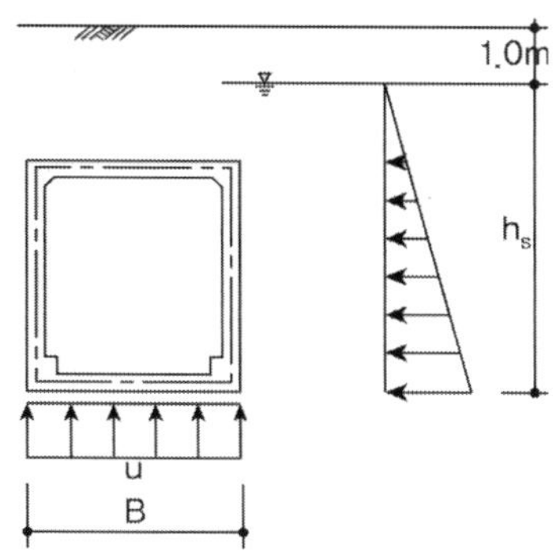

부력에 대한 안전율

① 공사 중 : $FS \geq 1.10$

② 완공 후 : $FS \geq 1.20$ (실제 조사수위 적용 시)
　　　　　　$FS \geq 1.05$ (GL−1.0m, 극한상황)

※ 실제 조사수위 적용은 계절별 최대 수위 적용하여야 하는 이유로 통상 극한상황에 대하여 적용하고, 공사 중 안정성 검토 시에는 부력방지 앵커 등을 설치할 경우 이를 하중으로 고려하여 설계

3) 부력 : $U = \gamma_w h_s B$

γ_w : 물의 단위중량(kN/m), h_s : 지하수의 심도(m),   B : 부력의 폭(m)

4) 저항력

① 부력에 대한 저항력(R)은 고정하중(구체자중, 상재 고정하중)과 측면마찰력(F)의 합으로 한다.

② 구체자중은 구조물 자중만을 고려한다.

③ 상재고정하중은 포장하중과 지하수의 영향을 고려하여 구한다.

④ 지하수위 이하의 토피하중은 지하수위 이하 흙의 단위중량(γ_{sub})을 기준으로 하고 연직수압은 추가로 고려한다.

⑤ 저항력 : 구체자중(W_1) + 상재고정하중(W_2) + 측면마찰력(F)

$$\text{측면마찰력}(F) = 2(\text{양면}) \times \left[cD(\text{점착력}) + \frac{1}{2}K_u \gamma D^2 \tan\delta (\text{삼각형토압}) \right]$$
$$= 2cD + K_u \gamma D^2 \tan\delta$$

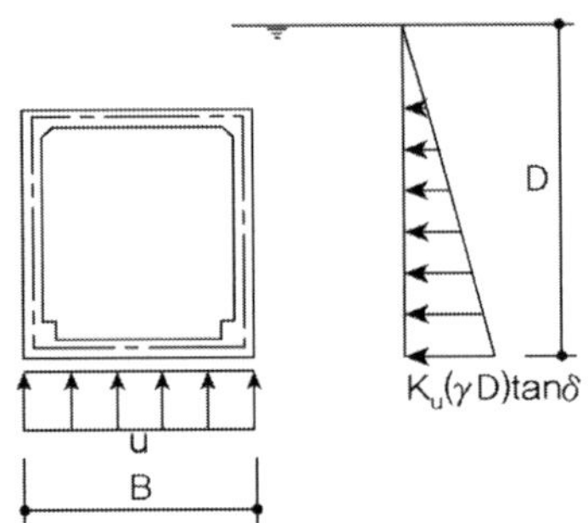

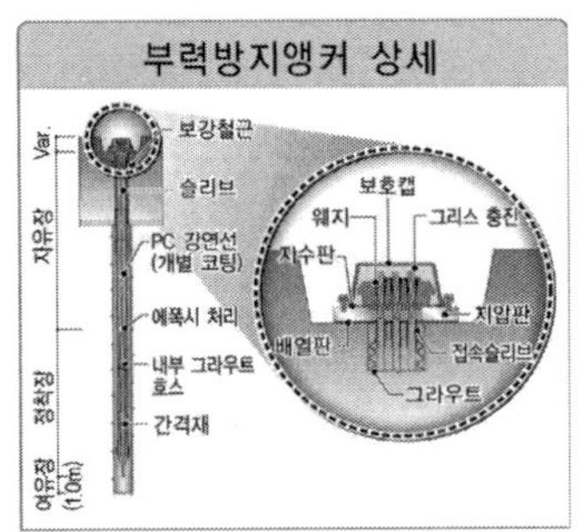

c : 점착력(kN/m^2),   D : 적용점의 심도(m)

K_u : 토압계수, 흙의 변형생태로부터 발생하는 정지토압계수 K_0 에서 수동토압계수 K_p 사이 의 값으로 안전을 고려하여 정지토압계수 적용$(K_0 = 1 - \sin\phi)$

γ : 양압력을 고려하는 습윤 상태의 단위중량(kN/m3)

$\tan\delta$: 파괴면이 비교적 구조물 벽면에 인접하여 있으므로 구조물과 지반의 상태마찰각으로 생각하며 $\delta = \frac{1}{3}\phi$로 적용

⑥ 부력에 대한 안전율 부족 시에는 전단키 설치로 구조물 자체의 중량 확보 방안, 부력방지 앵커, 영구배수공법 등과 같은 별도의 필요한 조치를 한다.

⑦ 영구구조물에서 부력방지용 인장말뚝 설치 시에는 인장말뚝의 인장앵커력을 구조계산 시 고려한다.

5) 부력방지 대책

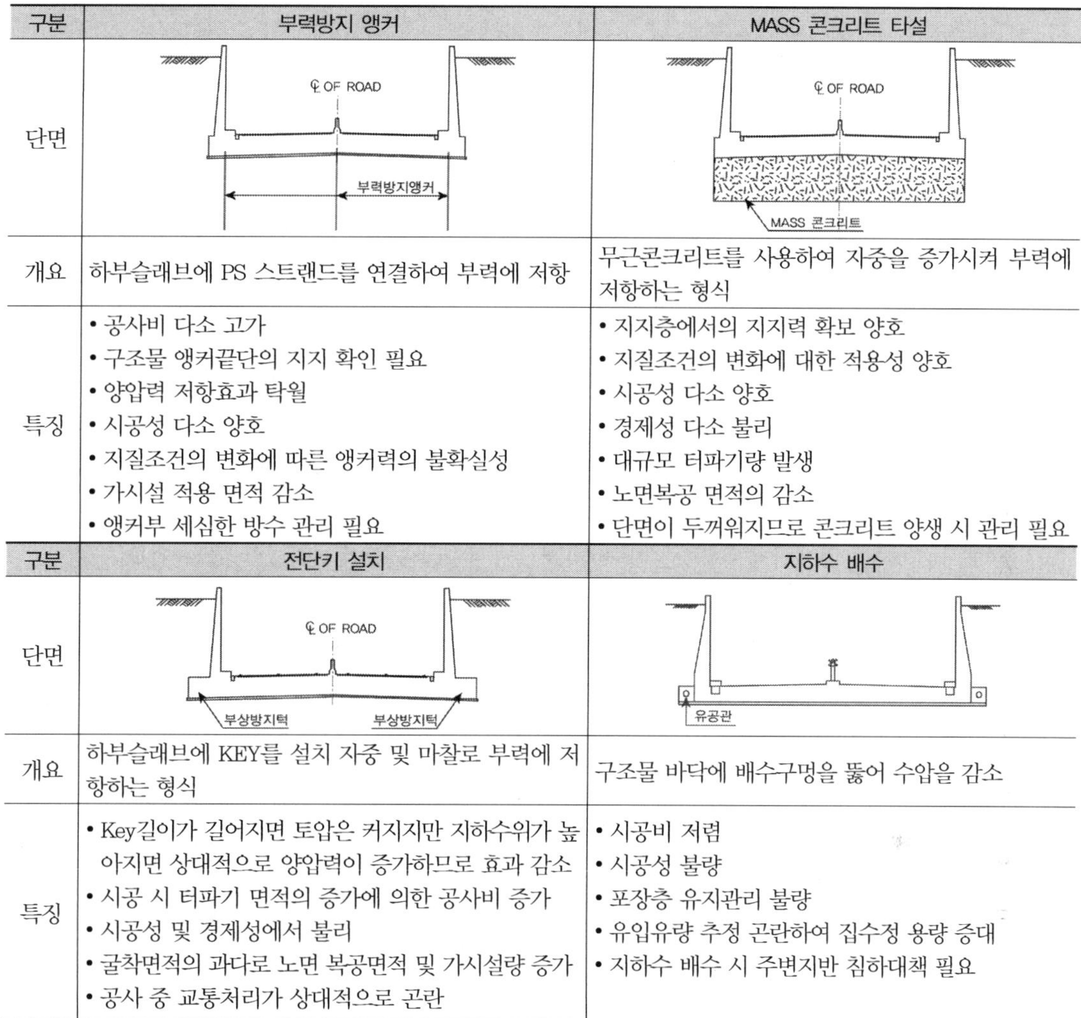

구분	부력방지 앵커	MASS 콘크리트 타설
단면		
개요	하부슬래브에 PS 스트랜드를 연결하여 부력에 저항	무근콘크리트를 사용하여 자중을 증가시켜 부력에 저항하는 형식
특징	• 공사비 다소 고가 • 구조물 앵커끝단의 지지 확인 필요 • 양압력 저항효과 탁월 • 시공성 다소 양호 • 지질조건의 변화에 따른 앵커력의 불확실성 • 가시설 적용 면적 감소 • 앵커부 세심한 방수 관리 필요	• 지지층에서의 지지력 확보 양호 • 지질조건의 변화에 대한 적용성 양호 • 시공성 다소 양호 • 경제성 다소 불리 • 대규모 터파기량 발생 • 노면복공 면적의 감소 • 단면이 두꺼워지므로 콘크리트 양생 시 관리 필요
구분	전단키 설치	지하수 배수
단면		
개요	하부슬래브에 KEY를 설치 자중 및 마찰로 부력에 저항하는 형식	구조물 바닥에 배수구멍을 뚫어 수압을 감소
특징	• Key길이가 길어지면 토압은 커지지만 지하수위가 높아지면 상대적으로 양압력이 증가하므로 효과 감소 • 시공 시 터파기 면적의 증가에 의한 공사비 증가 • 시공성 및 경제성에서 불리 • 굴착면적의 과다로 노면 복공면적 및 가시설량 증가 • 공사 중 교통처리가 상대적으로 곤란	• 시공비 저렴 • 시공성 불량 • 포장층 유지관리 불량 • 유입유량 추정 곤란하여 집수정 용량 증대 • 지하수 배수 시 주변지반 침하대책 필요

3. 부력 방지 앵커의 설계 ^{96회/126회}

1) 부력방지 앵커의 정착방식

앵커는 정착방식에 따라 마찰형, 지압형, 복합형 앵커로 구분되며, 마찰형 앵커는 인장형과 압축형 앵커로 구분된다. 또한 압축형 마찰식 앵커는 하중집중형 앵커와 하중분산형 앵커로 구분할 수 있다.

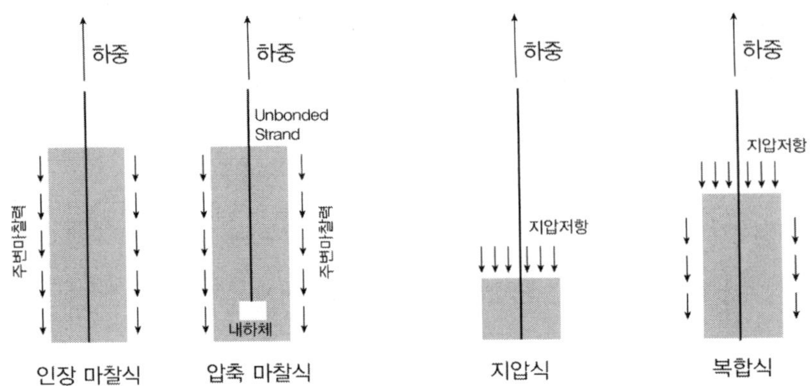

① 마찰형 앵커 : 그라우트와 지반 마찰력으로 지지하는 방식으로 인장형과 압축형이 있으며 사용성이 높다.

(1) 인장 마찰식 앵커 : 강연선과 그라우팅의 부착력을 통해 앵커의 정착장으로 하중전이가 이루어지는 방식이다. 인장력 도입 시 정착장 상단부에 집중응력이 발생하고, 강선과 그라이트 사이에 과도한 인장력으로 균열이 발생하여 하중저감이 발생하는 특징을 가진다.

(2) 압축 마찰식 앵커 : 선단에 위치한 정착제에 하중을 전이시키는 방법으로 정착제의 수에 따라 단일의 경우 하중 집중형으로 다중인 경우 하중분산형으로 구분된다. 지반 구속압에 의한 포아송 효과(직경 팽창) 발생으로 마찰 저항이 증가하고 그라우트 강도가 증가하는 특성을 가진다. 연약지반에는 적용성이 떨어지는 단점이 있다.

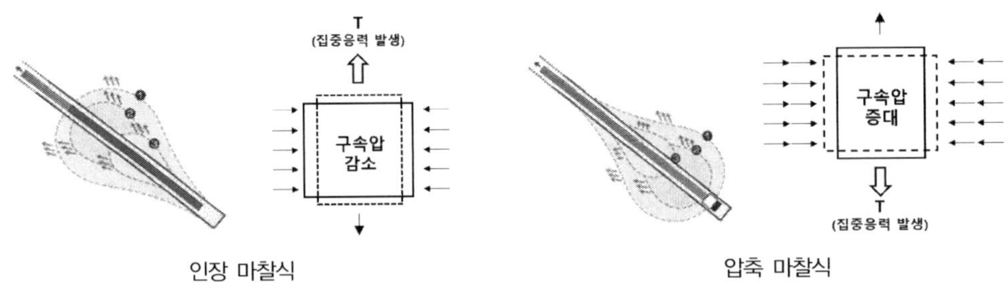

② 지압식 앵커 : 지압판이나 파일 등을 사용하여 지반의 수동 저항력으로 지지하는 구조이다.

③ 복합형 앵커 : 마찰형과 지압형을 함께 적용하는 방식이다.

2) 부력방지 앵커의 소요정착장

소요정착장은 자유장과 앵커 정착을 위한 정착장 길이의 합으로 산정된다. 앵커의 자유장은 프리스트레스를 유효하게 작용시킬 수 있도록 해야 하며, 앵커제가 설계 정착력을 충분히 발휘할 수 있는 양호한 지반조건, 기상조건, 구조조건 등을 고려하여 결정한다.

① 최소정착장 : 3.0m

② 앵커체 부착장(L_{sa})과 앵커체 (마찰)저항장(L_a) 중 최댓값

③ 앵커의 자유장 : 4.5m

④ 앵커장 길이 산정 : ②+③

3) 앵커의 안정성 검토

안전율(통상 1.2)과 앵커의 배치간격 등을 고려하여 적정한 본당 설계력을 발휘할 수 있도록 설계하중을 산정한다. 앵커 본당 설계하중은 다음의 값 이하가 되도록 하여야 한다.

앵커 본당 설계력 : [부력 × 안전율(통상 1.2) − 부체자중] / (앵커 배치간격)

앵커 본당 설계하중 : 본당 설계력 × 1/2(양측분담) × 설치간격

① 최대 초기긴장력($0.75\,T_{us}$, T_{us} : 극한하중)과 $0.85\,T_{ys}$(T_{ys} : 항복하중) 중 작은 값 > 앵커 본당 설계하중

② 최대 정착 시 긴장력($0.70\,T_{us}$)와 $0.80\,T_{ys}$ 중 작은 값 > 앵커 본당 설계하중

③ 최대 유효긴장력[최대 정착 시 긴장력(②)의 0.9배] > 앵커 본당 설계하중

4) 앵커의 탄선변위량, 지압부 펀칭 전단력, 지압판 검토

① 탄성변위량 $\delta = \dfrac{T_s L_s}{E_s A_s}$

② 지압부 펀칭 전단력 검토

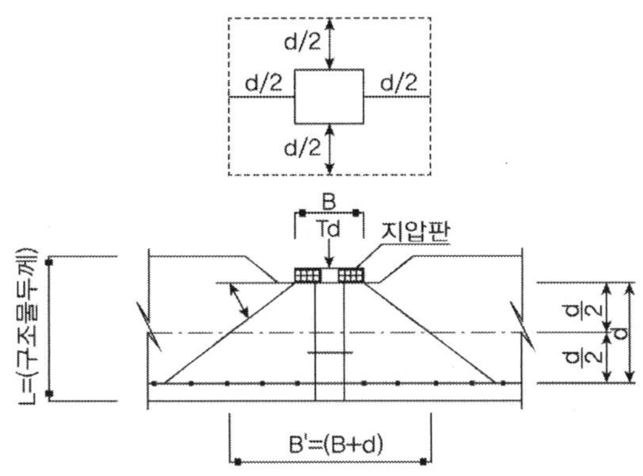

(1) 허용지압응력 검토 $A_a = b^2 - \dfrac{\pi}{4} d_s^2$

   (b : 앵커플레이트 폭, d_s : 슬리브 외경)

$$f_c = \frac{T_d}{A_a} < \text{콘크리트 허용지압응력}(0.4 f_{ck})$$

(2) 펀칭전단검토

$$A = 4(B+d) \times d\,(d : \text{콘크리트블록 유효높이})$$

$$\tau_c = \frac{T_d}{A} < 0.25\sqrt{f_{ck}}\,(\text{콘크리트 허용전단응력})$$

③ 지압판 검토

지압판 유효면적 : $A =$ 앵커플레이트 폭2 $- \dfrac{\pi}{4} d_s^2$

지압판 너트면적 : $A_n = \pi \times e \times t$ 여기서, e : 너트외경, t : 지압판 두께

$$M = \frac{T_d}{4} - \frac{d_s - e}{2}, \quad f = \frac{M}{Z} < f_a, \quad \tau = \frac{T_d}{A_n} < \tau_a$$

4. 지하차도 유도배수공법의 설계 및 유지관리 (LHI Journal, 유도배수공법을 적용한 지하차도 설계 및 유지관리방안, 영종하늘도시)

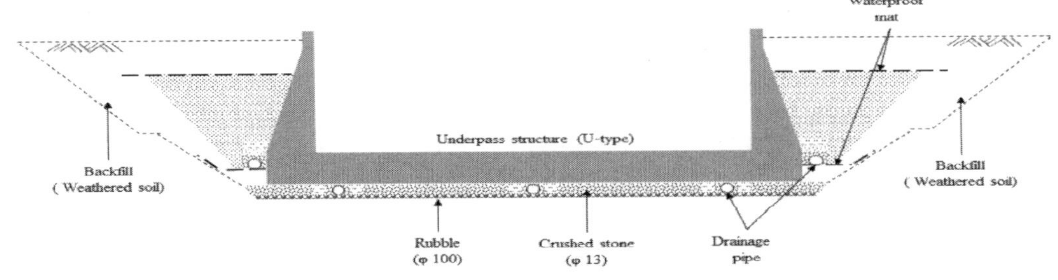

구분	고정하중에 의한 방법	영구앵커에 의한 방법	배수에 의한 방법	
			외부 배수시스템	기초 바닥 배수시스템
개요	구조물자중을 압압력보다 크게 설계	구조물자중과 양압력의 차이를 앵커가 부담	지하벽체 외부에 배수층 설치, 침투 유압하는 지하수를 배수, 양압력을 감소	기초 슬래브 아래에 배수층 설치, 유입 지하수 강제양수
시공	저층부 구조체 및 기초두께를 증가시키나 비중이 큰 재료로 공간 채움	암반층 천공하고 스트랜드 강선을 삽입, 긴장하여 양압력에 저항	유공관 또는 다발관 및 집수정 설치	유공관 또는 다발관 및 집수정 설치
장점	시공간편, 천층 지하굴착에 많이 적용	앵커의 저항능력 및 간격 선택이 자유로움	지하구조물 전체 안정에 효과적	경제적이고 시공이 간단하여 공기단축
단점	양압력이 크거나 구조물이 크고 중요한 경우 적용 불가 기초단면 증가로 공사비 증가	공사비 고가, 강선부식, 응력 이완 또는 감소 우려 장기적 계측과 재인장 필요	유지관리비용 소요 배수재 막힘 현상에 의한 배수기능 저하	유지관리비용 소요 지반 내 유입수량의 적절한 산정이 중요

구분	지하수 유도배수에 의한 방법	영구앵커에 의한 방법
개요	• 지하차도 측면 및 바닥에 배수층 설치로 지하수 유도 및 지하수위 저하 유도 • 유도지하수를 집수정에 모아 배수 처리	• 자연형성 지하수위에 의한 부력을 Anchor로 저항 • 천공 후 공장제작된 Anchor체 삽입 및 그라우팅 작업, 기초 콘크리트 타설양생 후 인장작업 설치
장단점	• 지하수를 목표 LEVEL까지 인위적으로 하향조정 가능 • 퇴적지대의 자연수위가 아닌 매립층 지역의 수위 형성으로 인한 유출수량은 매우 제한되어 경제적이며 효과적 • 유도배수공법 유지관리가 요구	• 별도 유지관리 필요 없음 • 실제 형성 지하수위 예측이 어려움 • 안정적으로 적용지하수위를 높게 잡는 경우 공사비 증가 • Anchor체 자유장 부등Creep인장으로 구조 부재 균열 발생 가능
결론	• 지하차도 폭이 매우 넓고 지하수위가 높아 부력에 대한 대책공법으로 Anchor 공법 또는 자중증대공법을 적용하는 경우 안정성은 높으나 비경제적 설계 • 지하차도가 비교적 단지고가 높은 구역에 설치되어 지하수 유도배수공법 적용 시 소요 지하수위 저하고는 크지 않은 편이고 우기 시 지하수 유입량 및 만조위시 대수층 피압수 유입량은 제한될 것으로 판단되어 경제성이 큰 지하수 유도배수공법 적용이 유리 • 다만 운영 중 지하수위 계측을 시행하고 불확실한 지하수 특성에 대비하도록 강구가 필요	

단계	흐름도
유역 현황 분석	**현장조사** • 수문조사 • 토질조사 **유역 수문 특성 평가** • 유출 특성 • 함양량 특성 • 지하수위 특성

평가기준 산정	**지하수위 변동 특성 평가**
	• 대상 유역 적용가능 평가
	  – 수문학적 지형 특성 평가
	  – 인위적 요인 특성 평가
	• 유도배수적용 공법별 변동 비하수위 평가 **구조물 안전성 평가**
	• 지하수위별 구조물 거동 특성 평가
	• 부력이 발생하는 한계지하수위 평가

적용공법별 안전성 평가 및 공법 결정	**적용 방안 결정** • 공법 적용 시 변동되는 지하수위와 구조물 안전수위 비교 • 안전도에 따라 공법 결정(절대 안전, 조건부 안전, 절대 불안전) • 유도배수공법 적용 시 지하차도 배수용량 검토
유지관리	**단기간 유지관리** • 준공전후 지속적인 관측필요 • 기간별(우기·건기, 간조·만조) 지하수위 변동 특성 평가 • 유도배수시설 청소 **자기 유지관리** • 지속적인 관측 필요 • 준공 1~2년 후 관측 자료를 바탕으로 유지관리 재평가 시행 • 재평가에 따라 대안 마련

(유도배수공법 적용성 평가 흐름도)

5. 지하차도 구조물의 횡방향 및 종방향 설계 ^{110회/135회}

지하차도 구조물은 종방향으로 지하에 긴 구조물을 설치하기 때문에 지반조건의 변화에 따라 구조물에 침하로 인해 단면력 변화 등의 영향을 미칠 수 있다. 통상 신축이음을 두기 때문에 경간이 짧은 구조물에서는 영향이 상대적으로 적으나, 장대 지하차도의 경우에는 종방향으로 지반조건 변화에 따른 영향을 고려해야 한다.

1) 지하차도 구조물의 지반여건 변화로 인한 영향

① 침하 : 연약지반 내의 지하차도나 통로암거를 설치하는 경우 탄성 침하량과 압밀 침하량으로 인한 부등침하가 발생할 수 있다. 또한 연약지반에 굴착을 행하면 응력감소로 인한 팽창으로 굴착저면에 리바운드(Rebound)가 발생할 수 있다.

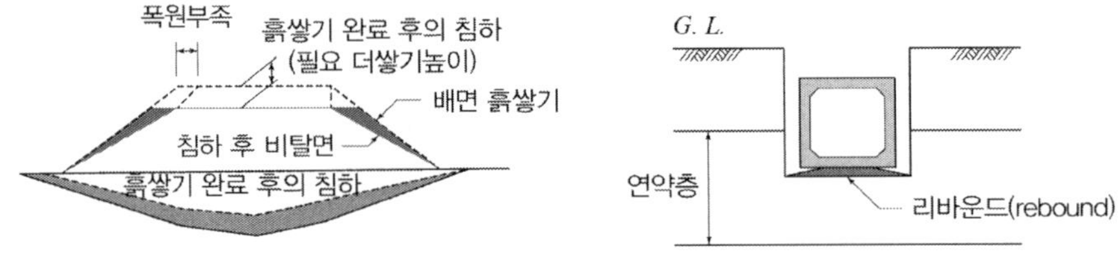

② 부등침하로 인한 공동현상과 응력집중 : 하부의 부등침하로 인해 하부에 공동현상이 발생될 수 있으며, 부등처짐으로 인한 상대각으로 응력이 집중되는 문제가 발생될 수 있다.

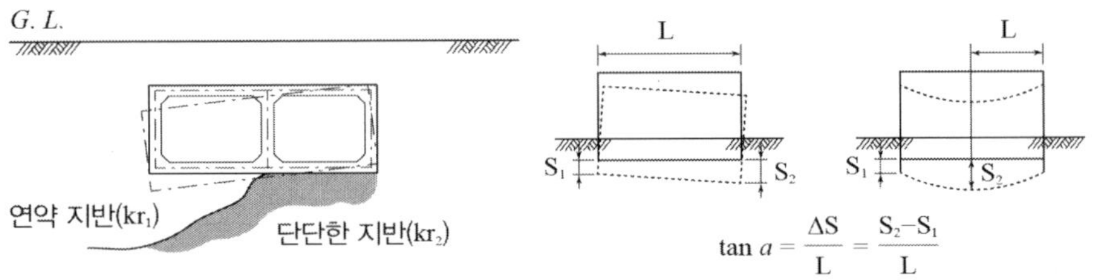

③ 종방향의 단면력 변화 : 종방향으로의 지반 지지력의 차이가 있는 경우 경계부에서의 응력집중이 발생되며, 이로 인해 단면해석과 달리 종방향으로 단면력의 변화가 발생될 수 있다.

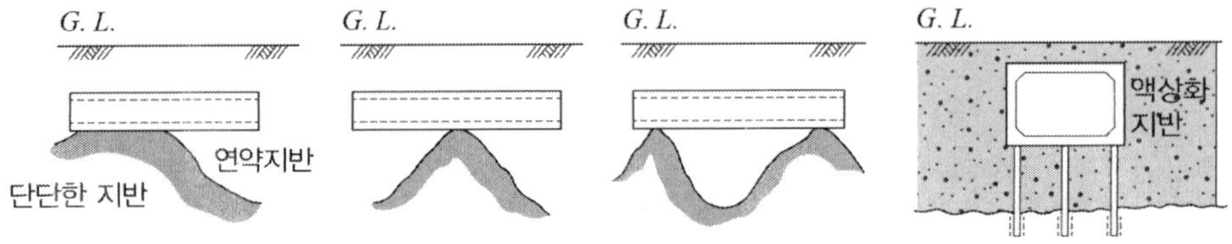

④ 지진 시 액상화로 인한 부상 및 증폭 : 지진 발생으로 지반이 액상화되는 경우 암거의 중량이

배제된 흙의 중량보다 가벼운 경우 암거에 큰 양압력이 작용되어 부상될 수 있다. 반면 암거가 무거운 경우는 지지력을 잃어 침하될 수 있다. 또한 지진력의 증폭으로 우각부에 응력이 집중될 수 있다.

2) 구조물의 종방향 구조 검토

① 구조물 종방향 검토 시 종방향 강성(EI)을 무한대로 보고 지지조건을 탄성받침으로 한다. 지점의 경계조건은 기초지반의 종류에 관계없이 저판의 모든 부위에 지반반력계수와 설치간격으로부터 환산된 스프링을 설치(간격 1.0m 이내)한 모델로 계산한 방법이 주로 사용되며 부력 등에 의하여 스프링에 인장이 발생할 경우 인장을 받는 스프링은 차례로 제외시켜 최종적으로 압축만 받는 스프링만 남겨둔 상태의 모델 해석결과를 취한다. 다만 암반지반에서는 벽체 또는 기둥 하단부위에 회전 또는 이동지점의 경계조건을 부여할 수 있다.

$$\text{지반반력계수} : K_v = K_{v0}\left(\frac{B_v}{0.3}\right)^{-0.3} \text{(토사지반)}$$

K_v : 연직방향 지반반력계수(kN/m^3)

K_{v0} : 지름 0.3m의 강체원판에 의한 평판재하 시험값에 상당하는 연직방향 지반반력계수로

지반조사로부터 $K_{v0} = \dfrac{1}{0.3}\alpha E_0$ 로 추정 (E_0 : 지반변형계수, α : 계수)

B_v : 기초의 환산재하폭 B_v 는 구조물 저판의 지간을 적용

② 적정 간격으로 신축이음을 줄 경우에는 종방향 검토를 하지 않아도 되나 특별히 기초 지반이 좋지 않을 때는 종방향 검토를 하는 것이 바람직하다.

③ 신축이음

  (1) 박스구조 : 하천통과구간, 온도변화에 의한 건조수축, 부등침하, 주행성을 고려하여 설치하되 연약지반이나 부등침하, 지진의 영향이 큰 곳에서는 EXP. Joint를 설치한다. 본체구조물과 부대시설(환기구, 비상통로 등) 접합부는 상이한 설계조건, 외부온도 변화의 영향을 고려하여 신축이음을 설치한다.

  (2) U-TYPE : 온도변화에 의한 응력으로 균열이 예상되므로 EXP. Joint를 설치한다.

④ 신축이음 방향은 원칙적으로 측벽에 직각으로 하나 토피가 작은 경우에는 중앙분리대의 방향 또는 차선표시 방향으로 하는 것이 바람직하다.

⑤ 지하 개착식 박스구조물은 일반적으로 신축이음이 없는 연속한 구조물로 기준하고 연약지반으로 인한 부등침하나 지진의 영향이 크다고 생각되는 경우는 신축이음을 설치할 경우가 있다.

⑥ 지하본체구조물과 환기구, 출입구 등 부대시설 접합부는 상이한 설계조건 및 외부온도 변화의 영향 등에 의해 발생할 수 있는 구조적으로 다른 거동과 힘의 흡수 또는 통과시킬 수 있도록

설계해야 하며 접합부에는 신축이음을 둘 수 있다.

⑦ 시공이음의 구조에서는 철근을 연결하고 단면 내에 홈을 두는 등 전단키를 설치하여 힘의 전달이 확실하게 하며 물의 침투가 되지 않도록 사용하는 재료의 재질, 규격, 설치 방법 등을 검토 설계한다.

1. 지하차도의 신축이음 방식 비교 예

구 분	원안, 대안설계 (LK-Joint)	매입일체형 Joint	Angle Joint
개 요 도			
공 법 개 요	•구조용강재와 탄성고무, 접착제로 구성된 일체형 신축이음 공법	•수팽창지수재, 지수판, 다웰바등의 신축이음에 무조인트를 적용	•백업재나 Joint Seal을 Angle 사이에 장착 후 콘크리트를 타설
특 징	•온도변화에 대한 신축성 우수 •내구성 및 주행성 우수 •누수차단 효과 완벽 •시공성 및 유지보수에 유리	•온도변화에 대한 신축성 불리 •노면과 연속성 우수 •Joint가 없어 주행성 양호 •소성변형등 유지보수에 불리	•온도변화에 대한 신축성 불리 •내구성 및 시공성 보통 •노면과 연속성 불량 •지속적인 유지보수 필요
검토결과	•차륜하중이 직접 재하되는 하부슬래브의 신축이음장치는 유간확보가 확실하여 균열발생을 최소화 할 수 있고 시공성, 내구성이 우수하고 특히 누수차단이 탁월한 LK-Joint 공법을 선정		

2. 온도수축철근(KDS 14 20 20 강도설계법)

① $f_y \leq 400MPa$: $\rho_{min} = 0.002$

② $f_y > 400MPa$: $\rho_{min} = 0.002 \times \dfrac{400}{f_y}$ 단, $A_s \leq 1800mm^2/m$, $s_{max} \leq [3h,\ 450^{mm}]$

⑧ 지하차도구간 부등침하 방지대책 예

(1) 기초지반의 급격한 변화 (연약지반 → 암반지반)

(2) 구조물의 기초형식 변화구간 (말뚝기초 → 직접기초)

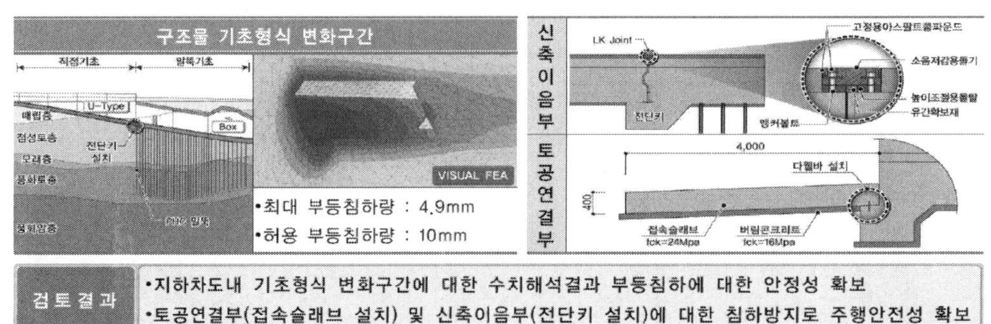

검토결과	•지하차도내 기초형식 변화구간에 대한 수치해석결과 부등침하에 대한 안정성 확보 •토공연결부(접속슬래브 설치) 및 신축이음부(전단키 설치)에 대한 침하방지로 주행안전성 확보

6. 라멘구조

지하차도 박스구간이나 암거의 우각부에서는 응력 집중이 생기기 쉬우므로 힌지를 만드는 것이 좋으나 시공적인 측면을 고려해 두지 않을 수도 있다. 특히 지간이 큰 경우(8m 이상)에는 헌치가 우각부 응력집중을 저감시킨다. 토피의 두께가 두꺼울 경우에는 우각부의 전단응력으로 단면이 결정되므로 단면 두께가 두껍게 되기 때문에 헌치를 고려하는 것이 경제적일 수 있다.

구조해석 모델에서는 일반적으로 헌치에 의한 휨강성 및 부재 축선의 변화가 미미하기 때문에 무시하고 설계한다. 헌치를 무시하고 구조해석을 하는 경우에는 부재단의 휨모멘트를 아래와 같이 이동하여 구한 값을 사용한다. 계수 전단력 V_u는 받침부 내면에서 d거리 이내에 위치한 거리에서 구한 전단력 V_u의 값으로 설계한다. 또한 부재단면의 유효깊이는 인장 주철근 중심으로부터 압축단 연단까지의 거리이며, 헌치가 있을 경우에는 1:3 이내의 헌치 단면까지는 유효한 단면으로 설계한다.

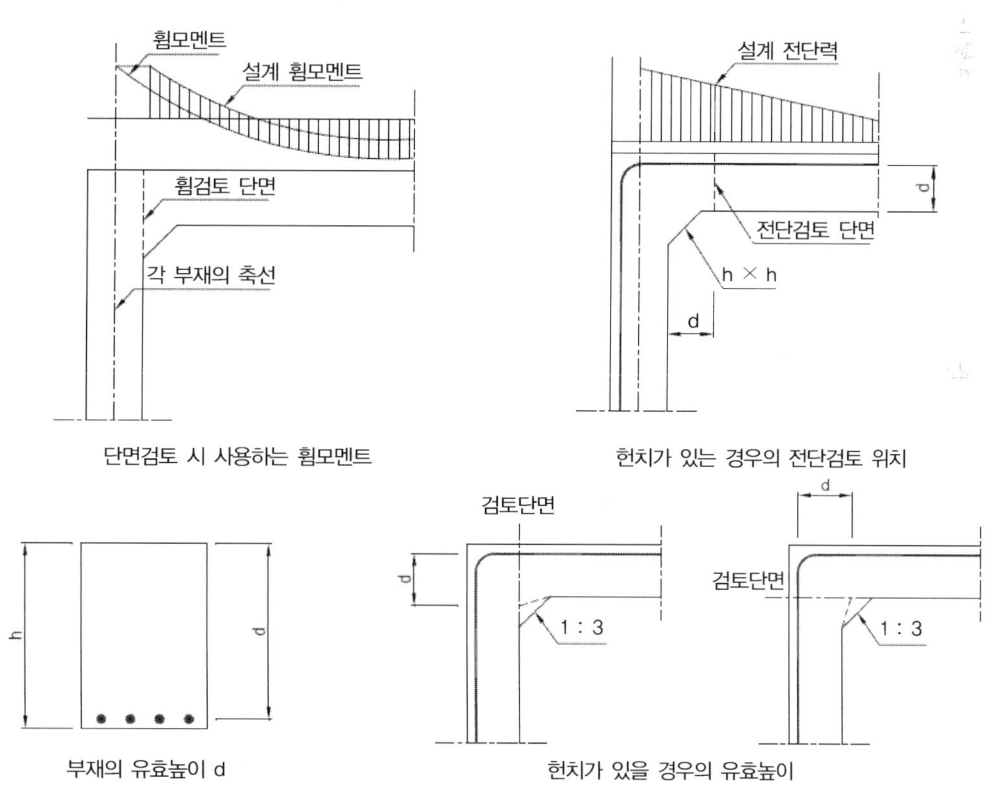

단면검토 시 사용하는 휨모멘트

헌치가 있는 경우의 전단검토 위치

부재의 유효높이 d

헌치가 있을 경우의 유효높이

7. 비개착 공법

비개착공법은 지표면을 파헤치지 않고 지하를 굴착하는 공법으로 보통 도심지에서 지하철, 통신관, 상하수관 등을 설치할 때 활용되며, 지상 교통이나 건물에 영향을 최소화할 수 있다. 소음이나 분진이 적기 때문에 무굴착공법이라고도 하며, NATM, Shield TBM 등도 포함된다.

① NATM(New Austrian Tunneling Mehod) : 발파 후 숏크리트, 록볼트 등을 이용해 지반 자체의 지지력으로 굴착을 유지하는 방식

② Shield TBM(Shield Tunnel Boring Machine) : 원형 터널을 기계로 굴착하며 동시에 라이닝 설치까지 진행하는 방식

③ Micro Tunneling : 소형 배관, 통신관 등을 설치할 때 적합한 공법으로 강관을 밀어 넣는 방식

④ Pipe jacking : 입구에서 원형 강관 등을 밀어 넣으며 굴착하는 방식

구분	비개착 공법	개착 공법
지표면 처리	지면을 건드리지 않음	지면을 완전히 굴착
소음/먼지	적음	많음
비용	고비용	저비용
공사속도	느림	빠름
적용	도심, 민감지역	개발지, 도시 외곽

1) 지하차도 등에 적용되는 비개착공법의 설계

지하차도 등 토피고가 얕은 터널구간에 대한 비개착공법의 설계 방법 및 기준은 명확하게 제시되어 있지 않다. 통상 터널 주변 지반의 아칭효과를 크게 기대할 수 없다는 인식하에 설계자의 경험 및 터널 갱구부의 토피고가 터널직경의 1.5배 영역을 저토피 보강 영역으로 설정하여 굴착 및 지보 설계를 수립하고 있다.

강만호 등(비개착공법에서 터널 직상부 지반 침하에 대한 설계 주요 인자별 영향 연구, 2025 터널과 지하공간 학술지) 연구에 따르면 공사중 발생하는 전체 침하량의 약 80% 이상이 강관 관입 공정과 터널 굴착공정에서 발생하는 것으로 나타났으며, 터널 굴착 시 지표침하에 영향을 미치는 주요 설계인자는 단면비, 토피비, 무지보굴진장 등이 영향을 미치는 것으로 알려져 있다.

2) 지하차도 등에 적용되는 비개착공법의 비교

구분	NTR (New Tubular Roof Method)	UPRS (Upgraded Pipe Roof Structure Method)	FJ (Front Jacking Method)	TRcM (Tubular Roof construction Mehod)
개요				

구분	NTR (New Tubular Roof Method)	UPRS (Upgraded Pipe Roof Structure Method)	FJ (Front Jacking Method)	TRcM (Tubular Roof construction Mehod)
공법개요	대구경 강관 압입 후 상부 슬래브와 벽면 형성용으로 압입된 강관의 상하 또는 좌우 절개 후 강관 외측이나 상부를 용접하고 구조체를 축조해 토사 굴착	강관 다발체를 연결고리인 레일에 의해 맞물려 압입하고 연결부위를 용접으로 보강한 후 철근 다발체를 설치하고 콘크리트를 타설해 일체화하는 공법	비개착 대상지층과 외측 지층 분리용 강관을 압입한 후 목적 구조물 타설, PC강연선과 유압잭을 이용해 구조물을 견인하는 공법	갤러리관을 추진한 후 갤러리관 내부에서 직각방향으로 슬래브관을 추진, 철근 콘크리트를 타설하여 상부슬래브와 벽체 설치한 후 터널 내부 굴착해 구조물 완성
특징	◆ 강관 내부에서 구조체를 축조하고 본선터널을 굴착하므로 타비개착공법보다 안정성이 우수하며 방수 철판이 연구적인 방수재 역할을 하여 별도의 방수시공 필요없음	◆ 구조물의 특성에 따라 가설재 방식 및 구조체 방식으로 적용이 가능하므로 현장 여건에 준하여 적정한 방식을 적용할 수 있음	◆ 개방된 발진기지에서 구조물이 제작하므로 내구성 확보가 가능한 구조물 시공 가능 ◆ 공사 완료시까지 지속적인 강관 외부 주입관리로 변위관리 가능 ◆ 선단부의 막장판을 이용하여 관입 후 배터 처리	◆ 라멘 형태의 본구조물 축조 후 터널 내부 굴착 ◆ 갤러리관 내에서 슬래브관을 추진하고 강관을 본구조물로 사용 ◆ 철근콘크리트 외 강관의 잉여구조력 확보
장단점	◆ 구조체의 방수가 확실 ◆ 대구경 강관 내에서 작업이 이루어지므로 위험성 없음 ◆ 타구조물과의 단면 연력시에도 이질감 없음 ◆ 강관 압입 시 연경감이 조우되더라도 굴착 가능 ◆ 장기적으로 강관 부식 방지를 위한 유지보수 필요없음 ◆ 강관 추진 시 시공오차가 발생하여도 계획선을 따라 측량, 절개함으로서 터널 단면 형성 유리 ◆ 주변지반의 변형이 거의 없으며 시공안정성 우수 ◆ 작업공간 협소로 철근 조립 시 세부공정 필요	◆ 강관다발 구조체가 연결고리인 가이던스 레일에 맞물려 압입되어 일체형 정밀시공 가능 ◆ 강관다발구조체 내부에 연통공이 설치되어 시공관리 용이 ◆ 일체화된 정밀시공으로 방수성 우수, 별도 방수공정 불필요 ◆ 선관입된 강관다발구조체에서 추준부의 지질조건 확인, 지층변화에 따른 보강방법 수립 가능 ◆ 중첩되는 강관다발 구조체의 연결부위 시공 시 세밀한 시공관리 필요	◆ 완성된 콘크리트 구조물을 견인하므로 목적 구조물의 내구성 및 품질 확보 가능 ◆ 구조물 연결부에 탈부착이 가능한 유도배수시설을 설치, 구조물 공용 기간 중 누수 방지 가능 ◆ 선단부가 폐합되어 있는 상태에서 관입 후 배토하는 공법으로 상부 변위관리 가능 ◆ 발진대 및 도갱을 통하여 가이드가 형성되므로 시공정밀도 유지 가능하나 별도 부지 필요 ◆ 도갱굴착으로 지질층 확인 가능	◆ 강관 추진 후 별도의 본구조물 설치 없이 슬래브관을 본구조물로 이용 ◆ 갤러리관 및 슬래브관을 5m 이상 이격하여 추진해 안정성 확보 ◆ 강관 및 벽체의 철근 배근 시 검측 가능 ◆ 계획 종단, 평면 선형에 따라 곡선시공 가능 ◆ 강관 내 또다른 강관 압입을 시행하므로 강관 절단 용접과정 많아 시공성 저하 ◆ 철근 배근 시 세부 공종(커플러 이음) 필요 ◆ 강관 구조체로 부식 방지대책 필요
시공성	◆ 추진기지 소규모로 작업공간 유리 ◆ 대구경이므로 굴착 및 토사반출 용이	◆ 지층변화에 상관없이 모든 지층 시공 가능 ◆ 중첩되는 강관의 연결부 시공관리 필요	◆ 구조물을 미리 제작 후 견인하는 공법으로 견인 시 내부굴착 속도라 빠르며 안전 시공 가능	◆ 작업구 가시설의 절단부가 거의 없음 ◆ 여러 개소에서의 동시 작업 가능

8. 지중구조물의 사용성 검토

구조물 또는 부재가 설계목표 내구 연한 중 충분한 기능과 성능을 유지하기 위하여, 사용하중하에서의 사용성과 내구성을 검토한다. 사용성 검토는 균열, 처짐, 피로의 영향 등을 말하며, KDS 14 콘크리트구조 설계기준에 따른다.

1) 균열

균열의 간접적 제어를 위해 다음의 간격으로 철근을 배치하거나 특별히 수밀성이 요구되는 구조물의 경우 직접 균열폭을 산정해 허용균열폭과 비교한다.

① 간접 균열제어를 위한 철근 간격 산정

$$s_a \leq \min\left[375\left(\frac{\chi_{cr}}{f_s}\right) - 2.5c_c, \quad 300\left(\frac{\chi_{cr}}{f_s}\right) \right]$$

χ_{cr} : 건조 환경 노출 280, 그 외의 환경 노출 210

c_c : 인장철근이나 긴장재의 표면과 콘크리트 표면 간의 최소 두께

f_s : 사용하중 상태에서 인장연단에서 가장 가까이 있는 철근의 응력($\fallingdotseq 2/3 f_y$)

② 직접 균열폭 비교를 위한 콘크리트 구조물의 허용균열폭 ω_a

강재의 종류	강재의 부식에 대한 환경조건			
	건조환경	습윤환경	부식성 환경	고부식성
철근	0.4mm, $0.006c_c$큰 값	0.3mm, $0.005c_c$큰 값	0.3mm, $0.004t_c$큰 값	0.3mm, $0.0035c_c$큰 값
PS 긴장재	0.2mm, $0.005c_c$큰 값	0.2mm, $0.004c_c$큰 값	–	–

CF) 수처리 구조물의 허용균열폭

	휨인장 균열(mm)	전 단면 인장균열(mm)
오염되지 않은 물	0.25	0.20
오염된 액체	0.20	0.15

콘크리트 염해 및 중성화방지를 위한 도장공법 비교

구분	세라믹 도막	에폭시 도막	금속 피막
특징	• 내후성 및 내오염성 우수 • 장기 부착성 양호 • 시공성은 보통이나 내구성 양호	• 내충격성 및 유연성이 보통 • 장기 부착성 다소 불량 • 시공성은 양호하나 내구성 불량	• 내후성 및 내오염성 불량 • 단기 및 장기 부착성 양호 • 시공성 및 내구성이 보통
검토결과	• 염분침투 방지와 중성화반응 차단효과가 우수하여 지하차도의 내구수명을 연장할 수 있고, 색상 및 무늬 사용으로 벽면 처리가 용이한 콘트리트도장(세라믹계)을 선정		

2) 피로

① 피로검토를 위한 철근의 응력 산정

  (1) 최대응력의 산정 : 사하중과 충격을 포함한 활하중으로 인한 모멘트

  (2) 최소응력의 산정 : 사하중으로 인한 모멘트

  (3) 탄성계수비를 이용한 응력산정 방법

  $n = E_s/E_c \rightarrow$ 중립축 및 균열단면 2차 모멘트 산정 $\rightarrow$ 응력산정

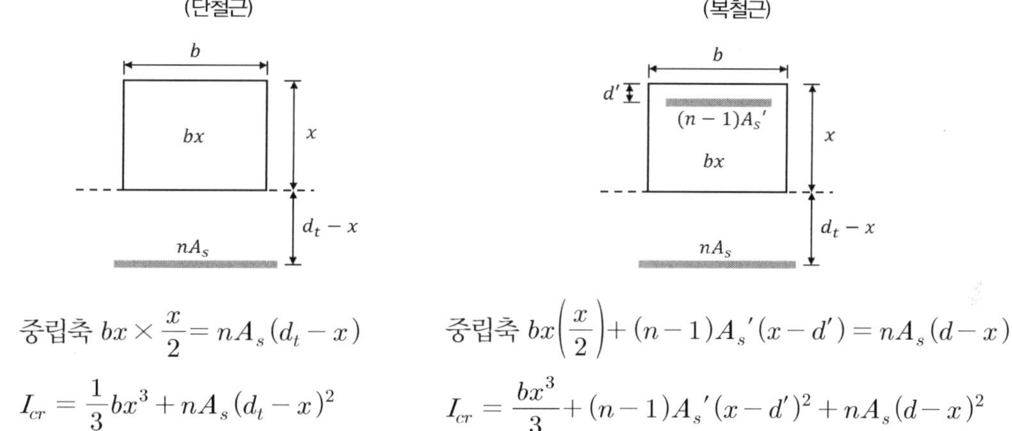

중립축 $bx \times \dfrac{x}{2} = nA_s(d_t - x)$

$I_{cr} = \dfrac{1}{3}bx^3 + nA_s(d_t - x)^2$

중립축 $bx\left(\dfrac{x}{2}\right) + (n-1)A_s{}'(x - d') = nA_s(d - x)$

$I_{cr} = \dfrac{bx^3}{3} + (n-1)A_s{}'(x - d')^2 + nA_s(d - x)^2$

  (4) 간략식을 이용한 응력산정 방법

  $f_{s.\max(\min)} = \dfrac{M_{\max(\min)}}{A_s\left(d - \dfrac{x}{3}\right)}$: 힘의 삼각형의 중심간 거리 이용

② 피로를 고려하지 않아도 되는 철근과 긴장재의 응력범위

강재의 종류	설계기준항복강도 또는 위치	철근 또는 긴장재의 응력범위
이형철근	SD300	130MPa
	SD350	140MPa
	SD400 이상	150MPa
긴장재	연결부 또는 정착부	140MPa
	기타 부위	160MPa

③ 동하중이 작용하는 경우에는 활하중과 함께 충격의 영향도 포함하여 응력범위를 계산한다.

④ 사용하중하에서 활하중의 반복작용에 의하여 발생되는 피로현상을 감소하기 위한 제한으로 피로검토가 필요한 구조부재의 높은 응력을 받는 부분은 철근을 구부리는 것을 피해야 한다.

⑤ 피로검토가 필요한 경우 보 및 슬래브의 피로는 휨 및 전단에 대해 검토한다.

9. 지중 구조물의 신축이음장치

1) Box 구조물

지하차도 Box 구조물은 지상구조물에 비해 온도변화가 적고 주변지반의 마찰저항이 큰점, 지지지반이 대부분 양호한 지반에 구축되고 시점측 일부는 양질의 토사로 치환하여 지지력을 충분히 확보한 점, 또한 Box 전 연장의 강성이 동일하여 부등침하에 유효하게 대응한다는 점 등을 고려할 때 구조적으로 다소 유리하지만 예상치 못한 부등침하 및 시공중 장시간 대기 중에 노출되는 점을 고려할 때 균열제어가 매우 어렵다. 지하 Box구간에는 20~50m 간격으로 신축이음장치를 설치하는 것이 바람직하나 그 이상의 신축이음 길이를 적용할 경우에는 신축 이음에 대한 상세검토를 수행한다.

2) U-Type 구조물

U-Type 구조물은 외기에 노출되어 있어 온도 변화가 크고, 높이 변화가 커서 지반조건 및 구조물 강성의 차이가 있으므로 20m 이내로 신축이음을 설치하는 것이 바람직하나 그 이상의 신축이음 길이를 적용할 경우에는 신축이음에 대한 상세검토를 수행한다. 또한, Box 구조물과의 접합부에도 신축이음을 두어 거동이 다른 구조물을 분리하여 안전성을 도모한다. 신축이음부에는 dowel bar 등을 설치하여 구조물 단차발생 등을 방지토록 하고, 누수방지를 위한 방수재를 설치하는 것이 바람직하다. 차륜하중을 직접 받아 파손 등으로 유지관리가 필요한 바닥슬래브에는 방수성, 유지보수성, 주행성을 감안하여 앵글조인트를 등을 적용할 수 있다.

3) 신축이음의 파손원인

(1) 씰재 : 백업재의 탈락 및 파손(노면 청소불량으로 이토 및 오물압입)
(2) 차도부의 방수 미흡(누수)
(3) Joint 연결 부위 방수 미흡(누수)
(4) 차량에 의한 충격, 반복하중으로 이음부 파손
(5) 이상신축에 의한 파손
(6) 중차량(과적차량) 통행 시 단부 부상으로 인한 파손 등

4) 신축량

신축량이라 함은 온도변화에 의한 신축량과 건조수축에 의한 신축량의 합이다.

(1) 온도변화에 의한 신축량 : $\Delta L_t = \alpha L \Delta_T$

여기서 $\alpha = 1.0 \times 10^{-5}$(선팽창 계수), L 신축장, Δ_T 온도변화 ($\pm 20°C$)

(2) 콘크리트의 건조수축에 의한 신축량 : $\Delta L_{sh} = \epsilon_{sh} L$

여기서 $\epsilon_{sh} = 1.5 \times 10^{-4}$ (건조수축 변형률)

10. 지중 구조물의 방수공법

지하차도 구조물 방수는 주로 구조물 외벽과 지반 사이에 시공되는 영구체로 공용 중의 유지보수 뿐만 아니라 내구연한에 따른 하자발생 시 복구도 상당히 어려워 시공단계는 물론 설계단계에서의 각 공법에 대한 정성 및 정량적 평가를 통한 최적의 공법선정이 대단히 중요하다. 특히, 염해 환경 및 구조물의 거동 또는 차량 진동의 영향을 지속적으로 받는 지하구조물에서의 주요 누수 원인은 크게 재료의 균질성 및 성능문제(생산과정중의 문제), 현장 환경 및 시공여건의 미충족(설계단계에서의 분석 실패), 시공부실(바탕조정 및 조인트 겹침부 처리 실패, 부착성 미확보 등), 방수 시공 이후 구조물의 거동 및 변형에 대한 방수층의 대응성 부족 등을 들 수 있다. 방수공법은 크게 도막계, 쉬트계, 복합계 등으로 분류할 수 있다.

1) 방수공법의 종류

방수공법은 크게 구체방수와 외벽방수로 구분할 수 있다.

① 구체방수 : 굳지 않은 콘크리트에 액상 혹은 분말 방수재를 투입하여 콘크리트 경화 후 내부 공극 충진 등을 통한 수밀성 향상으로 방수기능을 발휘하는 것이다.

② 외벽방수 : 경화된 구조물 외벽에 도막계, 쉬트계, 복합계 등 방수재를 도포 혹은 접착시켜 방수기능을 수행하는 공법이다.

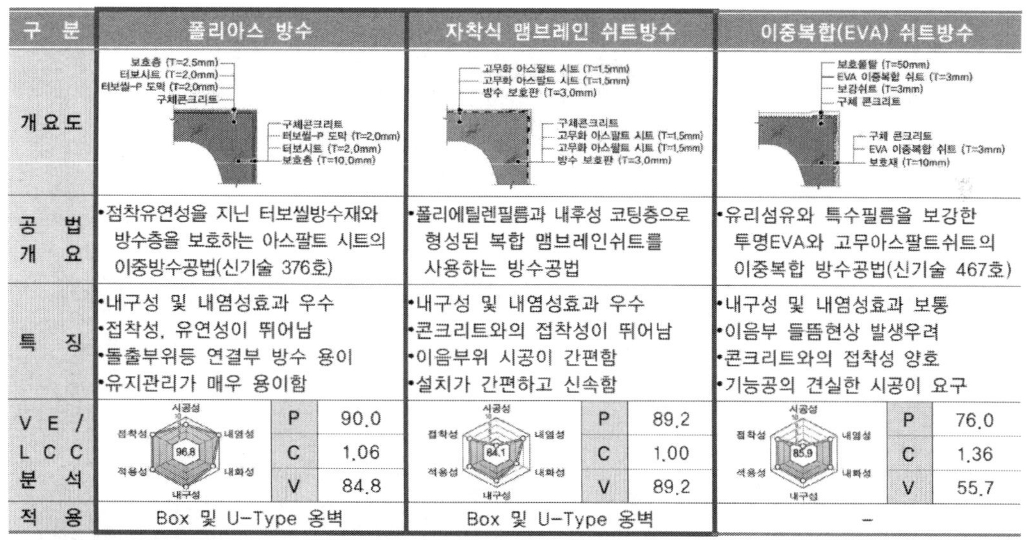

구 분	폴리아스 방수	자착식 맴브레인 쉬트방수	이중복합(EVA) 쉬트방수
공법개요	•점착유연성을 지닌 터보씰방수재와 방수층을 보호하는 아스팔트 시트의 이중방수공법(신기술 376호)	•폴리에틸렌필름과 내후성 코팅층으로 형성된 복합 맴브레인쉬트를 사용하는 방수공법	•유리섬유와 특수필름을 보강한 투명EVA와 고무아스팔트쉬트의 이중복합 방수공법(신기술 467호)
특 징	•내구성 및 내염효과 우수 •접착성, 유연성이 뛰어남 •돌출부위등 연결부 방수 용이 •유지관리가 매우 용이함	•내구성 및 내염효과 우수 •콘크리트와의 접착성이 뛰어남 •이음부위 시공이 간편함 •설치가 간편하고 신속함	•내구성 및 내염효과 보통 •이음부 들뜸현상 발생우려 •콘크리트와의 접착성 양호 •기능공의 견실한 시공이 요구
VE / LCC 분석	P 90.0 / C 1.06 / V 84.8 (96.8)	P 89.2 / C 1.00 / V 89.2 (84.1)	P 76.0 / C 1.36 / V 55.7 (85.9)
적 용	Box 및 U-Type 옹벽	Box 및 U-Type 옹벽	–

검 토 결 과	•해안지역의 특성을 고려 염해저항성 및 내구성이 우수하고, 특히 돌출부분 및 연결부 방수가 용이한 폴리아스 방수공법과 구체와의 접착성이 뛰어난 자착식 맴브레인 쉬트방수공법을 선정

11. 지중 구조물의 내진설계

지하차도의 내진설계 시에는 지반의 액상화 가능성을 방지대책 등을 통해 먼저 차단하고 내진설계를 수행한다. 이때의 지진응답해석은 설계 단면의 횡단 방향과 종단 방향에 대해 각각 수행하며, 설계 결과의 보수성과 설계자의 보수성을 고려해 응답변위법을 원칙으로 하고 있다.

지진응답 해석 단면	지진응답해석법	지진입력 성분
횡단방향	응답변위법, 응답진도법, 동적해석법	수평 성분
종단방향	응답변위법, 동적해석법	수평 및 수직 성분

1) 응답변위법

지중구조물은 지상구조물과 달리 중공된 상태가 많아 단위체적당 중량이 작으며, 지반으로 인해 진동의 제약으로 감쇠가 크고 변위의 형상이 지반의 진동과 유사한 특징을 갖게 된다. 이로 인하여 지진 시 지중구조물의 응답은 구조물의 질량에 의한 관성력보다는 주변지반에서 발생하는 지반의 상대변위에 영향을 받는다. KDS 29 17 00 기준(공동구 내진설계)에서는 응답변위법 혹은 응답이력해석법을 수행하도록 규정하고 있으며, KDS 27 17 00 기준(터널 내진설계)에서는 응답변위법, 동적해석법, 유사정적해석법을 적용할 수 있도록 규정하고 있다.

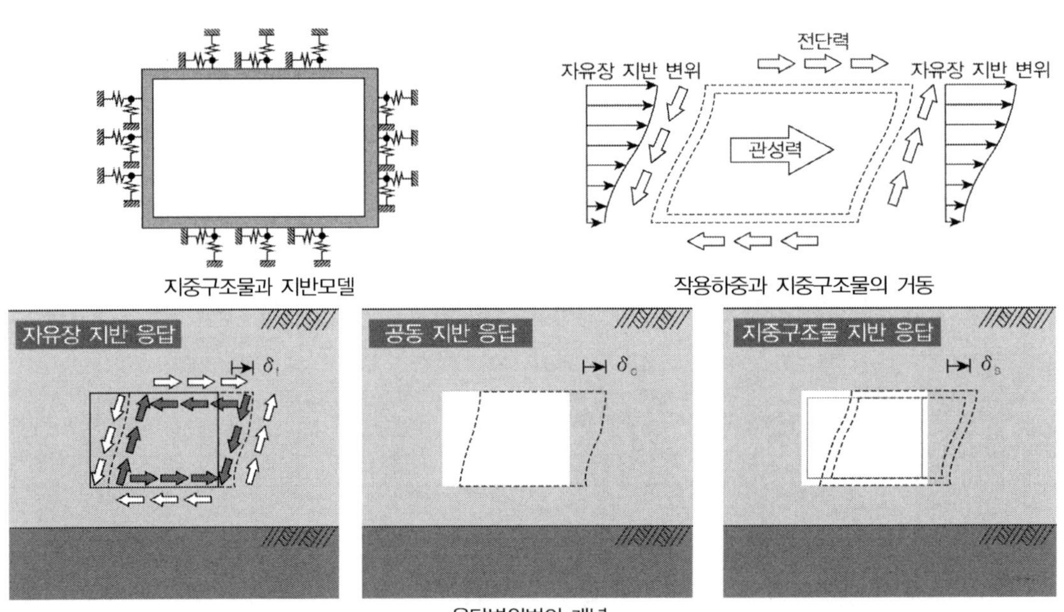

응답변위법의 개념

응답변위법(Seismic deformation mathod)은 지중구조물의 내진설계를 위해 1970년대에 일본에서 고안된 방법으로 지진 시 발생하는 지반의 변위를 구조물에 작용시켜서 지중구조물에 발생하는 응력을 정적으로 구하며 구조물과 지반의 구조해석모형을 구조물은 프레임 요소, 지반은 스프링 요소로 모델링하며 구조물이 없는 자유장 지반에서의 수평상대변위, 가속도, 응력을 입력하여 구조해석을 수행한다. 관성력을 구하는 것이 아니라 지진운동으로 인한 주변지반의 변위를 먼저 구하고 주변지반의 변위에 의해 지중구조물에도 거의 같은 변위가 발생한다고 가정하여 이 변위에 의한 구조물의 응력을 구하는 방법이다.

2) 응답변위법의 설계절차

① 단면을 설정한 후 지반조건에 따른 지진계수(가속도계수) 산정
② 지반의 최대 변위진폭 결정(가속도 응답스펙트럼에서 속도응답스펙트럼으로 변환 시 각 성능수준별 속도응답스펙트럼 산정 주의)
③ 지반조건에 따라 지반반력계수 산정
④ 설정된 단면의 상시하중과 지진 시 하중에 의한 단면력 계산
⑤ 계산된 단면력과 상시하중에 의한 설계단면력 비교하여 최적 단면 산정

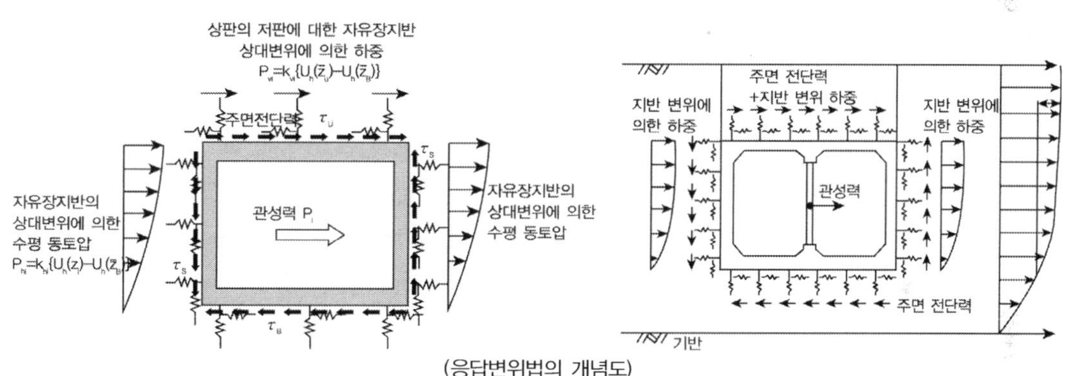

(응답변위법의 개념도)

3) 안정성 평가기준

도시철도의 구조물의 내진설계에서 시공 중 또는 완성 후에 구조물에 작용하는 고정하중, 활하중, 토압 그리고 지진하중 등 각종하중 및 외적작용의 영향을 고려하여야 한다. 도시철도 구조물의 모든 구조요소는 서로 다른 하중조건하에서 균일한 안전율을 유지할 수 있도록 설계되어야 한다. 이는 각 구조 부재의 강도가 하중계수를 고려한 예상하중을 지지하는데 충분하고 사용하중수준에서 구조의 사용성이 보장되는 것을 요구한다.

소요강도(U) ≤ 설계강도($\phi \times$공칭강도)

강도설계법에서는 구조물의 안전여유를 2가지 방법으로 제시하고 있다.
① 소요강도(U)는 사용성에 예상을 초과한 하중 및 구조해석의 단순화로 인하여 발생되는 초과요인을 고려한 하중계수를 곱함으로써 계산한다.

② 구조부재의 설계강도는 공칭강도에 1.0보다 작은 값인 강도감소계수 ϕ를 고려한다.

고정하중, 활하중 및 지진하중, 횡토압과 횡방향 지하수압이 작용하는 경우 기능수행수준과 붕괴방지수준으로 구분하여 내진성능에 따라 고려하도록 하고 있다.

4) 박스구조물의 응답변위법 해석

① 표층지반의 설계 고유주기 산정 $\qquad T_{Dg} = 4 \sum_{i=1}^{n} \dfrac{H_i}{V_{SDi}}$

여기서, T_{Dg} 표층 설계고유주기(sec), H_i i층 두께(m),

$\qquad$ V_{SDi} i층 설계전단파 속도(㎧), V_{Si} i층 전단탄성파 속도(㎧)

$\qquad$ (1) 점성토층 $V_{Si} = 100 (N_i)^{1/3}$ (㎧) $1 \leq N_i$ (표준관입시험) ≤ 25

$\qquad$ (2) 사질토층 $V_{Si} = 80 (N_i)^{1/3}$ (㎧) $1 \leq N_i$ (표준관입시험) ≤ 50

② 설계전단파 속도 : 기능수행수준인 경우 전단탄성파 속도와 동일하게 하고 붕괴방지수준인 경우 지반의 비선형거동에 의한 지반강성감소를 고려해 다음과 같이 수정한다.

$\qquad$ (1) 점성토층 $V_{SDi} = 0.8 V_{Si}$ (㎧), $\qquad V_{Si} < 300$ (㎧)

$\qquad$ (2) 사질토층 $V_{SDi} = 1.0 V_{Si}$ (㎧), $\qquad V_{Si} \geq 300$ (㎧)

③ 횡단방향의 지진응답해석

$\qquad$ (1) 구조해석모델 : 구조물의 거동은 종단방향 단위길이에 대하여 구조물 단면중심을 따라 등가의 보요소로 표현한다. 보요소의 길이는 수평 동토압의 실제분포를 정확하게 반영할 수 있도록 30cm 이하가 되도록 한다. 지반의 영향은 보요소의 절점에 부착된 전단스프링과 연직스프링으로 나타낸다. 지진하중은 측벽과 상판에 자유장지반의 상대변위를 스프링 원단에 강제변위로 작용하는 수평 동토압 하중, 구조물 전체에 작용되는 주면전단력 및 관성력 하중으로 구성한다.

$\qquad$ (2) 자유장 지반 절대가속도 및 상대변위의 최대 진폭 산정 : 구조물의 부재력이 최대가 되도록 하는 자유장 표층지반의 지진응답은 응답스펙트럼해석법 또는 동적해석법(시간이력해석법 또는 주파수영역해석법)을 사용하여 계산한다. 단, 지하차도가 건설되는 위치에서 지층강성의 수직변화가 큰 경우 설계자의 판단에 따라 동적해석법을 사용한다.

$\qquad$ 표층지반 절대가속도 응답의 가속도 계수 $A_h(z) = A_h' + \dfrac{4}{\pi}(S_a - A_h')\cos\left(\dfrac{\pi z}{2H}\right)$

$\qquad$ 여기서, $A_h(z)$ 지표면으로부터 깊이 z에서의 수평방향 가속도계수(무차원)

$\qquad\qquad$ z 지표면으로부터의 깊이, H 전체 표층지반의 깊이

$\qquad\qquad$ S_a 기반면의 설계지진입력에 의한 표층지반의 스펙트럼 가속도, $T = T_{Dg}$ 일 때 가속도 스펙트럼 값

$A_h{}'$ 기반면에서 설계수평지진계수, $A_h{}' = C_a \times I$

$$U_h(z) = \frac{2}{\pi^2} S_v T_{Dg} \cos\left(\frac{\pi z}{2H}\right)$$ 기반면 변위로 인한 표층 수평상대변위 최대진폭

$$S_v = \frac{T_{Dg}}{2\pi} g S_a$$ 표층지반의 설계응답속도

④ 지진하중 산정

(1) 지진 시 수평 동토압 하중(EE)

측벽 수평동토압의 등가하중 $P_{hi} = k_{hi} U_h(z_i) - U_h(\overline{z_B})$ (N/m)

상판 수평동토압의 등가하중 $P_{vi} = k_{vi} U_h(\overline{z_U}) - U_h(\overline{z_B})$ (N/m)

여기서, k_{hi}, k_{vi} 절점 i의 연직방향(측벽), 전단방향(상판) 스프링요소 지반반력계수

z_i 절점 i의 z좌표, $\overline{z_B}$ 저판 도심의 z좌표, $\overline{z_U}$ 상판 도심의 z좌표

(2) 주면 마찰력(ES)

지진 시 상판에 작용하는 주면 전단력 $\tau_U = \left(\frac{G_s}{\pi H}\right) S_v T_{Dg} \sin\left(\frac{\pi z_U}{2H}\right)$ (Pa)

지진 시 저판에 작용하는 주면 전단력 $\tau_B = \left(\frac{G_s}{\pi H}\right) S_v T_{Dg} \sin\left(\frac{\pi z_B}{2H}\right)$ (Pa)

지진 시 측벽에 작용하는 주면 전단력 $\tau_s = \dfrac{\tau_U + \tau_B}{2}$ (Pa)

여기서, G_S 지하차도 구체를 포함하는 지층의 평균 전단탄성계수 $= \rho_s \left(V_{SS}\right)^2$ (Pa)

V_{SS} 지하차도 구체를 포함하는 지층의 평균 설계전단파 속도(m/s)

(3) 구조물의 관성력(EI)

$P_I = W_{str} A_{hav}$ (N/m)

여기서, W_{str} 종단방향 단위길이(1m)에 대한 지하차도 구조체의 질량(N/m)

A_{hav} 설계수평지진계수

⑤ 종단방향 지진응답해석

(1) 지반진동의 설계 파장 $L = \dfrac{2L_1 L_2}{L_1 + L_2}$, $L_1 = T_{Dg} V_{DS}$, $L_2 = T_{Dg} V_{BS}$

여기서, V_{BS} 기반지반의 전단파 속도

V_{DS} 표층지반의 설계전단파 속도 $V_{DS} = \dfrac{4H}{T_{Dg}}$

(2) 자유장지반 수평변위(U_h)의 최대진폭 $U_h = \dfrac{2}{\pi^2} S_v T_{Dg} \cos\left(\dfrac{\pi z_c}{2H}\right)$, $U_v = \dfrac{1}{2} U_h$

(3) 지반의 강성계수 산정 $k_i = C_i G_{eq}$, $i = 1, 2, 3$, $C_1 = C_2 = 1.0$, $C_3 = 3.0$

$$G_{eq} = \rho_{seq}(V_{DS})^2, \quad \rho_{seq} = \frac{1}{H}\sum_{i=1}^{n}\rho_{si}H_i$$

(4) 단면력의 산정

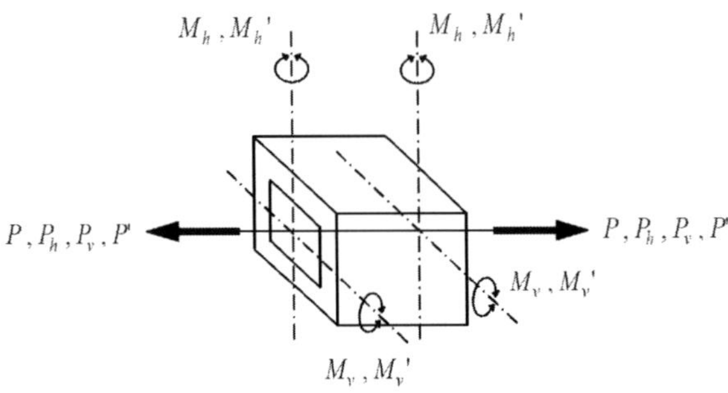

종단방향 지진응답해석에 의한 단면력

지반진동에 의한 축력 $P_h = a_1\xi_1\dfrac{\pi E_c A}{L}U_h$, $P_v = a_1\xi_1\dfrac{\pi E_c A}{L}\dfrac{U_h + U_v}{2}$

지반진동에 의한 모멘트 $M_h = a_2\xi_2\dfrac{4\pi^2 E_c I_h}{L^2}U_h$, $M_v = a_3\xi_3\dfrac{4\pi^2 E_c I_v}{L^2}U_v$

여기서, ξ 종단방향 신축이음에 의한 단면력 저감계수

$$\xi_1 = \frac{900}{L^{1.8}}, \quad \xi_2 = \frac{1.16\times 10^6}{L^{3.6}} + 890(\lambda_2)^{3.7}, \quad \xi_3 = \frac{5.31\times 10^5}{L^{3.7}} + 145(\lambda_3)^{2.9}$$

a 지하초도 종단방향에 직교하는 수평면, 연직면 내 지반 발생변위 전단률

$$a_1 = \frac{1}{1 + \left(\dfrac{2\pi}{\lambda_1 L'}\right)^2} \ , \ a_2 = \frac{1}{1 + \left(\dfrac{2\pi}{\lambda_2 L}\right)^4} \ , \ a_3 = \frac{1}{1 + \left(\dfrac{2\pi}{\lambda_3 L}\right)^4}$$

$$\lambda_1 = \sqrt{\frac{k_1}{E_c A}}, \quad \lambda_2 = \sqrt[4]{\frac{k_2}{E_c I_h}}, \quad \lambda_3 = \sqrt[4]{\frac{k_3}{E_c I_v}}, \quad L' = \sqrt{2}\,L$$

시설한계

도로설계편람(2012년, 지하차도편)에서 제시하는 일반도로 지하차도 시설한계 a, b, c, d 및 H에 대하여 설명하시오.

지하차도의 시설한계

차도에 접속하여 길어깨가 설치되어 있지 않은 도로	차도 중간 또는 중앙 분리대 안에 분리대 또는 교통섬이 있는 도로

풀 이

▶ 개요

시설한계는 도로 위에서 차량이나 보행자의 교통안전을 보호하기 위하여 어느 일정한 폭, 일정한 높이 범위 내에서는 장애가 될 만한 시설물을 설치하지 못하게 하는 공간확보의 한계를 의미한다.

▶ 시설한계의 의미

① a : 길어깨부 헌치의 길이로 차도에 접속해 길어깨가 있는 경우에는 길어깨의 폭에 준하며, 길어깨가 설치되어 있지 않은 경우에는 0.25m를 기준으로 한다.

② b : 시설한계 높이에서 4m를 뺀 값으로 소형차도로의 경우에는 2.8m를 뺀 값으로 한다.

③ c와 d : 분리대와 관계가 있는 것이면 도로의 구분에 따라 각각 다음 표에서 정하는 값으로 하고 교통섬과 관계가 있는 것이면 c는 0.25m, d는 0.5m로 한다.

구분	c	d
고속도로	0.25~0.5	0.75~1.00
도시고속도로	0.25	0.75
일반도로	0.25	0.5

④ H : 시설한계높이로 설계차량 높이 4.0m에 장래 포장 덧씌우기 등을 고려하여 4.5m 이상으로 한다.

지중구조물의 토압

지중구조물 설계에서 연직토압과 수평토압이 상쇄되지 않아서 과대 설계되는 문제점을 개선하기
위해 콘크리트 구조기준(2012년)에서 개정한 내용에 대하여 설명하시오.

풀 이

▶ 개요

2012년 콘크리트 구조기준에서는 지중구조물 설계에서 연직토압과 수평토압이 상쇄되지 않아서
과대 설계되는 문제점을 개선하기 위해 재하방법을 명시하고 하중계수를 조정하여 개정하였다.

▶ 개정내용

2007 콘크리트 구조설계 기준(소요강도)	2012 콘크리트 구조 기준(소요강도)
$U = 1.4(D+F+\underline{H_v})$ … (1.1)	$U = 1.4(D+F)$
$U = 1.2(D+F+T)+1.6(L+\alpha_H H_v +H_h)$ $\qquad +0.5(L_r$ 또는 S 또는 R) … (1.2)	$U = 1.2(D+F+T)+1.6(L+\alpha_H H_v +H_h)$ $\qquad +0.5(L_r$ 또는 S 또는 R)
$U = 1.2D+1.0E+1.0L+0.2S$ … (1.5)	$U = 1.2(D+\underline{H_v})+1.0E+1.0L+0.2S$ $\qquad +(\underline{1.0H_h}$ 또는 $\underline{0.5H_h})$
$U = 1.2(D+F+T)+1.6(L+\alpha_H H_v)+0.8H_h$ $\qquad +0.5(L_r$ 또는 S 또는 R) … (1.6)	$U = 1.2(D+F+T)+1.6(L+\alpha_H H_v)+0.8H_h$ $\qquad +0.5(L_r$ 또는 S 또는 R)
$U = 0.9D+1.3W+\underline{1.6(\alpha_H H_v +H_h)}$ … (1.7)	$U = 0.9(D+\underline{H_v})+1.3W+(\underline{1.6H_h}$ 또는 $\underline{0.8H_h})$
$U = 0.9D+1.0E+\underline{1.6(\alpha_H H_v +H_h)}$ … (1.8)	$U = 0.9(D+\underline{H_v})+1.0E+(\underline{1.0H_h}$ 또는 $\underline{0.5H_h})$

여기서, α_H는 토피의 두께에 따른 연직방향 하중 H_v에 대한 보정계수로 토피의 두께가 얇은 아파트 지하
주차장 등은 토피의 두께에 따른 분산 정도가 크고, 지하철 구조물과 같이 토피의 두께가 큰 구조물은 분
산정도가 작은 것을 고려하기 위한 보정계수이다. α_H = 1.0(h≤2m), 1.05−0.025h(h>2m, 단 0.875보다
작지 않아야 한다.)

1) (1.1)에서 H_v의 영향을 무시한 것은 지중구조물에서 H_v가 작용하는 경우 반드시 H_h가 작용하므로
   H_h를 무시할 수 없으므로 (1.1)은 일반적인 구조물에 대해서 적용하도록 하고, H_h의 영향을 고려하
   는 지중 구조물의 경우 (1.2)로 고려하도록 구분하였다.

2) 종전의 기준에서는 지진의 영향을 지중구조물에 적용할 때 H_h와 H_v의 재하방법을 명시하지 않아
   설계자의 혼선을 초래하였기 때문에 (1.5)와 (1.8)에 H_h와 H_v의 재하방법을 명시하였다. 또한 H_h
   의 하중 계수가 1.0 또는 0.5의 두 경우를 모두 고려하도록 하여 안전 측의 설계가 되도록 하였다.

3) (1.6)은 횡압력을 작게 산정할 때 안전 측인 설계가 되는 경우에 대한 검토를 위해서 제시된 식으로 토압의 경우 연직 방향력보다 수평 방향력의 불확실성이 크기 때문에 이를 고려하기 위한 것이다.

4) (1.7)에서 H_h와 H_v의 불확실성을 고려하여 하중계수 값을 수정하고, H_h의 하중계수를 1.6과 0.8 두 경우를 모두 고려하여 안전 측의 설계가 되도록 하였다.

지하차도 설계방법

지하차도 설계 시 적용되는 하중의 종류 및 적용 방법을 서술하고, 한계상태설계법 하중 조합 (KDS 14 00 00) 시 하중의 구성(하중계수는 제외)에 대하여 설명하시오(단, 토피고는 1.0m이고, 지하수위가 있는 경우).

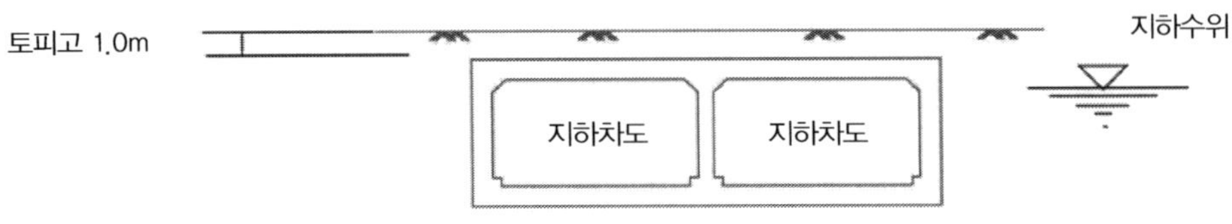

풀 이

▶ 개요

한계상태설계법에서 지하차도 설계 시 적용되는 하중은 고정하중, 활하중, 토압, 수압, 부력 및 기타 실하중을 고려하여 설계한다.

▶ 지하차도 설계 시 적용하중

1) 고정하중(DC)

구조물의 자중과 기계실, 펌프실 하중 등을 고정하중으로 고려하며 특수 기계에 대한 실중량과 진동과 교번하중이 생기는 기계에 대해서는 특별히 고려하여야 한다.

2) 토피하중(EV)

토피하중은 암거 상부에 있는 토사의 중량으로 연직방향하중 성분이다. 기초지반이 양호하고 양질의 토사인 경우에 토피하중은 $\gamma_t \times D$로 산정한다. 다만, 기초지반상태에 따라 토피하중의 영향을 별도로 고려할 수 있다.

3) 활하중

차량 활하중은 KL-510을 적용하며, 표준트럭하중 및 차륜접지면적은 아래와 같다. 차륜하중 135 kN이 2개 축이 연행하는 경우와 차륜하중 192kN 1개 축이 재하하는 경우에 접지면적을 고려한 접지압이 토피 3.0m 이하인 경우에 192kN 1개축이 재하되는 경우가 크게 작용하고, 토피 3.0m 이하인 경우에 135kN 2개 축이 작용하는 경우가 크다. 토피가 600mm를 초과할 때는 활하중은 타이어 접지면적의 치수와 동일한 측면을 갖는 직사각형 영역에 균일하게 분포하고, 양질의 채움 재료(SB-1)을 적용하며, 재하폭과 길이는 토피고의 1.15배 증가한다.

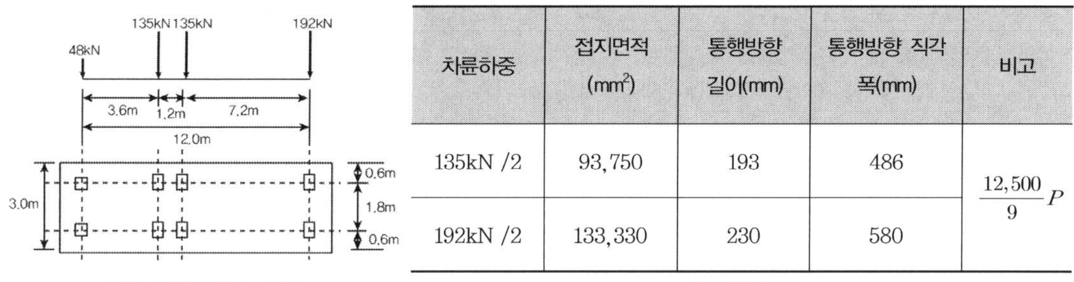

차륜하중	접지면적 (mm^2)	통행방향 길이(mm)	통행방향 직각 폭(mm)	비고
135kN /2	93,750	193	486	$\dfrac{12,500}{9}P$
192kN /2	133,330	230	580	

표준 트럭하중(KL-510)   차륜접지면적

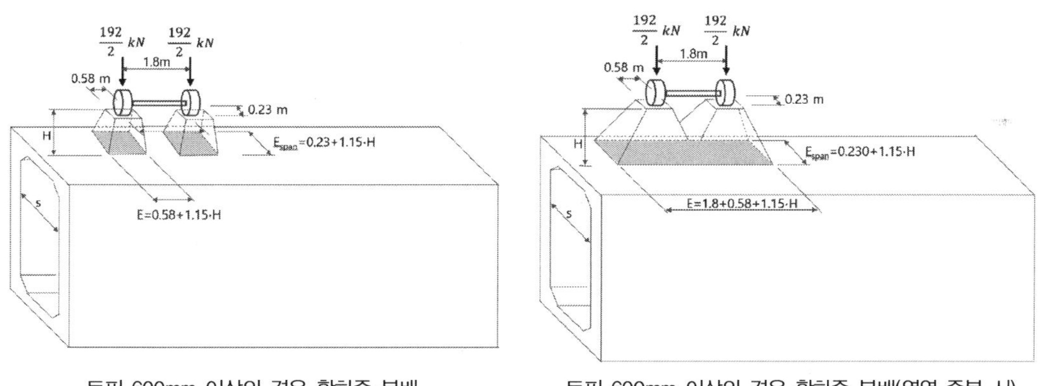

토피 600mm 이상의 경우 활하중 분배   토피 600mm 이상의 경우 활하중 분배(영역 중복 시)

활하중에 의한 상재토압(LS)은 정지 시 측면 토압을 직사각형 분포를 가정하며, 상재토압은 아래와 같이 산정한다.

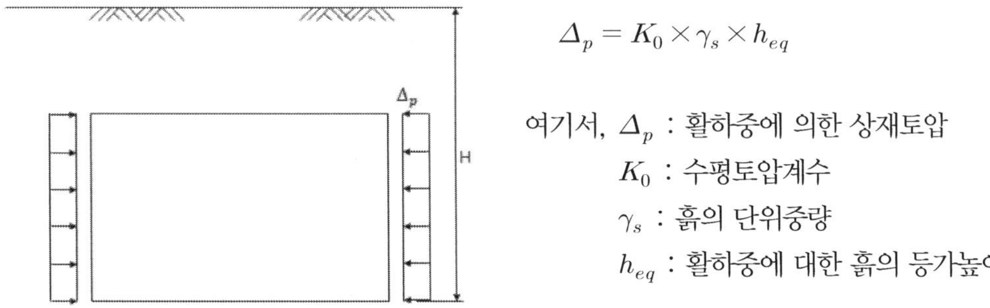

$$\Delta_p = K_0 \times \gamma_s \times h_{eq}$$

여기서, Δ_p : 활하중에 의한 상재토압

K_0 : 수평토압계수

γ_s : 흙의 단위중량

h_{eq} : 활하중에 대한 흙의 등가높이

필요시 군집하중을 등분포하중으로 고려할 수 있으며 충격은 고려하지 않는다.

4) 수평토압

수평토압은 지하차도나 암거의 강성을 고려하여 정지토압을 적용한다. 일반토사인 경우에는 내부 마찰각($\emptyset$) = 30°를 적용한다. 단, 특별히 시험을 하였을 경우에는 시험값을 적용한다. 수평토압은 최대 수평토압뿐만 아니라 수평토압이 실제보다 작게 작용하여 구조물에 불리하게 작용하는 경우에도 검토해야 한다. 이때 감소되는 토압은 실제 감소된 토압과 하중계수가 1 이하인 값(0.9)을 사용하여 검토한다.

$$P = K_0 \times \gamma_t \times Z$$

5) 수압

지하수에 의한 수압은 정수압을 기준으로 산정한다.

$$F = \gamma_w h$$

6) 지진하중

응답변위법, 시간이력해석법 등을 적용하여 지진 시 발생하는 지반의 변위를 구조물에 작용시켜서 지중구조물에 발생하는 응력 등을 구한다.

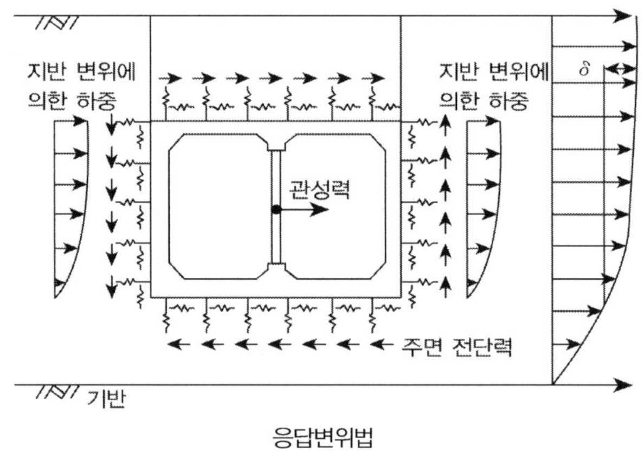

응답변위법

지중구조물 : 공항 활주로

공항 활주로 하부의 지중구조물 설계 시 항공기 하중 적용조건에 대하여 설명하시오.

풀 이

▶ 개요

지중구조물은 토피 아래에 설치되는 구조물로, 설계 시 상부 하중이 충분한 깊이로 매설되어 있어 등분포로 작용할지 매설깊이가 충분하지 않아 집중하중을 받는 것으로 적용할 것인지에 대해 고려해야 한다. 이는 Saint venant의 원리에 따라 집중하중에 의해서 발생하는 영향은 집중하중이 위치한 지점 인근으로 국한하며 하중작용점에서 충분히 떨어져 있는 위치에서의 하중은 등분포하는 것으로 보는 것과 동일한 개념이다.

▶ 공항 활주로 하부의 지중구조물 설계 시 하중 적용조건

1) 공항 활주로 활하중

공항비행장시설 설계 세부지침('22)에 따라 유도로 내에 위치하는 교량에 적용하는 하중은 비행장을 이용할 가장 무거운 항공기의 정적하중과 동적하중을 지지할 수 있도록 설계해야 한다고 규정하고 있다.

2) 국내 지중구조물의 하중 적용 기준

국내설계기준에서는 공동구설계기준(KDS 29 14 00), 철도설계기준(KDS 47 10 40), 도로암거구조설계기준(KDS 24 12 21) 등에서 하중 적용방법에 대해 제시하고 있으며 설계법에 따라 강도설계법과 한계상태설계법으로 구분할 수 있다. 방법에 차이는 있으나 개념적인 방식에서는 하부 구조물의 폭(B)과 매설깊이(D)와의 관계를 비교해 매설깊이가 폭에 비해 클 경우에는 하중이 분포되는 것으로 가정하고, 매설깊이가 작을 경우에는 구조물에 직접 하중이 작용하는 방식으로 고려해 설계하도록 규정하고 있다.

3) 공항 활주로 하부 구조물 설계 시 하중 적용조건

항공기의 하중크기와 함께 이착륙 시 발생하는 충격하중을 고려하여야 하며, 지중구조물이 토피가 충분하지 않을 경우에는 항공기 활하중과 함께 충격하중에 대해 고려해 설계해야 한다. 토피가 충분할 경우에는 충격하중은 영으로 수렴하기 때문에 무시할 수 있으며 매설깊이에 따라 지중응력이 등분포하는 것으로 가정하고 적용할 수 있다.

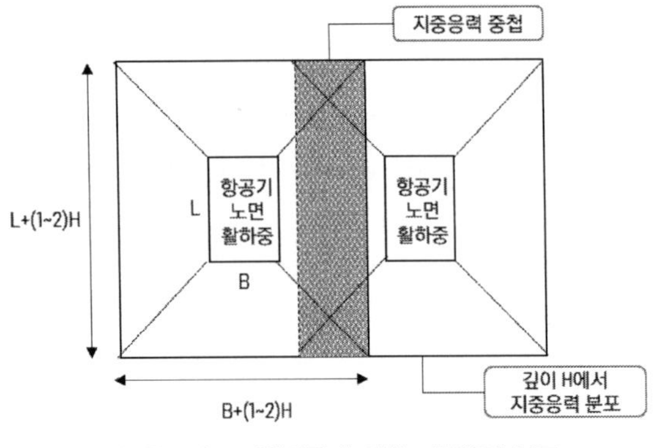

(a) 항공기 노면활하중에 의한 지중응력 분포

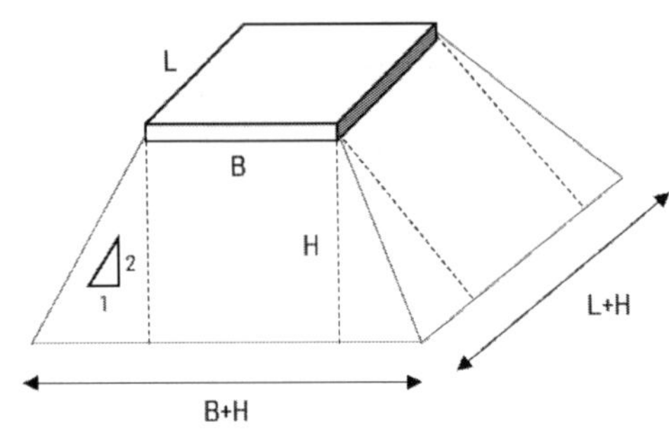

(b) 지중응력 약산법(2:1분포법)

지중구조물의 윤하중 분포

토피 1m 깊이에 있는 암거를 설계하고자 한다. 항공기 뒷바퀴 1개의 하중에 대한 윤하중의 크기를 다음의 조건을 이용하여 구하시오.

【 조건 】

뒷바퀴 1개 하중(P) : 356 kN, 충격계수(i) : 0.3, 타이어의 접지폭(W) : 0.35m,

환산 접지장(L') : 0.6m, 토피(F, H) 1m일 때 영향 바퀴 수(N) : 4개

풀 이

▶ 개요

도로교 설계기준에서는 흙채움의 높이가 600mm를 초과할 때에는 타이어 접촉면적과 크기가 같은 직사각형에 균등하게 작용하는 분포하중으로 간주하고 양질의 입상채움에서는 깊이의 1.15배, 다른 채움에서는 그 깊이만큼 증가시키도록 규정하고 있다.

▶ 윤하중 크기 산정

환산 접지면적 $W \times L' = 0.35 \times 0.6 = 0.21 \, \text{m}^2$

$$P_L = P(1+i) = 356 \times (1+0.3) = 462.8 \, \text{kN} \qquad \therefore w_P = 2203.81 \, \text{kN/m}^2$$

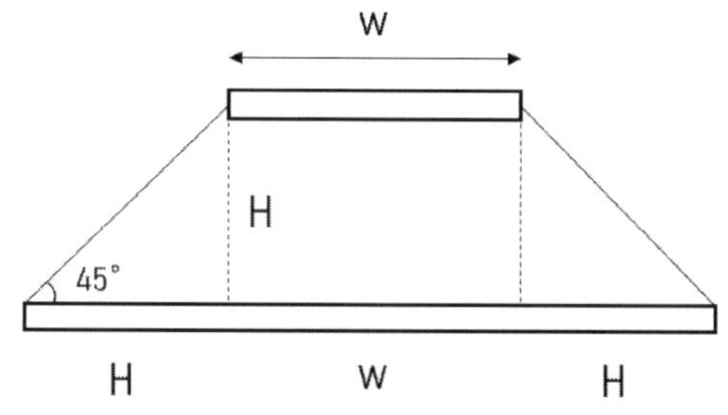

윤하중의 분포가 1:1로 분포한다고 가정한다.

$$W_L = \frac{w_p}{(W+2H) \times (L'+2H)}$$
$$= \frac{2203.81}{2.35 \times 2.6} = 360.69 \ \text{kN//m}^2$$

영향 바퀴수 N=4이므로, 다 재하로 인한 활하중 감소 영향을 고려하지 않는다면

$$\therefore W_L = 4 \times 360.69 = 1442.76 \, \text{kN/m}^2$$

부력방지 대책

지하차도 계획 시 부력방지 대책의 종류와 특징에 대하여 설명하시오.

풀 이

▶ 개요

지하구조물 설계 시에는 지하수의 수위상승 등으로 인한 양압력에 대해 부력 안정성 검토를 수행한다. 부력에 대한 안전 여부는 공사 중과 완공 후로 구분하여 검토하며 공사 중 공사단계별 조건 중에서 가장 위험한 조건을 기준으로 한다. 부력에 대한 안전율을 확보하지 못할 경우 부력방지 앵커, 매스콘크리트, 전단키 등을 설치해 부력에 방지할 수 있도록 할 수 있다.

▶ 부력방지 대책의 종류와 특징

1) 부력방지 앵커 설치 : 하부슬래브에 PS 스트랜드를 연결하여 부력에 저항하는 형식

  ① 공사비 다소 고가
  ② 구조물 앵커끝단의 지지 확인 필요
  ③ 양압력 저항효과 탁월
  ④ 시공성 다소 양호
  ⑤ 지질조건의 변화에 따른 앵커력의 불확실성
  ⑥ 가시설 적용 면적 감소
  ⑦ 앵커부 세심한 방수 관리 필요

2) Mass 콘크리트 타설 : 무근콘크리트를 사용하여 자중을 증가시켜 부력에 저항하는 형식

  ① 지지층에서의 지지력 확보 양호
  ② 지질조건의 변화에 대한 적용성 양호
  ③ 시공성 다소 양호
  ④ 경제성 다소 불리
  ⑤ 대규모 터파기량 발생
  ⑥ 노면복공 면적의 감소
  ⑦ 단면이 두꺼워지므로 콘크리트 양생 시 관리 필요

3) 전단키 설치 : 하부슬래브에 KEY를 설치 자중 및 마찰로 부력에 저항하는 형식

  ① Key길이가 길어지면 토압은 커지지만 지하수위가 높아지면 상대적으로 양압력이 증가하므로

효과 감소

② 시공 시 터파기 면적의 증가에 의한 공사비 증가

③ 시공성 및 경제성에서 불리

④ 굴착면적의 과다로 노면 복공면적 및 가시설량 증가

⑤ 공사 중 교통처리가 상대적으로 곤란

4) 지하수 유도 배수 : 구조물 바닥에 배수구멍을 뚫어 수압을 감소

① 시공비 저렴

② 시공성 불량

③ 포장층 유지관리 불량

④ 유입유량 추정 곤란하여 집수정 용량 증대

⑤ 지하수 배수 시 주변지반 침하대책 필요

구분	부력방지 앵커	MASS 콘크리트 타설	전단키 설치	지하수 배수
단면	℄ OF ROAD / 부력방지앵커	℄ OF ROAD / MASS 콘크리트	℄ OF ROAD / 부상방지턱 부상방지턱	유공관
개요	하부슬래브에 PS스트랜드를 연결하여 부력에 저항	무근콘크리트를 사용하여 자중을 증가시켜 부력에 저항하는 형식	하부슬래브에 KEY를 설치 자중 및 마찰로 부력에 저항하는 형식	구조물 바닥에 배수구멍을 뚫어 수압을 감소
특징	• 공사비 다소 고가 • 구조물 앵커끝단의 지지 확인 필요 • 양압력 저항효과 탁월 • 시공성 다소 양호 • 지질조건의 변화에 따른 앵커력의 불확실성 • 가시설 적용 면적 감소 • 앵커부 세심한 방수 관리 필요	• 지지층에서의 지지력 확보 양호 • 지질조건의 변화에 대한 적용성 양호 • 시공성 다소 양호 • 경제성 다소 불리 • 대규모 터파기량 발생 • 노면복공 면적의 감소 • 단면이 두꺼워지므로 콘크리트 양생 시 관리 필요	• Key 길이가 길어지면 토압은 커지지만 지하수위가 높아지면 상대적으로 양압력이 증가하므로 효과 감소 • 시공 시 터파기 면적의 증가에 의한 공사비 증가 • 시공성 및 경제성에서 불리 • 굴착면적의 과다로 노면 복공면적 및 가시설량 증가 • 공사 중 교통처리가 상대적 곤란	• 시공비 저렴 • 시공성 불량 • 포장층 유지관리 불량 • 유입유량 추정 곤란하여 집수정 용량 증대 • 지하수 배수 시 주변지반 침하대책 필요

부력 안정성 검토

지하암거 구조물의 부력에 대한 안정성 검토 방법 및 안정성 확보대책에 대하여 설명하시오.

풀 이

▶ 부력 안정성 검토 개요

지하구조물 설계 시에는 지하수의 수위상승 등으로 인한 양압력에 대해 부력 안정성 검토를 수행한다. 부력에 대한 안전 여부는 공사 중과 완공 후로 구분하여 검토하며 공사 중 공사단계별 조건 중에서 가장 위험한 조건을 기준으로 한다.

▶ 부력 안정성 검토 방법

1) 부력에 대한 안전율

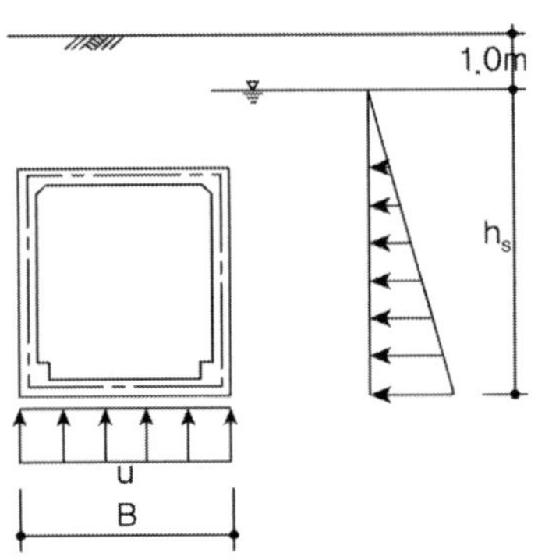

부력에 대한 안전율
① 공사 중 : $FS \geq 1.10$
② 완공 후 : $FS \geq 1.20$ (실제 조사수위 적용 시)
  $FS \geq 1.05$ (GL-1.0m, 극한상황)

※ 실제 조사수위 적용은 계절별 최대 수위 적용하여야 하는 이유로 통상 극한상황에 대하여 적용하고, 공사 중 안정성 검토 시에는 부력방지 앵커 등을 설치할 경우 이를 하중으로 고려하여 설계

2) 부력의 산정

$$U = \gamma_w h_s B$$

여기서, γ_w : 물의 단위중량(kN/m),　h_s : 지하수의 심도(m),　B : 부력의 폭(m)

3) 구조물의 저항력

① 부력 저항력(R)은 고정하중인 구체자중 및 상재 고정하중과 측면마찰력(F)의 합으로 한다.
② 구체자중은 구조물 자중만을 고려한다.
③ 상재고정하중은 포장하중과 지하수의 영향을 고려하여 구한다.

④ 지하수위 이하의 토피하중은 지하수위 이하 흙의 단위중량(γ_{sub})을 기준으로 하고 연직수압은 추가로 고려한다.

⑤ 저항력 : 구체자중(W_1) + 상재고정하중(W_2) + 측면마찰력(F)

$$측면마찰력(F) = 2(양면) \times \left[cD(점착력) + \frac{1}{2}K_u\gamma D^2\tan\delta(삼각형토압) \right]$$
$$= 2cD + K_u\gamma D^2\tan\delta$$

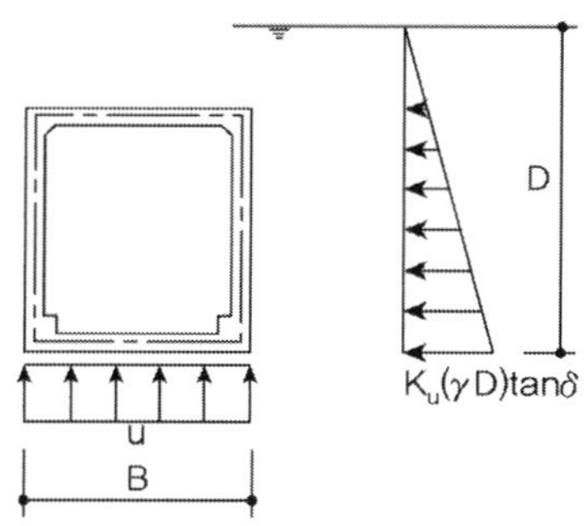

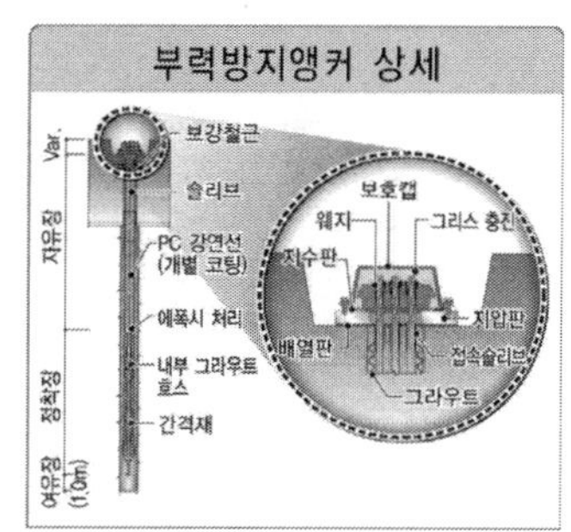

c : 점착력(kN/m^2), D : 적용점의 심도(m)

K_u : 토압계수, 흙의 변형생태로부터 발생하는 정지토압계수 K_0에서 수동토압계수 K_p 사이의 값으로 안전을 고려하여 정지토압계수 적용($K_0 = 1 - \sin\phi$)

γ : 양압력을 고려하는 습윤 상태의 단위중량(kN/m^3)

$\tan\delta$: 파괴면이 비교적 구조물 벽면에 인접하여 있으므로 구조물과 지반의 상태마찰각으로 생각하며 $\delta = \frac{1}{3}\phi$로 적용

⑥ 부력에 대한 안전율 부족 시에는 전단키 설치로 구조물 자체의 중량 확보 방안, 부력방지 앵커, 영구배수공법 등과 같은 별도의 필요한 조치를 한다.

⑦ 영구구조물에서 부력방지용 인장말뚝 설치 시에는 인장말뚝의 인장앵커력을 구조계산 시 고려한다.

▶ 부력 안정성 확보 방안

① 부력방지 앵커 설치 : 하부슬래브에 PS 스트랜드를 연결하여 부력에 저항
② Mass 콘크리트 타설 : 무근콘크리트를 사용하여 자중을 증가시켜 부력에 저항하는 형식
③ 전단키 설치 : 하부슬래브에 KEY를 설치 자중 및 마찰로 부력에 저항하는 형식
④ 지하수 유도 배수 : 구조물 바닥에 배수구멍을 뚫어 수압을 감소

박스형 구조물의 부력 검토

다음그림과 같은 콘크리트 지중구조물의 양압력에 대한 안전여부를 검토하고 부상방지 대책을 설명하시오(단, 토피는 4.5m이고 지표면으로부터 50cm 아스팔트 포장이 되어 있으며, G.L−1.5m에 지하수가 존재한다).

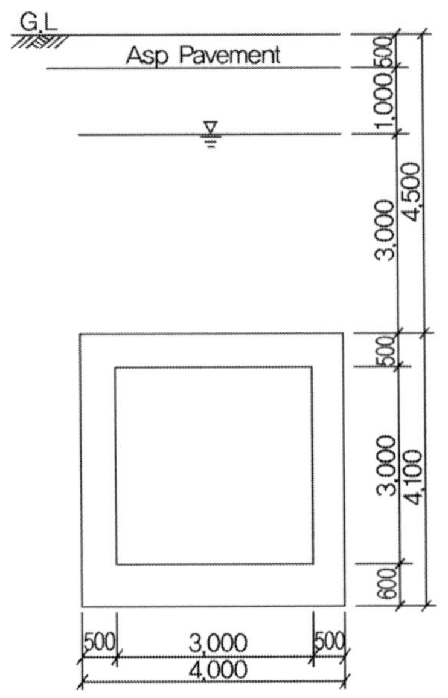

풀 이

▶ 부력 검토

부력에 대한 안정성 검토는 공사 중과 완공 후로 구분하여 산정하도록 되어 있다. 일반적으로 완공 후보다는 공사 중의 안정성 검토가 더 큰 문제가 발생하는 경우도 종종 있으나 주어진 문제 조건에서는 완공 후에 대한 안정성을 대상으로 검토한다.

1) 부력 산정

통상 부력의 산정 시 극한상태로 검토(GL−1.0m)를 통해 검토 수행하거나 실제 지하수위를 기준으로 부력을 산정하도록 되어 있으나 주어진 조건에서 GL−1.5m를 극한상태로 보고 평가하도록 한다.

$$\gamma_w = 10kN/m^3, \quad h_s = 7.1m, \quad B = 4.0m$$
$$U = \gamma_w h_s B = 10 \times 7.1 \times 4.0 = 284^{kN/m}$$

2) 저항력 산정

  ① 구체의 자중

$$W_1 = [(4.0 \times 0.6) + (4 \times 0.5) + (3 \times 0.5) \times 2] \times 25^{kN/m^3} = 185^{kN/m}$$

  ② 상재고정하중

$$W_2 = 4 \times 0.5 \times \gamma_a + 4 \times 1.0 \times \gamma_t + 4 \times 3.0 \times \gamma_{sub} = 258^{kN/m}$$

  ③ 측면마찰력

$$\delta = \frac{1}{3}\phi = 11.7°, \ K_u \fallingdotseq K_0 = 1 - \sin\phi = 0.426$$

$$F = 2cD + K_u \gamma_t D^2 \tan\delta = K_u \gamma_t D^2 \tan\delta = 0.426 \times 20 \times 8.6^2 \times \tan(11.7°) = 130.63^{kN/m}$$

  ④ 총 저항력

$$W = W_1 + W_2 + F = 185 + 258 + 130.6 = 573.6^{kN/m}$$

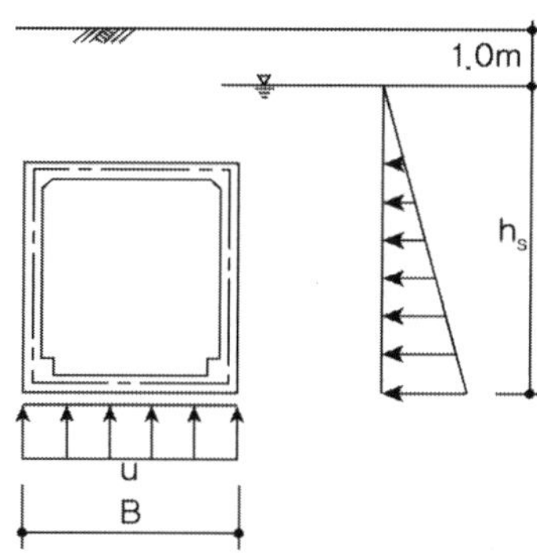

부력에 대한 안전율
① 공사 중 : $FS \geq 1.10$
② 완공 후 : $FS \geq 1.20$ (실제 조사수위 적용 시)
$FS \geq 1.05$ (GL-1.0m, 극한상황)

※ 실제 조사수위 적용은 계절별 최대 수위를 적용하여야 하는 이유로 통상 극한상황에 대하여 적용하고, 공사 중 안정성 검토 시에는 부력방지 앵커 등을 설치할 경우 이를 하중으로 고려하여 설계

$$\therefore F.S = \frac{W}{U} = 2.01 \ \geq 1.05 \ \text{따라서 부력에 대해서 안전하다.}$$

지하차도 U-TYPE 구간의 부력 검토

도로가 서로 교차하는 구간에 평면교차로 대신에 지하차도를 계획하였다. 도로의 교차부에는 BOX 구조물로 설계하고 접속부에는 U-Type 구조물로 설계하였다. 그림과 같이 U-Type 구조물 주변에 지하수가 있을 경우 다음 물음에 답하시오.

1) 지하수위 GL-1m일 때, 부력에 대한 안정성을 검토하시오.
2) 안정성이 확보되지 않을 경우 이에 대한 대책공법을 설명하시오.

〈조건〉
구조물의 단위 중량 W_c=25kN/
물의 단위중량 γ_w=10kN/m^3
흙의 단위중량 γ_t=18kN/m^3
흙의 포화단위중량 γ_{sat}=20kN/m^3
흙의 강도정수 : 점착력 c=0kN/m^3, 내부마찰각 ϕ=30°

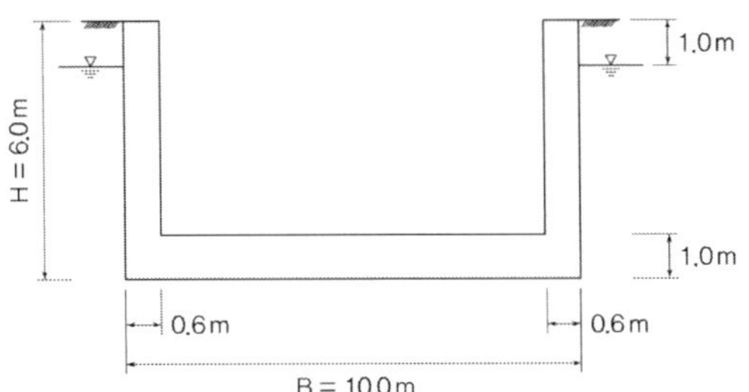

▶ 개요

부력에 대한 안정성 검토는 공사 중과 완공 후로 구분하여 산정하도록 되어 있다. 일반적으로 완공 후보다는 공사 중의 안정성 검토가 더 큰 문제가 발생하는 경우도 종종 있으나 주어진 문제 조건에서는 완공 후에 대한 안정성을 대상으로 검토한다.

▶ 부력 검토

1) 부력 산정 : 통상 부력의 산정 시 극한상태로 검토(GL-1.0m)를 통해 검토 수행하거나 실제 지하수 위를 기준으로 부력을 산정한다.

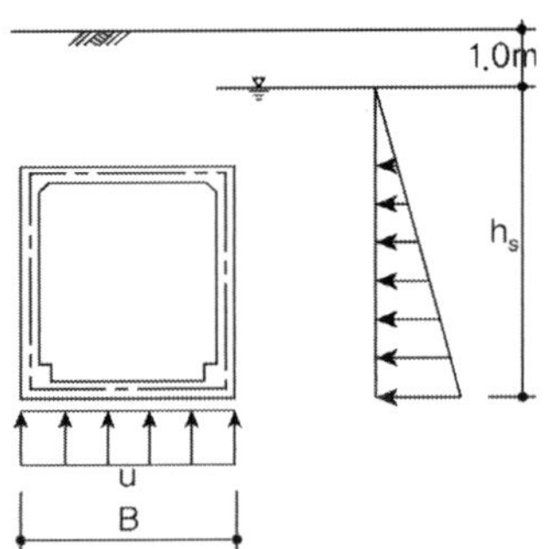

부력에 대한 안전율

① 공사 중 : $FS \geq 1.10$

② 완공 후 : $FS \geq 1.20$ (실제 조사수위 적용 시)
$FS \geq 1.05$ (GL-1.0m, 극한상황)

$$U = \gamma_w h_s B = 10 \times 5 \times 10 = 500 \text{ kN}$$

γ_w : 물의 단위중량(kN/m),　h_s : 지하수의 심도(m),　B : 부력의 폭(m)

2) 저항력

① 부력에 대한 저항력(R)은 고정하중인 구체자중 및 상재 고정하중과 측면마찰력(F)의 합으로 한다.

② 구체자중은 구조물 자중만을 고려한다.

③ 상재고정하중은 포장하중과 지하수의 영향을 고려하여 구한다.

④ 지하수위 이하의 토피하중은 지하수위 이하 흙의 단위중량(γ_{sub})을 기준으로 하고 연직수압은 추가로 고려한다.

⑤ 저항력 : 구체자중(W_1) + 상재고정하중(W_2) + 측면마찰력(F)

$$측면마찰력(F) = 2(양면) \times \left[cD(점착력) + \frac{1}{2} K_u \gamma D^2 \tan\delta (삼각형토압) \right]$$

$$= 2cD + K_u \gamma D^2 \tan\delta$$

여기서, c : 점착력(kN/m^2),　D : 적용점의 심도(m)

K_u : 토압계수, 흙의 변형생태로부터 발생하는 정지토압계수 K_0 에서 수동토압계수 K_p 사이의 값으로 안전을 고려하여 정지토압계수 적용$(K_0 = 1 - \sin\phi)$

γ : 양압력을 고려하는 습윤 상태의 단위중량(kN/m3)

$\tan\delta$: 파괴면이 비교적 구조물 벽면에 인접하여 있으므로 구조물과 지반의 상태마찰각으로 생각하며 $\delta = \frac{1}{3}\phi$로 적용

구체자중(W_1) = 25 × [5 × 0.6 × 2 + 10 × 1] = 400 kN

상재고정하중(W_2) = 0

측면마찰력(F) = (1−sin30°) × 20 × 6^2 × tan(⅓×30°)=63.48 kN

∴ 저항력(R) = 463.48 kN < 부력(U) = 500 kN　　　N.G

따라서, 부력에 대한 안전성을 확보할 수 없으므로 별도의 부력방지대책을 강구하여야 한다.

▶ 부력방지대책

부력에 대한 안전율 부족 시에는 전단키 설치로 구조물 자체의 중량 확보 방안, 부력방지 앵커, 영구배수공법 등과 같은 별도의 필요한 조치를 한다. 영구구조물에서 부력방지용 인장말뚝 설치 시에는 인장말뚝의 인장 앵커력을 구조 계산 시에 고려해야 한다.

부력방지 앵커의 유형과 설계방법

지하차도의 U-Type 구조물에 부력방지 앵커 적용 시 아래 사항에 대하여 설명하시오.
1) 부력방지 앵커공법 중 정착방식에 따른 인장마찰식, 압축마찰식, 지압식의 구조적 특성
2) 부력방지 앵커의 자유장 산정방법
3) 부력방지 앵커 설계 시 고려사항

풀 이

➤ 개요

부력방지 앵커는 하부슬래브에 PS 스트랜드를 연결하여 지하구조물의 양압력에 의한 부력에 저항할 수 있도록 하는 공법이다.

➤ 부력방지 앵커 정착방식

앵커는 정착방식에 따라 마찰형, 지압형, 복합형 앵커로 구분되며, 마찰형 앵커는 인장형과 압축형 앵커로 구분된다. 또한 압축형 마찰식 앵커는 하중집중형 앵커와 하중분산형 앵커로 구분할 수 있다.

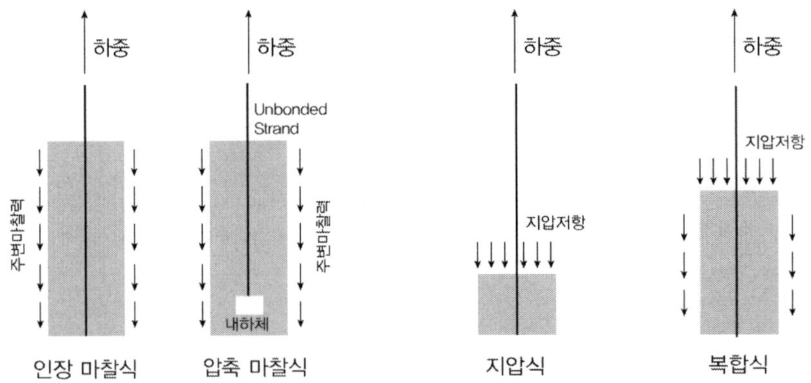

1) 마찰형 앵커 : 그라우트와 지반 마찰력으로 지지하는 방식으로 인장형과 압축형이 있으며 사용성이 높다.

① 인장 마찰식 앵커 : 강연선과 그라우팅의 부착력을 통해 앵커의 정착장으로 하중전이가 이루어지는 방식이다. 인장력 도입 시 정착장 상단부에 집중응력이 발생하고, 강선과 그라이트 사이에 과도한 인장력으로 균열이 발생하여 하중저감이 발생하는 특징을 가진다.

② 압축 마찰식 앵커 : 선단에 위치한 정착제에 하중을 전이시키는 방법으로 정착제의 수에 따라 단일의 경우 하중 집중형으로 다중인 경우 하중분산형으로 구분된다. 지반 구속압에 의한 포

아송 효과(직경 팽창)발생으로 마찰 저항이 증가하고 그라우트 강도가 증가하는 특성을 가진다. 연약지반에는 적용성이 떨어지는 단점이 있다.

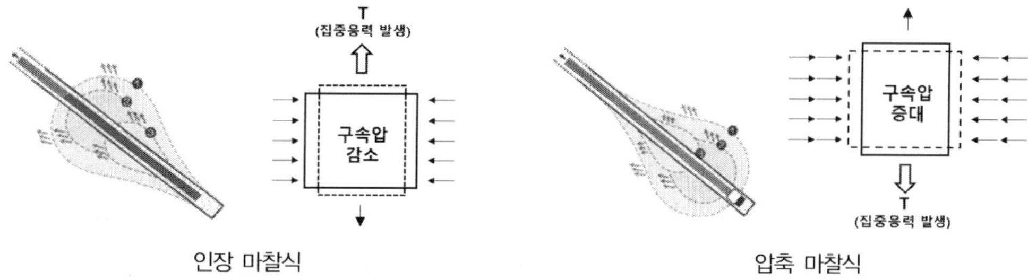

2) 지압식 앵커 : 지압판이나 파일 등을 사용하여 지반의 수동 저항력으로 지지하는 구조이다.

3) 복합형 앵커 : 마차령과 지압형을 함께 적용하는 방식이다.

▶ 부력방지 앵커의 자유장 산정방법

'앵커의 자유장 길이는 프리스트레스를 유효하게 작용시킬 수 있도록 해야 하며, 앵커체가 설계 정착력을 충분히 발휘할 수 있는 양호한 지반조건, 기상조건, 구조조건 등을 고려하여 결정한다. 통상적으로 가상 활동면으로부터 1.5m, 굴착깊이의 0.15H를 더한 값 중 큰 값으로 하되 토사지반의 경우 최소 4.5m 이상으로 한다'. 부력방지용 앵커는 PS가 유효하게 작용시킬 수 있는 정착길이와 1.5m를 비교하여 큰 값을 적용한다.

앵커 축력 및 연직벽에 작용하는 축력	앵커의 정착 위치
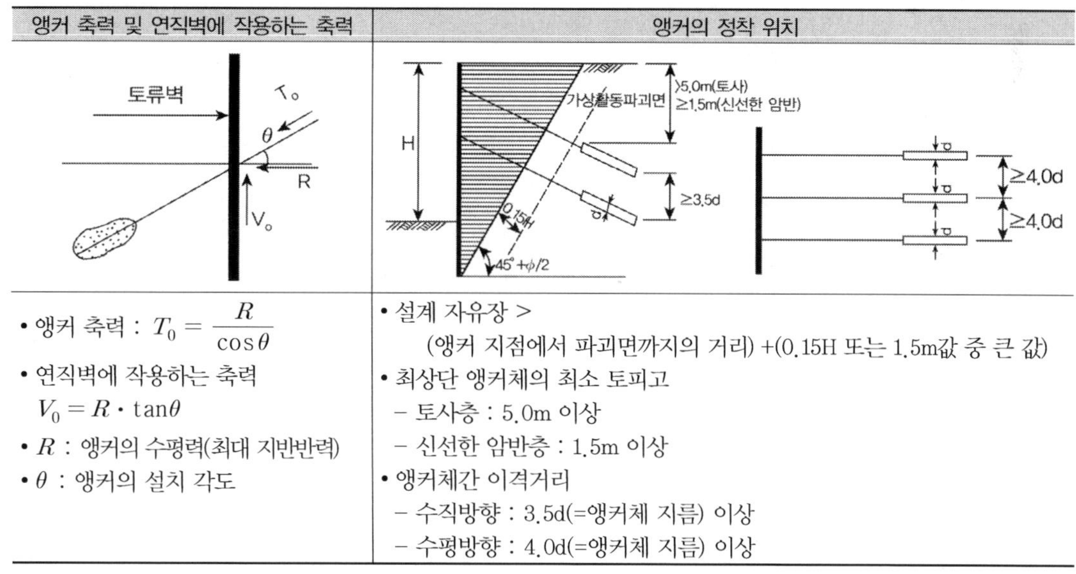 	
• 앵커 축력 : $T_0 = \dfrac{R}{\cos\theta}$ • 연직벽에 작용하는 축력 $V_0 = R \cdot \tan\theta$ • R : 앵커의 수평력(최대 지반반력) • θ : 앵커의 설치 각도	• 설계 자유장 > (앵커 지점에서 파괴면까지의 거리) +(0.15H 또는 1.5m값 중 큰 값) • 최상단 앵커체의 최소 토피고 – 토사층 : 5.0m 이상 – 신선한 암반층 : 1.5m 이상 • 앵커체간 이격거리 – 수직방향 : 3.5d(=앵커체 지름) 이상 – 수평방향 : 4.0d(=앵커체 지름) 이상

▶ 부력방지 앵커 설계 시 고려사항

1) 앵커의 안정성 검토 : 안전율(통상 1.2)과 앵커의 배치간격 등을 고려하여 적정한 본당 설계력을 발휘할 수 있도록 설계하중을 산정한다. 앵커 본당 설계하중은 다음의 값 이하가 되도록 하여야 한다.

   앵커 본당 설계력 : [부력 × 안전율(통상 1.2) − 부체자중] / (앵커 배치간격)

   앵커 본당 설계하중 : 본당 설계력 × 1/2(양측분담) × 설치간격

   ① 최대 초기긴장력($0.75\,T_{us}$, T_{us} : 극한하중)과 $0.85\,T_{ys}$(T_{ys} : 항복하중) 중 작은 값 > 앵커 본당 설계하중

   ② 최대 정착 시 긴장력($0.70\,T_{us}$)와 $0.80\,T_{ys}$ 중 작은 값 > 앵커 본당 설계하중

   ③ 최대 유효긴장력[최대 정착 시 긴장(②)의 0.9배] > 앵커 본당 설계하중

2) 앵커의 정착장 : 최소 정착장과 앵커체 부착장, 앵커체 마찰장, 자유장 등을 고려해 설계한다.

   ① 최소정착장 : 3.0m

   ② 앵커체 부착장(L_{sa})과 앵커체 (마찰)저항장(L_a) 중 최댓값

   ③ 앵커의 자유장 : 4.5m

   ④ 앵커장 길이 산정 : ②+③

3) 앵커의 탄성변위량에 대한 검토를 수행한다.

4) 앵커 지압부의 펀칭 전단력과 지압판에 대한 검토를 수행한다.

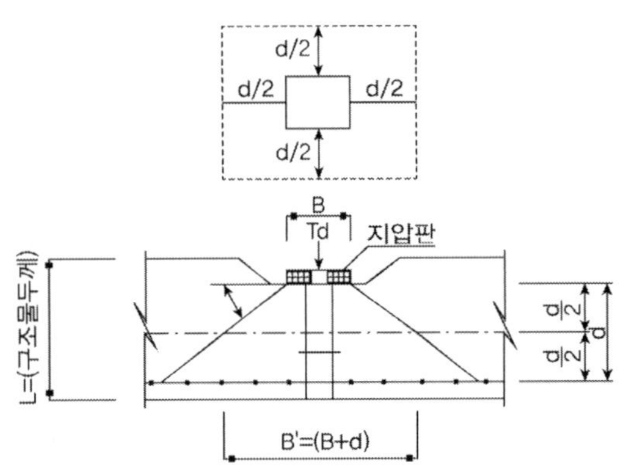

① 허용지압응력 검토

$$A_a = b^2 - \frac{\pi}{4}d_s^2$$

(b : 앵커플레이트 폭, d_s : 슬리브 외경)

$$f_c = \frac{T_d}{A_a} < 콘크리트 허용지압응력(0.4f_{ck})$$

② 펀칭전단검토

$$A = 4(B+d) \times d \quad (d: 콘크리트 블록 유효높이)$$

$$\tau_c = \frac{T_d}{A} < 콘크리트 허용전단응력(0.25\sqrt{f_{ck}})$$

지압판 유효면적 : $A = 앵커플레이트 폭2 - \dfrac{\pi}{4}d_s^2$

지압판 너트면적 : $A_n = \pi \times e \times t$ 여기서, e : 너트외경, t : 지압판 두께

$$M = \frac{T_d}{4} - \frac{d_s - e}{2}, \quad f = \frac{M}{Z} < f_a, \quad \tau = \frac{T_d}{A_n} < \tau_a$$

부력방지 앵커의 설계

그림과 같이 U-TYPE 구조물에 부력방지 영구앵커를 설치한다.

1) 부력방지 영구앵커 설계 시 고려사항을 설명하시오.

2) 소요 정착장을 정수단위로 계산하시오.

영구앵커 형식	마찰형 영구앵커	설계앵커력	$T_{design} = 1000kN$
극한주면 마찰저항	$\tau_u = 1000kN/m^2$	인장재와 그라우트의 허용부착응력	$\tau_f = 800kN/m^2$
천공직경	$D_1 = 150mm$	앵커인장재 직경	$D_2 = 100mm$
설계안전율	$SF = 2.0$	정착지층	연암층

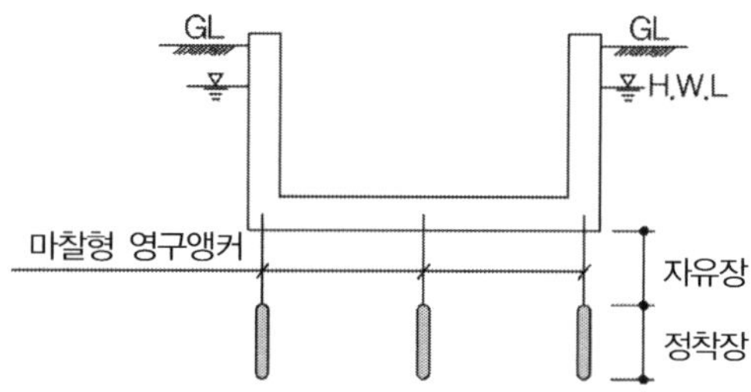

풀 이

▶ 소요정착장

소요정착장 = 자유장 + 앵커 정착길이(정착장)

▶ 앵커의 자유장

'앵커의 자유장 길이는 프리스트레스를 유효하게 작용시킬 수 있도록 해야 하며, 앵커제가 설계 정착력을 충분히 발휘할 수 있는 양호한 지반조건, 기상조건, 구조조건 등을 고려하여 결정한다. 통상적으로 가상 활동면으로부터 1.5m, 굴착깊이의 0.15H를 더한 값 중 큰 값으로 하되 토사지반의 경우 최소 4.5m 이상으로 한다' 주어진 문제에서는 부력방지용 앵커이므로 PS가 유효하게 작용시킬 수 있는 정착길이와 1.5m를 비교하여 큰 값을 적용한다.

$$50d_b (\text{강연선으로 가정}) = 50 \times 100^{mm} = 5^m \, \rangle \, 4.5^m$$

▶ 정착길이(L_a)

$$L_a = \max[\text{설계정착력 앵커 정착길이}(L_a'), \text{인장재 부착길이}(L_{sa})]$$

$$L_a{}' = \frac{T_d \times F.S}{\pi \times D_a \times \tau_u} = \frac{1000^{kN} \times 2.0}{\pi \times 150^{mm} \times 1000^{kN/m^2}} = 4.24^m \fallingdotseq 5.0^m$$

$$L_{sa} = \frac{T_d}{\pi \times n \times d_e \times \tau_a} = \frac{1000^{kN}}{\pi \times 1 \times 100^{mm} \times 800^{kN/m^2}} = 3.98^m \fallingdotseq 4.0^m$$

$$\therefore\ L_a = \max\left[5.0^m, 4.0^m\right] = 5.0^m \ \text{——— (정착장)}$$

➤ **소요정착장 = 자유장 + 정착장 = 10.0^m**

지하차도 종방향 설계검토

지하차도 구조물의 종방향 설계 시 주요 검토 사항에 대하여 설명하시오.

풀 이

▶ 개요

지하시설물을 설치하는 구간에 기초지반의 급격한 변화(암반→연약)나 구조물의 기초형식(말뚝→직접)이 변화하는 등 지지력이 급격히 변화하는 구간에 대해서는 부등침하 등으로 인한 종방향력에 대해 검토하고 이를 설계 시 반영하여야 한다.

▶ 지하차도 종방향 설계 시 주요 검토사항

1) 구조물 종방향 검토 시 종방향 강성(EI)을 무한대로 보고 지지조건을 탄성받침으로 한다.

지점의 경계조건은 기초지반의 종류에 관계없이 저판의 모든 부위에 지반반력계수와 설치간격으로부터 환산된 스프링을 설치(간격 1.0m 이내)한 모델로 계산한 방법이 주로 사용되며 부력 등에 의하여 스프링에 인장이 발생할 경우 인장을 받는 스프링은 차례로 제외시켜 최종적으로 압축만 받는 스프링만 남겨둔 상태의 모델 해석결과를 취한다. 다만 암반지반에서는 벽체 또는 기둥 하단부위에 회전 또는 이동지점의 경계조건을 부여할 수 있다.

$$\text{지반반력계수} : K_v = K_{v0}\left(\frac{B_v}{0.3}\right)^{-0.3} \text{(토사지반)}$$

K_v : 연직방향 지반반력계수(kN/m3)

K_{v0} : 지름 0.3m의 강체원판에 의한 평판재하 시험값에 상당하는 연직방향 지반반력계수로

지반조사로부터 $K_{v0} = \dfrac{1}{0.3}\alpha E_0$로 추정 ($E_0$: 지반변형계수, α : 계수)

B_v : 기초의 환산재하폭 B_v는 구조물 저판의 지간을 적용

2) 적정 간격으로 신축이음을 줄 경우에는 종방향 검토를 하지 않아도 되나 특별히 기초 지반이 좋지 않을 때는 종방향 검토를 하는 것이 바람직하다.

3) 신축이음

① 박스구조 : 하천통과구간, 온도변화에 의한 건조수축, 부등침하, 주행성을 고려하여 설치하되 연약지반이나 부등침하, 지진의 영향이 큰 곳에서는 EXP. Joint를 설치한다. 본체구조물과 부대시설(환기구, 비상통로 등) 접합부는 상이한 설계조건, 외부온도 변화의 영향을 고려하여 신축이음을 설치한다.

② U-TYPE : 온도변화에 의한 응력으로 균열이 예상되므로 EXP. Joint를 설치한다.

4) 신축이음 방향은 원칙적으로 측벽에 직각으로 하나 토피가 작은 경우에는 중앙분리대의 방향 또는 차선표시 방향으로 하는 것이 바람직하다.

5) 지하 개착식 박스구조물은 일반적으로 신축이음이 없는 연속한 구조물로 기준하고 연약지반으로 인한 부등침하나 지진의 영향이 크다고 생각되는 경우는 신축이음을 설치할 경우가 있다.

6) 지하본체구조물과 환기구, 출입구 등 부대시설 접합부는 상이한 설계조건 및 외부온도 변화의 영향 등에 의해 발생할 수 있는 구조적으로 다른 거동과 힘의 흡수 또는 통과시킬 수 있도록 설계해야 하며 접합부에는 신축이음을 둘 수 있다.

7) 시공이음의 구조에서는 철근을 연결하고 단면 내에 홈을 두는 등 전단키를 설치하여 힘의 전달이 확실하게 하며 물의 침투가 되지 않도록 사용하는 재료의 재질, 규격, 설치 방법 등을 검토 설계한다.

연약지반 암거구조물 종방향 검토과 헌치

아래 그림과 같이 연약지반과 지반지지력 확보 지반을 횡단하는 암거구조물을 설치하고, 그 암거구조물 상부에 성토를 하고자 할 때 다음 사항들에 대하여 설명하시오.

1) 예상되는 문제점과 계획 설계 시 고려하여야 할 대책

2) 작용하중

3) 구조해석 시 헌지 영향 여부를 검토하고, 헌치 영향을 무시하는 경우에 상부 슬래브의 단부 구간에 대한 슬래브와 벽체 단면 산정에 사용되는 휨모멘트

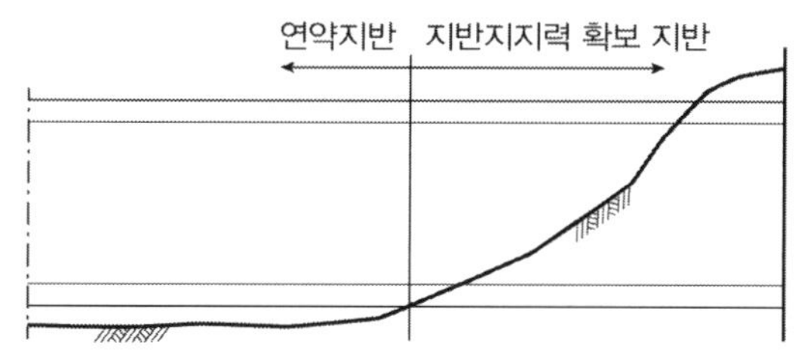

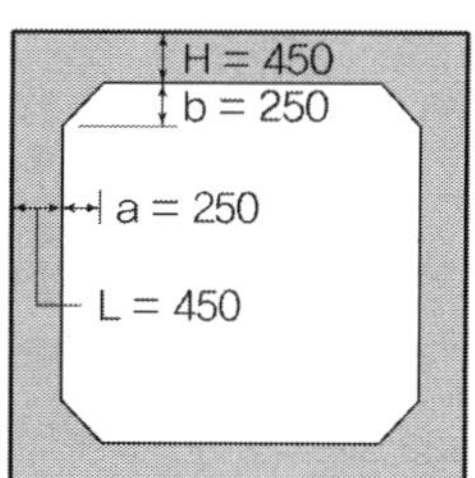

풀 이

> **개요**

지하시설물을 설치하는 구간에 기초지반의 급격한 변화(암반 → 연약)나 구조물의 기초형식(말뚝 → 직접)이 변화하는 등 지지력이 급격히 변화하는 구간에 대해서는 부등침하 등으로 인한 종방향력에 대해 검토하고 이를 설계 시 반영하여야 한다.

> **기초지반 변화에 따른 예상문제점과 대책**

1) 예상 문제점

일반적으로 암거구조물의 설계 시에는 횡단면을 중심으로 설계되는데 반해 종방향으로 기초지반의 급격한 변화(암반 → 연약)나 구조물의 기초형식(말뚝 → 직접)이 변화가 발생할 경우에는 부등침하로 인한 종방향력으로 인해 구조물의 파손으로 수로 암거같은 경우 누수, 내구성 문제 등이 발생할 수 있으며, 차량용 암거의 경우 주행성 등의 문제가 발생될 수 있다.

2) 대책

① 설계 시 구조물 종방향 검토를 위해 기초지반의 종류에 관계없이 저판의 모든 부위에 지반반력계수와 설치간격으로부터 환산된 스프링을 설치(간격 1.0m 이내)한 모델로 계산한 방법이

주로 사용되며 부력 등에 의하여 스프링에 인장이 발생할 경우 인장을 받는 스프링은 차례로
제외시켜 최종적으로 압축만 받는 스프링만 남겨둔 상태의 모델 해석결과를 취한다. 다만, 암
반지반에서는 벽체 또는 기둥 하단부위에 회전 또는 이동지점의 경계조건을 부여할 수 있다.

지반반력계수 : $K_v = K_{v0}\left(\dfrac{B_v}{0.3}\right)^{-0.3}$ (토사지반)

   K_v : 연직방향 지반반력계수(kN/m^3)

   K_{v0} : 지름 0.3m의 강체원판에 의한 평판재하 시험값에 상당하는 연직방향 지반반력계수로

      지반조사로부터 $K_{v0} = \dfrac{1}{0.3}\alpha E_0$ 로 추정 (E_0 : 지반변형계수, α : 계수)

   B_v : 기초의 환산재하폭 B_v는 구조물 저판의 지간을 적용

② 적정 간격으로 신축이음을 줄 경우에는 종방향 검토를 하지 않아도 되나 특별히 기초 지반이
좋지 않을 때는 종방향 검토를 하는 것이 바람직하다. 신축이음은 하천통과구간, 온도변화에
의한 건조수축, 부등침하, 주행성을 고려하여 설치하되 연약지반이나 부등침하, 지진의 영향
이 큰 곳에서는 EXP. Joint를 설치한다.

③ 장기침하 등으로 인한 시설한계확보 불가 등이 우려될 때에는 암밀침하, 토사치환 등 연약지
반 선 처리 후 시공하거나, 암거 하부에 말뚝기초 등을 고려할 수 있다.

➤ 작용 하중

지하구조물의 설계 시 고려되는 하중은 주하중과 주하중에 상당하는 특수하중, 부하중과 부하중
에 해당하는 특수하중으로 구분된다.

① 주하중

   (1) 고정하중(D)　(2) 노면활하중(L)　(3) 충격(I)　(4) 프리스트레스(PS)　(5) 콘크리트 크리프 영향(CR)

   (6) 콘크리트 건조수축의 영향(SH)　(7) 지반하중(또는 토압)(H)　(8) 수압(F)

② 주하중에 상당하는 특수하중

   (1) 지반변동의 영향(GD)　(2) 지점이동의 영향(SD)

③ 부하중

   (1) 온도변화의 영향(T)　　(2) 지진의 영향(E)

④ 부하중에 상당하는 특수하중

   (1) 가설 시 하중(T)　　　(2) 기타

➤ 구조해석 시 헌치 영향

암거의 우각부에서는 응력 집중이 생기기 쉬우므로 헌지를 만드는 것이 좋으나 시공적인 측면을 고려해 두지 않을 수도 있다. 특히 지간이 큰 암거(8m 이상)에 대해서는 헌치가 우각부 응력집중을 저감시킨다는 점, 토피의 두께가 두꺼울 경우에는 우각부의 전단응력으로 단면이 결정되므로 단면 두께가 두껍게 되기 때문에 헌치를 고려하는 것이 경제적일 수 있다.

구조해석 모델에서는 일반적으로 헌치에 의한 휨강성 및 부재 축선의 변화가 미미하기 때문에 무시하고 설계한다. 헌치를 무시하고 구조해석을 하는 경우에는 부재단의 휨모멘트를 아래와 같이 이동하여 구한 값을 사용한다. 계수 전단력 V_u 는 받침부 내면에서 d거리 이내에 위치한 거리에서 구한 전단력 V_u 의 값으로 설계한다. 또한 부재단면의 유효깊이는 인장 주철근 중심으로부터 압축단 연단까지의 거리이며, 헌치가 있을 경우에는 1:3 이내의 헌치 단면까지는 유효한 단면으로 설계한다.

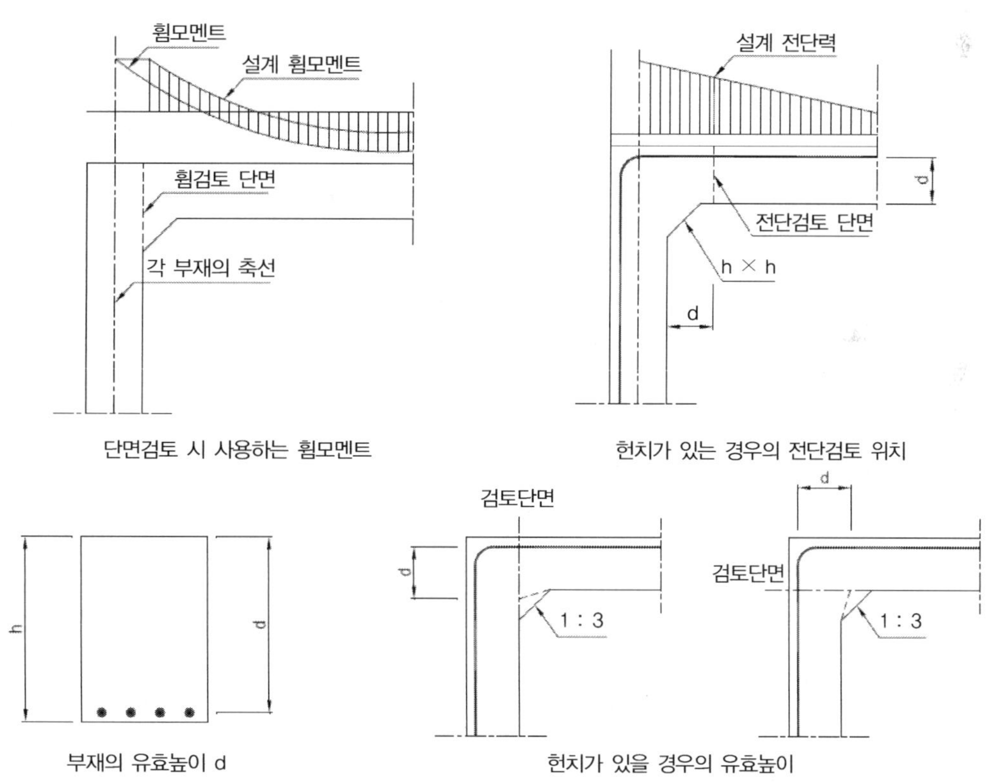

단면검토 시 사용하는 휨모멘트

헌치가 있는 경우의 전단검토 위치

부재의 유효높이 d

헌치가 있을 경우의 유효높이

연약 지반 암거 설계

다음 그림과 같이 연약 지반 상에 도로 횡단암거를 설치하고자 할 때 예상문제점 및 대책에 대하여 설명하시오.

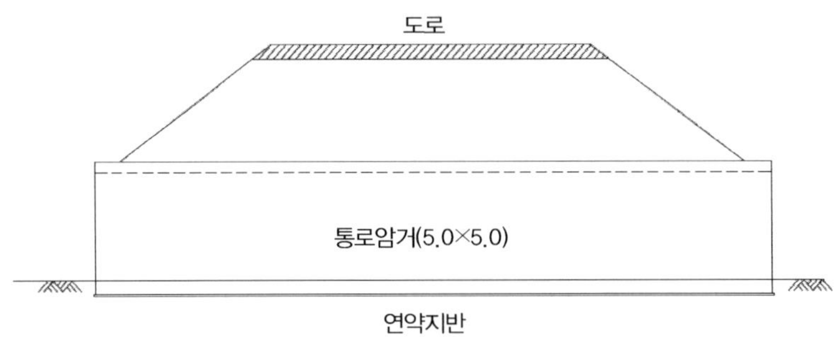

풀 이

➤ 개요

연약지반은 통상적으로 N치가 10 이하인 지반(점토질 지반 N치 4~6, 사질토 N치 10 이하)을 말하며, 연약지반 위에 설치된 구조물은 장기침하로 인해 구조물의 손상을 초래할 수 있다. 일반적으로 연약지반상의 구조물은 구조물 설치 전에 치환이나 프리로딩 등 압밀침하를 유도한 후 허용잔류침하량 이내에서 시공하거나 구조물에 말뚝을 설치하여 지반 침하와 상관없이 완성된 구조물에 침하가 발생되지 않도록 설치한다.

➤ 예상 문제점

1) 침하 : 연약지반 내의 통로암거를 설치하는 경우 탄성 침하량과 압밀 침하량으로 인한 부등침하가 발생할 수 있다. 또한 연약지반에 굴착을 행하면 응력감소로 인한 팽창으로 굴착저면에 리바운드(Rebound)가 발생할 수 있다.

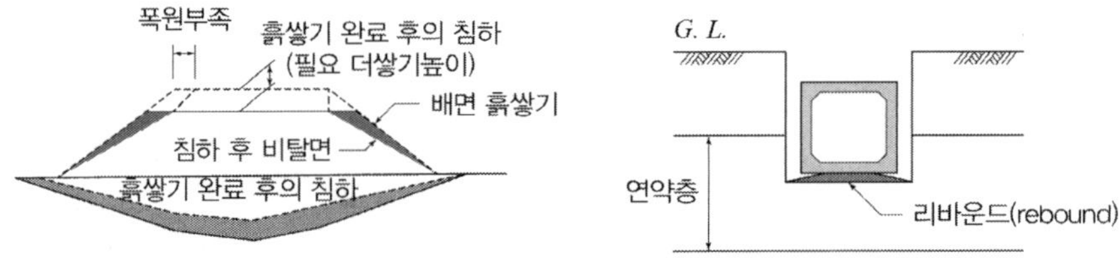

2) 부등침하로 인한 공동현상과 응력집중 : 하부의 부등침하로 인해 하부에 공동현상이 발생될 수 있으며, 부등처짐으로 인한 상대각으로 응력이 집중되는 문제가 발생될 수 있다.

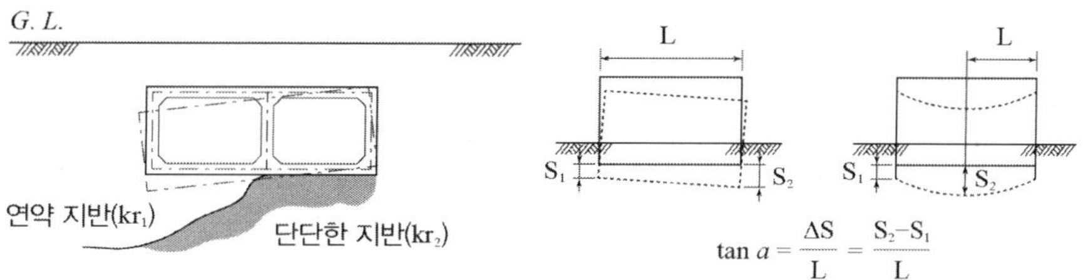

$$\tan a = \frac{\Delta S}{L} = \frac{S_2 - S_1}{L}$$

3) 종방향의 단면력 변화 : 종 방향으로의 지반 지지력의 차이가 있는 경우 경계부에서의 응력집중이 발생되며, 이로 인해 단면해석과 달리 종방향으로 단면력의 변화가 발생될 수 있다.

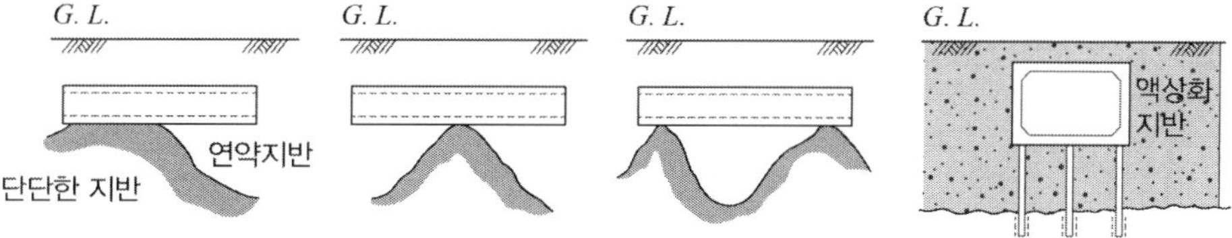

4) 지진 시 액상화로 인한 부상 및 증폭 : 지진 발생으로 지반이 액상화되는 경우 암거의 중량이 배제된 흙의 중량보다 가벼운 경우 암거에 큰 양압력이 작용되어 부상될 수 있다. 반면 암거가 무거운 경우 는 지지력을 잃어 침하될 수 있다. 또한 지진력의 증폭으로 우각부에 응력이 집중될 수 있다.

▶ 대책

사전에 탄성 침하량과 압밀 침하량에 대한 검토를 수행하고, 침하 대책으로 지반치환, 여성토, 내 공확대 및 말뚝기초 등을 고려할 수 있다. 특히 종방향으로의 단면력이 변화하는 경우에는 신축 이음간격을 조정하거나 단면을 키우는 방법을 고려할 수 있다.

구분	사전 압밀침하	치환공법	파일 공법
공법 개요도			
공법 특징	• 지반을 미리 성토해 지반암밀을 선행시켜 시공 후의 침하를 미연에 방지(침하촉진 및 지반 강도 증가)	• 구조물 하부의 연약층을 일부 혹은 전부를 제거하고 양질의 토사로 치환	• 구조물 하중을 말뚝기초로 전달하는 구조로 하부 기초지반에 말뚝을 타설하여 기초지반 열악성을 극복
장점	• 시공이 간편, 압밀침하 후 시공으로 안정성 확보	• 단기간에 지반확보, 연약층 심도가 낮은 곳에 적절	• 공사기간 단축, 재질 균등성 확보, 침하 안정성 확보
단점	• 공기가 길고, 되메우기 다짐 불량 시 취약지점 발생	• 제거한 연약층 사토장소 필요, 별도의 배수공 선정 필요	• 항타 시 소음, 암거 인접지역 부등침하, 공사비 증가

암거 주철근 배근

그림과 같은 2련 암거에 대한 구조해석 및 단면검토 결과 각 부재의 설계철근량이 다음 표와 같이 계산되었다. 암거의 주철근 조립도를 그리시오.

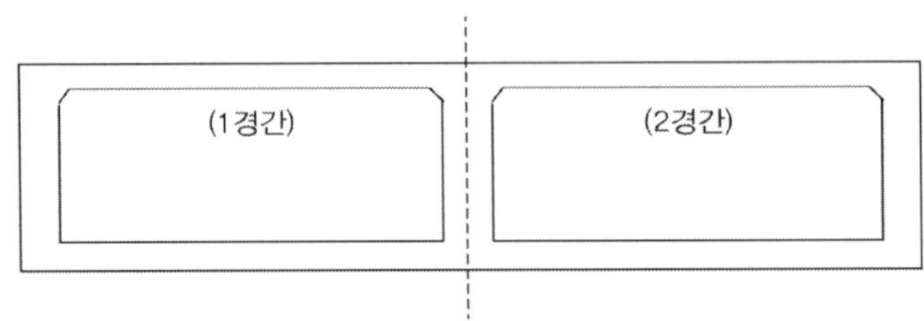

부재 위치		설계철근량
상부슬래브	좌측단부	H29-8EA
	1경간 중앙부	H29-4EA + H25-4EA
	중간지점부	H32-8EA
	2경간 중앙부	H29-4EA + H25-4EA
	우측단부	H29-8EA
좌·우측 벽체	상부	H29-8EA
	중간부	H19-8EA
	하부	H29-8EA
하부슬래브	좌측단부	H29-8EA
	1경간 중앙부	H29-4EA + H25-4EA
	중간지점부	H29-8EA
	2경간 중앙부	H29-4EA + H25-4EA
	우측단부	H29-8EA
중간벽체 지점부		H19-8EA
중간벽체 중앙부		H19-8EA

풀 이

▶ 개요

주철근 배근을 위한 설계철근량은 위치별로 8개를 기준으로 하고 있으므로 125mm 간격으로 배근하는 것으로 한다. 경간 중앙부의 철근의 크기가 2가지를 사용하므로 주철근 조립도는 2 Cycle로 배치하고 각각 교차로 배근하는 것으로 한다.

▶ 주철근 조립도

1) 개략 단면력도

하중조합에 따른 최대 단면력을 기준으로 배근하므로 상시 단면력을 주 단면력으로 보고 다음의 단면력 형태로 결과값이 도출되었다고 가정하고 배근한다.

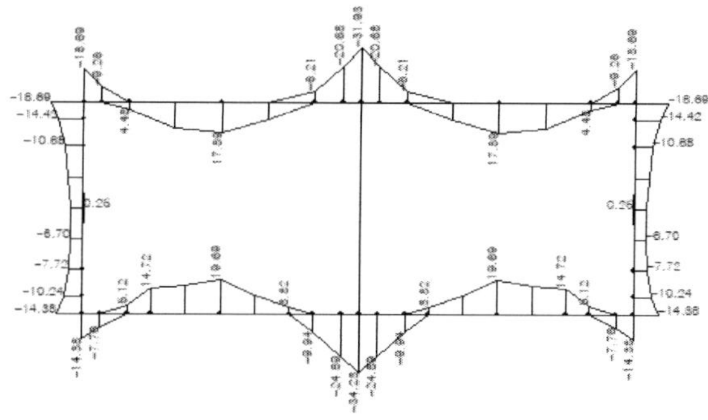

상시 최대 휨모멘트도

2) 주철근 조립도

① CYCLE-1(@125)

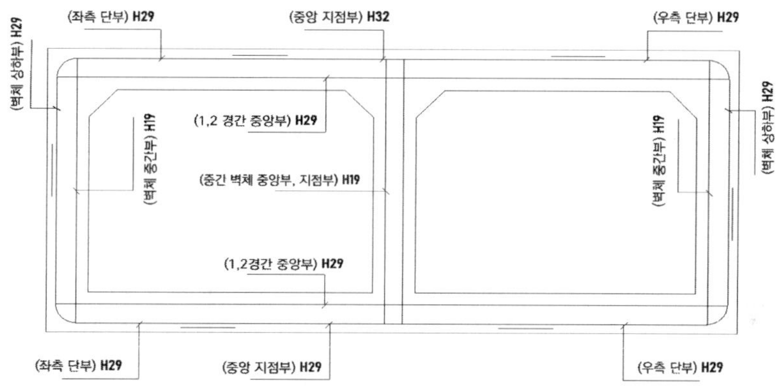

② CYCLE-2(@125)

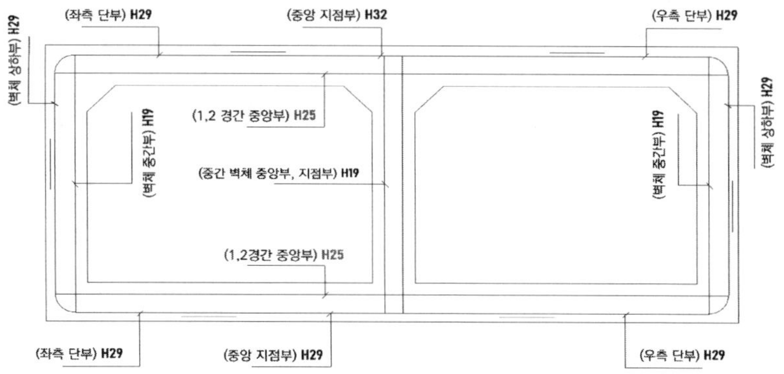

지중 구조물의 내진설계

내진설계 시 지상구조물과 지중구조물의 거동특성 차이점과 지중구조물의 내진설계 시 고려사항에 대하여 설명하시오.

풀 이

▶ 지상과 지중구조물의 거동 차이

지중구조물은 지상구조물과 달리 중공된 상태가 많아 단위체적당 중량이 작으며, 지반으로 인해 진동의 제약으로 감쇠가 크고 변위의 형상이 지반의 진동과 유사한 특징을 갖게 된다. 이로 인하여 지진 시 지중구조물의 응답은 구조물의 질량에 의한 관성력보다는 주변 지반에서 발생하는 지반의 상대변위에 영향을 받는다.

▶ 지중구조물 내진설계 해석방법

지중구조물의 내진설계는 지진 시 지반 변위의 영향을 고려하여 구조물에 요구되는 내진성능을 만족하도록 해야 한다. 지중구조물은 관성력의 영향을 크게 받는 지상의 일반 구조물과 달라서 관성력의 영향은 적고, 주변 지반의 변형에 따라 그 거동이 지배되기 때문에 내진설계에 있어서는 지진 시 지반 변위의 영향을 적절히 고려하여야 한다. 내진해석 시에는 지반 조건, 구조 조건 등을 고려하여 응답변위법 혹은 응답이력해석법을 사용하여 수행할 수 있다. 개착식 구조물인 경우 응답변위법을 구조물의 지진해석을 위한 표준해석법으로 사용하고, 응답이력해석법은 상세한 검토를 필요로 하는 경우나 구조 조건, 지반 조건이 복잡한 경우, 지반과 구조물의 상호작용을 고려하는 경우에 사용한다.

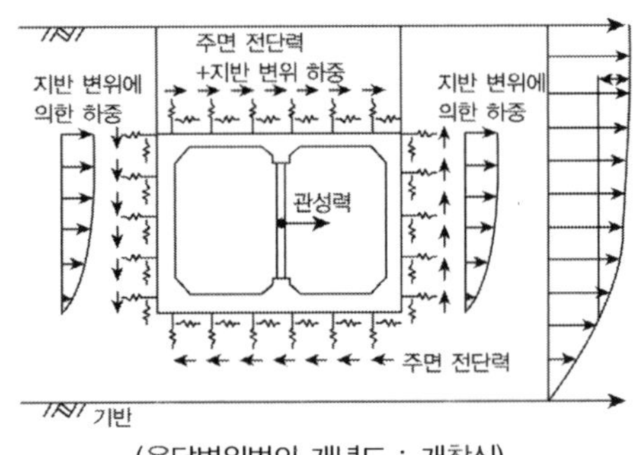

(응답변위법의 개념도 : 개착식)

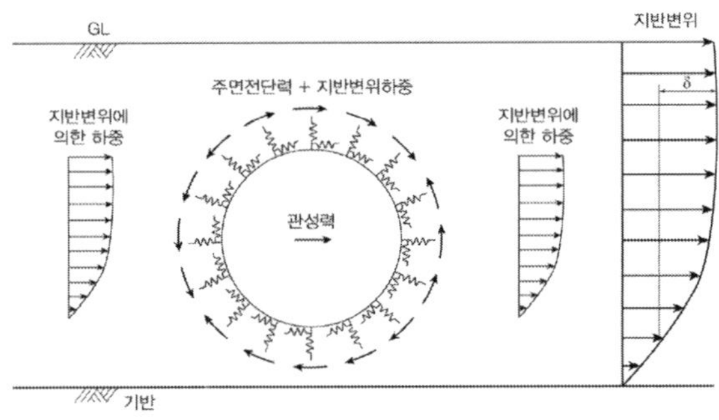

(응답변위법의 개념도 : 비개착식)

➤ 지중구조물 내진설계 시 고려사항

1) 응답변위법

지진 시에 생기는 지반 변위에 의한 지진하중과 지하구조물과 주변지반 관계에서의 경계조건을 적절히 모델링하여 정적으로 계산하는 방법을 응답변위법이라 한다. 응답변위법에 의한 횡단방향의 지진해석 시 지진하중은 그림과 같이 지반변위에 의한 하중, 주면전단력 및 관성력을 고려해야 한다.

① 지반반력계수 산정 : 지중구조물의 내진해석 시 지반반력계수는 구조물 측벽의 수평방향지반 반력계수 및 전단지반반력계수, 공동구 구조물 바닥면의 연직방향지반반력계수 및 전단지반 반력계수로 하고, 지진의 세기와 관련하여 내진성능수준별 적합한 특성치를 적용해야 한다. 이 때 지반반력계수는 다음의 방법을 이용해 산정할 수 있다.

  (1) 각종 조사, 시험 결과에 의해 얻어진 변형계수에 기초의 재하폭 등의 영향을 고려하여 정하는 방법

  (2) 전단파 속도를 이용하여 변형계수를 산정하고 기초의 재하폭의 영향을 고려하여 정하는 방법

  (3) 유한요소법에 의한 방법으로 산정하는 경우 지진 시 지반반력계수를 구하기 위하여 구조물과 지반의 2차원 유한요소 모델을 작성하고, 지반탄성의 방향에 단위하중 1을 구조물에 작용시켜 그 방향의 하중과 변위의 관계에서 지반반력계수 값을 산출한다. 이때 지하 구조물은 상판 및 저판의 강성을 고려하거나, 혹은 강체로 간주한다.

② 지진하중 : 지진하중은 기반면에서의 설계속도응답스펙트럼을 이용하는 방법 또는 지반응답해석에 의한 방법을 적용하여 산정할 수 있다.

  (1) 기반면에서의 설계속도응답스펙트럼을 이용하는 방법 : 지진하중으로서 측벽토압, 주면전단력, 관성력을 그림과 같이 작용시킨다.

  (2) 지반응답해석에 의한 방법 : 지반응답해석을 수행하여 표층지반의 깊이별 수평 변위, 주면전단력, 깊이별 가속도를 구하고 지진하중을 산정한다.

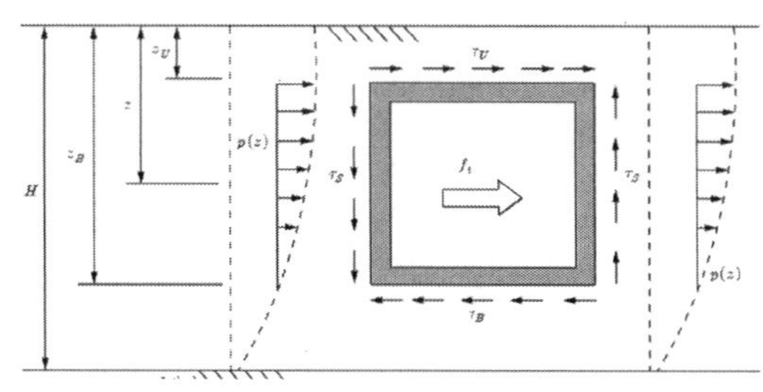

(지진하중 산정 : 개착식)

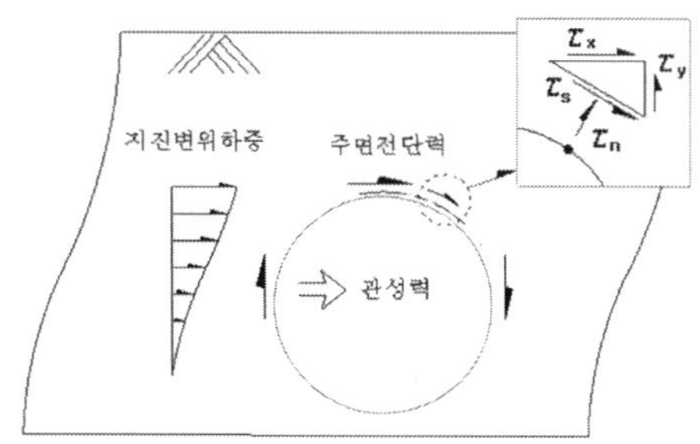

(지진하중 산정 : 비개착식)

2) 응답이력해석법

지중구조물을 응답이력해석법을 사용하여 해석하고 설계하기 위해서는 설계지진하중을 산정하는 것이 중요하다. 설계지반운동의 시간이력은 지반 가속도, 속도, 변위 중 하나 이상의 시간이력으로 지반운동을 표현해 실지진기록을 이용하거나 인공합성 지반운동 시간이력을 활용할 수 있다.

응답변위법

지하공동구 내진설계기준에서 지중구조물의 응답변위법 설계개념 및 설계방법을 설명하시오.

풀 이

▶ 개요

응답변위법은 지진에 의한 지하구조물의 거동을 해석하기 위한 해석방법으로서, 구조물과 지반의 구조해석모형에 구조물이 없는 자유장 지반에서의 수평상대변위, 가속도, 응력을 입력으로 작용하여 구조해석을 수행하는 방법이다.

▶ 설계개념과 방법

지중구조물은 지상구조물과 달리 중공된 상태가 많아 단위체적당 중량이 작으며, 지반으로 인해 진동의 제약으로 감쇠가 크고 변위의 형상이 지반의 진동과 유사한 특징을 갖게 된다. 이로 인하여 지진 시 지중구조물의 응답은 구조물의 질량에 의한 관성력보다는 주변지반에서 발생하는 지반의 상대변위에 영향을 받는다.

응답변위법(Seismic deformation mathod)은 지중구조물의 내진설계를 위해 1970년대에 일본에서 고안된 방법으로 지진 시 발생하는 지반의 변위를 구조물에 작용시켜서 지중구조물에 발생하는 응력을 정적으로 구하며 구조물과 지반의 구조해석모형을 구조물은 프레임 요소, 지반은 스프링 요소로 모델링하며 구조물이 없는 자유장 지반에서의 수평상대변위, 가속도, 응력을 입력하여 구조해석을 수행한다. 관성력을 구하는 것이 아니라 지진운동으로 인한 주변지반의 변위를 먼저 구하고 주변지반의 변위에 의해 지중구조물에도 거의 같은 변위가 발생한다고 가정하여 이 변위에 의한 구조물의 응력을 구하는 방법이다.

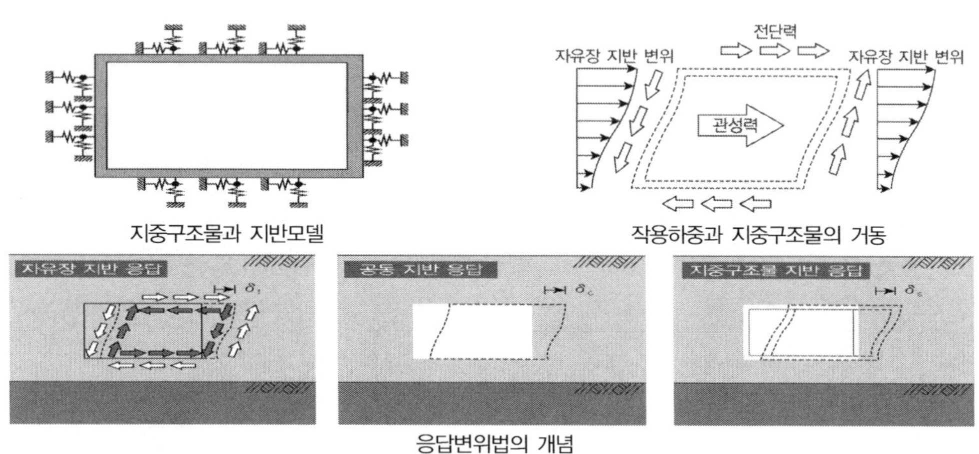

응답변위법의 개념

1) 설계절차

① 단면을 설정한 후 지반조건에 따른 지진계수(가속도계수) 산정
② 지반의 최대 변위진폭 결정(가속도 응답스펙트럼에서 속도응답스펙트럼으로 변환 시 각 성능
   수준별 속도응답스펙트럼 산정 주의)
③ 지반조건에 따라 지반반력계수 산정
④ 설정된 단면의 상시하중과 지진 시 하중에 의한 단면력 계산
⑤ 계산된 단면력과 상시하중에 의한 설계단면력 비교하여 최적 단면 산정

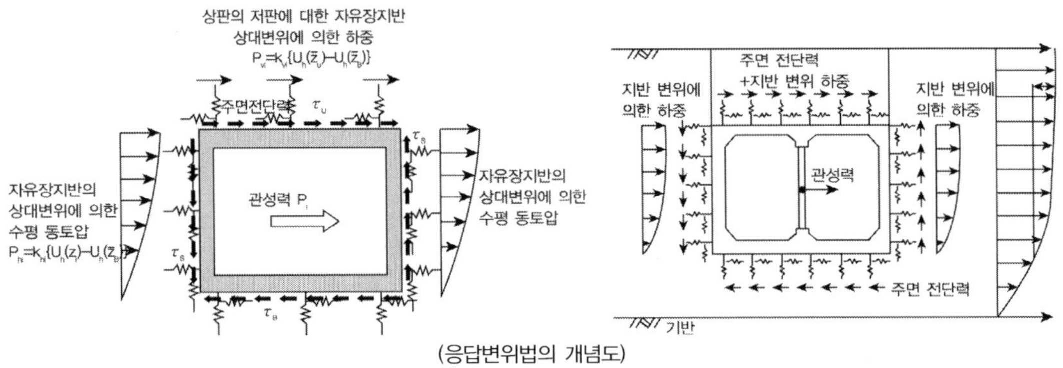

(응답변위법의 개념도)

2) 안정성 평가기준

지하구조물의 내진설계에서 시공 중 또는 완성 후에 구조물에 작용하는 고정하중, 활하중, 토압 그리고 지진하중 등 각종하중 및 외적작용의 영향을 고려하여야 한다. 구조물의 모든 구조요소는 서로 다른 하중조건하에서 균일한 안전율을 유지할 수 있도록 설계되어야 한다. 이는 각 구조 부재의 강도가 하중계수를 고려한 예상하중을 지지하는 데 충분하고 사용하중수준에서 구조의 사용성이 보장되는 것을 요구한다.

소요강도(U) ≤ 설계강도($\phi \times$공칭강도)

강도설계법에서는 구조물의 안전여유를 2가지 방법으로 제시하고 있다.

① 소요강도(U)는 사용성에 예상을 초과한 하중 및 구조해석의 단순화로 인하여 발생되는 초과 요인을 고려한 하중계수를 곱함으로써 계산한다.
② 구조부재의 설계강도는 공칭강도에 1.0보다 작은 값인 강도감소계수 ϕ를 고려한다.

고정하중, 활하중 및 지진하중, 횡토압과 횡방향 지하수압이 작용하는 경우 기능수행수준과 붕괴 방지수준으로 구분하여 내진성능에 따라 고려하도록 하고 있다.

응답수정계수

지하구조물 내진설계 시 해석방법에 따라 적용하는 응답수정계수에 대하여 설명하시오.

풀 이

▶ 개요

구조물 설계 시 탄성영역만 고려하는 것은 비경제적이기 때문에 구조물에 아주 심한 파손이 일어나지 않는다면 어느 정도 손상을 허용하는 것이 일반적인 내진설계 원칙이다. 구조물이 어느 정도의 극한 하중을 견디고 연성적인 거동을 하도록 설계된다면 붕괴를 피할 수 있고 이러한 설계를 위해 탄성해석으로 얻은 설계지진력을 응답수정계수로 나누어 고려하거나, 비탄성 설계응답스펙트럼을 사용하는 방법을 고려할 수 있다. 탄성응답스펙트럼(elastic response spectrum)으로부터 설계하중을 결정하고, 비선형 거동에 의해 지진 에너지를 분산시키는 능력을 고려하기 위하여 응답수정계수(R)에 의해서 설계 지진하중을 감소시키는 방법을 적용하고 있다.

▶ 해석방법에 따른 응답수정계수

1) 지중구조물의 내진설계

지중구조물의 내진설계는 지진 시 지반 변위의 영향을 고려하여 구조물에 요구되는 내진성능을 만족하도록 하는 것이다. 지중구조물은 관성력의 영향을 크게 받는 지상의 일반 구조물과 달라서 관성력의 영향은 적고, 주변 지반의 변형에 따라 그 거동이 지배되기 때문에 내진설계에 있어서는 지진 시 지반 변위의 영향을 적절히 고려하여야 한다.

2) 지중구조물의 지진해석 방법

지중구조물의 지진해석은 지반 조건, 구조 조건 등을 고려하여 응답변위법 혹은 응답이력해석법을 사용하여 수행할 수 있다. 개착식 지중 구조물인 경우 응답변위법을 구조물의 지진해석을 위한 표준해석법으로 사용하고, 응답이력해석법은 상세한 검토를 필요로 하는 경우나 구조 조건, 지반 조건이 복잡한 경우, 지반과 구조물의 상호작용을 고려하는 경우에 사용한다.

비개착식 지중구조물의 지진해석 방법은 터널 내진설계방법에 따르며 응답변위법, 동적해석법, 유사정적해석법을 적용할 수 있다. 지중 구조물의 지진해석은 2차원 횡단면해석을 원칙으로 하되 지반상태가 급격히 변화하는 구간 통과 등의 경우에는 종방향에 대한 내진구조해석을 추가로 수행하여야 한다.

3) 지중구조물의 응답수정계수

① 붕괴방지수준

지진에 의한 대상구조물에 발생하는 변형이 탄성한도를 초과하여 소성거동을 하는 붕괴방지수준의 지진에서는 구조물이 비탄성 거동을 하게 되며 탄성거동을 하는 경우보다 부재력이 작아진다. 일반 구조물의 경우 이를 고려하기 위하여 부재 설계 시 탄성해석으로 구한 탄성부재력을 아래의 응답수정계수(R, 연성 계수)를 사용하여 보정하게 된다. 즉, 지진에 의한 탄성부재력을 응답수정계수로 나눈 값이 지진에 대한 설계부재력이 되며 이 설계부재력을 다른 하중에 의한 부재력과 조합하여 부재의 안전성을 검토하여야 한다. 설계부재력 중 전단력과 압축력에 대하여는 적용하지 않는다. 붕괴방지수준의 내진성능을 갖도록 설계하는 경우에는 탄성해석과 탄소성해석을 필요에 따라 선택할 수 있다.

(1) 탄성해석을 수행하는 경우에는 계산 결과를 응답수정계수로 나눠줌으로써 탄성해석만으로 소성변형까지도 고려할 수 있다.

(2) 탄소성해석을 수행하는 경우에는 계산 결과를 그대로 사용하고 응답수정계수는 고려하지 않는다.

붕괴방지수준에서 지중구조물의 응답수정계수(R)

구분	기둥	보
철근 콘크리트 부재	3	3
강 부재 또는 합성부재	5	5

② 기능수행수준

기능수행수준의 내진성능을 갖도록 설계하는 경우에는 탄성해석을 수행하게 되며, 응답수정계수(R)는 고려하지 않는다.

지중구조물의 내진설계 : 연성보강 적용범위

내진설계가 적용되지 않은 지중구조물(2련박스)의 중앙기둥부에 적용하는 콘크리트 구조기준의 특별고려사항에 대하여 설명하고 연성보강(띠철근) 적용범위를 설명하시오.

풀 이

> **개요**

콘크리트 구조기준 특별고려사항에서는 지진력에 저항하지 않을 것으로 가정하여 내진설계가 적용되지 않은 지중구조물의 중앙기둥부와 같은 골조부재에 대하여 설계변위가 발생할 때 부재에서 계산한 휨모멘트에 대해 검토하고 설계 부재력과 단면력을 비교하여 띠철근 등을 보강하도록 규정하고 있다.

> **개요지중구조물(2련박스) 중앙기둥부의 연성보강**

1) 설계변위 때의 단면력이 설계 부재력 이내인 경우 : 설계변위와 함께 중력 휨모멘트와 전단력에 따른 조합력이 골조부재의 설계휨강도와 설계전단강도를 초과하지 않는 경우에는 다음에 따라 연성보강을 실시한다.

① 계수 축력이 $A_g f_{ck}/10$을 초과하지 않는 부재들 : 스트럽의 간격은 부재의 전 길이에 걸쳐서 d/2 이하가 되도록 한다.

② 계수 축력이 $A_g f_{ck}/10$을 초과하는 부재들 : 띠철근의 최대 간격은 기둥의 전 높이에 걸쳐서 s_o가 되도록 하고, 간격 s_o는 띠철근으로 둘러싸인 종방향 철근 중 가장 작은 지름의 6배 이하, 또는 150mm 이하이어야 한다.

③ 계수 축력이 $0.35P_o$를 초과하는 부재의 횡방향 철근량은 아래에 규정된 값의 1/2이어야 하고, 기둥의 전체 높이에 걸쳐 간격은 s_o를 초과하지 않아야 한다.

(1) 나선 또는 원형후프철근의 용적 철근비 $\rho_s = 0.12 f_{ck}/f_{yh}$

(2) 사각형 후프철근의 전체 단면적은 다음의 값 중 큰 값 이상으로 한다.

$$A_{sh} = 0.3(sh_c f_{ck}/f_{yh})[(A_g/A_{ch})-1], \quad A_{sh} = 0.09 sh_c f_{ck}/f_{yh}$$

(3) 횡방향 철근 간격은 부재의 최소 단면치수의 1/4, 축방향 철근 지름의 6배, 또는 다음의 s_x의 값 중 작은 값 이하로 한다.

$$s_x = 100 + [(350 - h_x)/3]$$

2) 설계변위 때의 단면력이 설계 부재력을 초과하는 경우 : 설계변위와 함께 중력 휨모멘트와 전단

력에 따른 조합력이 골조부재의 설계 휨강도와 설계전단강도를 초과하거나 휨모멘트 계산을 하지 않을 경우에는 다음에 따라 연성보강을 실시한다.

① 철근의 기계적 또는 용접이음은 설계기준에서 요구하는 조건에 만족하여야 한다.

② 계수 축력이 $A_g f_{ck}/10$을 초과하지 않는 부재들 : 스트럽의 간격은 부재의 전 길이에 걸쳐서 d/2 이하가 되도록 한다.

③ 계수 축력이 $A_g f_{ck}/10$을 초과하는 부재들

  (1) 나선 또는 원형후프철근의 용적 철근비 $\rho_s = 0.12 f_{ck}/f_{yh}$

  (2) 사각형 후프철근의 전체 단면적은 다음의 값 중 큰 값 이상으로 한다.

$$A_{sh} = 0.3(sh_c f_{ck}/f_{yh})[(A_g/A_{ch})-1], \quad A_{sh} = 0.09 sh_c f_{ck}/f_{yh}$$

  (3) 횡방향 철근 간격은 부재의 최소 단면치수의 1/4, 축방향 철근 지름의 6배, 또는 다음의 s_x 의 값 중 작은 값 이하로 한다.

$$s_x = 100 + [(350 - h_x)/3]$$

    여기서 A_g : 전체단면적

           A_{ch} : 횡방향 철근의 외곽으로 측정한 구조부재의 단면적

           f_{yh} : 횡방향 철근의 설계기준 항복강도

           h_c : 구속보강철근 중심간의 거리로 측정한 기둥 내부의 단면치수

           h_x : 후프철근이나 기둥 띠철근의 최대 수평간격

           s_o : 횡방향 철근의 최대간격

응답변위법을 통한 내진성능평가와 보강

기존의 지중박스구조물에 대한 내진성능평가를 수행하였다. 다음 사항을 설명하시오.

1) 응답변위법에 의한 내진성능평가 절차
2) A, B지점에서 부모멘트와 전단력에 대해 성능이 부족할 때 이에 대한 보강방안

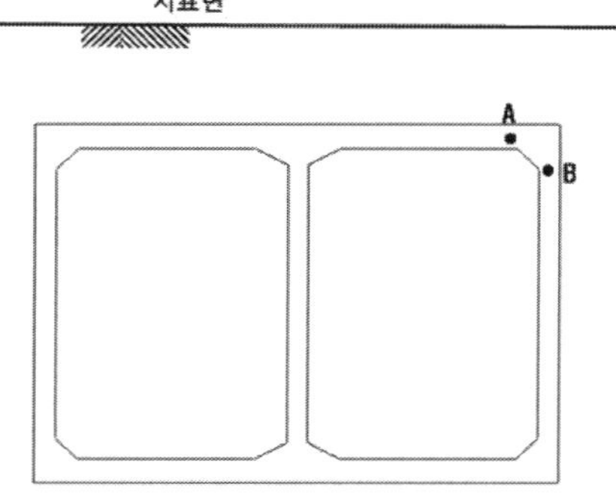

풀 이

기존 시설물(터널) 내진성능평가 및 향상요령(한국시설안전공단, 2011)

➤ 개요

지중구조물의 내진성능평가는 붕괴방지수준에 대한 성능평가를 수행하며, 부재의 설계내하력(Capacity)이 설계지진에 대해 각 구성부재에 요구되는 설계부재력(Demand)을 비교하여 평가하는 과정으로 수행된다. 붕괴방지수준의 내진성능 평가 시 구조물의 비탄성 거동을 고려하기 위해 응답수정계수를 사용하며 보다 정밀한 평가를 위해서는 비선형 동적해석을 수행할 수 있다. 구조물이 비탄성 거동을 하게 되면 탄성거동을 하는 경우보다 부재력이 작아지기 때문에 일반 구조물의 경우 부재의 성능평가 시 탄성해석으로 구한 탄성부재력을 응답수정계수(R값, RC는 R=3, 강또는 합성부재는 R=5)를 사용하여 수정한다. 지중 구조물의 응답산정 시에는 지반변위를 고려한 응답변위법을 사용하는 것을 기본으로 하고 구조 또는 지반이 복잡한 경우에는 응답진도법 또는 지반-구조물의 동적 상호작용을 고려한 동적해석법을 사용할 수 있다.

내진성능 평가기준 : 소요강도(U) ≤ 설계강도(ϕ×공칭강도)

지중구조물의 내진설계에서 시공 중 또는 완성 후에 구조물에 작용하는 고정하중, 활하중, 토압 그리고 지진하중 등 각종하중 및 외적작용의 영향을 고려하여야 한다. 지중구조물의 모든 구조요소는 서로 다른 하중조건하에서 균일한 안전율을 유지할 수 있도록 설계되어야 한다. 이는 각 구조 부재의 강도가 하중계수를 고려한 예상하중을 지지하는 데 충분하고 사용하중수준에서 구조의

사용성이 보장되는 것을 요구한다.

강도설계법에서는 구조물의 안전여유를 2가지 방법으로 제시하고 있다.

① 소요강도(U)는 사용성에 예상을 초과한 하중 및 구조해석의 단순화로 인하여 발생되는 초과
　요인을 고려한 하중계수를 곱함으로써 계산한다.

② 구조부재의 설계강도는 공칭강도에 1.0보다 작은 값인 강도감소계수 ϕ를 고려한다.

고정하중, 활하중 및 지진하중, 횡토압과 횡방향 지하수압이 작용하는 경우 기능수행수준과 붕괴
방지수준으로 구분하여 내진성능에 따라 고려하도록 하고 있다.

▶ 응답변위법 내진성능평가 절차

1) 응답변위법 : 지중구조물은 지상구조물과 달리 중공된 상태가 많아 단위체적당 중량이 작으며, 지반
으로 인해 진동의 제약으로 감쇠가 크고 변위의 형상이 지반의 진동과 유사한 특징을 갖게 된다. 이
로 인하여 지진 시 지중구조물의 응답은 구조물의 질량에 의한 관성력보다는 주변지반에서 발생하
는 지반의 상대변위에 영향을 받는다.

응답변위법(Seismic deformation mathod)은 지중구조물의 내진설계를 위해 1970년대에 일본에서
고안된 방법으로 지진 시 발생하는 지반의 변위를 구조물에 작용시켜서 지중구조물에 발생하는 응
력을 정적으로 구하며 구조물과 지반의 구조해석모형을 구조물은 프레임 요소, 지반은 스프링 요소
로 모델링하며 구조물이 없는 자유장 지반에서의 수평상대변위, 가속도, 응력을 입력하여 구조해석
을 수행한다. 관성력을 구하는 것이 아니라 지진운동으로 인한 주변지반의 변위를 먼저 구하고 주변
지반의 변위에 의해 지중구조물에도 거의 같은 변위가 발생한다고 가정하여 이 변위에 의한 구조물
의 응력을 구하는 방법이다.

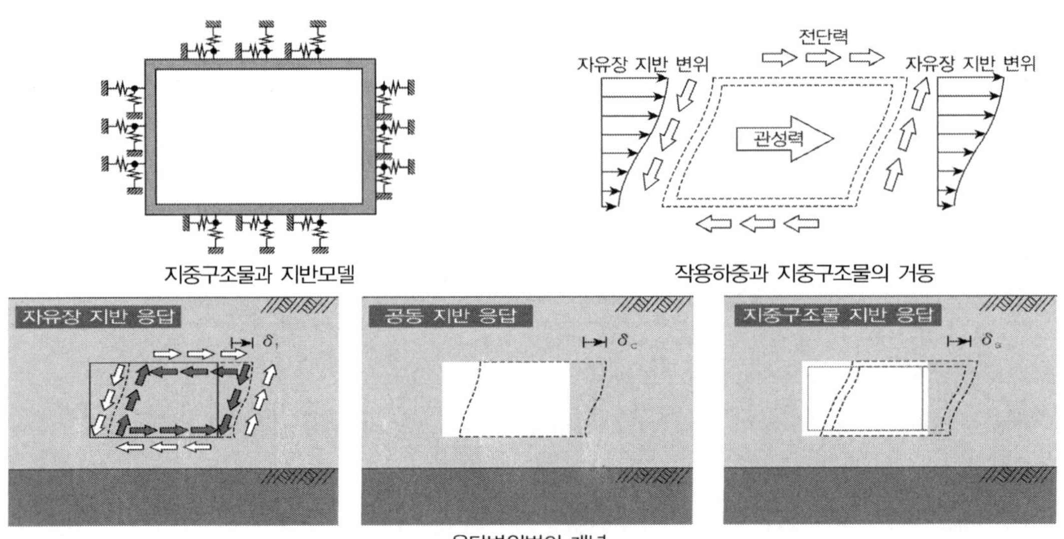

2) 평가절차

① 단면을 설정한 후 지반조건에 따른 지진계수(가속도계수) 산정
② 지반의 최대 변위진폭 결정(가속도 응답스펙트럼에서 속도응답스펙트럼으로 변환 시 각 성능수준별 속도응답스펙트럼 산정 주의)
③ 지반조건에 따라 지반반력계수 산정
④ 설정된 단면의 상시하중과 지진 시 하중에 의한 단면력 계산
⑤ 계산된 단면력과 상시하중에 의한 설계단면력 비교하여 성능평가

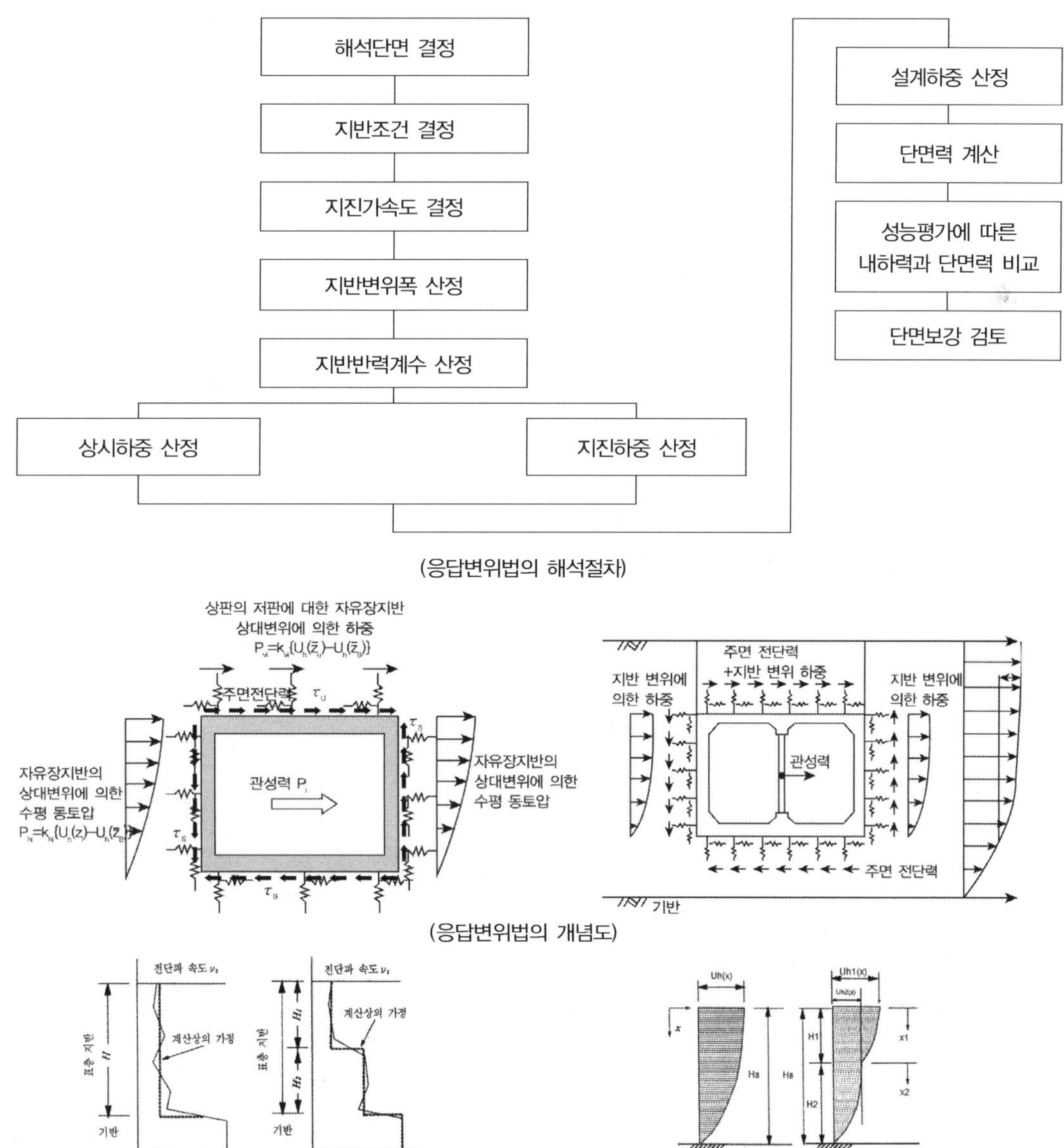

(응답변위법의 해석절차)

(응답변위법의 개념도)

(전단파속도에 따른 지층분할 및 평균 전단파속도 산정)　　　(변형형상(모드))

➤ 부모멘트와 전단력에 대해 성능이 부족할 때 보강방안

내진성능 부족 시 강도가 약한 부재에 대해 구조물 보강을 실시하며, 구조물의 보수·보강 이력 및 상태, 구조물의 여건, 주변의 환경적 요인을 고려하여 보강방법을 선정한다. 모멘트와 전단력이 부족할 경우 두께를 증가하거나 강판을 부착하는 등의 강성을 확보하는 방법을 고려할 수 있으며, 하중의 분담을 고려해 브레이싱 등을 설치하는 방법도 고려될 수 있다.

(주요 부재별 내진성능 향상방법)

주요부재		보강공법
슬래브	상부	• 슬래브 하부 두께 증가 보강공법 • 강판접착공법(주입법, 압착법) • 부재증설 보강공법 • 브레이싱 증설에 의한 보강공법
	하부	• 슬래브 상부 두께 증가 보강공법 • 강판접착공법(주입법, 압착법) • 부재증설 보강공법
	중간	• 강판접착공법(주입법, 압착법) • 개구부 보강공법(강재기둥 또는 테두리보 추가 증가) • 두께증가 보강공법
벽체 또는 기둥		• 벽체(기둥) 두께증가 보강공법 • H-형강 증설공법 • 벽체부 강판 압착공법 • 기둥의 띠판 보강공법
주변 지반보강		• 지반보강을 통한 지진격리공법

1) 슬래브 상·하부 두께 증가 보강 : 상부 또는 하부 슬래브의 휨모멘트 및 전단 내하력 등이 부족하여 이에 대한 보강이 필요하고, 구조물의 특성상 부득이 부재하부 또는 상부에서 보강조치가 가능한 경우에 적용하는 공법이다.

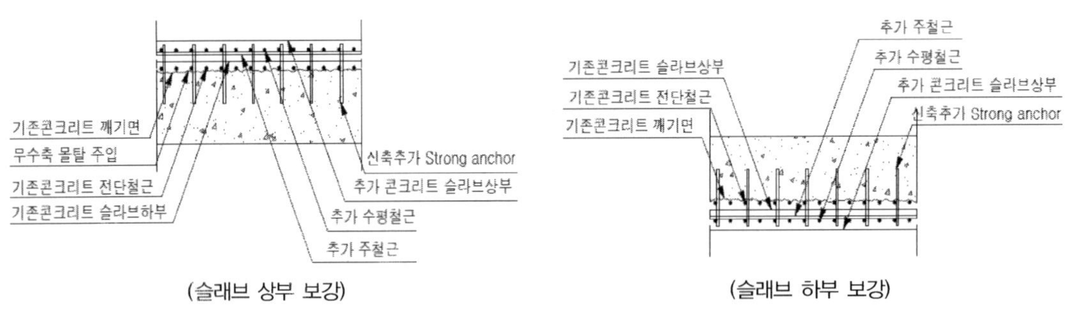

(슬래브 상부 보강)　　　　　　　(슬래브 하부 보강)

2) 강판접착공법(주입법, 압착법) : 콘크리트 슬래브(상·하부 및 벽체슬래브)의 인장면에 강판을 접착하고 기존 콘크리트 슬래브와 일체화시켜서 지진하중에 대한 부재저항력을 증진시키는 공법이다.

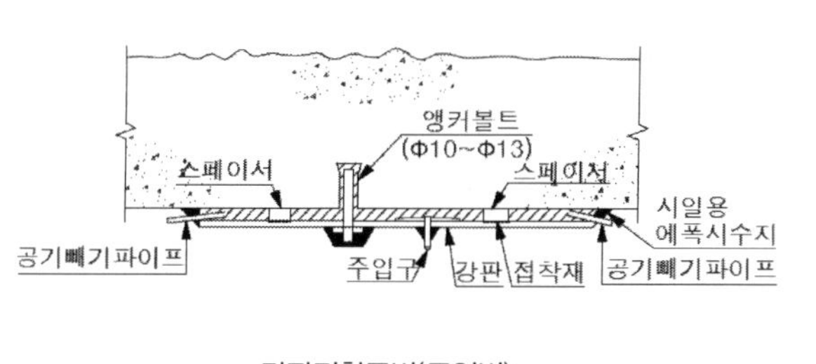
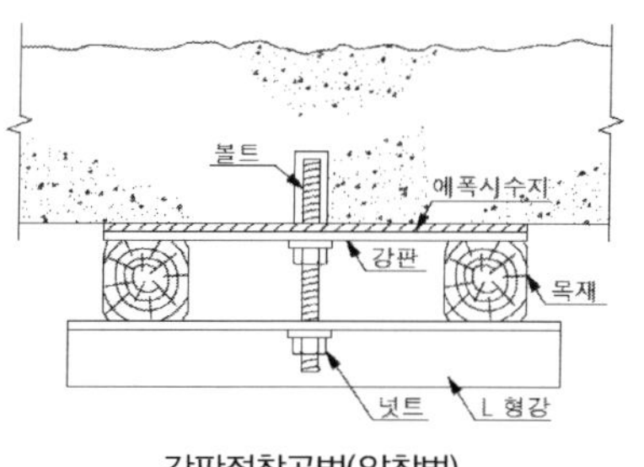

(강판접착공법(주입법))　　　　(강판접착공법(압착법))

3) 부재증설 보강공법 : 기존구조물에 기둥 및 벽체를 추가로 설치함으로써 강성증대에 의한 구조물의 내진성능을 향상시키는 공법이다.

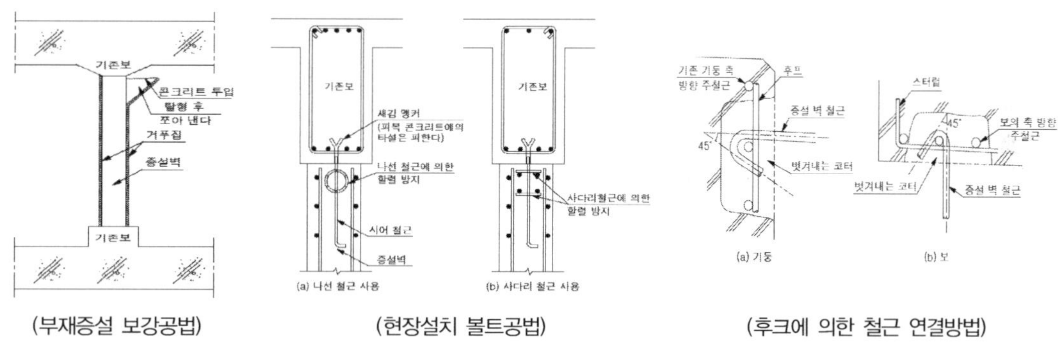

(부재증설 보강공법)　　　　(현장설치 볼트공법)　　　　(후크에 의한 철근 연결방법)

4) 브레이싱 증설 : 수평부재와 수직부재가 연결되는 우각부에 지진력에 의한 전단력 및 휨모멘트가 크게 발생하므로, 이들 부분에 H-형강 브레이싱을 설치함으로써 부재 내하력을 증진시키는 공법이다.

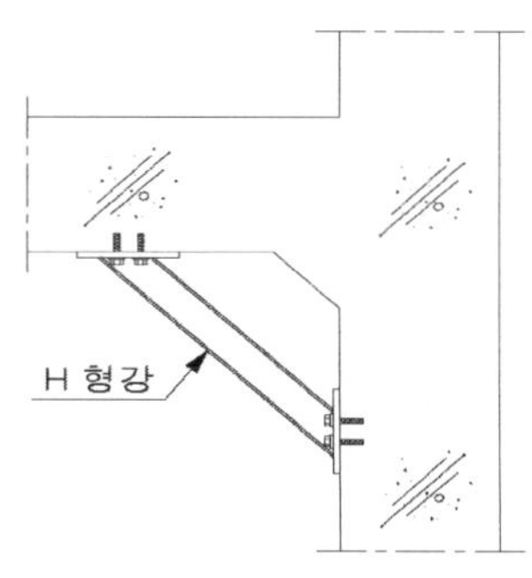

(H형강 브레이싱 보강공법)

5) 개구부 보강공법

① 강재기둥 추가 설치 : 기존 내부슬래브 개구부 설치에 따른 구조적 안정성 확보를 위한 개구부 보강이 필요하며, 구조물 특성상 깨기 시의 소음, 진동을 최소화 하는 경우에 적용하는 공법이다.

② 테두리보 추가 설치 : 기존 내부슬래브 개구부 설치에 따른 구조적 안정성 확보를 위한 개구부 보강이 필요하며, 개구부 하부에 보강 기둥을 설치하지 못하는 경우에 적용하는 공법이다.

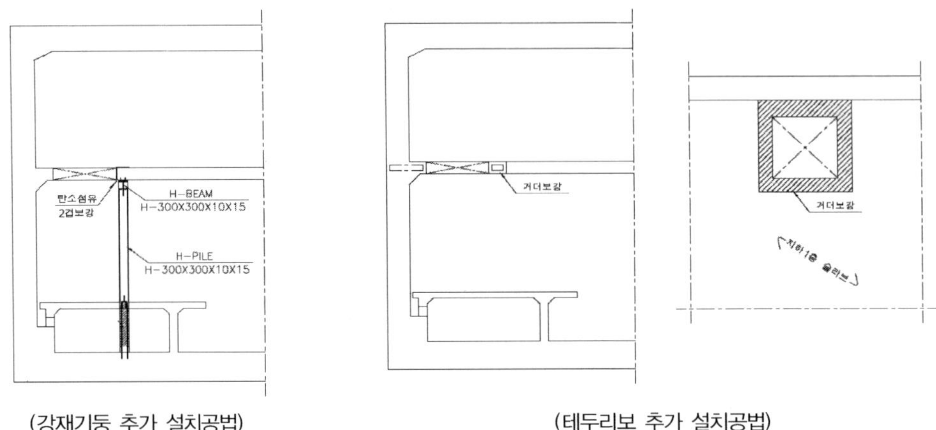

(강재기둥 추가 설치공법)   (테두리보 추가 설치공법)

6) 벽체(기둥) 두께 증가 : 기존 구조물의 두께를 증가시킴에 따라 내하력을 증진시키는 공법이다.

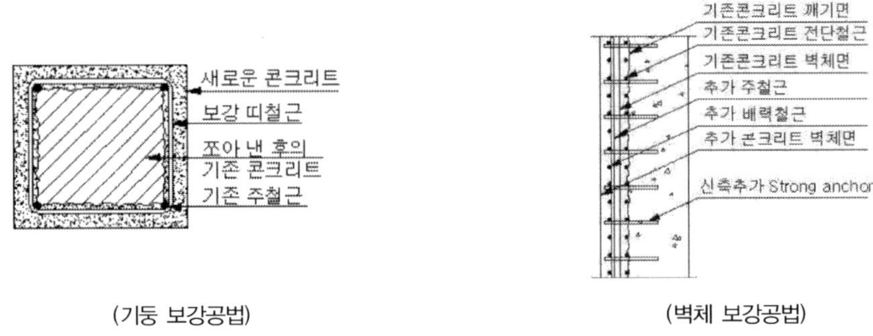

(기둥 보강공법)   (벽체 보강공법)

7) H형강 증설공법 : 벽체 연결부 내부계단 등에 의한 슬래브 개구부 위치의 측벽부 등에 내하력 부족 시 H-형강을 추가로 설치하여 부재의 구조적 성능을 향상시키는 공법이다.

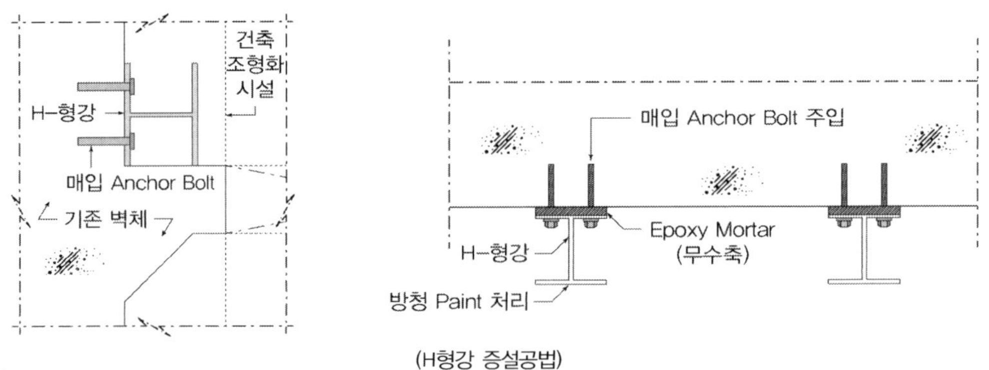

(H형강 증설공법)

8) 벽체부 강판 압착공법 : 구조물 내 토압을 받는 측벽부 중간 슬래브 개구부 설치에 따른 구조적 안정성 확보를 위하여 측벽슬래브 상·하면에 강판을 접착하고 기존 콘크리트와 일체화시켜 내하력을 증진시키는 공법이다.

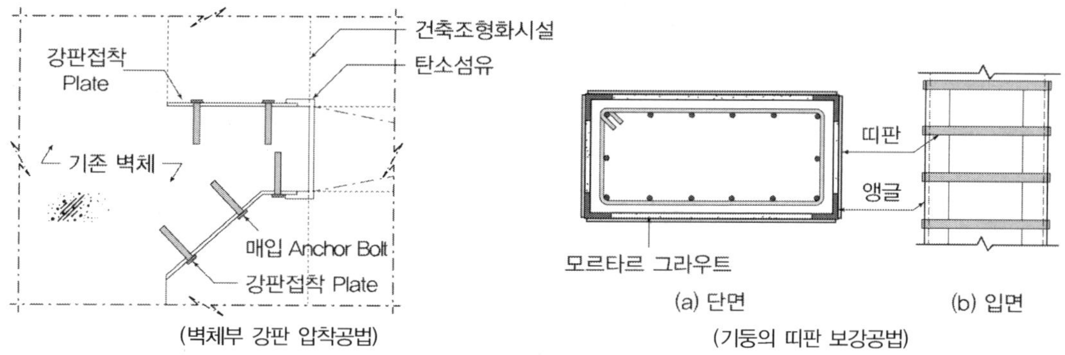

(벽체부 강판 압착공법)　　　　　　　(기둥의 띠판 보강공법)

9) 기둥의 띠판 보강공법 : 지진에 의해 발생되는 전단력에 대하여 기존 기둥에 급격한 전단파괴가 발생하지 않도록 기둥의 인성(Toughness)을 증진시키는 공법이다.

10) 지진격리공법 : 구조물 주변지반에 시공된 벽체를 지진격리장치로 활용하여 지진력을 감소시키는 공법이다.

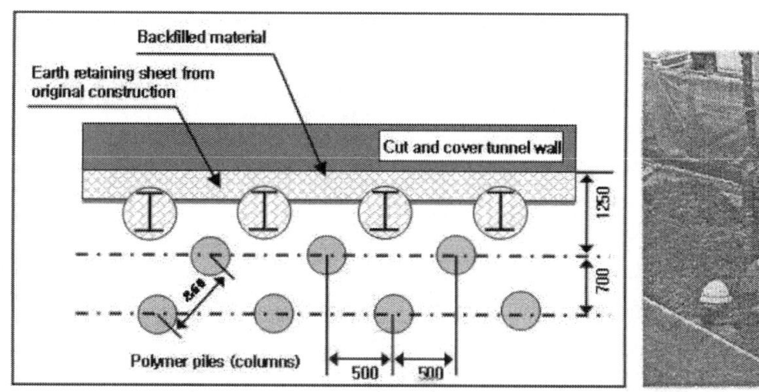

(폴리머 내진격리공법–일본사례)

지하박스 구조물 단면설계

도심지에 건설되는 지하박스 구조물의 합리적인 단면설계 방안으로 벽체의 휨 압축 부재 검토에 대한 적정성에 대하여 설명하시오.

풀 이

> **개요**

지하박스 구조물의 단면은 토피하중, 토압, 구조물의 자중이 상시사하중으로 작용하며 상부하중 변동요인이 작은 특징을 가진다. 일반적으로 지하차도와 같이 넓은 폭원으로 구성된 지하박스 구조물은 휨지배 거동의 특성을 보이지만 벽체 등 연직부재에는 상대적으로 큰 축력이 발생될 수 있어 합리적인 단면설계를 위해서는 휨뿐만 아니라 압축에 대한 검토도 필요하다.

> **지하박스 구조물 벽체의 휨 압축 부재 검토에 대한 적정성**

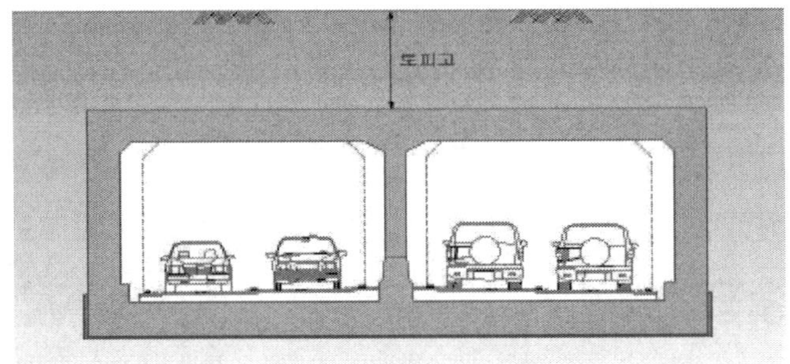

1) 벽체 구조물의 휨 설계 문제점

   지하박스의 중앙벽체와 달리 좌·우측의 벽체는 토압 등에 저항하는 휨부재로 검토하는 것이 일반적인 설계방법이며, 휨에 의한 인장지배 단면은 순수 휨부재 설계 시 보수적인 설계가 가능하며 설계방법이 간단하다는 특징을 가진다. 그러나 인장지배 영역에서 축강도와 휨강도의 상관관계를 고려하지 않기 때문에 단면 증대 등의 경제성이 저하되는 원인이 될 수 있다.

2) 벽체 구조물의 발리적인 단면설계 방안

   ① 좌·우측 벽체 설계 시 휨·압축부재 검토

   콘크리트 기준에서는 벽체의 판별조건을 $P_u \leq 0.4 f_{ck} A_g$이면서 수직철근량 $A_s \leq 0.01 A_g$일 때로 규정하고 있으므로, 단면설계 전 벽체 또는 기둥 여부를 판별한 후에 단면특성에 적합한 구조세목인 수평철근, 띠철근 규정 등을 적용하는 것이 합리적이다. 암거 등 벽체 두께가 얇은 구조물의 경우에는 콘크리트 단면만으로 전단에 저항할 수 있도록 계획하고 휨·압축부재 설계 시 균열 등 사용성 검토를 수행하는 것이 좋다. 하중 조합별로 모멘트 및 축력을 P-M상관도에 표기하여 단면에 불리한 하중조합을 선정해 설계하는 것이 바람직하다. 이는 인장지배영역에 서 균형편심 e_b 이하의 축력에서는 $\phi M_0 \rightarrow \phi M_b$까지 ϕP_n이 증가함에 따라 ϕM_n도 증가하기 때문이다.

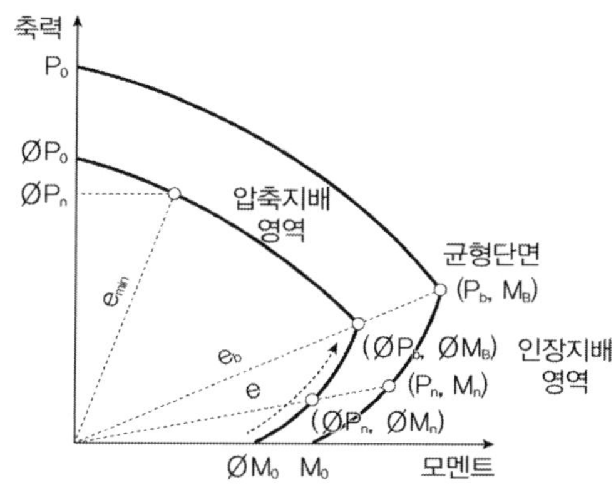

② 스트럿–타이 모델 등 최신 설계 반영

벽체와 슬래브가 접하는 우각부 등의 응력교란 영역에 대해 스트럿 타이 모델과 같은 최신 설 계방법을 적용해 실제 응력분포에 맞는 설계가 될 수 있도록 적용하는 것이 바람직하다.

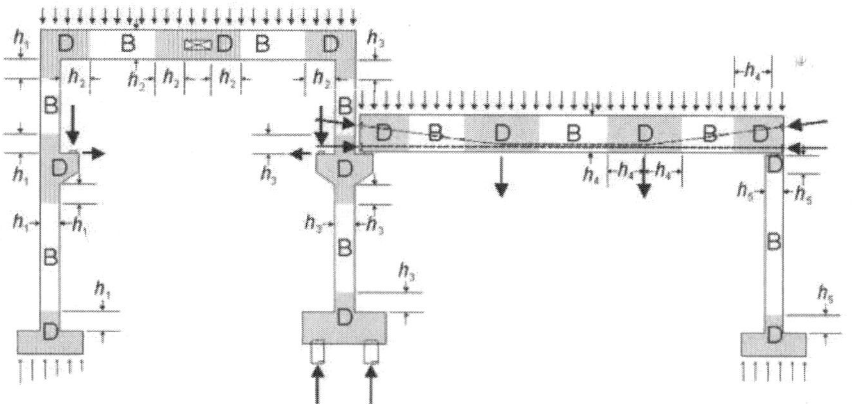

지하차도 내구성 설계

지하차도를 설계할 때 콘크리트구조 내구성 설계기준(KDS 14 20 40)에서 규정하는 다음의 내구성 설계 항목에 대하여 설명하시오.

(1) 내구성 설계기준에 대하여 설명하시오.

(2) 아래의 표를 참고하여 노출 범주별 등급을 결정하시오.

범주	등급	조건
일반	E0	물리적, 화학적 작용에 의한 콘크리트 손상의 우려가 없는 경우 철근이나 내부 금속의 부식 위험이 없는 경우
EC (탄산화)	EC1	건조하거나 수분으로부터 보호되는 또는 영구적으로 습윤한 콘크리트
	EC2	습윤하고 드물게 건조되는 콘크리트로 탄산화의 위험이 보통인 경우
	EC3	보통 정도의 습도에 노출되는 콘크리트로 탄산화 위험이 비교적 높은 경우
	EC4	건습이 반복되는 콘크리트로 매우 높은 탄산화 위험에 노출되는 경우
ES (해양환경, 제빙화학제 등 염화물)	ES1	보통 정도의 습도에서 대기 중의 염화물에 노출되지만 해수 또는 염화물을 함유한 물에 직접 접하지 않는 콘크리트
	ES2	습윤하고 드물게 건조되며 염화물에 노출되는 콘크리트
	ES3	항상 해수에 침지되는 콘크리트
	ES4	건습이 반복되면서 해수 또는 염화물에 노출되는 콘크리트
EF (동결융해)	EF1	간혹 수분과 접촉하나 염화물에 노출되지 않고 동결융해의 반복작용에 노출되는 콘크리트
	EF2	간혹 수분과 접촉하고 염화물에 노출되며 동결융해의 반복작용에 노출되는 콘크리트
	EF3	지속적으로 수분과 접촉하나 염화물에 노출되지 않고 동결융해의 반복작용에 노출되는 콘크리트
	EF4	지속적으로 수분과 접촉하고 염화물에 노출되며 동결융해의 반복작용에 노출되는 콘크리트
EA (황산염)	EA1	보통 수준의 황산염이온에 노출되는 콘크리트
	EA2	유해한 수준의 황산염이온에 노출되는 콘크리트
	EA3	매우 유해한 수준의 황산염이온에 노출되는 콘크리트

(3) 아래의 표를 참조하여 설계기준강도를 제안하고, 그 제안 사유와 그 밖에 내구성 확보를 위한 요구조건에 대하여 설명하시오.

항목	노출등급															
	−	EC				ES				EF				EA		
	E0	EC1	EC2	EC3	EC4	ES1	ES2	ES3	ES4	EF1	EF2	EF3	EF4	EA1	EA2	EA3
최소 설계기준 압축강도 f_{ck} (MPa)	21	21	24	27	30	30	30	35	35	24	27	30	30	27	30	30

풀 이

▶ 개요

철근콘크리트 구조물에 필요한 각종 성능이 계획사용기간 내에 구조물의 입지환경하에서 적절한 안전율을 가지고 요구수준 이상의 상태로 유지될 수 있도록 사용재료(시멘트, 혼화재료, 골재, 철근 등) 및 콘크리트의 배합, 부재 구성요소의 치수, 형상, 배치(피복 두께, 철근직경, 배근 상세, 단면 등)를 각종 규준과 경제성을 고려하여 적절히 선정해 설계하여야 하며 이러한 개념을 기반

으로 해풍, 해수, 제빙화학제, 황산염 및 기타 유해물질에 노출된 콘크리트에 대해 내구성 설계를
하도록 규정하고 있다.

▶ 내구성 설계기준

KDS 14 20 40(콘크리트구조 내구성 설계기준)에 따라 콘크리트의 노출범주 및 등급에 따라 설계
자가 판단하여 콘크리트 구조기준에서 제시하는 최소한의 내구성 확보 요구조건을 만족하는 콘크
리트를 사용할 수 있으며, 특별히 내구성 검토가 필요한 경우에는 별도의 내구성 설계를 수행할
수 있다. 내구성 설계 시에는 다음의 사항을 고려해야 한다.

① 해풍, 해수, 제빙화학제, 황산염 및 기타 유해물질에 노출된 콘크리트는 노출등급에 따라 내구
  성 확보 요구 조건을 만족하는 콘크리트를 사용하여야 한다.
② 설계자는 구조물의 내구성을 확보할 수 있는 적절한 설계기법을 결정하여야 한다.
③ 설계 초기단계에서 구조적으로 환경에 민감한 구조 배치를 피하고, 유지관리 및 점검을 위하여
  접근이 용이한 구조 형상을 선정하여야 한다.
④ 구조물이나 부재의 외측 표면에 있는 콘크리트의 품질이 보장될 수 있도록 하여야 한다. 다지
  기와 양생이 적절하여 밀도가 크고, 강도가 높고, 투수성이 낮은 콘크리트를 시공하고 피복 두
  께를 확보하여야 한다.
⑤ 구조물의 모서리나 부재 연결부 등의 건전성 확보를 위한 철근콘크리트 및 프리스트레스트콘
  크리트 구조요소의 구조 상세가 적절하여야 한다.
⑥ 고부식성 환경조건에 있는 구조는 표면을 보호하여 내구성을 증진시켜야 한다.
⑦ 설계자는 내구성에 관련된 콘크리트 재료, 피복 두께, 철근과 긴장재, 처짐, 균열, 피로 및 기
  타 사항에 대한 제반 규정을 모두 검토하여야 한다.

KDS 14 20 40(콘크리트구조 내구성 설계기준)에 따른 노출등급별 내구성 확보 요구조건은 다음
과 같다.

항목		노출등급															
		–	EC (탄산화)				ES (해양환경, 제설제 등 염화물)				EF (동결융해)				EA (황산염)		
		E0	EC1	EC2	EC3	EC4	ES1	ES2	ES3	ES4	EF1	EF2	EF3	EF4	EA1	EA2	EA3
최소 설계기준 압축강도 f_{ck} (MPa)		21	21	24	27	30	30	30	35	35	24	27	30	30	27	30	30
최대 물–결합재비		–	0.60	0.55	0.50	0.45	0.45	0.45	0.40	0.40	0.55	0.50	0.45	0.45	0.50	0.45	0.45
최소 단위 결합재량(kg/m³)		–	–	–	–	–	KCS 14 20 44 (2.2)				–	–	–	–	–	–	–
최소 공기량(%)		–	–	–	–	–	–	–	–	–	골재치수에 따라 4.5~7.5				–	–	–
수용성 염소 이온량	철근	1.0	0.30				0.15				0.30				0.30		
	PSC	0.06	0.06				0.06				0.06				0.06		
추가 요구조건		–	KDS 14 20 50 (4.3) 피복두께 규정								결합재 사용비율 제한				결합재 사용비율 제한		

1) 적용기준

콘크리트 구조물 내구성설계 및 시공기준 적용 가이드라인(국토부, '23)에 따라 부재별 제시된 노출등급 및 등급 적용방안은 다음과 같다.

부재	상세 노출조건		노출등급[3]	최소 설계기준압축강도[3](MPa)
기초 교각, 주탑 외부 기둥(필로티) 외벽	흙에 묻힌 부분		EC2	24
	흙에 묻힌 부분, 염화물을 포함된 지하수에 노출		EC2, ES2	30
	흙에 묻힌 부분, 황산염을 포함한 흙 또는 지하수에 노출		EC2, EA1–3	27 또는 30 (EA등급에 따라 다름)
	외기 노출(습윤)		EC2, EF1	24
	외기 노출(습윤), 대기중 제설염 영향지역[1] 또는 해양 대기중[2]		EC2, ES1, EF2	30
	외기 노출(건습반복)		EC4(EC3), EF1	30(27)
	외기 노출(건습반복), 대기중 제설염 영향지역[1] 또는 해양 대기중[2]		EC4(EC3), ES1, EF2	30
	바닷물에 노출(비말대, 간만대) 또는 제설염이 녹은 물에 직접 노출		EC4(EC3), ES4, EF4, EA1	35
외부에 노출된 슬래브, 옥상	외기 노출(습윤)		EC2, EF3(EF1)	30(24)
	외기 노출(습윤), 대기중 제설염 영향지역[1] 또는 해양 대기중[2]		EC2, ES1, EF4(EF2)	30
	외기 노출(건습반복)		EC4(EC3), EF3(EF1)	30(27)
	외기 노출(건습반복), 대기중 제설염 영향지역[1] 또는 해양 대기중[2]		EC4(EC3), ES1, EF4(EF2)	30
교량 바닥판	–		ES4, EF4(EF2)	35
주차장 바닥	–		ES4, EF4(EF2)	35
수영장	–		ES2	30
건물 내부	습윤		EC2	24
	건조		EC1	21
	항상 습도가 매우 낮게 유지되는 경우 (건조실 등)		E0	21
무근 콘크리트	바닷물에 노출(비말대, 간만대)		EF4, EA1	30
	외기 노출(습윤 또는 건습반복)	수직면	EF1	24
		수평면	EF3(EF1)	30(24)
	외기 노출(습윤 또는 건습반복), 대기중 제설염 영향지역[1] 또는 해양 대기중[2]	수직면	EF2	27
		수평면	EF4(EF2)	30(27)

1) 도로(차도) 가장자리로부터 수평 10m, 수직 5m 이내
2) 일반적으로 해안선으로부터 250m 이내로 볼 수 있으나, 특별히 해풍의 영향이 심한 곳은 최소 1km 정도까지 영향을 고려해야 할 수 있음
3) ( ) 안은 방수처리한 경우

2) 지하차도 적용

적용되는 지하차도는 내륙에 설치되고 양방향 분리되어 있다고 가정한다. 구조물을 내벽과 외벽
으로 구분하고 차량이 통행하는 바닥구간과 상부 구간으로 구분해 적용 검토한다.

① 외벽 : 흙에 묻힌 부분으로 지하수에 노출되므로 EC2, EF3~4, EA 1~3 적용

② 내벽 : 대기중 제설염 영향지역에 위치하므로 EC2, ES1, EF1 적용

③ 바닥 : 교량 바닥판과 유사, 제설제 등에 노출되고, 동결융해의 영향을 받으므로 ES4, EF4 적용

④ 상부 : 대기중 제설염 영향지역에 위치하므로 EC2, ES1, EF1 적용

구분	노출등급				최소설계기준 압축강도(MPa)
	EC (탄산화)	ES (염화물)	EF (동결융해)	EA(황산염)	
외벽(박스)	EC2 (24)	–	EF3~4 (30)	EA1~3 (30)	30
내벽	EC2 (24)	ES1 (30)	EF1 (24)	–	30
바닥	EC2 (24)	ES4 (35)	EF4 (30)	–	35
상부	EC2 (24)	ES1 (30)	EF1 (24)	–	30

노출등급에 따라 콘크리트 최소압축강도 이외에도 노출등급별 최소피복두께, 최대 물−결합재비,
최소 공기량, 수용성 염소 이온량 등의 규정을 만족시켜야 한다. 최소피복두께를 결정할 때에는
철근의 표면과 그와 가장 가까운 콘크리트 표면 사이의 거리로 공칭피복두께($t_{c,nom}$)는 최소피복두
께($t_{c,min}$)와 설계편차 허용량($\Delta t_{c,dev}$)을 고려해야 하며, 부착과 환경조건에 대한 요구사항을 만족
하는 $t_{c,min}$ 중 큰 값을 설계에 사용하여야 한다.

$$t_{c,min} = \max[t_{c,min,b}, \quad t_{c,min,dur} + \Delta t_{c,dur,\gamma} - \Delta t_{c,dur,st} - \Delta t_{c,dur,add}, \quad 10mm]$$

여기서, $t_{c,min,b}$: 부착에 대한 요구사항을 만족하는 최소피복두께(mm)

$t_{c,min,dur}$: 환경조건에 대한 요구사항을 만족하는 최소피복두께(mm)

강재 종류	노출등급에 따른 $t_{c,min,dur}$						
	E0	EC1	EC2/EC3	EC4	ED1/ES1	ED2/ES2	ED3/ES3
철근	20	25	35	40	45	50	55
프리스트레싱 강재	20	35	45	50	55	60	65

구조물의 신축이음 설계

콘크리트 구조물의 가동이음 형태를 열거하고, 그 이음의 기능적 고려사항에 대하여 설명하시오.

풀 이

▶ 개요

콘크리트의 이음형태는 시공이음, 신축이음, 수축줄눈, 균열유발줄눈 등이 있으며 가동이 가능한 이음은 신축이음(Expansion Joint)이다. 콘크리트에서 가동이 가능한 이음형태는 온도변화로 인한 수축과 팽창으로 구조물의 거동제한으로 인해 발생하는 균열을 제어하고 기초가 침하할 경우 등에 대비하기 위해서 콘크리트 벽체 등에 많이 사용되는 방식이다.

▶ 콘크리트의 가동이음

1) 옹벽 등 벽체 : 신축 등에 자유롭게 가동이 가능하도록 하는 구조로 주로 지수판을 많이 이용한다. PVC지수판, 동지수판, 수팽창 고무지수판 등이 있으며 주로 PVC지수판을 가장 많이 사용한다. 지수판과 다웰바, 백업재 등을 이용해 연결된다.

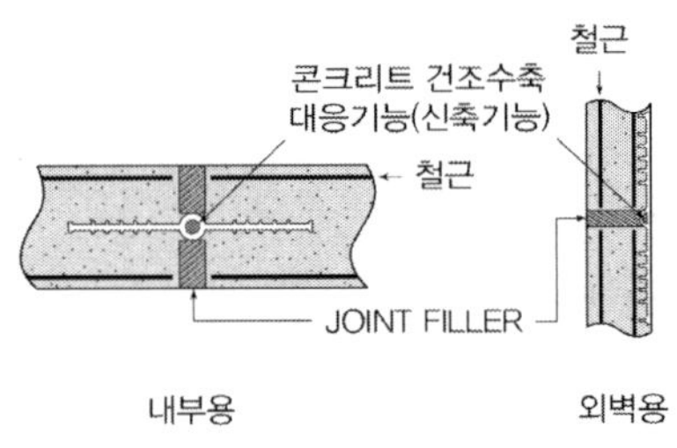

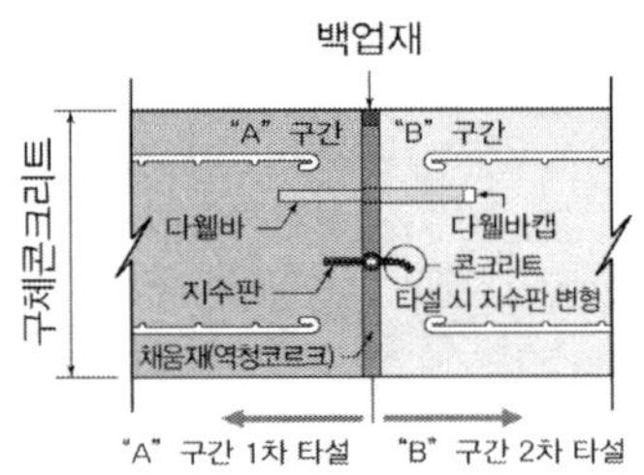

2) 지하차도 등 : 하중이 재하되는 지하차도와 같은 구조물의 바닥은 온도로 인한 신축과 함께 표층에서의 파손이 없도록 내구성과 신축성이 필요하다. 교량에서 많이 사용되는 신축이음장치 이외에도 최근에는 탄성 폴리머와 철판을 이용해 강화된 신축이음도 많이 사용된다. 벽체와 비교해 하중 전달 구간에 철판을 통해서 강화하고 탄성신축재료 등을 이용해 표층처리를 해 가동이 가능하면서 차량하중 등에 저항할 수 있는 구조형식이다.

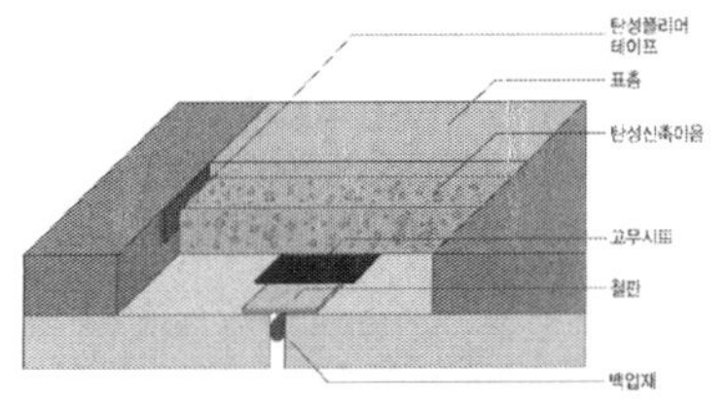

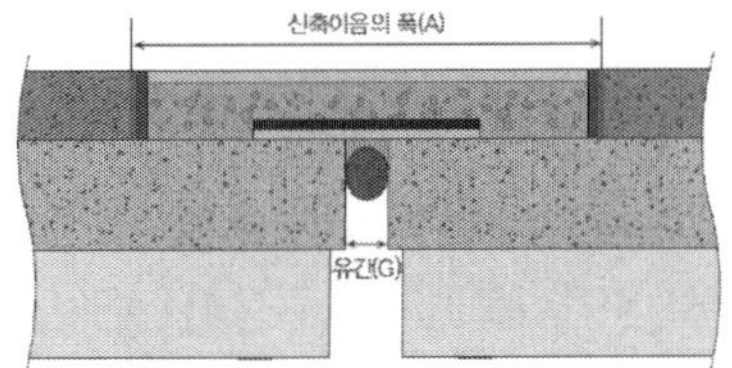

지하차도 가시설

연약한 지반에서 지하차도 터파기 가시설 중 중간파일 존치 시 발생할 수 있는 구조적 문제점과 대책에 대하여 설명하시오.

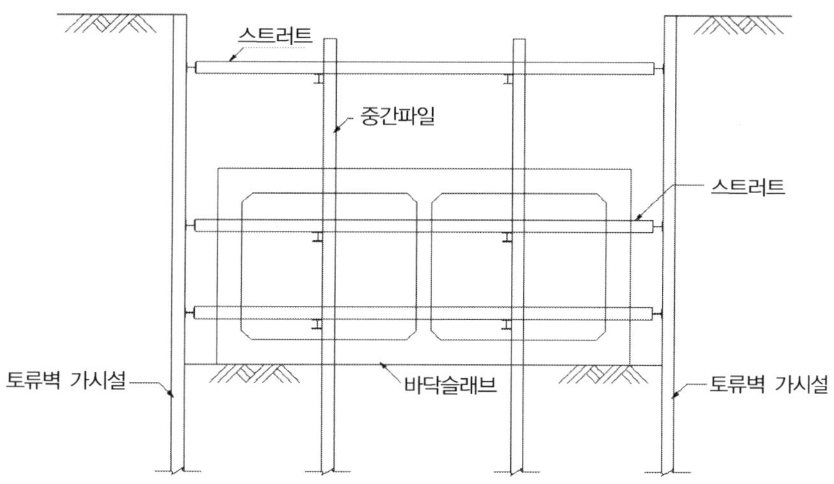

풀 이

▶ 개요

연약한 지반에 가시설 중간 파일을 존치할 경우 중간파일은 지반 지점 역할을 하게 된다. 연약한 지반에 특정한 영역에 지점이 있을 경우 하중이 집중되고 이로 인해 부등침하 등이 발생될 수 있다. 일반적으로 지하구조물의 설계 시 지반은 1.0m 간격 이내의 등가의 스프링으로 치환하여 모델링한다. 중간말뚝이 없는 경우에는 등가의 스프링으로 지지되는 구조물로 보고 하중이 분배되는 구조물로 대체될 수 있으나 중간파일이 존치될 경우 그 부위에 하중이 집중되면서 구조물의 휨모멘트도가 달라지게 된다.

▶ 구조적 문제점

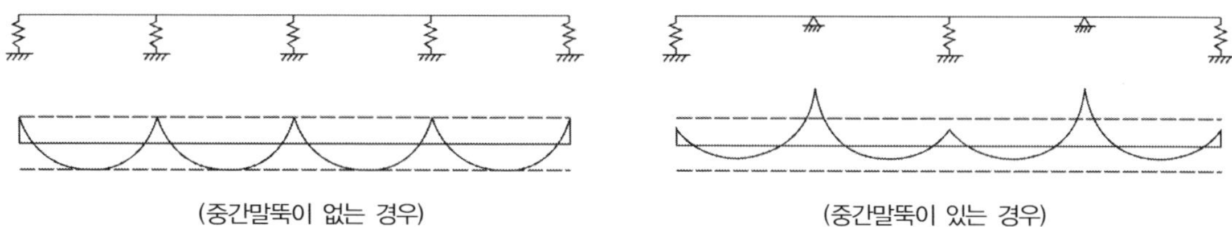

| (중간말뚝이 없는 경우) | (중간말뚝이 있는 경우) |

1) 만약 중간말뚝을 남겨둘 경우에는 중간말뚝부가 지점 역할을 수행하게 되며 이로 인해서 중간말뚝부에서 지지하는 휨모멘트는 커지고, 주변 스프링부의 모멘트는 작아진다. 중간말뚝이 있는 단면이 휨모멘트에 저항할 만큼 충분한 경우 주변부의 하중부담이 작아져서 경제적인 설계가 가능해진다.

2) 다만 중간말뚝부의 단면이 부모멘트에 충분히 저항하지 못할 경우에는 단면을 증가시키는 요인으로 작용해 비경제적 설계가 될 수 있다. 또한 단면의 증가가 없을 경우 중간말뚝부의 응력 집중으로 인한 단면 파손 등이 발생될 수 있고 비대칭적으로 존치된 경우에는 부등침하 등의 원인이 될 수 있다.

▶ 주요대책

1) 단면 강성 증대

중간말뚝으로 인해 변화된 모멘트 선도 등 이력에 따라 응력이 집중되는 지점의 단면을 키우는 등 강성을 증대해 준다. 다만 단면의 크기를 키울 경우 시공성 등을 고려하여 단면이 비대해져 비경제적인 설계가 될 수 있다.
또한, 중간말뚝부와 저면 간 연결부 방수 처리가 필요하며, 이 경우 기초 말뚝 연결처리 방법을 고려하여 처리할 수 있다.

2) 토사 치환

하중 분배가 분균일하게 발생해 부등침하가 발생되지 않도록 주변의 연약지반을 양질의 토사로 치환하여 지지력을 충분히 확보해야 한다.

3) 신축이음 설치

종방향으로 연속적으로 중간말뚝이 설치되지 않을 수 있고, 이로 인해 전 연장의 강성이 동일하지 않아 종방향으로의 부등침하나 응력집중 등이 발생할 수 있다. 또한 온도변화 등으로 인한 균열 제어를 위해 20~50m 간격으로 신축이음장치를 설치하는 것이 바람직하다. 신축이음장치의 설치 간격은 구조물 종방향 검토를 수행하고 이에 따라 결정한다.

박스구조물 말뚝

연약지반에서 개착 박스구조물의 시공을 위해 중간말뚝을 남겨둔 채 하부슬래브 콘크리트를 시공한 경우와 중간말뚝을 제거한 후 하부슬래브 콘크리트를 시공한 경우에 대해 측벽 및 중간벽체 타설 시 두 경우의 차이점을 하부슬래브에 작용하는 개략 휨 모멘트도를 이용하여 설명하시오.

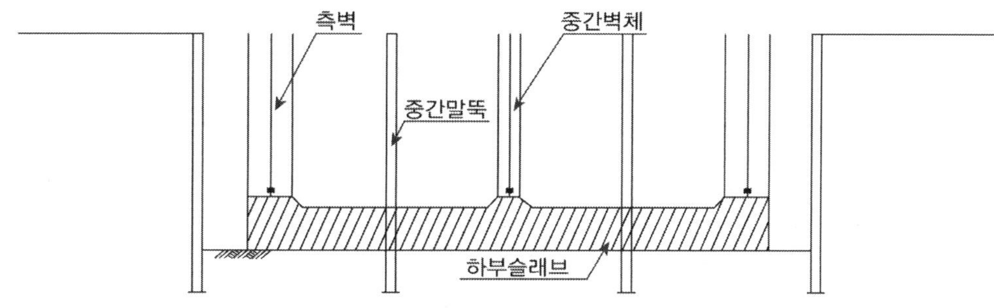

풀 이

▶ 개요

일반적으로 지하구조물의 설계 시 지반은 1.0m 간격 이내의 등가의 스프링으로 치환하여 모델링한다. 주어진 조건에서 중간말뚝이 없는 경우에는 등가의 스프링으로 지지되는 구조물로 볼 수 있으며, 이러한 경우 스프링력에 의해 구조물의 휨모멘트도가 달라진다.

▶ 개략적인 휨모멘트도

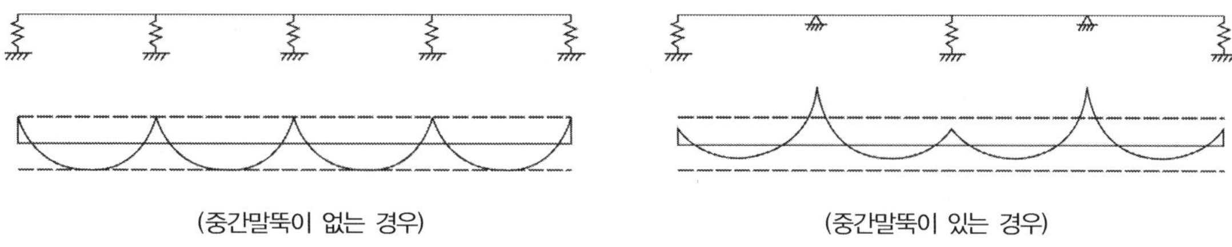

(중간말뚝이 없는 경우)   (중간말뚝이 있는 경우)

1) 만약 중간말뚝을 남겨둘 경우에는 중간말뚝부가 지점 역할을 수행하게 되며 이로 인해서 중간말뚝부에서 지지하는 휨모멘트는 커지고, 주변 스프링부의 모멘트는 작아진다. 중간말뚝이 있는 단면이 휨모멘트에 저항할 만큼 충분한 경우 주변부의 하중부담이 작아져서 경제적인 설계가 가능해진다.

2) 다만 중간말뚝부의 단면이 부모멘트에 충분히 저항하지 못할 경우에는 단면의 증가로 인하여 단면이 비대하게 커질 수도 있으므로 설계 시 충분한 검토가 필요하다.

▶ 지하구조물의 설계일반(도로설계편람 704 지하차도 구조물 설계)

1) 지하구조물의 해석모델

　① 모든 구조물은 해석가능한 모델로 이상화하고 부재는 도심축과 일치하도록 하며 헌치에 의한 도심이 변화는 고려하지 않는다.

　② 지점의 경계조건은 기초지반의 종류와 관계없이 저판의 모든 부위에 지반반력계수와 설치간격으로부터 환산된 스프링을 설치(간격 1.0m 이내)한 모델로 계산하는 방법이 주로 사용되며, 부력 등에 의하여 스프링에 인장이 발생할 경우 인장을 받는 스프링은 차례로 제외시켜 최종적으로 압축만 받는 스프링만 남겨둔 상태의 모델해석 결과를 취한다. 다만 암반지반에서는 벽체 또는 기둥 하단부위에 회전 또는 이동지점의 경계조건을 부여할 수 있다.

　③ 지반반력계수

$$\text{토사지반 } K_v = K_{v0}\left(\frac{B_v}{0.3}\right)^{-\frac{3}{4}} \text{ (사질토와 점성토 혼합층)}$$

　K_v : 연직방향 지반반력계수(kN/m^3)

　K_{v0} : 지름 0.3m의 강체원판에 의한 평판재하 시험의 값에 상당하는 연직방향 지반반력계수

　　　(kN/m^3)로 각종 토질시험 조사에 의해 구한 변형계수로부터 추정하는 경우$(K_{v0} = \dfrac{1}{0.3}\alpha E_0)$

　B_v : 기초의 환산재하폭(구조물 저판의 지간)

　E_0 : 지반의 변형계수(MPa)

　α : 지반반력계수 추정에 사용되는 계수

$$\text{점성지반 } K_v = K_{v0}\left(\frac{B_v}{0.3}\right)^{-1}$$

2) 지하구조물의 종방향 설계

　① 구조물 종방향 검토 시 종방향 강성(EI)을 무한대로 보고 지지조건을 탄성받침으로 한다.

　② 적정 간격으로 신축이음을 줄 경우에는 종방향의 검토는 하지 않아도 되나 특별히 기초지반이 좋지 않을 때는 종방향 검토를 하는 것이 좋다.

　③ 신축이음 간격은 편람 704.8.7에 따른다.

　　• 지하박스구간에는 온도변화가 적고 주변지반의 마찰저항이 크며, 양질의 토사로 치환하여 지지력이 충분히 확보되는 점, 전 연장의 강성이 동일하여 부등침하에 유효가게 대응하는 점에서 구조적으로 유리하나 예상치 못한 부등침하 및 시공 중 장기간 대기 중 노출 등으로 균열제어를 위해 20~50m 간격으로 신축이음장치를 설치하는 것이 바람직하다.

　　• U-TYPE은 외기에 노출되고 온도변화가 크며 높이의 변화가 커서 지반조건 및 구조물 강성

의 차이가 발생하므로 20m 이내로 신축이음을 설치하는 것이 바람직하다. 박스 구조물과의 접합부에도 신축이음을 두어 거동이 다른 구조물을 분리하여 안정성 도모

④ 신축이음 방향은 원칙적으로 측벽에 직각으로 하나 토피가 작은 경우에는 중앙분리대의 방향 또는 차선표시 방향으로 하는 것이 바람직하다.

⑤ 지하 개착식 박스구조물은 일반적으로 신축이음이 없는 연속한 구조물로 기준하고 연약지반으로 인한 부등침하나 지진의 영향이 크다고 생각되는 경우는 신축이음을 설치할 경우가 있다.

⑥ 특히 지하 본체구조물과 환기구, 출입구 등 부대시설의 접합부는 상이한 설계조건 및 외부 온도 변화의 영향 등에 의해 발생할 수 있는 구조적으로 다른 거동과 휨을 흡수 또는 토과시킬 수 있도록 설계해야 하며 접합부에는 신축이음을 둘 수 있다.

⑦ 시공이음의 구조에서는 철근을 연결하고 단면 내에 홈을 두는 등 전단키를 설치하여 힘의 전달이 확실하게 되도록 하며 물의 침투가 되지 않도록 사용하는 재료의 재질, 규격, 설치방법 등을 검토하여 설계한다.

REFERENCE

1   지하도로 설계지침   국토교통부 2023

2   도로설계편람   국토해양부 2012

3   도로교 설계기준 해설   대한토목학회 2008

4   도로교 설계기준 한계상태설계법   대한토목학회 2015

5   유도배수공법을 적용한 지하차도 설계 및 유지관리방안   LHI Journal

6   노반 비개착공법   국가철도공단 홈페이지

7   과천–OOO간 도시고속화도로 이설(지하화) 공사 보고서   OO건설

공항·항만 구조물

공항·항만 구조물

01 공항시설물

공항 내 설치되는 토목 구조물은 교량 구조물, 지중 구조물로 구분할 수 있으며, 이와 관련된 공항 시설물과 관련된 국내 설계기준은 공항·비행장시설 설계 세부지침('25.6. 개정, 국토교통부)과 공항시설 내진설계기준('18.12. 개정, 국토교통부)이 있으며, 그 외에는 KDS 설계기준에서 제시하는 콘크리트 구조 설계기준, 강구조 설계기준, 도로교설계기준 등을 준용해 설계할 수 있다.

1. 공항시설물 설계 ^{124회/125회/132회/134회/136회}

【 기출유형 ① 】 유도로 교량의 최소 직선거리와 최소 폭
【 기출유형 ② 】 지중구조물 설계 시 항공기 하중 적용조건

1) 공항 유도로 교량

유도로 교량은 유도 중인 항공기가 어떠한 어려움도 겪지 않고 비상사태에 대비한 비상차량이 쉽게 접근토록 설계되어야 한다. 강도, 규모, 경사, 여유 공간은 항공기 운항이 주·야간에는 물론이고 계절적 변화(예 : 폭우, 눈, 비, 저시정, 먼지 바람 등)에도 불구하고 항상 자유로울 수 있을 만큼 되어야 한다. 교량 설계 시에는 유도로 유지조건인 청결과 제설 문제를 고려하여야 한다.

① 위치 설정
  (1) 가능한 육상운송은 활주로와 유도로에 최소한의 영향을 미칠 수 있도록 노선을 정해야 한다.
  (2) 육상운송은 가능한 한 집중시켜서 모든 운송이 단일 구조물에 의해 연결되도록 하여야 한다.
  (3) 교량은 유도로의 직선 부분에 위치하여야 하되, 교량의 양 끝의 부분도 직선부분이 되도록 하여 교량에 진입하는 항공기가 정렬하기 쉬워야 한다.
  (4) 고속탈출 유도로는 교량에 설치되어서는 안 된다.
  (5) 계기착륙시스템, 진입등 또는 활주로·유도로 등화시스템에 해를 가할 수 있는 곳에 교량을

위치시키는 것은 피해야 한다.

② 규모

(1) 교량 구조물의 설계는 설치목적 및 동 교량을 사용하고자 하는 당해 운송수단과 관련된 규정에 따라 결정된다. 유도로 폭 및 경사 등과 관련한 항공학적 요구사항이 충족되어야 한다.

(2) 유도로 교량의 폭은 해당 유도로대 정지구역의 폭보다 작게 하여서는 안 되며 최소한 다음의 수치 이상으로 하여야 하며, 곡선 유도로 교량을 설치하여야 하는 경우에는 최소 폭에 추가 폭이 설치되어야 한다.

구분	분류문자					
유도로 교량 최소 폭	A	B	C	D	E	F
	20.5m	22m	25m	37m	38m	44m

(3) 만일 항공기 사용 관점에서의 비행장 역할이 정해지지 않았거나, 기타 물리적 특성에 의하여 한정이 되어 있는 경우는, 설계하고자 하는 교량의 규모는 처음부터 단계가 높은 분류문자에 맞춰져야 한다. 이렇게 함으로써 대형항공기가 일단 동 비행장에서 운항하기 시작해서 동 유도로 교량을 사용하게 된 후에는, 비행장 운영자가 비용이 많이 소요되는 별도의 교정조치를 하지 않아도 된다.

(4) 유도로 교량은 이용 항공기 중 가장 큰 항공기를 기준으로 하여 양방향으로 구조 및 소방차량이 대응시간 이내에 도착할 수 있도록 접근로를 확보하여야 한다. 교량 위의 유도로 폭은 최소한 교량이 아닌 곳의 유도로 폭과 같아야 한다. 유도로시스템의 다른 부분에서의 구조와는 다르게 교량에서의 유도로대는 포장되어야 하며, 갓길은 완전한 지지력을 갖추고 있어야 한다. 교량 위의 유도로대가 포장될 경우 유지보수와 제설작업이 쉬워진다. 거기에다 포장된 유도로대를 통해서 구조·소방차량 및 다른 비상차량들이 동 교량에 접근할 수 있게 된다.

(5) 만일에 항공기가 유도로 직선부분에 있는 교량에 진입하고 출발할 수 있다면, 지상이동을 하는 데 능률이 향상될 것이다. 이들은 항공기가 유도로 교량을 통과하기 전에 중심선에 주착륙장치를 일치시킬 수 있도록 해준다. 직선부분의 길이는 주 항공기 축간거리(앞바퀴에서부터 주 바퀴의 중심까지의 거리)의 2배 이상이어야 하며, 다음 수치보다 작아서는 아니된다. 미래의 항공기는 축간거리가 35m 이상일 수 있으며, 이는 직선거리 70m 이상 필요함을 의미한다는 것을 인식하여야 한다.

구분	분류문자					
유도로 교량 최소 직선거리	A	B	C	D	E	F
	15m	20m	50m	50m	50m	70m

2) 공항 지중구조물

지중구조물은 토피 아래에 설치되는 구조물로, 설계 시 상부 하중이 충분한 깊이로 매설되어 있어 등분포로 작용할지 매설깊이가 충분하지 않아 집중하중을 받는 것으로 적용할 것인지에 대해 고려해야 한다. 이는 Saint venant의 원리에 따라 집중하중에 의해서 발생하는 영향은 집중하중이 위치한 지점 인근으로 국한하며 하중작용점에서 충분히 떨어져 있는 위치에서의 하중은 등분포하는 것으로 보는 것과 동일한 개념이다.

① 공항 활주로 활하중 : 공항비행장시설 설계 세부지침('22)에 따라 유도로 내에 위치하는 교량에 적용하는 하중은 비행장을 이용할 가장 무거운 항공기의 정적하중과 동적하중을 지지할 수 있도록 설계해야 한다고 규정하고 있다.

② 국내 지중구조물의 하중 적용 기준 : 국내설계기준에서는 공동구설계기준(KDS 29 14 00), 철도설계기준(KDS 47 10 40), 도로암거구조설계기준(KDS 24 12 21) 등에서 하중 적용방법에 대해 제시하고 있으며 설계법에 따라 강도설계법과 한계상태설계법으로 구분할 수 있다. 방법에 차이는 있으나 개념적인 방식에서는 하부 구조물의 폭(B)과 매설깊이(D)와의 관계를 비교해 매설깊이가 폭에 비해 클 경우에는 하중이 분포되는 것으로 가정하고, 매설깊이가 작을 경우에는 구조물에 직접 하중이 작용하는 방식으로 고려해 설계하도록 규정하고 있다.

③ 공항 활주로 하부 구조물 설계 시 하중 적용조건 : 항공기의 하중크기와 함께 이착륙 시 발생하는 충격하중을 고려하여야 하며, 지중구조물이 토피가 충분하지 않을 경우에는 항공기 활하중과 함께 충격하중에 대해 고려해 설계해야 한다. 토피가 충분할 경우에는 충격하중은 영으로 수렴하기 때문에 무시할 수 있으며 매설깊이에 따라 지중응력이 등분포하는 것으로 가정하고 적용할 수 있다.

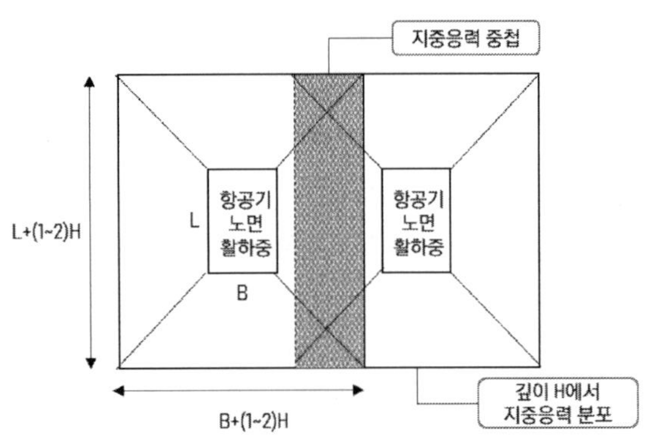

(a) 항공기 노면활하중에 의한 지중응력 분포

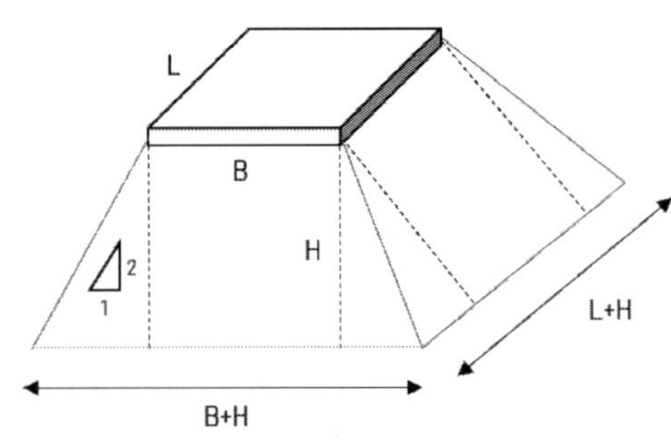

(b) 지중응력 약산법(2:1분포법)

2. 공항시설물의 유지관리 ^{123회}

공항·비행장시설 및 이착륙장 관리 기준에 따라 비행장시설과 공항 전력시설은 연1회 정기검사와 필요시 수시검사를 수행하도록 하고 있으며, 시설물별로는 공항시설 최소유지관리기준에 따라 유형별 공항시설의 관리그룹, 관리수준, 점검진단 등 실시방법 및 유지관리 목표등급을 설정해 관리하도록 규정하고 있다.

1) 관리그룹의 구분 : 시설물안전법에 따라 1~3종 시설물로 구분한다.

2) 관리수준의 설정 : 시설물 관리그룹별로 정기안전점검, 정밀안전점검, 정밀안전진단, 성능평가를 수행한다.

구분	실시 의무대상 유무		
	제1종	제2종	제3종
정기안전점검	대상	대상	대상
정밀안전점검	대상	대상	필요시
정밀안전진단	대상	필요시	필요시
긴급안전점검	필요시	필요시	필요시
성능평가	대상(일부)	대상(일부)	필요시

3) 점검진단 등의 실시 시기 및 주기 : 안전등급에 따라 실시 시기와 주기를 설정한다.

안전등급	정기안전점검	정밀안전점검		정밀안전진단	성능평가
		건축물	그 외 시설물		
A등급	반기에 1회 이상	4년에 1회 이상	3년에 1회 이상	6년에 1회 이상	5년에 1회 이상
B·C등급		3년에 1회 이상	2년에 1회 이상	5년에 1회 이상	
D·E등급	1년에 3회 이상	2년에 1회 이상	1년에 1회 이상	4년에 1회 이상	

4) 최소 유지관리 목표 등급 : 안전점검 등을 통해서 최소 유지관리 목표등급이 안전등급 C(보통) 이상 유지할 수 있도록 한다.

3. 공항시설물의 내진설계 ^{124회/126회/127회/136회}

공항시설물의 기본적인 내진 성능은 항공기 운항에 필요한 기능에 영향을 주지 않고, 인명, 재산 또는 사회경제활동에 중요한 영향을 주지 않으며, 공항시설의 설계에 있어서 공항을 구성하는 각 시설이 지진발생 후에 예상되는 수송형태에 대응할 수 있는 내진성능을 갖는 것을 목표로 한다.

1) 공항시설의 내진성능 목표 및 설계거동 한계

시설물의 위치에 따라 기능수행수준과 붕괴방지수준으로 구분해 설계거동의 한계를 명시하고 있으며 교량 구조물의 경우 지진 피해시 공항시설 기능이 마비될 수 있는 교량 및 터미널 전면고가는 내진특등급으로, 그 외 교량은 내진1등급으로 설계하도록 규정한다.

구조형식	지중구조물의 종류	지중구조물의 설계거동한계	
		기능수행수준	붕괴방지수준
비행장 시설상의 교량	유도로 교량	교통, 운송기능을 유지하며 경미한 부분적인 피해는 허용한다.	주요구조부재의 과도한 소성변형, 지반의 액상화, 기초의 지지력 손실로 인한 지반파괴, 기초의 파괴, 기초의 심각한 부동침하, 교대의 기초 불안전과 교대 배면에 작용하는 토압증가로 인한 불안정 등이 원인이 되어 교량 전체 또는 일부가 붕괴되지 않고 보수 및 보강이 가능하다.
터미널 전면고가	고가	교통, 정차, 운송기능을 유지하며 경미한 부분적인 피해는 허용한다.	여객터미널과 접근성을 유지하고 있으며, 보수 및 보강이 가능하다.
지중건축물	터미널시설	공항의 터미널 시설이 파괴되지 않는 경미한 피해만 허용한다.	주요 구조체의 붕괴가 발생해서는 안 된다.
	지하주차장	교통, 주차, 운송기능을 유지하며 경미한 부분적인 피해는 허용한다.	
지중 교통구조물	지하철도	교통, 운송기능을 유지하며 경미한 부분적인 피해는 허용한다.	주요 구조체의 붕괴가 발생해서는 안 된다.
	지하차도 및 보도		
선상 지중구조물	상수도	관 자체 또는 이음부의 경미한 변위로서 배수, 급수 기능을 유지하도록 한다.	전체적인 파괴는 불허하며 인명피해가 발생해서는 안 된다.
	하수도	구조물의 미세한 균열이나 변형은 허용하나 허용변위를 초과해서는 안 되며 기능을 유지해야 한다.	구조물의 붕괴로 인한 시설이나 인명의 피해는 불허한다. 중요하지 않은 2차부재의 파괴는 허용된다.
	기타 라이프라인, 공동구		

2) 공항 교량 및 지중구조물의 내진등급 분류

공항시설물의 내진등급은 중요도에 따라 내진특등급, 내진I등급, 내진II등급으로 분류한다. '내진특등급'은 지진 시 손상되는 경우 공항의 전체 운영이 마비될 수 있는 공항시설의 등급을 말하며, '내진I등급'은 지진 시 손상되는 경우 공항의 주요 일부 기능이 제한될 수 있어 지진 이후 신속한 복구가 필요한 공항시설을 의미한다. '내진II등급'은 지진 시 손상되어도 공항의 일반적인 운영에는 제한이 없는 공항시설의 등급이다.

① 교량 : 공항 시설의 기능 유지와 연관여부에 따라 내진특등급과 내진I등급으로 구분되며, 공항 시설의 마비 및 운행 제한 등의 제약요소가 발생할 수 있는 교량은 내진특등급으로, 그 외의 교량은 내진I등급으로 구분한다.

② 지중구조물 : 주요 구조물의 기능유지를 위한 라이프라인과 관계여부에 따라 내진I등급과 내진II등급으로 분류한다. 상하수도 등 라이프라인의 지중구조물은 내진I등급으로 구분하며, 그 외의 구조물은 II등급으로 구분된다.

구분	내진특등급	내진I등급	내진II등급
교량	지진피해 시 공항시설 기능이 마비되는 교량 및 터미널 전면고가	내진특등급이 아닌 교량, 터미널 전면고가	–
지중구조물	–	지중건축물, 지중교통구조물, 매설관, 파이프라인을 포함한 기타 라이프라인, 공동구, 상수도, 하수도	내진I등급에 해당되지 않는 일반적인 공항지중구조물로 여객터미널 기능과 관련이 없는 주차장

공항 시설물 설계기준 : 비행장 유도로 교량

공항시설물 중 유도로 교량에 대하여 설명하시오.

풀 이

▶ 유도로 교량 개요

비행장 배치와 그 규모 및 활주로·유도로 시스템 확장에 관한 검토를 하다보면 유도로가 육상 운송로(도로, 철로, 운하) 위나 또는 개방된 물(강, 만) 위를 가로지를 수밖에 없는 경우가 발생한다. 유도로 교량은 유도 중인 항공기가 어떠한 어려움도 겪지 않고 비상사태에 대비한 비상차량이 쉽게 접근토록 설계되어야 한다. 강도, 규모, 경사, 여유 공간은 항공기 운항이 주·야간에는 물론이고 계절적 변화(예 : 폭우, 눈, 비, 저시정, 먼지 바람 등)에도 불구하고 항상 자유로울 수 있을 만큼 되어야 한다. 교량 설계 시에는 유도로 유지조건인 청결과 제설 문제를 고려하여야 한다.

▶ 유도로 교량 계획 시 고려사항

1) 위치 설정

  ① 가능한 육상운송은 활주로와 유도로에 최소한의 영향을 미칠 수 있도록 노선을 정해야 한다.

  ② 육상운송은 가능한 한 집중시켜서 모든 운송이 단일 구조물에 의해 연결되도록 하여야 한다.

  ③ 교량은 유도로의 직선 부분에 위치하여야 하되, 교량의 양 끝의 부분도 직선부분이 되도록 하여 교량에 진입하는 항공기가 정렬하기 쉬워야 한다.

  ④ 고속탈출 유도로는 교량에 설치되어서는 안 된다.

  ⑤ 계기착륙시스템, 진입등 또는 활주로·유도로 등화시스템에 해를 가할 수 있는 곳에 교량을 위치시키는 것은 피해야 한다.

2) 규모

  ① 교량 구조물의 설계는 설치목적 및 동 교량을 사용하고자 하는 당해 운송수단과 관련된 규정에 따라 결정된다. 유도로 폭 및 경사 등과 관련한 항공학적 요구사항이 충족되어야 한다.

  ② 유도로 교량의 폭은 해당 유도로대 정지구역의 폭보다 작게 하여서는 안 되며 최소한 다음의 수치 이상으로 하여야 하며, 곡선 유도로 교량을 설치하여야 하는 경우에는 최소폭에 추가 폭이 설치되어야 한다.

구분 (분류문자)	A	B	C	D	E	F
유도로 교량 최소폭	20.5m	22m	25m	37m	38m	44m

③ 만일 항공기 사용 관점에서의 비행장 역할이 정해지지 않았거나, 기타 물리적 특성에 의하여 한정이 되어 있는 경우는, 설계하고자 하는 교량의 규모는 처음부터 단계가 높은 분류문자에 맞춰져야 한다. 이렇게 함으로써 대형 항공기가 일단 동 비행장에서 운항하기 시작해서 동 유도로 교량을 사용하게 된 후에는, 비행장 운영자가 비용이 많이 소요되는 별도의 교정조치를 하지 않아도 된다.

④ 유도로 교량은 이용 항공기 중 가장 큰 항공기를 기준으로 하여 양방향으로 구조 및 소방차량이 대응시간 이내에 도착할 수 있도록 접근로를 확보하여야 한다. 교량 위의 유도로 폭은 최소한 교량이 아닌 곳의 유도로 폭과 같아야 한다. 유도로시스템의 다른 부분에서의 구조와는 다르게 교량에서의 유도로대는 통상 포장되어야 하며, 갓길은 완전한 지지력을 갖추고 있어야 한다. 교량 위의 유도로대가 포장될 경우 유지보수와 제설작업이 쉬워진다. 거기에다 포장된 유도로대를 통해서 구조·소방차량 및 다른 비상차량들이 동 교량에 접근할 수 있게 된다.

⑤ 만일에 항공기가 유도로 직선부분에 있는 교량에 진입하고 출발할 수 있다면, 지상이동을 하는 데 능률이 향상될 것이다. 이들은 항공기가 유도로 교량을 통과하기 전에 중심선에 주 착륙장치를 일치시킬 수 있도록 해준다. 직선부분의 길이는 주 항공기 축간거리(앞바퀴에서부터 주 바퀴의 중심까지의 거리)의 2배 이상이어야 하며, 다음 수치보다 작아서는 안 된다. 미래의 항공기는 축간거리가 35m 이상일 수 있으며, 이는 직선거리 70m 이상 필요함을 의미한다는 것을 인식하여야 한다.

구분 (분류문자)	A	B	C	D	E	F
유도료 교량 최소 직선거리	15m	20m	50m	50m	50m	70m

공항 시설물 설계기준 : 지중구조물

공항 활주로 하부의 지중구조물 설계 시 항공기 하중 적용조건에 대하여 설명하시오.

풀 이

▶ 개요

지중구조물은 토피 아래에 설치되는 구조물로, 설계 시 상부 하중이 충분한 깊이로 매설되어 있어 등분포로 작용할지 매설깊이가 충분하지 않아 집중하중을 받는 것으로 적용할 것인지에 대해 고려해야 한다. 이는 Saint venant의 원리에 따라 집중하중에 의해서 발생하는 영향은 집중하중이 위치한 지점 인근으로 국한하며 하중작용점에서 충분히 떨어져 있는 위치에서의 하중은 등분포하는 것으로 보는 것과 동일한 개념이다.

▶ 공항 활주로 하부의 지중구조물 설계 시 하중 적용조건

1) 공항 활주로 활하중

공항비행장시설 설계 세부지침('22)에 따라 유도로 내에 위치하는 교량에 적용하는 하중은 비행장을 이용할 가장 무거운 항공기의 정적하중과 동적하중을 지지할 수 있도록 설계해야 한다고 규정하고 있다.

2) 국내 지중구조물의 하중 적용 기준

국내설계기준에서는 공동구설계기준(KDS 29 14 00), 철도설계기준(KDS 47 10 40), 도로암거구조설계기준(KDS 24 12 21) 등에서 하중 적용방법에 대해 제시하고 있으며 설계법에 따라 강도설계법과 한계상태설계법으로 구분할 수 있다. 방법에 차이는 있으나 개념적인 방식에서는 하부 구조물의 폭(B)과 매설깊이(D)와의 관계를 비교해 매설깊이가 폭에 비해 클 경우에는 하중이 분포되는 것으로 가정하고, 매설깊이가 작을 경우에는 구조물에 직접 하중이 작용하는 방식으로 고려해 설계하도록 규정하고 있다.

3) 공항 활주로 하부 구조물 설계 시 하중 적용조건

항공기의 하중크기와 함께 이착륙 시 발생하는 충격하중을 고려하여야 하며, 지중구조물이 토피가 충분하지 않을 경우에는 항공기 활하중과 함께 충격하중에 대해 고려해 설계해야 한다. 토피가 충분할 경우에는 충격하중은 영으로 수렴하기 때문에 무시할 수 있으며 매설깊이에 따라 지중응력이 등분포하는 것으로 가정하고 적용할 수 있다.

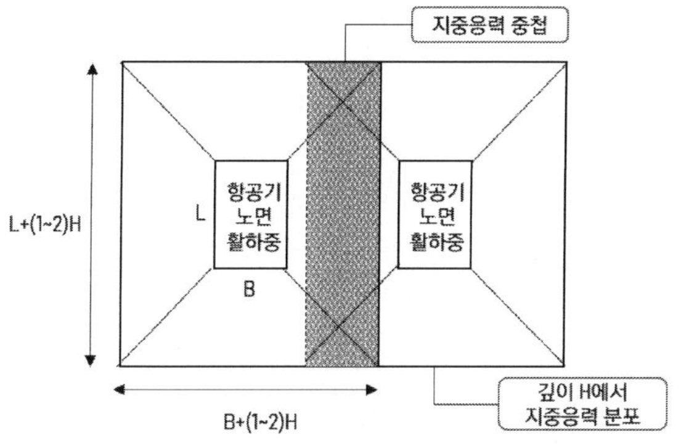

(a) 항공기 노면활하중에 의한 지중응력 분포

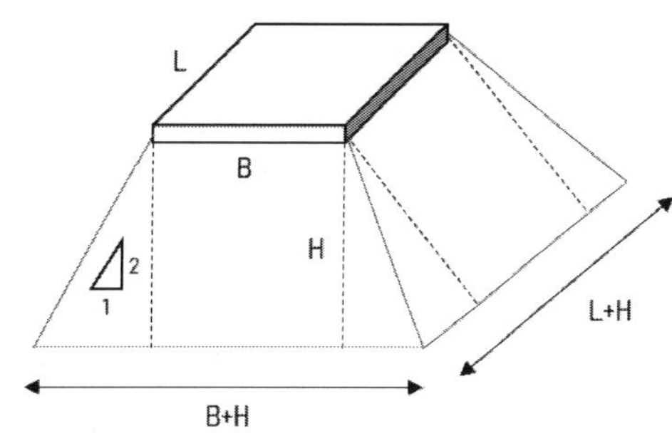

(b) 지중응력 약산법(2:1분포법)

공항시설 유지관리

공항에 설치된 토목구조물의 유지관리 계획

풀 이

➤ 개요

공항·비행장시설 및 이착륙장 관리 기준에 따라 비행장시설과 공항 전력시설은 연1회 정기검사와 필요시 수시검사를 수행하도록 하고 있으며, 시설물별로는 공항시설 최소유지관리기준에 따라 유형별 공항시설의 관리그룹, 관리수준, 점검진단 등 실시방법 및 유지관리 목표등급을 설정해 관리하도록 규정하고 있다.

➤ 토목시설의 유지관리

1) 관리그룹의 구분 : 시설물안전법에 따라 1~3종 시설물로 구분한다.

2) 관리수준의 설정 : 시설물 관리그룹별로 정기안전점검, 정밀안전점검, 정밀안전진단, 성능평가를 수행한다.

구분	실시 의무대상 유무		
	제1종	제2종	제3종
정기안전점검	대상	대상	대상
정밀안전점검	대상	대상	필요시
정밀안전진단	대상	필요시	필요시
긴급안전점검	필요시	필요시	필요시
성 능 평 가	대상(일부)	대상(일부)	필요시

3) 점검진단 등의 실시 시기 및 주기 : 안전등급에 따라 실시 시기와 주기를 설정한다.

안전등급	정기안전점검	정밀안전점검		정밀안전진단	성능평가
		건축물	그 외 시설물		
A등급	반기에 1회 이상	4년에 1회 이상	3년에 1회 이상	6년에 1회 이상	5년에 1회 이상
B·C등급		3년에 1회 이상	2년에 1회 이상	5년에 1회 이상	
D·E등급	1년에 3회 이상	2년에 1회 이상	1년에 1회 이상	4년에 1회 이상	

4) 최소 유지관리 목표 등급 : 안전점검등을 통해서 최소 유지관리 목표등급이 안전등급 C(보통) 이상 유지할 수 있도록 한다.

공항시설 내진성능 목표 : 교량

공항시설 중 교량의 내진성능 목표에 따른 설계거동한계에 대하여 설명하시오.

풀 이

> **개요**

공항시설의 내진설계는 항공기 운항에 필요한 기능에 영향을 주지 않고 인명, 재산 또는 사회경제활동에 중요한 영향을 주지 않을 것을 기본 목표로 한다. 교량은 공항 시설물로서 지진발생 후에 공항에 요구되는 기본적인 내진성능 및 수송기능에 따른 내진성능을 근거로 지진규모 및 시설에 따라서 요구되는 성능을 설정하도록 규정하고 있다.

> **공항 교량의 내진성능 목표에 따른 설계거동한계**

교량의 위치에 따라 기능수행수준과 붕괴방지수준으로 구분해 설계거동의 한계를 명시하고 있으며 지진 피해 시 공항시설 기능이 마비될 수 있는 교량 및 터미널 전면고가는 내진특등급으로, 그 외 교량은 내진1등급으로 설계하도록 규정한다.

1) 비행장 시설상의 교량

　① 기능수행수준 : 교통, 운송기능을 유지하며 경미한 부분적인 피해는 허용한다.
　② 붕괴방지수준 : 주요구조부재의 과도한 소성변형, 지반의 액상화, 기초의 지지력 손실로 인한 지반파괴, 기초의 파괴, 기초의 심각한 부동침하, 교대의 기초 불안전과 교대 배면에 작용하는 토압증가로 인한 불안정 등이 원인이 되어 교량 전체 또는 일부가 붕괴되지 않고 보수 및 보강이 가능하다.

2) 터미널 전면고가

　① 기능수행수준 : 교통, 정차, 운송기능을 유지하며 경미한 부분적인 피해는 허용한다.
　② 붕괴방지수준 : 여객터미널과 접근성을 유지하고 있으며, 보수 및 보강이 가능하다.

공항구조물의 내진성능 목표 : 지중구조물

공항시설물 중 지중구조물의 내진성능 목표에 따른 설계 거동 한계

풀 이

▶ 개요

공항시설물의 기본적인 내진 성능은 항공기 운항에 필요한 기능에 영향을 주지 않고, 인명, 재산 또는 사회경제활동에 중요한 영향을 주지 않으며, 공항시설의 설계에 있어서 공항을 구성하는 각 시설이 지진발생 후에 예상되는 수송형태에 대응할 수 있는 내진성능을 갖는 것을 목표로 한다.

▶ 지중구조물의 내진성능 목표 및 설계거동 한계

공항시설물의 지중구조물은 터미널시설, 지하주차장과 같은 지중 건축물, 지하 차도·철도·보도와 같은 지중교통구조물, 상수도·하수도·공동구·기타 라이프라인의 선상지중구조물로 분류한다. 분류된 시설물별 내진성능 목표에 따른 설계거동한계는 다음과 같다.

구조형식	지중구조물의 종류	지중구조물의 설계거동한계	
		기능수행수준	붕괴방지수준
지중건축물	터미널시설	공항의 터미널 시설이 파괴되지 않는 경미한 피해만 허용한다.	주요 구조체의 붕괴가 발생해서는 안 된다.
	지하주차장	교통, 주차, 운송기능을 유지하며 경미한 부분적인 피해는 허용한다.	
지중 교통구조물	지하철도	교통, 운송기능을 유지하며 경미한 부분적인 피해는 허용한다.	주요 구조체의 붕괴가 발생해서는 안 된다.
	지하차도 및 보도		
선상 지중구조물	상수도	관 자체 또는 이음부의 경미한 변위로서 배수, 급수 기능을 유지하도록 한다.	전체적인 파괴는 불허하며 인명피해가 발생해서는 안 된다.
	하수도	구조물의 미세한 균열이나 변형은 허용하나 허용변위를 초과해서는 안 되며 기능을 유지해야 한다.	구조물의 붕괴로 인한 시설이나 인명의 피해는 불허한다. 중요하지 않은 2차부재의 파괴는 허용된다.
	기타 라이프라인, 공동구		

공항시설물 내진설계 : 내진등급 분류 기준

공항시설물 중 내진특등급에 대하여 설명하시오.

풀 이

> **개요**

공항시설물의 내진등급은 중요도에 따라 내진특등급, 내진I등급, 내진II등급으로 분류한다. '내진특등급'은 지진 시 손상되는 경우 공항의 전체 운영이 마비될 수 있는 공항시설의 등급을 말하며, '내진I등급'은 지진 시 손상되는 경우 공항의 주요 일부 기능이 제한될 수 있어 지진 이후 신속한 복구가 필요한 공항시설을 의마한다. '내진II등급'은 지진 시 손상되어도 공항의 일반적인 운영에는 제한이 없는 공항시설의 등급이다.

> **공항시설물 중 교량 및 지중구조물에 대한 내진등급**

1) 교량 : 공항 시설의 기능 유지와 연관여부에 따라 내진특등급과 내진 I등급으로 구분되며, 공항시설의 마비 및 운행 제한 등의 제약요소가 발생할 수 있는 교량은 내진 특등급으로, 그 외의 교량은 내진 I등급으로 구분한다.

2) 지중구조물 : 주요 구조물의 기능유지를 위한 라이프라인과 관계여부에 따라 내진I등급과 내진II등급으로 분류한다. 상하수도 등 라이프라인의 지중구조물은 내진I등급으로 구분하며, 그 외의 구조물은 II등급으로 구분된다.

구분	내진특등급	내진I등급	내진II등급
교량	지진피해 시 공항시설 기능이 마비되는 교량 및 터미널 전면 고가	내진특등급이 아닌 교량, 터미널 전면고가	–
지중구조물	–	지중건축물, 지중교통구조물, 매설관, 파이프라인을 포함한 기타 라이프라인, 공동구, 상수도, 하수도	내진I등급에 해당되지 않는 일반적인 공항지중구조물로 여객터미널 기능과 관련이 없는 주차장

1. 방파제

항만시설물 중 방파제는 주요 외력이 파랑인 외곽시설로 구조형식 측면에서 방파호안도 유사한 형태를 갖는다. 방파제의 형식은 KDS 64 45 40에 따라 다음과 같은 형식으로 구분된다.

대구분	중구분	소구분	단면형상
경사제	일정사면형	사석식	
		블록식	
	복합사면형 (Berm형)	전면 Berm형	
		후면 Berm형	
		양면 Berm형	
직립제	석식	사석식	
	케이슨식	무공식	
	블록식	콘크리트 블록식	
		셀룰러 블록식	
		콘크리트 단괴식	
혼성제	저마운드 사석기초	석식(사석식)	
		케이슨식	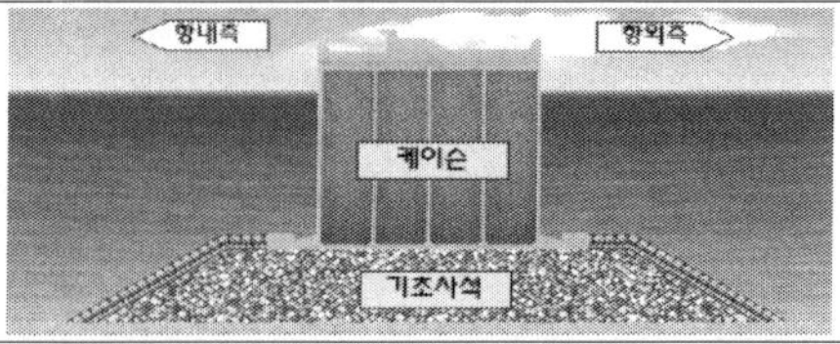

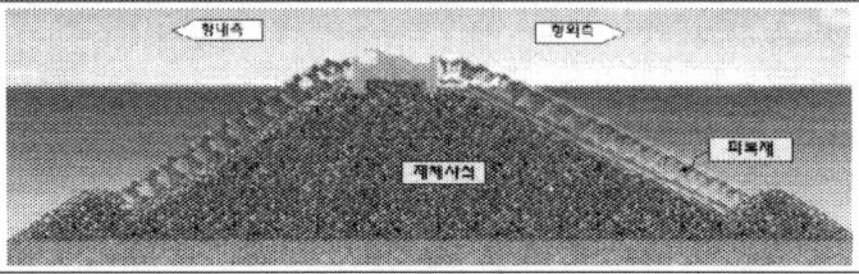

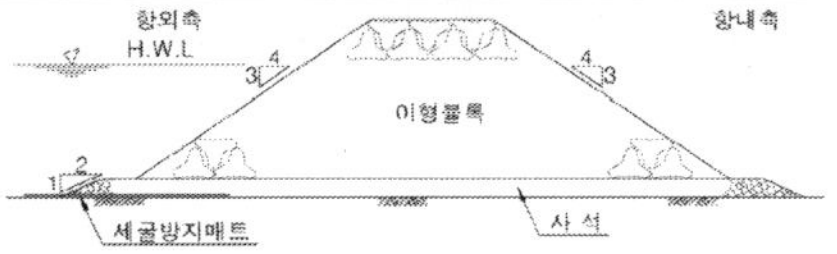

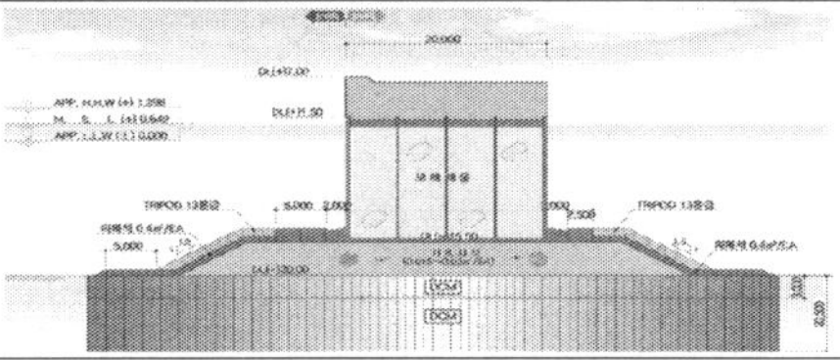

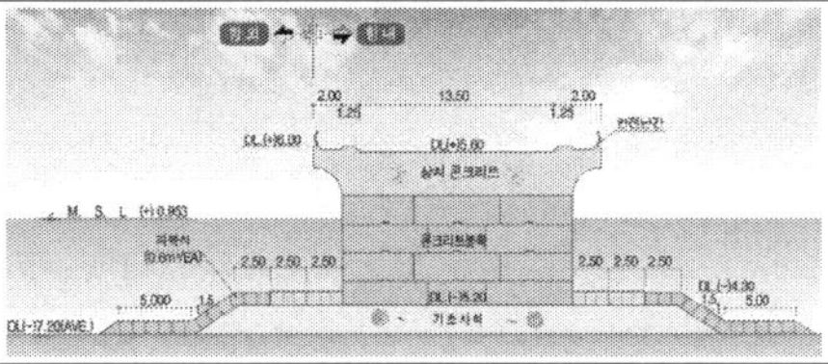

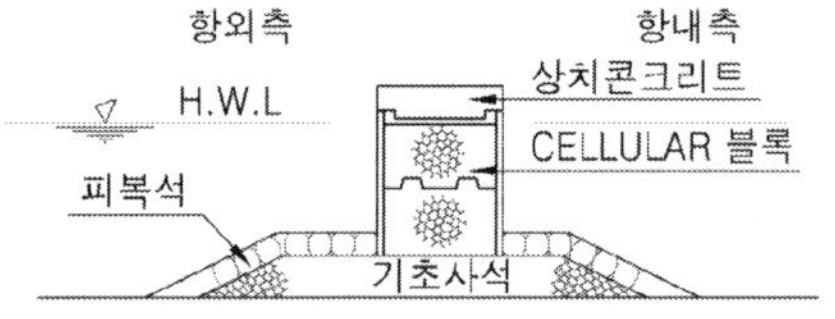

대구분	중구분	소구분	단면형상
		콘크리트 블록식	
		셀룰러 블록식	
		콘크리트 단괴식	
	고마운드 기초		
	모래마운드 기초		
소파블록 피복제	직립식		
	혼성식		
중력식 특수형	직립소파블록식		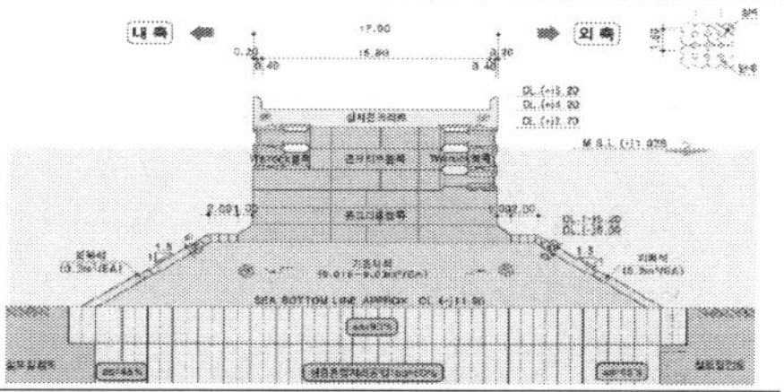
	소파 케이슨식	단일 유수실형	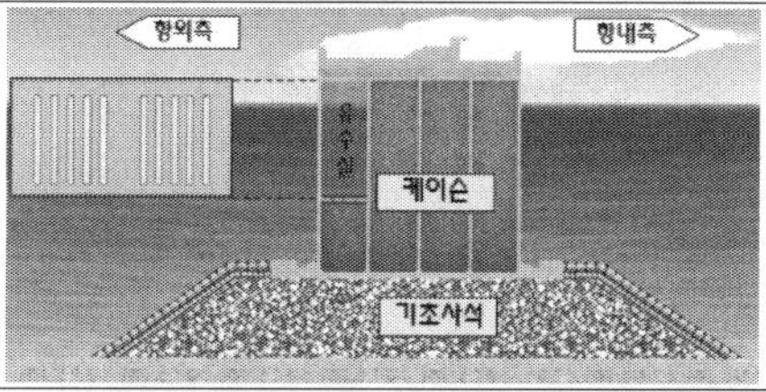
		이중 유수실형	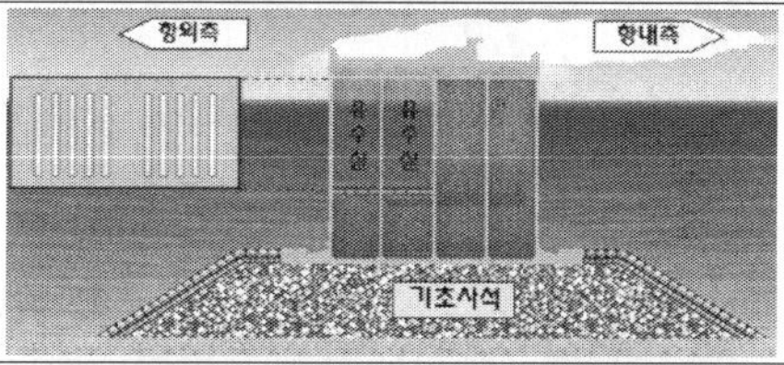
		투과형	
	이형 케이슨식	상부사면 케이슨식	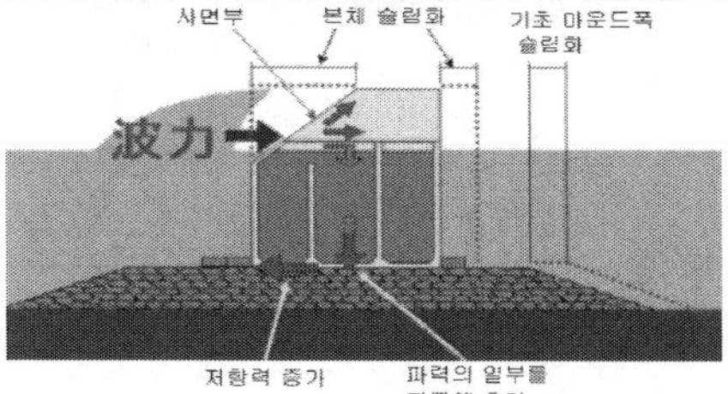
		곡면형	

대구분	중구분	소구분	단면형상
기타 형식	말뚝식	커튼식	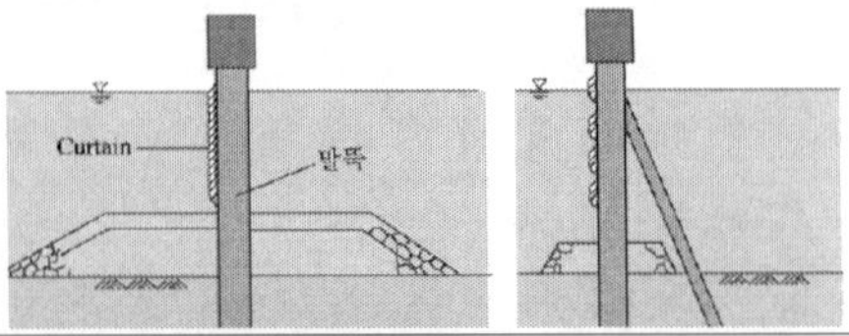
		강관식	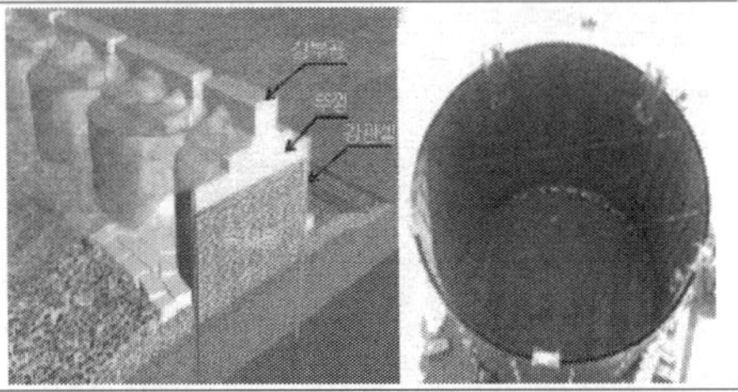
	연약지반 착저식		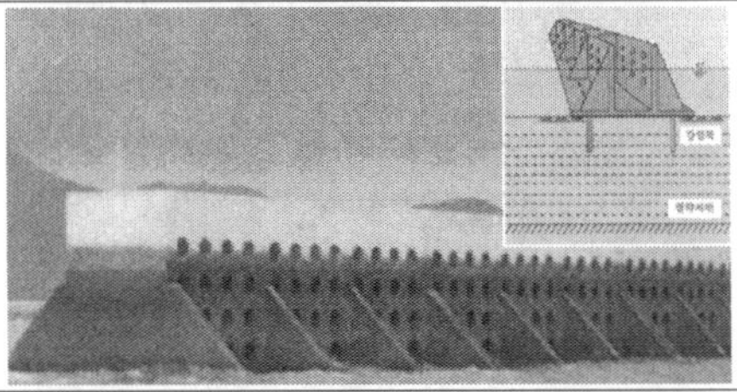
	부유식		
	공기방파제		

2. 블록

1) 항만공사의 블록은 무근 콘크리트로 제작되어 소규모 외곽시설(방파제, 방사제, 파제제 등), 호안 및 계류시설이나 어항의 물양장 등에 주로 사용된다.

2) 블록의 길이가 긴 경우에는 블록 인양 시 블록 하부에 발생할 수 있는 균열을 방지하고 운영 중 기초 사석 지지력 불균등에 대한 안전성을 증진시키기 위하여 블록 하부를 철근으로 보강하기도 한다.

3) 외곽시설 방파제, 방파호안 등 설계 시 오목부에 대한 피해를 최소화할 수 있도록 설계파고 5m 이상인 경우 또는 길이가 200m 이상인 경우 수리모형실험을 검토할 수 있다.

4) 기존 설치되어 있던 블록을 철거한 경우 외관조사, 성능저하시험 등을 통해 건전한 상태로 판별된 블록은 소파블록제, 직립호안제 등으로 재활용할 수 있다.

3. 소파블록

소파블록은 외곽시설인 방파제, 제방 및 호안의 안정성 향상, 전면 수역의 정온 확보 및 파압의 경감, 월파량 및 처오름 방지 목적 등으로 사용된다.

구 분	T T P	Sealock	Accropode	Core-Loc	O T P
형 상					
적층수	2	2	1	1	1, 1.5, 2
공극률(%)	50	50	52	60	64, 54, 46
안정계수	7(쇄파)	10	12(쇄파)	13(Head)	7(쇄파)
	8(비쇄파)	–	15(비쇄파)	16(Trunk)	8(비쇄파)

4. 케이슨

케이슨은 철근 콘크리트로 제작된 상자 모양의 것으로서 부양식 독(dock)이나 육상에서 제작되고
해상을 예항선 또는 기중기선에 의해 현장으로 운반되어 방파제 또는 중력식 구조의 안벽 본체로
설치되며 일반적으로 모래나 사석, 슬래그로 케이슨 내부를 채운다. 케이슨은 그 자체가 큰 단면
을 가지며 말뚝 기초에 비해 지지력이나 수평 저항력이 크고 또 수중 시공이 확실히 이루어질 수
있는 특징이 있다.

1) 케이슨 제작 시 고려사항

① 케이슨 각 부재의 형상, 치수 설계시 고려사항
  (1) 케이슨을 제작하는 시설의 능력
  (2) 케이슨의 흘수와 거치 장소의 수심(사석 Mound 마루의 수심)
  (3) 자력으로 부유하는 케이슨의 경우에는 부유 시의 안정
  (4) 예항 및 거치 시의 작업조건 : 조류, 파랑, 바람 등
  (5) 케이슨 거치 후의 작업조건 : 속채움 및 상부공의 시공
  (6) 부등침하의 검토
  (7) 케이슨이 받는 휨, 비틀림의 검토

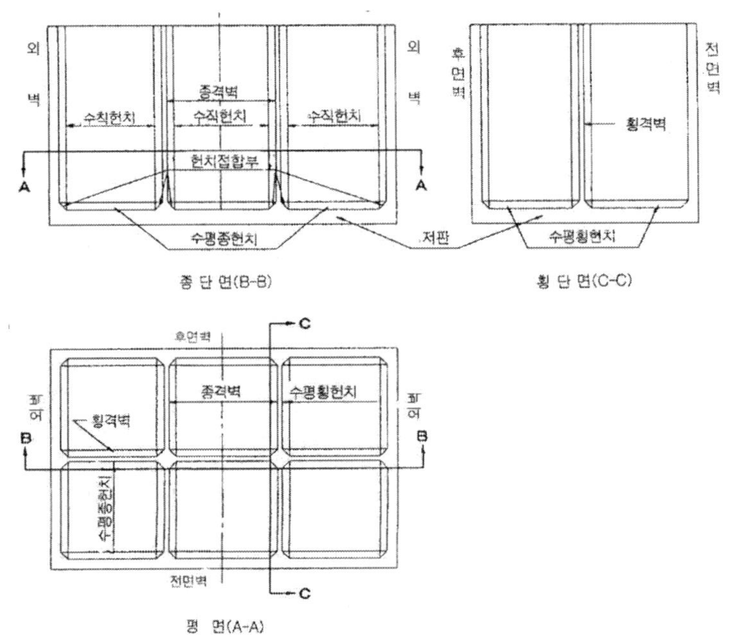

② 케이슨 길이 : 케이슨의 길이는 길수록 경제적이나 너무 장대한 케이슨이 되면 조류, 파랑 등
이 큰 곳에서는 예항 및 거치가 곤란하고, 속채움을 단시일에 완료할 수 없어 재해를 입기 쉬

우므로 주의를 요한다.

③ 거치 시 여유수심 : 케이슨 거치 시의 여유수심은 통상 케이슨의 흘수와 사석 Mound 마루와의 차를 0.5m 이상으로 하고 있다. 이것은 케이슨의 기울어짐, 요동, 작은 파랑, 흘수 계산상의 오차 등을 반영한 것이다. 이때의 조위는 조수대기에 의한 야간작업 등을 가급적 피하여 시공 시간의 제한을 없애기 위하여 평균해면(M.S.L) 정도로 하는 것이 보통이다.

2) 케이슨 제작공법

케이슨 제작은 제작 거푸집의 형태별로 유로폼, 강재 거푸집, 슬립폼 등이 있다.

구 분	유로폼	강재 거푸집	슬립폼
개념도			
공법 개요	• 비계는 지상에서 조립하여 설치하고, 소형 단위거푸집을 조립·해체하면서 구조물을 축조하는 공법	• 대형화, 블록화된 단위 거푸집과 벽체 마감공사를 위한 비계틀을 일체로 조립하여 크레인 등으로 설치하는 공법	• 거푸집을 탈착하지 않고 콘크리트를 타설하면서 연속적으로 움직이며 잭로드에 의해 상승시켜 가는 공법
장 점	• 거푸집 소형으로 대형장비 불필요 • 초기 투자비가 적고 거푸집 손료 저렴 • 국내에 숙련된 기능인력 수급 용이 • 타 거푸집 시스템과의 조합 유리	• 설치와 탈형만을 시행하여 공종이 단순(폼 Shift가 단순) • 별도의 비계 설치 불필요 • 이음부 감소로 면품질 향상 • 시공속도 빠름 • 고소작업 시 안정성 높음	• 전천후 제작 및 시공속도 빠름 • 작은 규모 제작장 소요 • 시공이음이 없으므로 수밀성, 차폐성이 높음 • 품질관리가 용이 • 대형 케이슨 제작에 유리
단 점	• 이음부를 통한 시멘트 페이스트의 누출로 품질관리 불리 • 거푸집 구조적 검토 곤란 • 고소작업시 비계발판을 사용해야 하므로 안전성 취약 • 시공정밀도가 상대적으로 낮음 • 많은 인력작업이 필요	• 자중이 과중량으로 조립 설치시 대형장비 필요 • 거푸집 변형시 복구작업 곤란 • 재질이 강재로 외부온도에 민감 • 거푸집 면의 청소 및 관리 어려움	• 대규모 가설공사 필요 • 초기 조립, 이동설치 시간 과다 • 작업중단 시 재작업 준비에 어려움 • 24시간 연속작업 운영에 따라 정밀한 안전 및 품질관리 필요

3) 케이슨 진수 및 운반 방법

케이슨 진수방법을 선정할 때에는 ① 케이슨의 크기, ② 케이슨의 제작 및 진수 수량, ③ 공기 및 공사비, ④ 설비장소의 지형 및 자연조건, ⑤ 설치장소까지의 거리와 운반방법 등을 감안하여 충분히 검토한 후 결정한다.

① 기중기선에 의한 인양 : 제작장, 물양장이나 전면에 적정 수심을 확보하고 있는 호안이 근접한 곳에서 케이슨을 제작한 후, 대형 기중기선으로 들어 올려 바다에 띄우거나 그대로 시공현장까지 들고 운반하는 방법이다. 기중기선에 의한 방법은 케이슨 제작장에 인접하여 기중기선이 접안할 수 있는 호안이나 제작장, 물양장 등의 접안 계류시설이 있으면 가장 간단하고 안전한 진수방법이다. 이 방법은 케이슨 중량으로 제작장 안정성 검토가 선행되고 필요에 따라 시설을 보강하거나, 케이슨의 전 높이 중 일부만 육상 제작하고, 해상에 진수한 후 나머지를 해상 제작하는 경우도 있다.

  (1) 장점 : 케이슨을 소규모 다량 제작 시 유리, 시공사례 풍부, 파랑의 영향을 받지 않고 육상에서 제작 가능

  (2) 단점 : 해상기중기선 접근가능 위치에 제작장 조성 필요, 기중기선의 인양능력이 한정되어 대형 케이슨 인양 곤란(케이슨 크기 제약)

② 건선거(Dry Dock)에 의한 방법 : 물을 배제한 선거 내에서 케이슨을 제작하고 물을 주입하여 케이슨을 부상시킨 후, 게이트를 열어서 케이슨을 건선거 밖으로 끌어내는 방법이다.

  (1) 장점 : 진수 작업이 물의 주입과 게이트 개방으로 이루어지므로 안전, 갑실과 게이트의 크기에 따라 필요한 케이슨의 적정규모 및 함수를 제작 가능, 선거는 케이슨 제작이 완료된 후 선박건조 또는 수리용 시설로 전용 가능

  (2) 단점 : 대규모 공사(초대형 케이슨 → 제작 함수 최소화) 또는 장기간 공사에 적합, 대규모 다량 제작 시 유리, 선거(Dock) 건설을 위한 넓은 부지 필요

③ 부선거(Floating Dock)에 의한 방법 : 부선거에 의한 방법은 제작장 부근으로 부선거를 예인하여 파랑이나 조석, 조류에 의하여 동요되지 않도록 견고하게 계류시키고, 밸러스트 워터(Ballast Water)를 배수하여 선체를 부상시킨 다음, 선체의 갑판이 수면 위로 노출되면 모래를 고르게 부설한 후 케이슨을 제작한다. 제작 완료 후 케이슨을 진수가능한 수심까지 부선거를 예인시킨 후 밸러스트 워터(Ballast Water)를 주입하여 케이슨이 부상할 수 있는 진수 수심까지 침강시켜 케이슨을 부선거 갑판상으로부터 이격·부상시킨다.

(1) 장점 : 부선거 내부공간 제약으로 1회에 1~2함의 케이슨 제작이 가능, 소규모일 경우 인근 접안시설을 이용하여 제작 가능

(2) 단점 : 대규모 제작 시 제작과 진수가 연속공정으로 공기가 길어짐, 부선거 건조비 과다 소요, 작업 여건상 진수에 필요한 수심 위치까지 예항하고 제작장에 접안 설비가 갖추어진 넓은 작업장 필요

④ 육상제작 이동(Jacking)+진수에 의한 방법 : 케이슨은 선로상의 대차위에서 제작되며 제작이 완료되면 Winch 등을 조작하여 대차위의 케이슨을 부선거나 쉽리프트 플랫폼(Ship Lift Platform)으로 이동시킨 후 케이슨을 진수시킨다. 플랫폼이 있는 쉽리프트 시스템의 진수설비는 플랫폼, 체인잭(Chain Jack : Hoist Winch), 체인으로 구성되고, 운반설비는 종 횡방향의 레일시설, 대차, 운반기기로 이루어진다. 육상의 레일대차상에서 케이슨이 제작되면 레일을 따라 운반된 케이슨은 플랫폼에 실리게 되고 플랫폼은 호이스트 윈치에 의해 체인이 서서히 풀리면서 수면 밑으로 하강하여 일정수심까지 내려가면 케이슨은 부력에 의해 진수가 가능하게 된다. 부선거에 직접 선적하는 진수공법은 케이슨의 크기, 해상조건 등을 고려하여 연직 또는 경사잠수 방식 등을 선정·적용한다.

(1) 장점 : 시설규모에 따라 대량 제작 가능
(2) 단점 : 임시제작 설비로 공기가 길어지고 공사비가 많이 소요

반잠수식 슬라이딩 공법 및 완전 잠수공법

구 분	반잠수식 슬라이딩 공법 (Draft Controlled Launcher)	완전잠수공법 (Floating Caisson Launcher)
개념도		
공법개요	• FD의 한쪽으로 해수를 주수하여 FD선이 기울어 지도록 하여 케이슨을 슬라이딩시킴	• FD선을 케이슨이 부양될 때까지 해수를 주수하 여 침강시킴
장단점	• 작은 수심에서도 진수 가능 • 진수 속도가 빠름 • 케이슨의 흘수와 관계없이 진수 • 넓은 진수장소 필요 • 슬라이딩 속도 조절이 어려움 • 케이슨 상부 덮개 제작 필요	• 변장비가 큰 케이슨 진수 가능 • 상대적으로 좁은 진수장소 • 케이슨 구조체의 안정성 확보 • 진수속도가 느림 • 진수장의 대수심 확보 필요 • FD선의 대형화 필요

4) 케이슨 뒷채움 유출 방지

구 분	설 치 목 적	비 고
케이슨 배면	• 뒷채움재 투하로 인한 세립분 해양유출 방지	Ⓐ
케이슨 이음부	• 케이슨 이음부 틈새로 뒷채움재 유출 방지	Ⓑ
뒷채움사석 배면	• 매립 토사의 유출 방지	Ⓒ

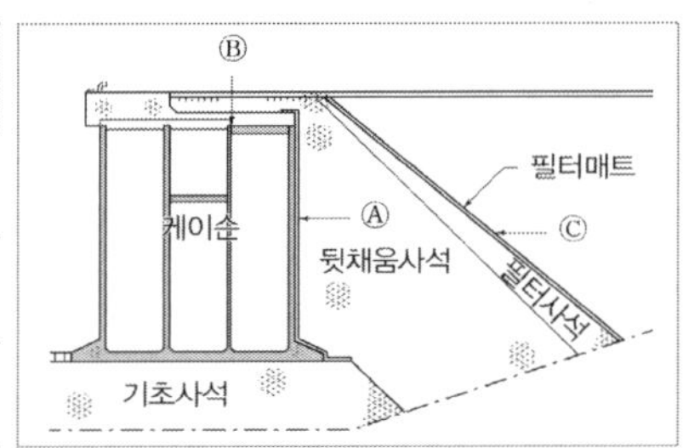

① 케이슨 배면 Ⓐ : 고무 차수 방사판, 토목섬유

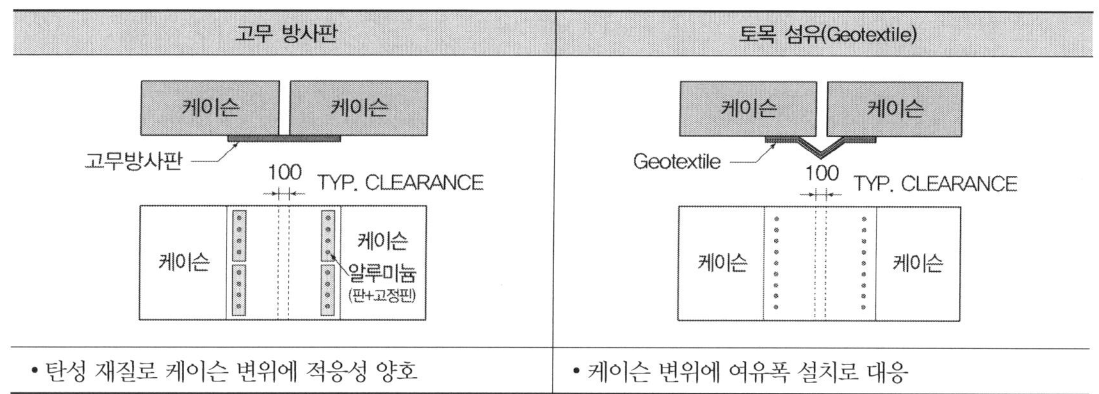

② 케이슨 이음부 ⓑ : 콘크리트 또는 쇄석채움 보강, 케이슨 연결부 Key 효과

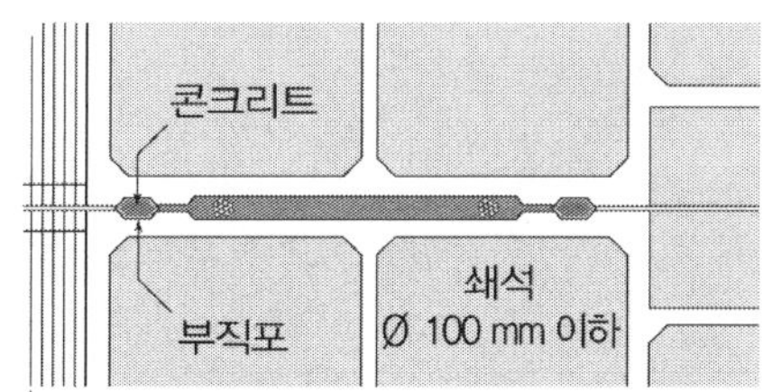

③ 뒷채움 사석 배면 필터매트 ⓒ : 필터매트 포설로 배면토사의 토립자 유출 방지

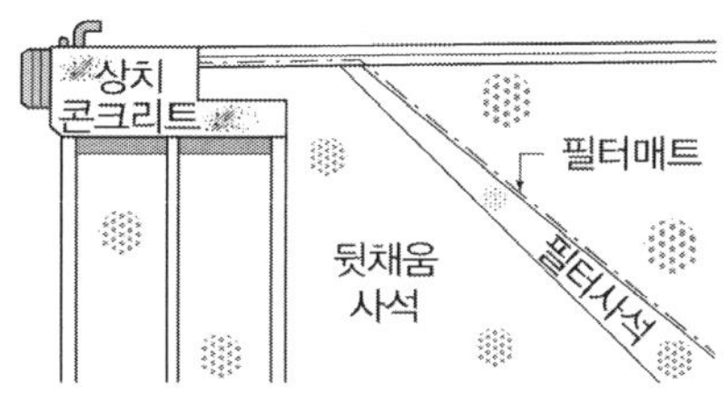

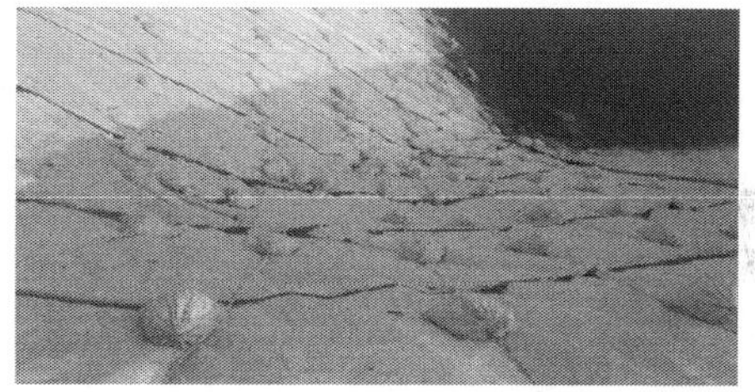

5. 구조물에 작용하는 파력

1) 직립벽에 작용하는 파력

직립벽에 작용하는 파력은 파랑 조건 외에 조위, 수심, 해저지형, 구조물의 단면 형상, 평면 형상 등에 의해 변하므로 이를 고려하여 산정하며, 수리모형실험으로 확인하여야 한다. 특히, 급경사 의 해저면상이나 높은 사석부상의 직립벽에는 매우 큰 충격 쇄파력이 작용할 수 있기 때문에 충 격 쇄파력의 발생에 유의해야 한다.

벽면에 파봉이 있는 경우	벽면에 파곡이 있는 경우
(1) 직립벽에 작용하는 최대파력 및 양압력은 Goda(合田)식을 표준으로 한다. (2) 정수면의 높이에서 최댓값 p_1, 정수면상 η의 높이에서 영, 저면에서 p_2가 되는 직선 분포로서 직립벽 저면으로부터 마루까지의 파압을 고려한다. $\eta = 0.75(1+\cos\beta)\lambda_1 H_D$ $p_1 = \dfrac{1}{2}(1+\cos\beta)(\alpha_1\lambda_1 + \alpha_2\lambda_2\cos^2\beta)\rho_0 g H_D$ $p_2 = \dfrac{p_1}{\cosh(2\pi h/L)}, \quad p_3 = \alpha_3 p_1$ $p_u = \dfrac{1}{2}(1+\cos\beta)\alpha_1\alpha_3\lambda_3\rho_0 g H_D$	(1) 벽면에 파곡이 있을 때의 벽 전면에서 부의 파압은 그림과 같이 정수면에서 영, 정수면하 $0.5H_D$에서 p_n, 그 이하 저면까지 일정한 직선 분포의 파압이 외해 측을 향해서 작용하는 것으로 한다. $p_n = 0.5\rho_0 g H_D$ p_n 균일파압 부분에 있어서 파압강도(kN/m^2) H_D 설계계산에 쓰이는 (최대)파고(m)
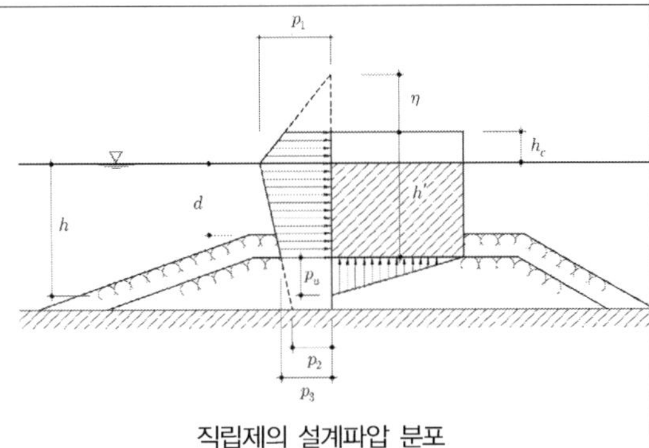 직립제의 설계파압 분포	직립제의 부의 설계파압 분포

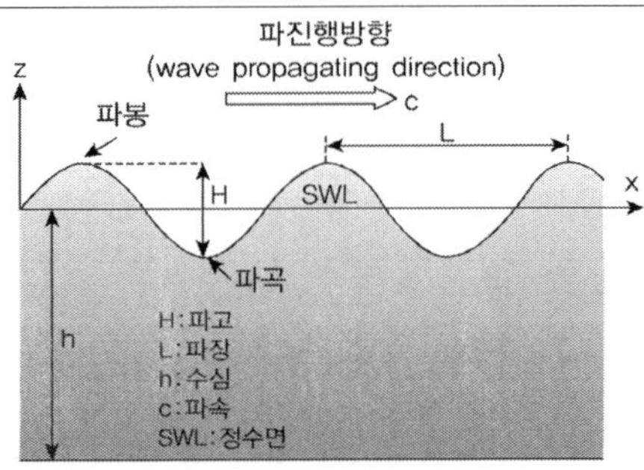

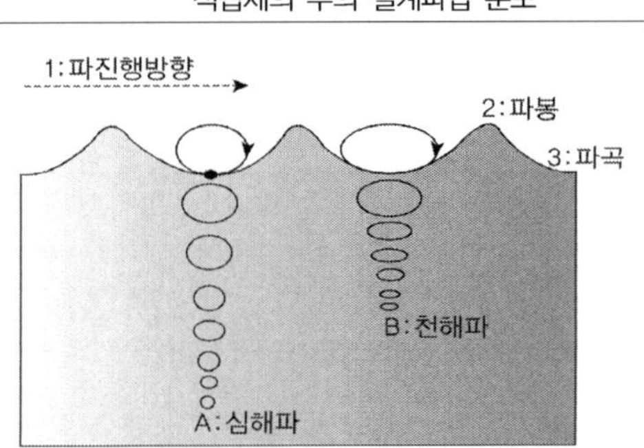

2) 충격 쇄파력

충격쇄파력은 다음의 발생조건이 통상 2개 이상의 조건에 부합해야 발생할 수 있다. 자연조건은 쉽게 바꿀 수가 없으므로, 단면 계획 시 사석부 수심비(d/h)를 가능한 0.6 이상으로 크게 하여 충격 쇄파력이 발생하지 않도록 하는 것이 좋다.

구분		발생조건
자연조건	파향의 영향	• 파향과의 교차각이 $\beta < 20°$ 이내에 있을 경우 충격쇄파력이 발생하기 쉬움
	급경사 해저	• 해저의 사면경사가 1/30보다 급할 경우 충격쇄파력이 발생하기 쉬움
	환산심해파형경사	• 환산심해 파형경사(H_0/L_0)가 0.03 이하일 때 충격쇄파력이 발생하기 쉬움
	파고 수심비	• 파고대비 수심비(H/h)가 0.6 이상일 경우 충격쇄파력이 발생하기 쉬움
단면조건	사석부 수심비 (d/h⟨0.6)	• 사석부 마루(피복공 포함) 상의 수심비(d/h)가 0.6보다 작은 경우 충격쇄파력이 발생하기 쉬움

3) 소파블록 피복 직립벽과 직립소파 케이슨에 작용하는 파력

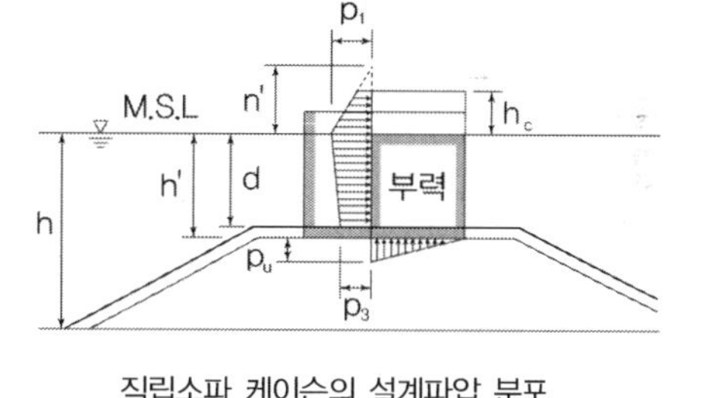

소파블록 피복 직립벽	직립소파 케이슨
$\eta = 0.75(1+\cos\beta)\lambda H_D$	$\eta = 0.75(1+\cos\beta)\lambda_1 H_D$
$p_1 = \dfrac{1}{2}(1+\cos\beta)\lambda\alpha_1\rho_0 g H_D$	$p_1 = \dfrac{1}{2}(1+\cos\beta)(\alpha_1+\alpha_2\lambda_2\cos^2\beta)\lambda_1\rho_0 g H_D$
$p_u = \dfrac{1}{2}(1+\cos\beta)\alpha_1\alpha_3\lambda\rho_0 g H_D$	$p_u = \dfrac{1}{2}(1+\cos\beta)\alpha_1\alpha_3\lambda_1\rho_0 g H_D$

4) 경사제에 작용하는 파압

경사제 또는 경사면을 가지는 투과성 구조물의 제체에 작용하는 파력은 제체 전면의 유의파고가 동일하더라도 쇄파여부, 제체 전면의 해저경사, 제체 사면의 경사, 제체 사면의 형상, 제체의 투과성, 월파 또는 비월파 등에 따라 다르다. 따라서, 수리모형실험이나 해당 조건에 부합하는 적합한 산정식을 이용한다.

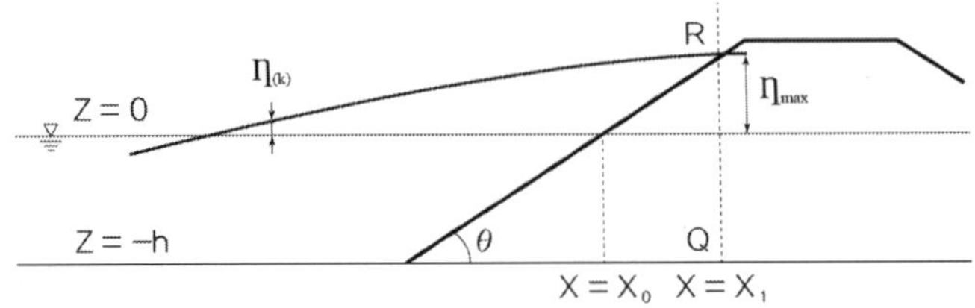

① 처오름이 최대가 되는 순간 형상되는 규칙파의 부분 중복파형

$$\eta(x) = \frac{1}{2} H_{\max} \sqrt{1 + 2K_R \cos 2k(x - x_1) + K_R^2}$$

$\eta(x)$ 정지수면으로부터의 수위

$H_{\max} = 1.8 H_{1/3} \, (H_{1/3} \leq h/2)$, $0.9h \, (H_{1/3} \geq h/2)$, 경사면 전면에서의 최대 입사파고

h 정지수면하의 수심

$H_{1/3}$ 경사제 전면에서의 설계 유의파고

K_R 설계 유의파 주기의 규칙파에 대한 제체의 반사계수

k 파수($\fallingdotseq 2\pi/L$), x 수평좌표축, x_1 가상의 연직평면 $\overline{RQ}$의 위치

$$x_1 = x_0 + \eta_{\max} \cot\theta, \ \eta_{\max} = \frac{1}{2}(1 + K_R)H_{\max}$$

② 처오름 최대 시 사면상의 파압분포

(1) $0 \leq z \leq \eta_{\max}$ 　　$p(x, \, z) = \rho_0 g[\eta(x) - z] = \rho_0 g[\eta(x) - (x - x_0)\tan\theta]$

(2) $-h \leq z \leq 0$ 　　$p(x, \, z) = \rho_0 g \eta(x) \dfrac{\cosh k(h + z)}{\cosh kh}$

③ 총파력 : 경사제 길이 1m당 작용하는 총파력

(1) 수평분력　$F_H = \sin\theta \displaystyle\int_{-h}^{\eta_{\max}} p(x, \, z)ds = \int_{-h}^{\eta_{\max}} p(x, \, z)dz$

(2) 수직분력　$F_V = \cos\theta \displaystyle\int_{-h}^{\eta_{\max}} p(x, \, z)ds = \cot\theta \int_{-h}^{\eta_{\max}} p(x, \, z)dz$

6. 항만구조물의 내진설계

항만구조물의 내진설계는 KDS 64 17 00 내진기준(2019, 해양수산부)에 따라 항만 및 어항 시설물 중 항만 및 어항 기본시설인 외곽시설, 계류시설과 기능시설인 하역기계의 기초 및 초대형 석유탱커시설, 해저파이프라인, 해상저유시설 등의 내진설계에 적용한다.

1) 내진등급 및 내진 성능수준

항만 및 어항 시설물의 내진등급은 내진I등급 및 내진II등급으로 구분하고, 내진I등급은 다음과 같은 항만시설물에 적용한다. 어항 시설물과 내진I등급으로 분류되지 않은 항만시설물은 내진II등급으로 한다.

① 지진피해 시 많은 인명과 재산상의 손실을 줄 염려가 있는 시설물

② 지진피해 시 심각한 환경오염을 줄 염려가 있는 시설물

③ 지진재해 복구에 중요한 역할을 담당하는 시설물(지진재해 복구용 시설물)

④ 국방상 또는 국가경제 차원에서 항만의 기능이 지속적으로 유지되어야 할 필요가 있는 시설물

⑤ 지진피해 시 구조물의 복구가 곤란한 시설물

항만 및 어항 시설물의 요구 내진 성능수준은 기능수행수준과 붕괴방지수준으로 분류하고, 다음에 규정된 평균재현주기를 갖는 설계지진수준에 대하여 기능수행수준과 붕괴방지수준에서 요구 성능목표를 만족하여야 한다.

내진성능 수준	내진I등급	내진II등급
기능수행 수준	평균재현주기 100년	평균재현주기 50년
붕괴방지 수준	평균재현주기 1000년	평균재현주기 500년

2) 설계지반운동

설계지반운동은 수평 2축방향과 수직방향 성분으로 정의하고, 수평2축방향 성분은 세기가 동일하다고 본다. 수직방향 성분의 진동수 내용과 지속시간은 수평방향 성분과 동일하게 본다. 암반상 유효수평지반가속도(설계 진도)는 아래와 같이 행정구역에 의한 방법으로 산정한다.

① 암반상 유효수평지반 가속도 = (지진구역 계수 Z) × (위험도 계수 I)

이때 국가지진위험지도상의 값을 사용 가능하며, 그 값이 행정구역에 의한 방법으로 결정된 값의 80%보다 작지 않아야 한다.

② 지진구역계수를 행정구역에 의한 방법으로 결정 시 지진구역별 지진구역 계수, 위험도 계수는 KDS 17 10 00에 따른다.

1. KDS 17 00 00 행정구역별 지진위험도(Z)

지진구역	행정구역	지진구역계수 Z
I	서울, 인천, 대전, 부산, 대구, 울산, 광주, 세종	0.11
	경기, 충북, 충남, 경북, 경남, 전북, 전남, 강원 남부1	
II	강원 북부, 제주	0.07

2. KDS 17 00 00 재현주기별 위험도 계수(I)

평균재현주기(년)	50	100	200	500	1,000	2,400	4,800
위험도계수 I	0.40	0.57	0.73	1	1.4	2.0	2.6

3. 국가지진위험지도

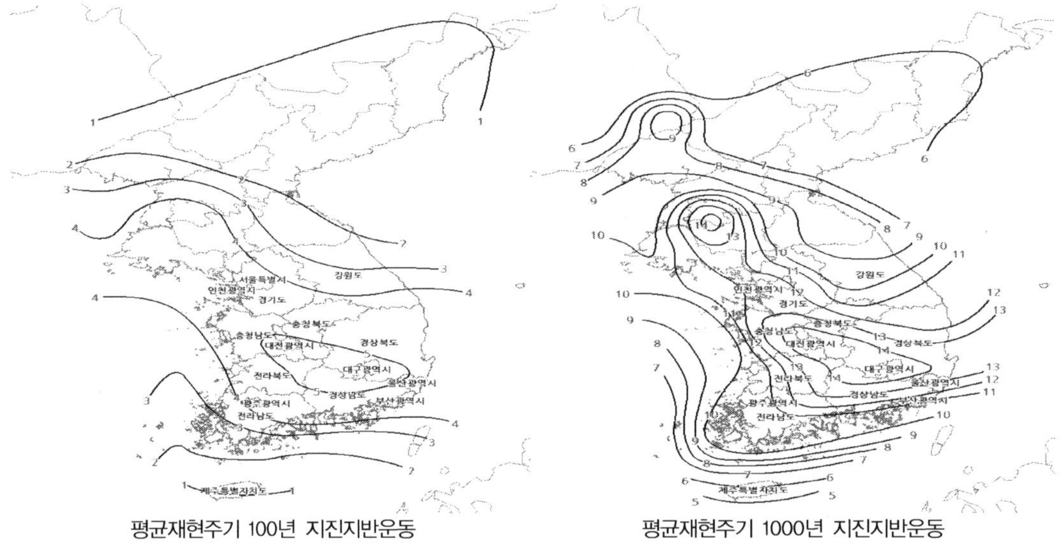

평균재현주기 100년 지진지반운동   평균재현주기 1000년 지진지반운동

3) 지반의 분류

KDS 17 10 00에 따라 국지적인 토질조건, 지질조건과 지표 및 지하 지형이 지반운동에 미치는 영향을 고려하기 위하여 지반을 6종으로 분류한다. 다만, 기반암은 전단파속도가 760 m/s 이상인 지층으로 정의하고, 기반암 깊이와 무관하게 토층평균전단파속도가 120 m/s 이하인 지반은 S_5 지반으로 분류한다. 탄성파 시험 결과가 없는 경우, 표준관입시험 관입저항치(SPT-N치)를 전단파속도로 변환할 수 있다.

지반종류	지반종류의 호칭	분류기준		
		기반암 깊이, H (m)	토층평균전단파속도, $V_{s,soil}$ (m/s)	표준관입시험(N)
S_1	암반 지반	1 미만	–	
S_2	얕고 단단한 지반	1~20 이하	260 이상	
S_3	얕고 연약한 지반		260 미만	
S_4	깊고 단단한 지반	20 초과	180 이상	50~15
S_5	깊고 연약한 지반		180 미만	<15
S_6	부지 고유의 특성평가 및 지반응답해석이 필요한 지반			

4) 설계지반운동의 세기와 진동수(응답스펙트럼)　　※ 5% 감쇠비

KDS 17 10 00에 따라 유효수평지반가속도(S)=지진구역계수(Z)×평균재현주기의 위험도계수(I)

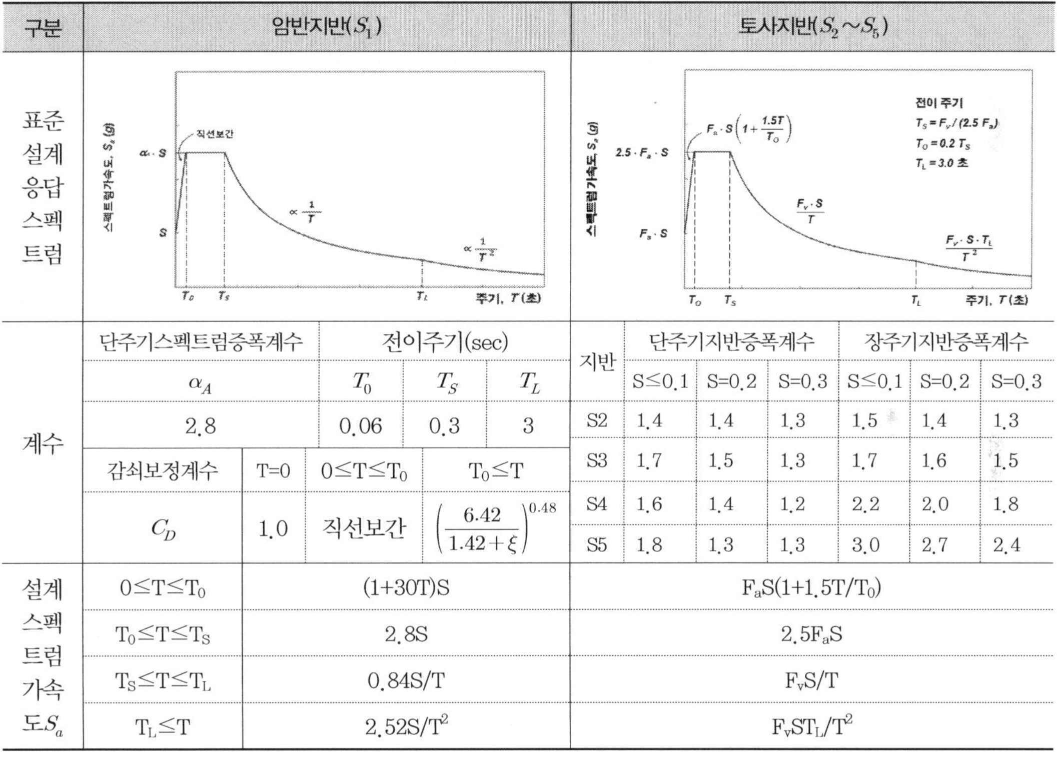

구분	암반지반(S_1)				토사지반($S_2 \sim S_5$)						
표준설계응답스펙트럼	(상단 그림 참조)										
계수	단주기스펙트럼증폭계수	전이주기(sec)			지반	단주기지반증폭계수			장주기지반증폭계수		
	α_A	T_0	T_S	T_L		S≤0.1	S=0.2	S=0.3	S≤0.1	S=0.2	S=0.3
	2.8	0.06	0.3	3	S2	1.4	1.4	1.3	1.5	1.4	1.3
	감쇠보정계수	T=0	0≤T≤T_0	T_0≤T	S3	1.7	1.5	1.3	1.7	1.6	1.5
	C_D	1.0	직선보간	$\left(\dfrac{6.42}{1.42+\xi}\right)^{0.48}$	S4	1.6	1.4	1.2	2.2	2.0	1.8
					S5	1.8	1.3	1.3	3.0	2.7	2.4
설계스펙트럼가속도 S_a	0≤T≤T_0	(1+30T)S			$F_aS(1+1.5T/T_0)$						
	T_0≤T≤T_S	2.8S			$2.5F_aS$						
	T_S≤T≤T_L	0.84S/T			F_vS/T						
	T_L≤T	$2.52S/T^2$			F_vST_L/T^2						

5) 내진해석법

항만 및 어항 시설물은 설계지진수준에 대해 요구하는 내진성능수준을 확보하도록 하여야 한다. 단 도로, 철도, 건축물 및 이와 관련된 교량 등의 부속시설 중 항만시설물과 기능이 연관되는 시설물은 항만시설물 이상의 내진등급을 적용하고, 해당시설물의 기준에 준하는 내진설계를 수행한다. 내진 해석법은 시설물의 내진성능 수준, 내진등급 및 지진거동특성에 따라 등가정적 해석법,

응답스펙트럼해석법, 동적 해석법을 적용할 수 있다.

① 내진I등급 시설물 : 기능수행 수준 및 붕괴방지 수준에서 동적해석방법에 의하여 시설물의 안전이나 부재력을 검토하는 것이 바람직하나 다음의 경우는 예외로 할 수 있다. 또한, 지반에 매설되는 관구조물 등의 변형은 지진 시 주변지반의 변위에 지배되므로 이를 고려하여 검토한다.
   (1) 배면이 토사로 매립되었거나 내부 속채움이 포함된 시설물로서 지진 시 토압 및 동수압이 시설물의 안정이나 부재력에 지배적인 경우 또는 일반적인 잔교구조물 등은 등가정적해석법을 적용할 수 있다.
   (2) 지진 시 하중조건이나 재료의 특성 등에 따라 기능수행 수준에서의 시설물 안정이나 부재력이 붕괴방지 수준에서의 경우보다 덜 위험하다고 판단되는 경우는 기능수행 수준에서의 검토를 생략할 수 있다.

② 내진II등급 시설물 : 기능수행 수준 및 붕괴방지 수준에서 응답스펙트럼 해석법과 등가정적 해석법 등에 의하여 시설물의 안정이나 부재력을 검토한다. 지진 시 하중조건이나 재료의 특성 등에 따라 기능수행 수준에서의 시설물 안정이나 부재력이 붕괴방지 수준에서의 경우보다 덜 위험하다고 판단되는 경우는 기능수행 수준에서의 검토를 생략할 수 있다. 고유진동주기가 비교적 짧고 감쇠성이 큰 시설물이 아닌 경우로 지진동의 탁월주기와 비교하여 시설물의 고유진동주기가 긴 경우나 높이 방향으로 진동이 증폭하기 쉬운 경우는 내진II등급 시설의 경우에도 시설물의 동적거동을 판단하여 설계지진력을 결정한다.

③ 등가정적 해석법에서의 설계지진력은 다음의 항 중 시설물에 불리하게 되는 지진력을 시설물의 중심에 작용시키는 것으로 한다.
   (1) 지진력 = 자중 × 지진계수
   (2) 지진력 = (자중 + 재하하중) × 지진계수
   여기서, 지진계수 = 암반상 유효수평지반 가속도(설계 진도) × 단주기 증폭계수

REFERENCE

1	KDS 64 00 00 항만설계기준	해양수산부 2024
2	공항·비행장 시설 설계 세부지침	국토교통부 2025
3	공항시설 내진설계기준	국토교통부 2018
4	항만공사 설계실무 요령	해양수산부 2024
5	항만 및 어항 설계기준 해설	해양수산부 2014
6	알기쉬운 항만설계기준 핸드북	국토해양부 2010
7	항만시설물 설계사례집(상권)	해양수산부 2019
8	항만시설물 설계사례집(하권)	해양수산부 2020

Chapter 04

가시설 설계

가시설 설계

01 지하구조물 굴착공법과 가시설 설계기준

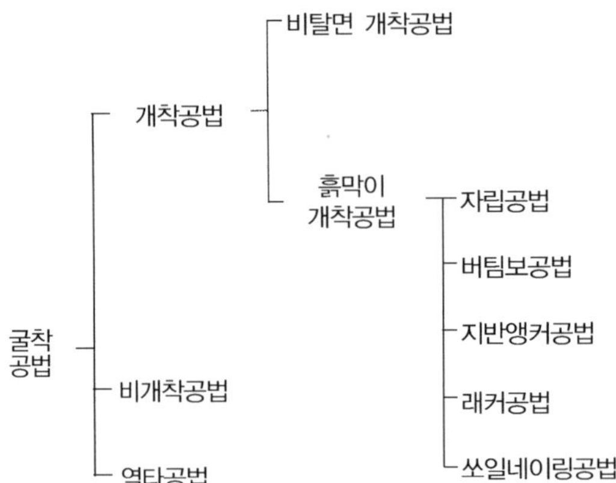

1. 개착공법

1) 비탈면 개착공법(Open Cut Method)

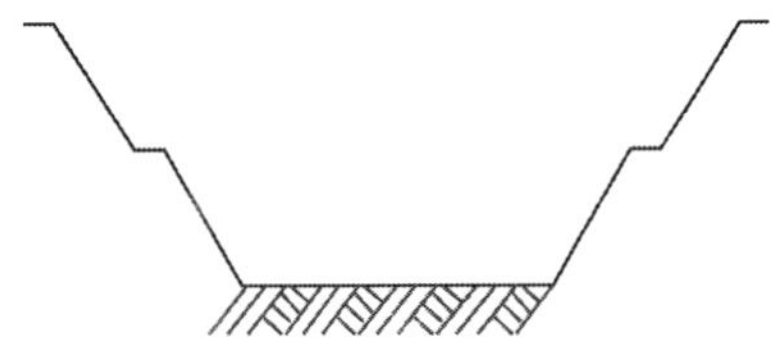

경사지게 굴착하여 안정구배에 맞는 경사면 형성 후 지반의 자립성에 의해 지반붕괴를 방지하면서 굴착하는 공법

① 장점 : 공사기간, 공사비 절감
② 단점 : 굴착깊이의 제한 및 굴착량과 되메움량 과다, 용지확보 필요

2) 흙막이 개착공법

굴착 시 발생하는 지반의 토압과 수압을 흙막이 벽과 지보공에 의해 지지하면서 굴착하는 공법으로 버팀보 공법, 어스앵커 공법, 쏘일네일링공법, 자립공법, 레이커공법이 있다.
흙막이공은 토류벽과 지지구조로 구성되는데 이때 토류벽으로는 강널말뚝, 엄지말뚝, 주열식 현장타설말뚝과 지하연속벽체 등이 있다.

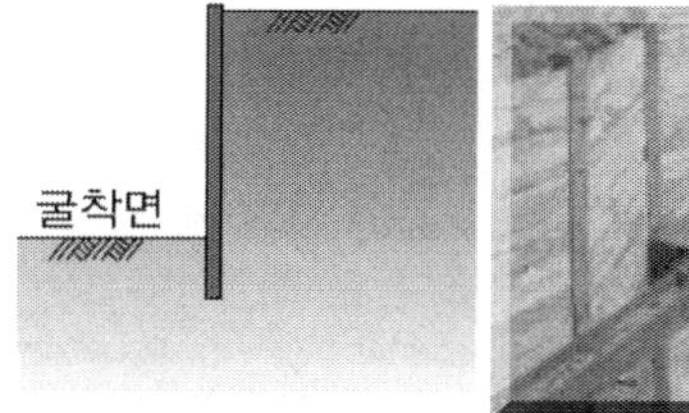

① 버팀보(Strut) 공법 : 엄지말뚝이나 강널말뚝으로 구성된 흙막이벽을 띠장과 수평버팀보로 지지하며 굴착, 복공판 설치유무에 따라 복공식과 무복공식으로 구분
② 지반앵커(Earth Anchor)공법 : 수평 버팀보 대신 지반앵커로 흙막이벽을 지지하는 공법으로 지반 내에 앵커체 설치 후 인장력을 가하여 흙막이벽과 지반을 결합, 내부작업공간 확보가 유리하나 인접대지에 앵커가 설치되어 민원 발생소지가 있다.

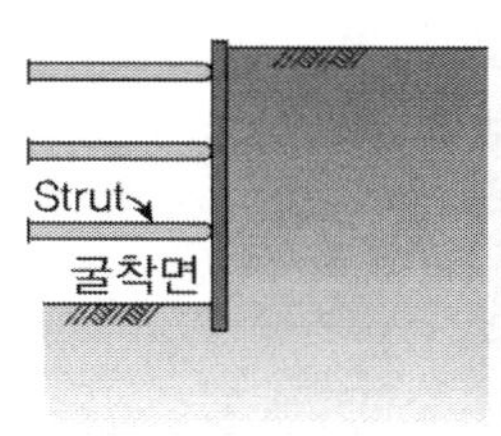

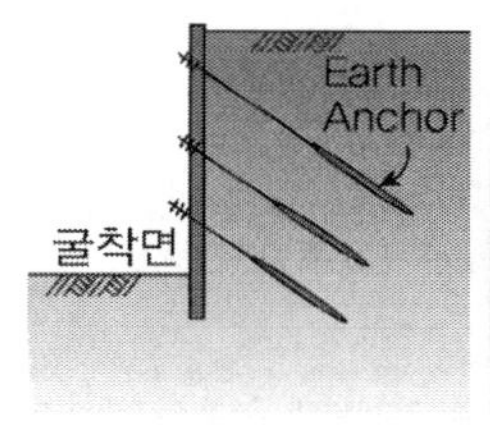

③ 레이커(Raker) 공법 : 흙막이벽을 시공한 후 그 내측에 비탈면을 남기며 굴착을 실시하여 먼저 시공한 기초 구조물에 반력을 가하고 흙막이벽에 경사버팀보(레이커)를 설치하여 굴착하는 공법, 버팀공이 적게 소요되나 시공공간이 좁고 작업효율이 떨어진다.
④ 소일네일링(Soil Nailing) : 스트럿 공법에서의 엄지말뚝과 버팀보를 사용하지 않고 굴착을 하면서 동시에 네일과 숏크리트 전면판으로 보강하는 공법, 굴착 시 굴착면으로 변형을 일으키는 것을 그라우트재와 주변의 지반마찰력이 저항하고 최종적으로 보강재에 전달되어 보강재

의 인장저항력으로 저항, 원지반 자체를 벽체로 이용하여 비교적 안정성이 높은 벽체 형성, 소형기계 사용 가능, 좁은 장소나 경사 급한 지역 적용 가능

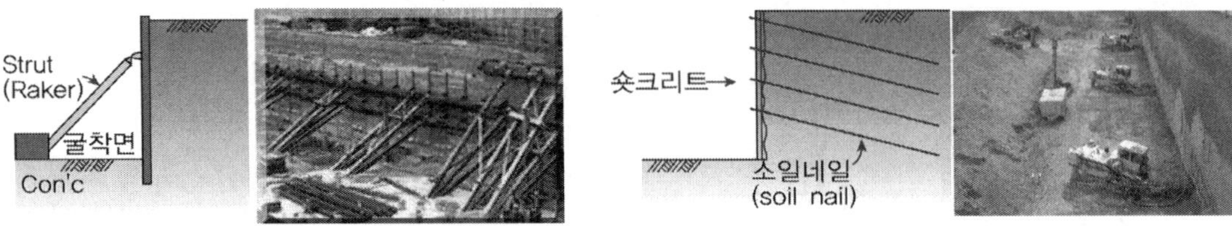

3) 비개착공법

도로 및 철도 등의 시설물을 현 상태 그대로 유지하면서 하부를 굴착하여 구조물 시공하는 방법 일반적으로 강관, 각관, 프래캐스트 콘크리트 패널 등을 지중에 삽입 보강 후 인력 또는 장비를 이용하여 지반굴착 및 구조물을 시공한다.

NTR (New Tubular Roof Method)	UPRS (Upgraded Pipe Roof Structure Method)	FJ (Front Jacking Method)	TRcM (Tubular Roof construction Mehod)
대구경 강관 압입 후 상부 슬래브와 벽면 형성용으로 압입된 강관의 상하 또는 좌우 절개 후 강관 외측이나 상부를 용접하고 구조체를 축조해 토사 굴착	강관 다발체를 연결고리인 레일에 의해 맞물려 압입하고 연결부위를 용접으로 보강한 후 철근 다발체를 설치하고 콘크리트를 타설해 일체화하는 공법	비개착 대상지층과 외측 지층 분리용 강관을 압입한 후 목적 구조물 타설, PC강연선과 유압잭을 이용해 구조물을 견인하는 공법	갤러리관을 추진한 후 갤러리관 내부에서 직각방향으로 슬래브관을 추진, 철근 콘크리트를 타설하여 상부슬래브와 벽체 설치한 후 터널 내부 굴착해 구조물 완성

4) 역타 공법(Top Down)

지하층의 외부옹벽(Slurry Wall)을 본체구조물로 사용하고 지하층 기둥은 현장타설말뚝으로 시공한 후 지하층의 슬래브와 빔을 연속벽과 연결하며 토공과 병행하여 단계적으로 상부에서 하부로 시공함과 동시에 지상구조물을 축조하는 공법, 타 공법에 비해 벽체 변위를 감소시킬 수 있는 공법으로 인접건물이 밀집된 도심지의 깊은 굴착에서 효과적이나 공사비가 고가이다.

국내 가시설물의 설계는 통상 부재의 재활용 등을 고려해 안전율이 비교적 높은 허용응력설계법을 적용하며, KDS 21 10 00 가시설물 설계기준에 따른다. 표준적인 흙막이 · 물막이 · 가설교량 · 지수벽은 일반적인 구조물로서, 흙막이 · 물막이에서는 굴착깊이 또는 수면에서의 깊이로 10m 정도까지, 가설교량에서는 수심이 10m 정도까지, 지수벽에서는 높이 8m 이하에 적용한다.

1. 설계하중과 하중조합 [111회/125회]

【기출유형 ①】 가시설 구조물 설계에 적용되는 하중
【기출유형 ②】 가시설 구조물 재료의 허용응력 할증계수 적용사유와 적용값

1) 설계하중

가시설물의 설계 시에는 연직하중, 수평하중, 특수하중, 불균등하중이 고려되며, 가시설물별 별도로 고려해야 할 하중으로 구분된다.

① 연직하중 : 고정하중(D), 활하중(L, 설계차량하중 L_w, 작업하중 L_i), 공사차량하중(w)

② 수평하중 : 풍하중(W), 지진하중(E), 콘크리트 측압(P), 수압(F), 토압(H), 파압(WP), 타설 시 충격 또는 시공오차 등의 의한 최소 수평하중(M), 온도하중(T)

③ 특수하중(S) : 편심하중, 콘크리트 내부 매설물의 양압력, 포스트텐션(post tension) 시에 전달되는 하중, 작업하중 이외의 충격하중(I), 진동다짐에 의한 하중, 안전시설의 특수한 설비를 설치한 경우, 적설하중, 교통하중, 인접 건물 하중, 기타 하중

④ 불균등하중 : 가시설물 인양시 발생하는 하중으로 지지상태를 고려하여 적용

　(1) 3점 이상으로 지지하는 경우에는 각 지지점의 상대변위를 불균등하중으로 고려한다.

　(2) 불균등하중은 각 지지점의 상대변위가 없다고 판정해서 산출한 지지반력에 적절한 계수를 곱해서 구함을 원칙으로 한다.

　(3) 인양고리는 가시설물 자중 이외에 2점 방식의 경우 가시설물 자중의 50%, 4점 방식의 경우 100%의 불균등하중을 고려한다.

2) 가설구조물별 적용 설계하중

구분			고정하중	활하중	충격	토압	수압	온도변화
버팀보 방식 H말뚝	흙막이 말뚝	근입길이	○	○	○	○	–	–
		단면	○	○	○	○	–	–
	중간 말뚝	근입길이	○	○	○	–	–	–

구분			고정하중	활하중	충격	토압	수압	온도변화
		단면	○	○	○	–	–	–
		버팀보·띠장	–	–	–	○	○	○
널말뚝 방식 흙막이	널말뚝	근입길이	–	○	○	○	○	–
		단면	–	○	○	○	○	–
	중간 말뚝	근입길이	○	○	○	–	–	–
		단면	○	○	○	–	–	–
		버팀보·띠장	–	–	–	○	○	○
물막이	널말뚝	근입길이	–	–	–	○	○	–
		단면	–	–	–	○	○	–
		버팀보·띠장	–	–	–	○	○	○
축도	널말뚝	근입길이	○	–	–	○	○	–
		단면	○	–	–	○	○	–
		버팀보·띠장	–	–	–	○	○	○
가교			○	○	○	–	–	–
케이슨 지수벽			–	–	–	○	○	–

3) 하중조합과 허용응력증가계수

① 거푸집 및 동바리, 비계 및 안전시설물

CASE	하중조합	허용응력증가계수
1	$D + L_i + M$	1.00
2	$D + W$	1.25
3	$D + L_i + M + S$	1.50

② 가설교량 및 노면 복공

CASE	하중조합	허용응력증가계수
1	$D + L_w$	1.00
2	$D + L_w + I$	1.25
3	$D + L_w + W + T$	1.25
4	$D + L_w + I + F + H + W + T$	1.50
5	$D + w(이동시) + I + F + W + T$	1.50

가시설 공법의 비교

흙막이 가시설 구조에서 Earth Anchor 공법과 Strut 공법을 비교하고, 구조해석 시 각각의 구조 검토사항에 대하여 논술하시오.

풀 이

▶ 개요

① 버팀보(Strut) 공법 : 엄지말뚝이나 강널말뚝으로 구성된 흙막이벽을 띠장과 수평버팀보로 지지하며 굴착, 복공판 설치유무에 따라 복공식과 무복공식으로 구분
② 지반앵커(Earth Anchor) 공법 : 수평 버팀보 대신 지반앵커로 흙막이벽을 지지하는 공법으로 지반 내에 앵커체 설치 후 인장력을 가하여 흙막이벽과 지반을 결합, 내부 작업 공간 확보가 유리하나 인접대지에 앵커가 설치되어 민원 발생 소지가 있다.

▶ 구조해석방법

① 흙막이 가시설 구조물의 구조계산은 일반적으로 근입깊이 1.0~2.0m인 곳에 가상지점으로 하여 버팀보를 지점으로 해서 연속보 또는 단순보로 흙막이 벽의 휨모멘트를 계산하는 과정으로 진행한다. 지반과 구조물간의 상호작용에 대한 고려 여부에 따라 관용적인 계산방법이나 탄성 또는 탄소성 지반 연속보 해석을 주로 사용하며, 흙과 구조물간의 상호작용을 고려한 유한요소 해석법 등을 적용할 수 있다.
② 흙막이 구조물의 안정성의 확인은 주로 흙막이벽의 안정성(응력, 변위, 지지력), 지보공의 안정성(응력), 굴착바닥의 안정성(Boiling, Heaving) 및 주변구조물의 침하나 수평이동에 대한 안정성을 검토하며, 스트럿공법과 앵커 공법의 큰 차이는 흙막이벽의 안정성을 Strut을 통해서 보강을 할 것인지, Anchor로 결합된 배후지반을 통해 보강할 것인지의 차이다.

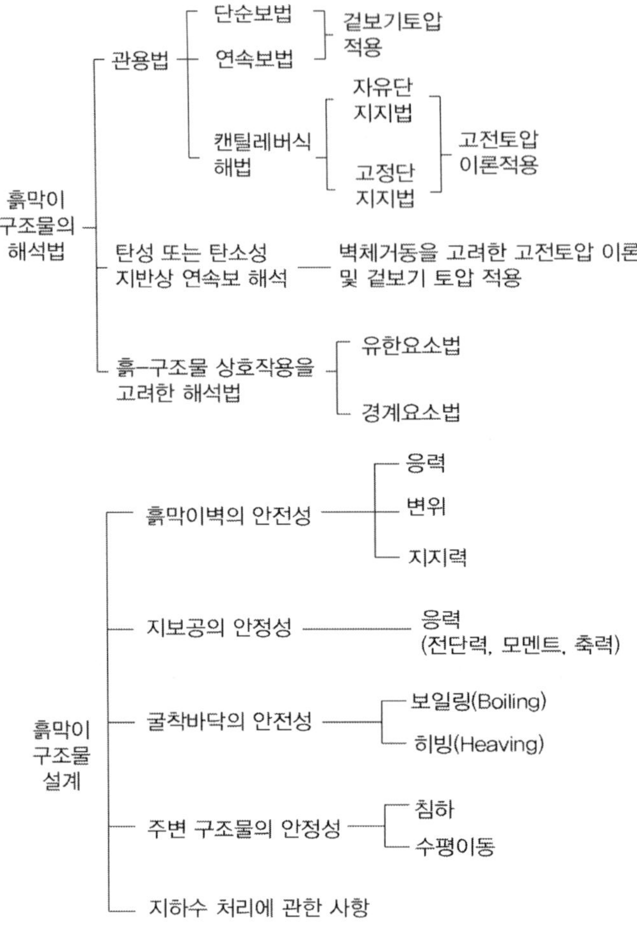

➤ 구조해석의 방법

1) 스트럿(Strut) 공법

   ① 앵커공법과 스트럿 공법에서는 공통적으로 말뚝과 토류판, 띠장에 대한 안정성을 검토.

   ② 앵커공법과 달리 스트럿에 대한 안정성 검토는 지지구조인 스트럿이 압축부재로 작용하므로 좌굴에 대해 충분한 강성과 단면을 가지도록 하여야 한다. 또한 버팀보는 되도록 이음설치하지 않도록 하며, 부득이 이음을 설치할 경우 띠장 등으로 구속된 부근 1.0m 이내에 설치하는 것이 바람직하다.

   ③ 응력에 대한 검토는 다음의 식을 준수하여 검토한다.

$$\frac{f_c}{f_{caz}} + \frac{f_{bcy}}{f_{bagy}\left(1 - \dfrac{f_c}{f_{eay}}\right)} \leq 1.0$$

   f_c : 조사단면에 작용하는 축방향 압축응력

f_{bcy} : 강축에 대한 휨압축응력

f_{caz} : 약축에 대한 허용축방향 압축응력

f_{bagy} : 국부좌굴을 고려하지 않은 강축에 대한 허용휨압축응력

f_{eay} : 강축에 대한 허용오일러 좌굴응력

④ 세장비(λ)는 100 이하로 하고 부득이한 경우 좌굴에 대하여 효과적으로 구속시킬 수 없는 경우라도 120을 초과하면 안 된다.

2) Earth Anchor

① 앵커공법은 말뚝의 전도모멘트를 앵커와 지반 간의 부착과 인장력에 의해 저항하므로 Anchor 체의 인반력이 적절하게 도입되도록 하는 것이 중요하다.

② 지반앵커의 설계는 허용정착력(T_a) ≥ 설계정착력(T_d)이 되도록 설계하고, 허용정착력은 허용인발력과 허용인장력중 작은 값을 취한다.

③ 앵커의 정착장은 설계정착력으로부터 산출된 정착장과 인장재 부착장의 값 중 큰 값을 취하도록 하고, 앵커의 자유장은 가상활동 파괴면에서 1.5m 또는 0.15H 값 중 큰 값 이상을 취하도록 하여 파괴면 이후에 앵커의 구근이 형성될 수 있도록 하여야 한다.

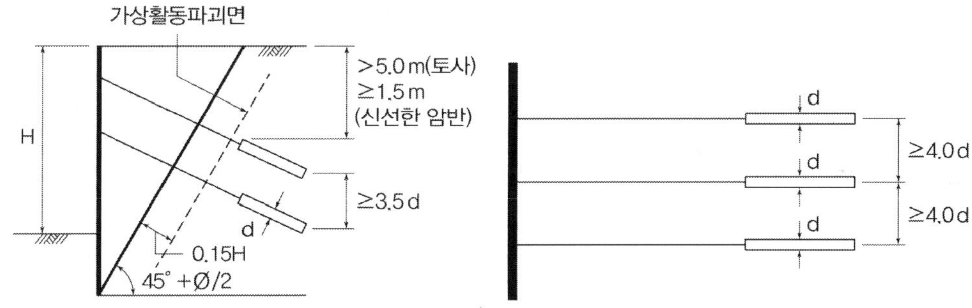

가시설 재료 허용응력 할증계수

가시설 구조물 설계에서 재료의 허용응력 할증계수에 대한 적용사유 및 각 경우별 적용값에 대하여 설명하시오.

풀 이

▶ 허용응력 할증계수 적용사유

가설구조물은 공용기간 중 영구적으로 활용하는 구조물이 아니라, 공사기간 중 활용을 목적으로 설치되는 시설물로서 단기간의 활용됨을 감안하여 설계기준에서는 하중조합에 따라 허용응력을 증가할 수 있도록 규정하고 있다.

▶ 허용응력 할증계수

1) 거푸집 및 동바리 등의 하중조합과 허용응력할증계수

하중조합	허용응력증가계수
D(고정하중) + L_i(작업하중) + M(타설 시 충격, 시공오차 등에 의한 최소 수평하중)	1.00
D(고정하중) + W(풍하중)	1.25
D(고정하중) + L_i(작업하중) + M(타설 시 충격, 시공오차 등에 의한 최소 수평하중) + S(특수하중)	1.50

2) 가설교량 및 노면 복공의 하중조합과 허용응력할증계수

하중조합	허용응력증가계수
D(고정하중)+L_w(설계차량하중)	1.00
D(고정하중) L_w(설계차량하중)+I(작업하중 이외의 충격하중)	1.25
D(고정하중)+L_w(설계차량하중)+W(풍하중)+T(온도하중)	1.25
D(고정하중)+L_w(설계차량하중)+I(충격하중)+F(수압)+H(토압)+W(풍하중)+T(온도하중)	1.50
D(고정하중)+w(공사차량하중, 이동시)+I(충격하중)+F(수압)+W(풍하중)+T(온도하중)	1.50
D(고정하중)+w(공사차량하중, 작업시)+F(수압)+W(풍하중)+T(온도하중)	1.50

단, 재사용 강재일 경우 각 경우별 허용응력 증가계수에 허용응력 감소계수 0.9를 적용해 사용한다.

가시설물 하중

가설공사표준시방서(2016년)에서 가시설물 설계에 적용되는 수직하중, 수평하중 및 특수하중의 종류

풀 이

▶ 하중의 종류

1) 수직하중 : 고정하중(D), 활하중(L)(설계차량하중(L_w), 작업하중(L_i))

2) 수평하중 : 풍하중(W), 지진하중(E), 콘크리트 측압(P), 수압(F), 토압(H), 타설 시 충격 또는 시공오차 등의 의한 최소 수평하중(M)

3) 특수하중(S) : 편심하중, 콘크리트 내부 매설물의 양압력, 포스트텐션 시에 전달되는 하중, 작업하중 이외의 충격하중(I), 진동다짐에 의한 하중, 안전시설의 특수한 설비를 설치한 경우, 적설하중, 교통하중, 인접건물하중

4) 불균등하중

   (1) 불균등하중은 가시설물 인양 시 발생하는 하중으로 지지상태를 고려하여 적용하여야 한다.
   (2) 가시설물을 3점 이상으로 다점지지 하는 경우에는 각 지지점의 상대변위를 불균등하중으로 고려한다.
   (3) 불균등하중은 각 지지점의 상대변위가 없다고 판정해서 산출한 지지반력에 적절한 계수를 곱해서 구함을 원칙으로 한다.
   (4) 인양고리는 가시설물 자중 이외에 2점 방식은 가시설물 자중의 50%, 4점 방식은 100%의 불균등하중을 고려하여야 한다. 다만, 수평조절장치 등을 사용하고 힘의 균형을 고려한 경우에는 이 규정을 따르지 않아도 된다.

▶ 하중의 조합

1) 거푸집 및 동바리, 비계 및 기타 가시설물

	하중조합	허용응력증가계수
1	D + Li + M	1.00
2	D + Li + M + W	1.25
3	D + Li + M + S	1.50

2) 가설흙막이공

(1) 배면지반의 경사 또는 지층 구조 자체의 경사에 의한 외력, 지진하중, 발파에 의한 충격하중 등을 고려한다.

(2) 침하현상이 있는 지층에 설치한 말뚝은 지반과 말뚝의 상대변위 차에서 기인한 부마찰력을 하중으로 고려한다.

(3) 기초의 지지력과 안정성 검토에는 고정하중과 활하중, 일시하중을 작용하중으로 하되 침하량 검토에는 고정하중을 작용하중으로 한다.

(4) 콘크리트 기초구조물 설계는 콘크리트구조기준에서 제시한 하중계수와 하중조합을 고려하여 설계한다.

3) 가설교량 및 노면 복공

	하중조합	허용응력증가계수	비고
1	D + Lw	1.00	
2	D + Lw + I	1.25	ω : 차량하중
3	D + Lw + W	1.25	W : 풍하중
4	D + Lw + I + ω + F + W	1.50	
5	D + ω + F + W	1.50	

가설교량 하중

가설설계기준 중 '가설교량 및 노면복공 설계기준'에 따라 가설교량에 작용하는 설계 차량하중에 대하여 설명하시오.

풀 이

▶ 개요

가설교량의 설계하중은 한계상태설계법의 교량 설계하중을 따르도록 규정하고 있다. 다만 가설교량에서 특수 적재물 운반이나 크레인 작업 등이 이루어질 때는 이를 고려하여 설계하도록 규정하고 있다.

▶ 가설교량의 설계하중 고려사항

① 가설교량에 작용하는 고정하중, 설계차량하중(충격하중 포함), 온도하중, 해당 교량의 위치에 따른 추가고려하중(토압, 수압, 파압, 풍하중, 충돌하중) 등에 대해 그 안전성을 검토하여야 한다.

② 가설교량이 특수한 적재물의 운반로로 이용되는 경우 실제 작용하는 축하중을 적용하여 설계하여야 한다.

③ 하중에 대한 값은 기본적으로 KDS 24 12 21(교량 설계하중, 한계상태설계법)에 따른다.

④ 복공판, 주거더, 주거더 지지보는 설계단면력(휨모멘트, 전단력, 축력, 비틀림 등)에 대한 안전성 및 사용성(처짐, 피로, 진동 등)을 확보하여야 한다.

⑤ 노면 복공판은 받침부의 중심간 거리를 지간으로 하는 단순보로 취급하여 계산한다.

⑥ 복공판 설계 시 활하중에 대한 충격계수는 0.3을 적용한다.

▶ 가설교량의 설계 차량하중

① 가설교량에 적용하는 설계차량하중(L_w)은 도로교설계기준(한계상태설계법, KDS 24 12 21)의 차량하중 KL-510을 적용한다.

② 상부거더가설, 크레인, 트레일러, 궤도형 장비 하중 등 공사차량 하중(w)은 다음을 고려한다.
  (1) 하이드로 크레인 작업 시 outrigger 편심하중 편심측 70%, 반대측 30%를 적용한다.
  (2) 크롤러 크레인 작업 시 편심 궤도 바퀴에 85%, 반대측 15%를 적용한다.

③ 충격계수는 도로교설계기준(한계상태설계법, KDS 24 12 21)에 따르며, 복공판은 0.3을 적용한다.

암파쇄 방호시설

자립식 암파쇄 방호시설에서의 적용하중에 대하여 설명하시오.

풀 이

> **개요**

암파쇄방호시설은 절취 및 암파쇄 등에 의해 발생된 암과·토석의 도로유입을 방지하여 교통안전을 확보하고, 시공장비의 작업공간 확보를 위한 뒷채움 토석이나 시공시 발생되는 토압에 저항하는 구조체를 말한다. 일반적으로 토류벽은 굴착에 따른 배면지반의 이완이나 침하방지를 위해 Top-down 방식인데 비해 암파쇄 방호시설은 Bottom-up 방식이다. 지지방식에 따라 자립식, 버팀대식, 앵커식, 탑다운식으로 구분된다.

> **암파쇄 방호시설의 설계 검토**

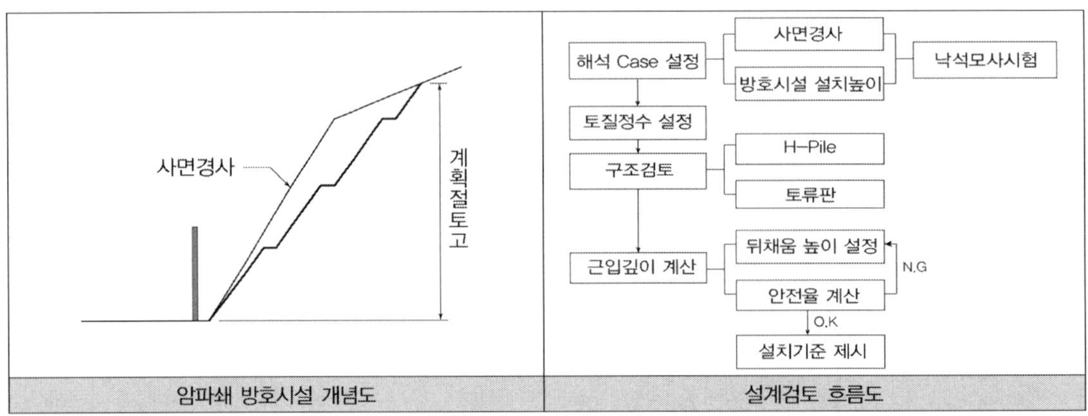

사면의 경사와 방호시설 설치 높이를 결정하고 토질정수를 설정해 구조검토를 수행한다. 이때 근입깊이를 계산해 안전율과 뒷채움 높이를 설정하는 방식으로 설계검토가 수행된다.

> **자립식 암파쇄 방호시설의 적용하중**

가설 토류구조물 설계 시 고려해야 하는 하중에는 사하중, 활하중, 충격하중, 토압 및 수압, 기타 외력 등으로 구분할 수 있고, 가설구조물을 설계할 때 고려해야 할 하중은 각각의 형식과 종류에 따라 상이하다. 일반적으로 굴착토류벽 공법의 자립식 토류벽에서 고려하는 각종 하중 중 암파쇄 방호시설에 적합한 하중을 고려하여 설계에 적용하며, 장비하중, 충격하중, 토압, 풍하중이 고려된다.

1) 장비하중 : 토류벽 배면에서의 건설장비 운행에 따라 토류벽이 부담하는 응력은 증가한다. 도로교 설계기준의 자동차 주행하중과 백호와 같은 중장비에 의해 발생되는 하중은 다소 상이할 수 있기 때문에 건설장비에 의한 하중을 추가적으로 고려하고자 할 때에는 해당 장비에 대한 설계정수를 입력하여 해석한다.

2) 충격하중 : 시공 중 낙석이 발생할 경우 충격에 따른 토류벽의 외적안정과 재료적 안정에 영향을 미칠 수 있다. 암파쇄 방호시설 배면에 적재된 뒷채움 상부에 시공중 낙석 및 기타 충격이 가해질 경우 암파쇄 방호시설에 작용하는 수평력은 증가한다. 뒷채움토에 작용하는 충격하중은 낙석이동경로의 표면거칠기, 암괴의 크기, 낙하높이 등 여러 매개변수에 의해 그 크기가 좌우 될 것이며, 낙석에 의한 충격하중은 Rock Simulation에 의해 산정할 수 있으며, 암파쇄 방호시설에 작용하는 충격하중은 Rock Simulation 및 충격해석 이론에 의해 산정할 수 있다.

3) 토압 : 버팀벽이 없는 토류벽의 토압은 Rankine, Coulomb 또는 Terzaghi-Peck의 토압으로 산정해서 적용한다.

4) 풍하중 : 구조물에 미치는 풍하중의 영향은 바람의 속도와 방향, 공기의 밀도, 구조물의 형상 및 강성, 그리고 평면의 형태 등에 따라 변화한다. 바람은 동적인 성질과 정적인 성질을 가지며, 일반적으로 평균풍속은 고도가 높아질수록 증가되는데, 그 증가율은 지표의 조도(roughness)가 거친 지형일수록 최대풍속이 나타나는 고도가 높아지게 된다.

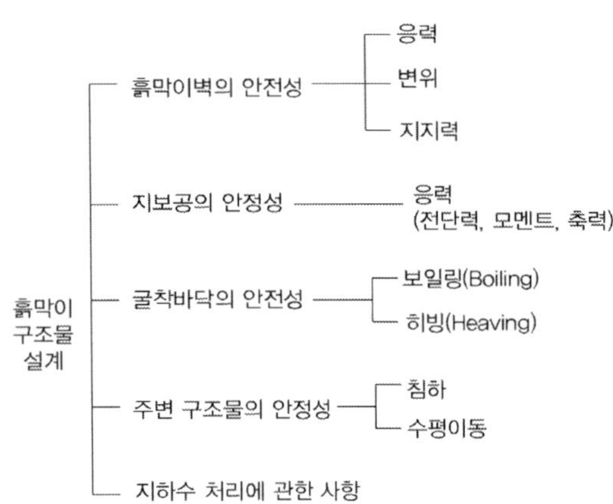

가설 흙막이 구조물 설계 시 안전율(KDS 21 30 00)

조건			기준치	비고
지반의 지지력			2.0	
활동			1.5	
전도			2.0	
사면 안정			1.1	1년 미만 단기
근입깊이			1.2	
굴착저부의 안정	보일링	단기	1.5	사질토
		장기	2.0	
	히빙		1.5	점성토
지반앵커	단기(2년 미만)		1.5	인발저항
	장기(2년 이상)		2.5	

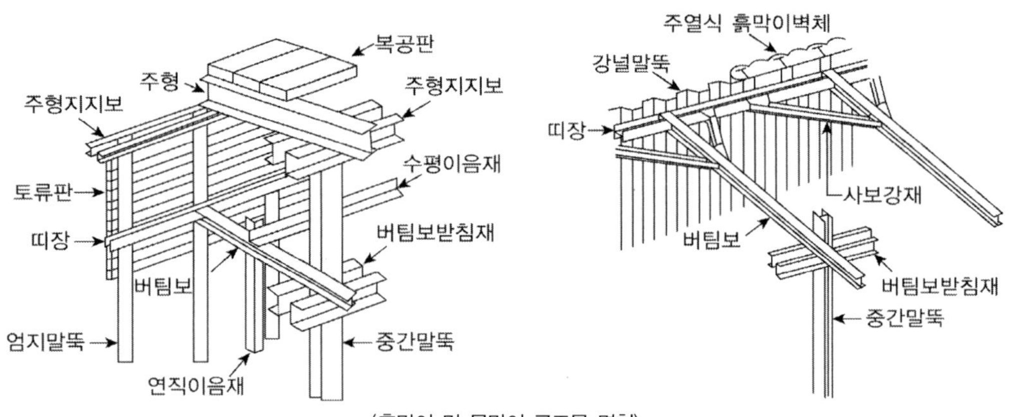

(흙막이 및 물막이 구조물 명칭)

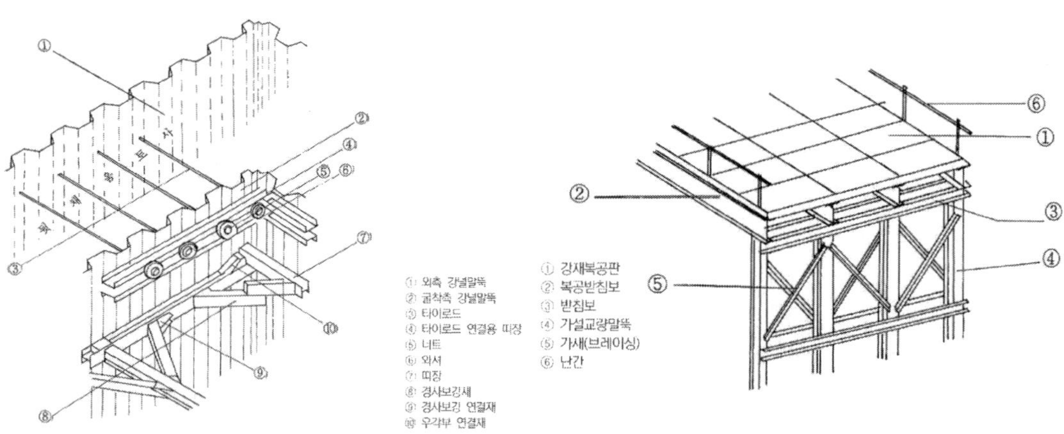

(이중 물막이 및 가설교량 구조물 명칭)

1. 설계일반

가설 흙막이 벽과 지지구조의 형식에 대한 설계 시 지형, 지반 조건, 지하수 처리, 교통 하중, 인접 건물하중, 작업 장비하중 등 굴착면의 붕괴를 유발시키는 인자뿐만 아니라, 지반 변형에 의해 야기될 수 있는 주변 구조물 및 지하 매설물의 피해 가능성, 공사비, 공기 등의 경제성 및 시공성 영향 가능성, 환경 등의 민원 발생 가능성 등을 종합적으로 고려하여야 한다.

가설 흙막이 벽의 안정성, 지지구조의 안정성, 굴착 저면의 안정성에 대한 검토는 필수항목이며, 주변 구조물에 대한 안정성 검토와 지하수 처리에 관한 문제도 반드시 고려하여야 한다. 또한, 가설 흙막이 벽체 후면 지하수위가 조사 수위 이상으로 상승될 가능성이 있는 경우에는 가설 흙막이 벽체 설계 시 현장 여건을 감안하여 침투 해석을 실시하고 변경된 지하수위를 적용하여 설계하여야 하며, 지반침하(함몰), 차수공법, 굴착 단계별 벽체 안정성과 해체 시 안정성, 지하매설물과 인접구조물에 미치는 영향, 계측계획을 통한 시공 중 안전성 등을 검토해야 한다.

① 버팀보방식 H말뚝 흙막이 공법 선정기준

  (1) 롬층, 점토층

  (2) 사질토 지반에서 지하수위 낮고 간단한 배수설비로 배수가 가능할 때

② 강널말뚝방식 흙막이 공법 선정기준

  (1) 지하수가 높고 버팀보 H말뚝 흙막이 공법에서는 배수가 어려울 때

  (2) 연약지반, 인접구조물이나 도로 철도 등이 있어 H말뚝보다 안전측 설계가 필요할 때

2. 적용 하중

지반굴착 시 가설흙막이 벽체에 작용하는 설계외력은 배면토 자중에 의한 토압, 지하수위에 의한 수압, 장비하중 등의 상재하중, 굴착영향 범위 내에 있는 인접 건물하중, 인접도로를 통행하는 교통 하중 등이며, 이외에 벽체에 작용할 수 있는 하중을 포함하여야 한다.

1) 토압 적용 구분

조건	적용토압	비고
① 굴착단계별 토압, 근입깊이 결정 및 자립식 강널말뚝의 단면계산	삼각형 토압(Rankine-Resal)	
② 굴착 및 버팀구조가 완료된 후의 장기적 안정해석	경험토압(Peck, Tschehoraroff)	

① Rankine-Resal의 삼각형 토압 : 굴착 단계별 검토 시

주동토압(P_a)	수동토압(P_p)
$P_a = (q + \gamma h)\tan^2\left(45° - \dfrac{\phi}{2}\right) - 2c\tan\left(45° - \dfrac{\phi}{2}\right)$	$P_p = (q + \gamma h)\tan^2\left(45° + \dfrac{\phi}{2}\right) + 2c\tan\left(45° + \dfrac{\phi}{2}\right)$
q : 지표면 상재하중 γ : 흙 단위체적중량 h : 깊이 ϕ : 흙의 내부마찰각 c : 흙의 점착력	

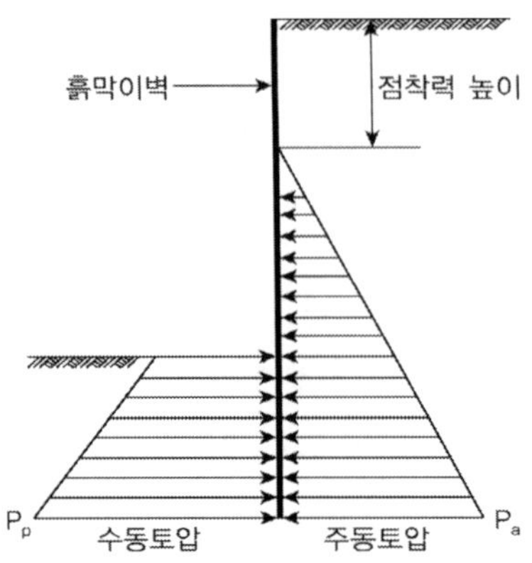

2) 경험토압 : 굴착 및 지지구조 설치 완료 후

경험토압 분포는 굴착과 지지구조 설치가 완료된 후에 발생하는 벽체의 변위에 따른 토압 분포로 벽체 배면지반의 종류, 상태 등에 따라 여러 경험토압 분포를 검토하여 적용하여야 한다. 경험토압 분포는 벽체 배면의 수압은 고려하지 않으므로 차수를 겸한 가설 흙막이 벽체의 경우는 수압을 별도로 고려하여야 한다. 적용되는 경험토압 분포는 굴착깊이가 6m 이상이고 굴착폭이 좁은 굴착공사의 가시설 흙막이 벽을 버팀대로 지지한 현장에서 계측을 통하여 얻어진 것으로 지하수위는 최종굴착면 아래에 있으며, 모래질은 간극수가 없고 점토질은 간극수압을 무시한 조건이다. 지하수위가 굴착면 상부에 위치하는 경우 토압 외에 수압을 고려하여 설계하여야 한다.

① Peck의 경험토압(KDS 21 30 00 가설흙막이 설계기준, 2024)

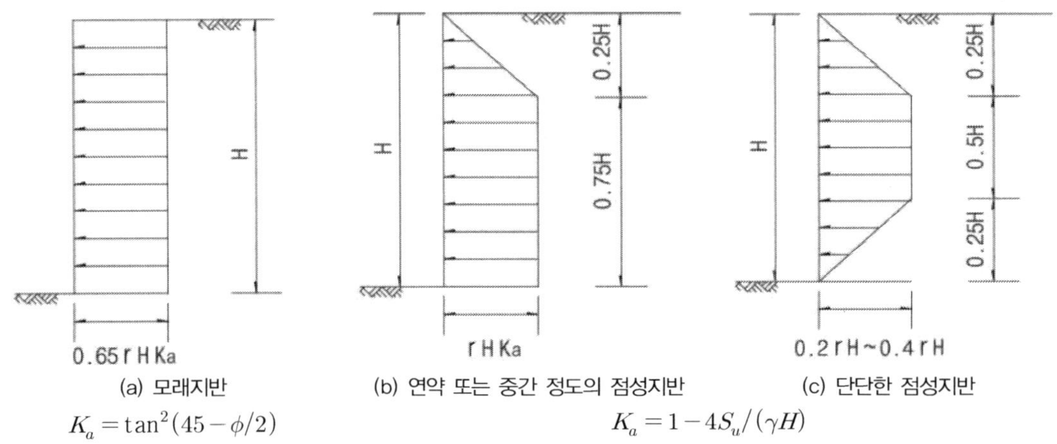

$$K_a = \tan^2(45 - \phi/2)$$

$$K_a = 1 - 4S_u/(\gamma H)$$

② Tschebotarioff의 경험토압(KDS 21 30 00 가설흙막이 설계기준, 2024)

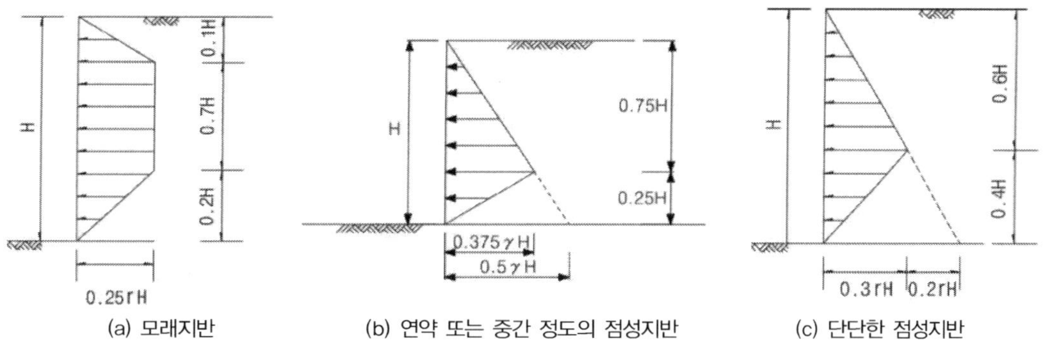

(a) 모래지반　　　　(b) 연약 또는 중간 정도의 점성지반　　　　(c) 단단한 점성지반

③ 한국도로공사(도로설계요령, 2020) : 흙막이 말뚝, 버팀보, 띠장 설계시 토압

| a | | b (사질토) | c (점성토) | |
H ≥ 5m	3m < H < 5m		N > 5	N ≤ 5
1.0	1/4(H−1)	2	4	6

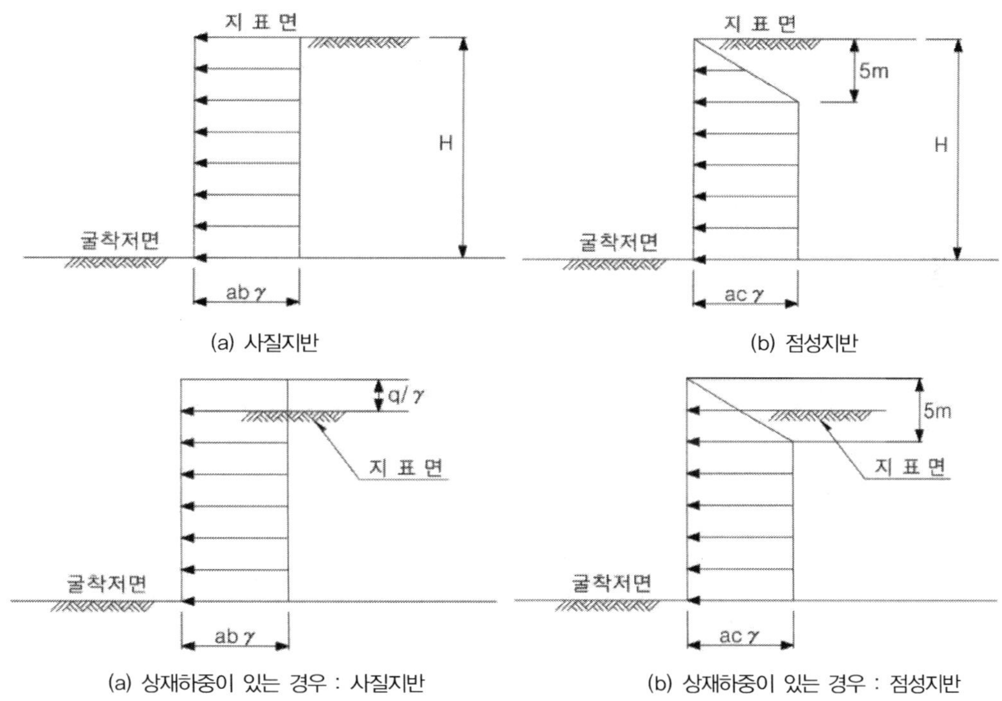

(a) 사질지반　　　　(b) 점성지반

(a) 상재하중이 있는 경우 : 사질지반　　　　(b) 상재하중이 있는 경우 : 점성지반

3) 수압

　　일반적으로 굴착공사 시 주동 및 수동부의 수두차가 발생하면 배면지반에서 굴착면으로 지하수의

흐름이 발생한다. 굴착 시 차수벽체가 불투수층에 이상적으로 관입된 경우에는 배면의 지하수는 굴착면으로 흐르지 않아 지하수위의 변화가 없으므로 흙막이 벽체에 적용하는 수압도 정수압과 같다. 그러나 실제 굴착 시 이와 같은 차수상태 존재가 어려우므로 정수압보다 감소된 수압을 적용하는 것이 실제적이나 안전을 고려하여 정수압을 적용하는 것이 일반적이다.

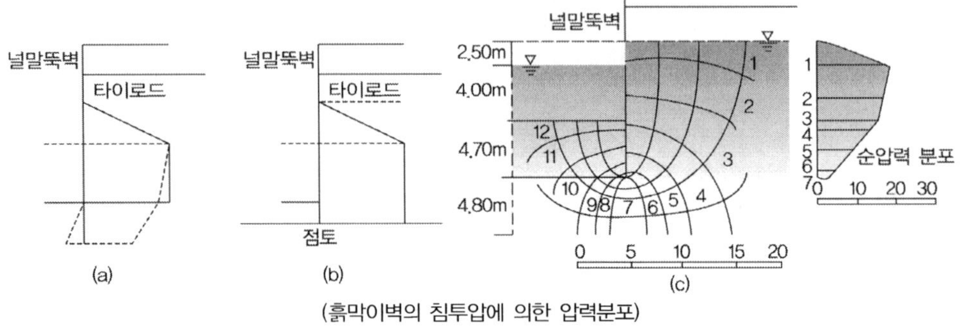

(흙막이벽의 침투압에 의한 압력분포)

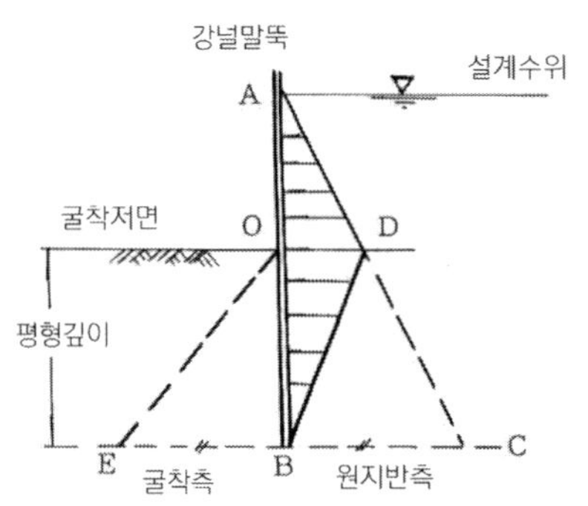

강널말뚝에 작용하는 수압분포(도로설계요령, 2020)

① 수압의 크기는 흙막이 벽의 차수성 여부와 벽체가 불투수층에 도달한 정도에 따라 달리 적용하여야 한다.

② 균질 토사지반에서 벽체가 불투수층에 도달하지 않은 경우에는 유선망 이론으로 각 위치별 압력수두를 구하여 적용하여야 한다.

③ 완전 차수성 흙막이 벽이 불투수층 지반에 이상적으로 시공되어 침투현상이 일어나지 않는 경우에는 수동측의 정수압을 제외한 수압을 적용하여야 한다. 다만, 누수 발생의 우려가 있는 차수성 벽체(SCW계열, 주열식 벽체)에서 수압의 감소가 발생하는 경우에는 감소된 수압을 평가하여 적용할 수 있다.

④ 비차수성 흙막이 벽은 지반조건과 벽체조건을 고려하여 유선망 해석이나 수치해석법에 의해 정량적으로 구하여야 한다.

⑤ 암반지반에 작용하는 수압은 암반의 투수성이 작은 경우와 투수성이 큰 경우 또는 암반 내에 파쇄대가 발달하는 경우 등을 조사하여 합리적으로 적용하여야 한다.

⑥ 가시설 배면의 지층에 피압대수층, 불투수층, 암반 등이 존재할 경우 지하수위에 의한 정수압
과는 다른 수압이 작용할 수 있으므로 벽체 배면 지반의 수리학적 특성을 고려하여 별도의 수
압을 적용할 수 있다.

⑦ 현장 주변 지표에 등분포 하중이 작용할 경우 하중에 토압계수를 곱하여 수평토압으로 환산하
여 적용한다.

4) 유수압

유수압은 유수방향에 대한 물막이 등의 수직 투영면적에 작용하는 수평 동하중으로 하고 작용점
은 하상에서 0.6H로 한다.

$$P = 10KV^2A$$ 여기서, K 형상계수, A 가설구조물의 수직 투영면적(m^2)

교각형상			유송잡물이 집적되는 교각
K	0.07	0.04	0.02	0.07

5) 온도변화의 영향

기존 연구에 의하면 기온 1℃ 상승에 대한 버팀보 반력의 증가는 11~12.5kN 정도로 하고 있다.
여름과 겨울의 연간 기온차에 의한 축력의 변화는 흙의 크리프에 의해서 소거된다고 생각된다.
여름과 겨울의 1일 온도차를 10℃ 정도라 한다면 축력의 증가량은 약 120kN 정도가 된다. 도로설
계요령(2020)에서는 온도변화의 영향을 버팀보방식 H말뚝 흙막이, 널말뚝방식 흙막이의 버팀보
에 대해서 고려하고, 축력으로 120kN이 작용하는 것으로 설계하도록 규정하고 있다.

3. 재료의 허용응력(KDS 21 30 00)

1) 허용응력 할증(증가)계수

이전 설계기준에서는 가시설 구조물의 허용응력 할증계수를 1.5로 일괄 적용하였으나 장기간 가
시설로 이용(2년 이상)되는 구조물을 영구구조물로 보고 할증계수를 구분해서 적용하도록 하고
있다. 또한 철도시설물의 경우에는 도로시설물에 비해 할증계수를 적게 적용해 보다 높은 안전율
을 확보하도록 규정하고 있다.

① 가시설 구조물(2년 미만) : 1.5(철도 하중지지 시에는 1.3)

② 영구구조물 : 1.25(시공 중), 1.0(완공 후)

③ 중고 강재 사용 시 : 0.9 이하(시험치 적용 가능)

2) 강재의 허용응력

① 구조용 강재

구분		SS275, SM275, SHP275(W)	SM355, SHP355W	SM420	SHP450W	SM460
축방향 인장 (순단면)		240	315	365	395	405
축방향 압축 (총단면)		(1) $\frac{L}{r} \le 20$ 240	(1) $\frac{L}{r} \le 16$ 315	(1) $\frac{L}{r} \le 15$ 365	(1) $\frac{L}{r} \le 14$ 395	(1) $\frac{L}{r} \le 14$ 405
		(2) $20 < \frac{L}{r} \le 90$ $240 - 1.5\left(\frac{L}{r} - 20\right)$	(2) $16 < \frac{L}{r} \le 80$ $315 - 2.2\left(\frac{L}{r} - 16\right)$	(2) $15 < \frac{L}{r} \le 74$ $365 - 2.6\left(\frac{L}{r} - 15\right)$	(2) $14 < \frac{L}{r} \le 72$ $395 - 2.9\left(\frac{L}{r} - 14\right)$	(2) $14 < \frac{L}{r} \le 70$ $405 - 3.0\left(\frac{L}{r} - 14\right)$
		(3) $\frac{L}{r} > 90$ $\left[\frac{1,900,000}{6,000 + \left(\frac{L}{r}\right)^2}\right]$	(3) $\frac{L}{r} > 80$ $\left[\frac{1,900,000}{4,500 + \left(\frac{L}{r}\right)^2}\right]$	(3) $\frac{L}{r} > 74$ $\left[\frac{1,900,000}{3,500 + \left(\frac{L}{r}\right)^2}\right]$	(3) $\frac{L}{r} > 72$ $\left[\frac{1,900,000}{3,200 + \left(\frac{L}{r}\right)^2}\right]$	(3) $\frac{L}{r} > 70$ $\left[\frac{1,900,000}{3,100 + \left(\frac{L}{r}\right)^2}\right]$
휨응력	인장 (순단면)	240	315	365	395	405
	압축 (총단면)	(1) $\frac{L}{b} \le 4.5$ 240	(1) $\frac{L}{b} \le 4.0$ 315	(1) $\frac{L}{b} \le 3.6$ 365	(1) $\frac{L}{b} \le 3.5$ 395	(1) $\frac{L}{b} \le 3.5$ 405
		(2) $4.5 < \frac{L}{b} \le 30$ $240 - 2.9\left(\frac{L}{b} - 4.5\right)$	(2) $4.0 < \frac{L}{b} \le 27$ $315 - 4.3\left(\frac{L}{b} - 4.0\right)$	(2) $3.6 < \frac{L}{b} \le 27$ $365 - 4.6\left(\frac{L}{b} - 3.6\right)$	(2) $3.5 < \frac{L}{b} \le 25$ $395 - 5.5\left(\frac{L}{b} - 3.5\right)$	(2) $3.5 < \frac{L}{b} \le 25$ $405 - 5.6\left(\frac{L}{b} - 3.5\right)$
전단응력 (총단면)		135	180	210	225	230
지압응력		360	465	520	550	570
용접 강도	공장	모재의 100%				
	현장	모재의 90%				

② 강널말뚝

구분	SY300, SY300W	SY400, SY400W	비고
휨인장응력	180	240	W : 용접용
휨압축응력	180	240	
전단응력	100	135	

3) 철근 및 콘크리트의 허용응력

① 콘크리트

구분	허용응력(MPa)
허용 휨압축 응력	$0.4 f_{ck}$
허용 휨인장 응력	$0.13 \sqrt{f_{ck}}$
허용 압축응력(무근 확대기초와 벽체)	$0.25 f_{ck}$
허용전단응력	$0.08 \sqrt{f_{ck}}$ (콘크리트), $0.36 \sqrt{f_{ck}}$ (전단보강 있는 부재)
허용지압응력	$0.25 f_{ck} \sqrt{A_c/A_b} \le 0.5 f_c$

② 철근 : 허용 휨 압축응력 $f_{sa} = 0.45 \sim 0.5 f_y$, 허용 압축응력 $f_{sa} = 0.4 f_y$

4) 목재의 허용응력

목재의 종류		허용응력(MPa)		
		휨	압축	전단
침엽수	소나무, 해송, 낙엽송, 노송나무, 솔송나무, 미송	9	8	0.7
	삼나무, 가문비나무, 미삼나무, 전나무	7	6	0.5
활엽수	참나무	13	9	1.4
	밤나무, 느티나무, 졸참나무, 너도밤나무	10	7	1.0

목재의 허용좌굴응력

$$(1) \quad \frac{l_k}{r} \leq 100 \quad f_k = f_c(1 - 0.007 l_k r), \qquad (2) \quad \frac{l_k}{r} > 100 \quad f_k = \frac{0.3 f_c}{(l_k/100r)^2}$$

5) 볼트의 허용응력

볼트의 종류	응력의 종류	허용응력(MPa)	비고
보통볼트	전단	100	SS275 기준
	지압	220	
고장력볼트	전단	150	F8T 기준
	지압	270	SS275 기준

6) 말뚝의 허용지지력

일반적으로 N값 30 이상의 사질토층과 단단한 실트층 및 N값 10 이상의 점성토층에 3m 이상 근입시키면 지지력을 별도로 계산하지 않는다. 다만, 다음의 값 이상을 취하지 않는다. 양질의 층에 3m 이상 근입시킨 경우 외에는 극한지지력을 계산에 의해서 구하고 그 값을 안전율 2로 나누어 허용지지력으로 한다.

구분	H-400	H-350	H-300
허용지지력(kN)	600	450	300

말뚝의 극한지지력 $Q_u = 20N \times A + (N_c \times A_c + 0.2 N_s \times A_s)\alpha\beta$

여기서, N 말뚝 선단지반의 N값, A 말뚝 양플랜지로 둘러싼 면적, N_c 말뚝 선단까지의 점성토층의 N값의 평균치, $A_c = U \times l_c$, N_s 말뚝 선단까지의 사질토층의 N값의 평균치, $A_s = U \times l_s$, α 시공조건 정수(보링-모르타르 채움 0.8, 보링-모래채움 0.5, 타격시공 1.0), β 말뚝 주위 흙 있을 때 1, 말뚝 한 면이 굴착될 때 0.5, U 말뚝의 주장, l_c 점성토층 중의 말뚝길이, l_s 사질토층 중의 말뚝길이

4. 버팀보 방식 H말뚝 흙막이공의 설계방법

지반의 침하, 파괴 등의 상태가 불분명하고 그 성질이 복잡하기 때문에 흙막이 구조물 계산방법은 아직 명확히 제시되어 있지 않으나 일반적으로 사용되는 계산법은 근입깊이 1.0~2.0m인 곳에 가상지점을 생각하여 버팀보를 지점으로 해서 연속보 또는 단순보로 흙막이 벽의 휨모멘트를 계산한다.

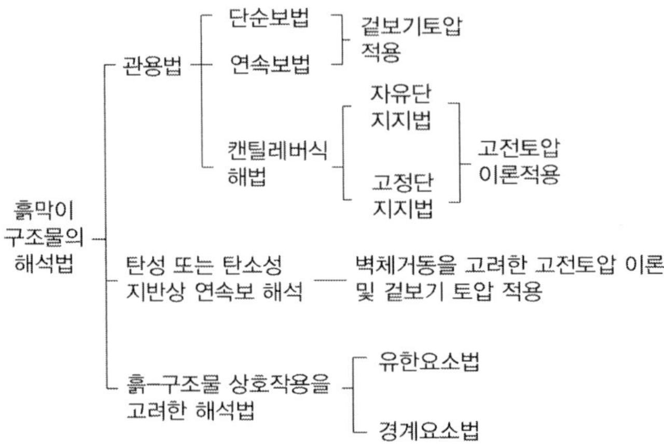

1) 관용계산법 : 굴착이 종료되고 버팀구조가 설치된 후 경험토압분포를 하중으로 사용하여 버팀보의 반력과 흙막이벽의 응력을 구하는 계산방법으로 지반은 단일토층에 있으며 간극수는 없고 점토지반은 간극수압을 무시한 상태로 한다.

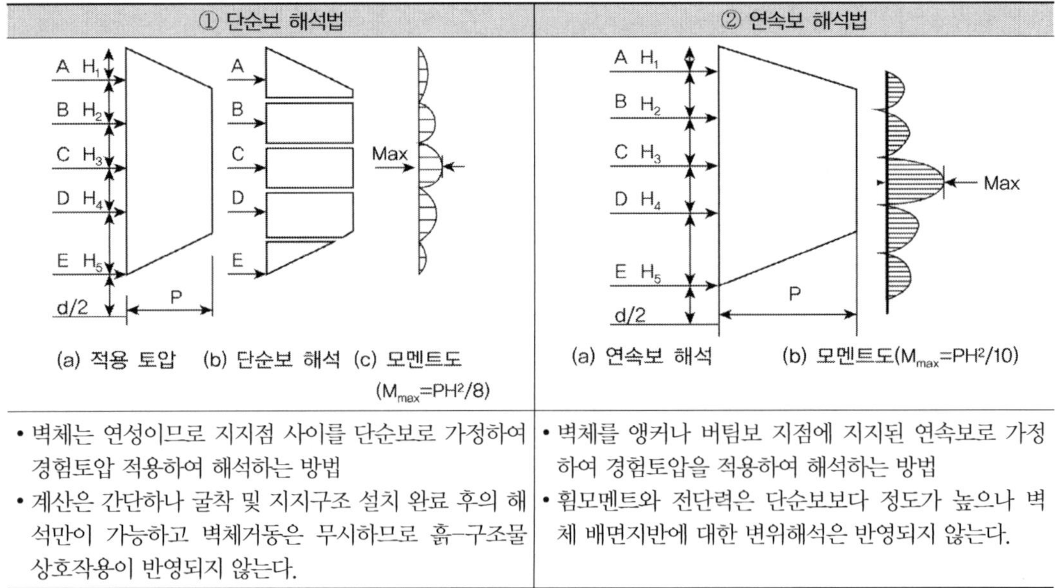

① 단순보 해석법	② 연속보 해석법
• 벽체는 연성이므로 지지점 사이를 단순보로 가정하여 경험토압 적용하여 해석하는 방법 • 계산은 간단하나 굴착 및 지지구조 설치 완료 후의 해석만이 가능하고 벽체거동은 무시하므로 흙－구조물 상호작용이 반영되지 않는다.	• 벽체를 앵커나 버팀보 지점에 지지된 연속보로 가정하여 경험토압을 적용하여 해석하는 방법 • 휨모멘트와 전단력은 단순보보다 정도가 높으나 벽체 배면지반에 대한 변위해석은 반영되지 않는다.

2) 탄성보법, 연속보 해석법(Beam on Elastic Foundation)

① 캔틸레버 또는 앵커로 지지된 널말뚝(다층앵커 포함) 및 버팀보로 지지되는 흙막이 구조 등 모든 경우의 흙막이 구조에 적용 가능하다. 벽체를 적당한 절점으로 분할하여 벽체의 횡방향 변위, 벽체 전면 수동영역의 절점토압, 각 절점에서의 휨모멘트 및 앵커지지력 등을 구하여 설계한다.

② 벽체 배면의 토압을 사각형의 고전적 토압을 적용하여 해석함에 따라 벽체배면지반에 대한 거동분석이 곤란한 단점이 있다.

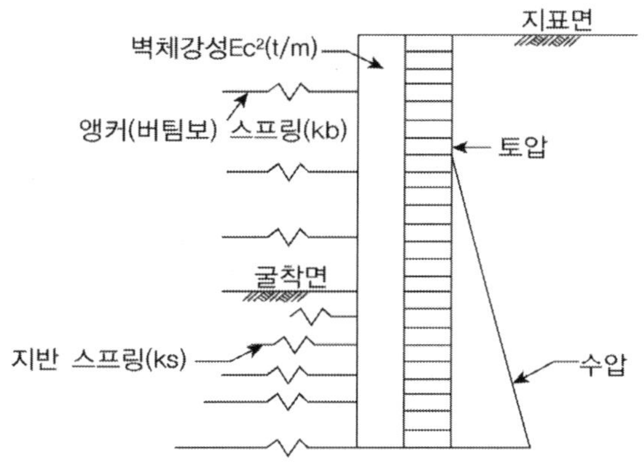

3) 흙-구조물 상호작용을 고려한 해석법

① 굴착공사 중 연성벽체 배면지반의 변위를 계측을 통해서 알아내고 유한요소법이나 유한 차분법 등의 수치해석모델과 연속체 모델에 근거한 해석기법을 적용하여 굴착벽면을 중심으로 주변지반에 대한 변위를 정량적으로 추정할 수 있는 방법이다.

② 흙과 흙막이 구조물이 변화하는 양상을 적절히 해석하기 위한 방법으로 하중-경로 기법을 응용한 수치해석 모델(Clayton et al)이 있다.

③ 해석결과의 신뢰성이 확보되기 위해서는 해석을 위한 이론식을 만드는 과정에서 가정한 여러 가지 사항들이 적용현장에 대한 적합성 여부의 판단과 지반정수가 적용현장의 토질을 정확하게 나타내어야 해석결과에 대한 신뢰성이 증가할 수 있다.

5. 버팀보 방식 H말뚝 흙막이공의 부재별 설계

1) 흙막이 말뚝 설계

① 벽체말뚝은 시공단계별로 계산하여 가장 불리한 경우에 대해 설계하며, 노면복공을 시행하는 경우 노면 복공에 의한 축력을 고려한다.

② 굴착면은 버팀보 설치 예상지점에서 0.5m 아래로 취한다. 최상단 버팀보 상부는 외팔보로 계산하고 경우에 따라서는 주형 하면을 지점으로 보아도 좋다.

③ 수압은 말뚝 선단에서 0으로 하고 토류벽 종류, 지반조건 등을 고려한다.

엄지말뚝	강널말뚝(연속벽)

• 버팀보 위치를 탄성지점으로 하는 연속보로 계산
• 관용계산 시 지중 가상지지점 위치
  (굴착도중) 굴착저면하 0.5m, 연약지반은 그 이상
  (굴착완료) 평균근입장을 계산하여 수동토압의 합력의 작용점
	• 주동토압과 수동토압의 분포폭은 강널말뚝 전폭으로 하고 버팀보는 탄성지점으로 취급
	• 근입부의 수동토압 작용측에 수평지반 반력계수를 적용하고 지반반력계수로부터 구한 수동토압초과 시 수동토압 적용
	• 엄지말뚝에 작용하는 하중은 복공판을 지지하는 보의 최대 반력과 토압에 이한 모멘트를 사용하여 검토
	
	$$\frac{f_c}{f_{ca}}+\frac{f_b}{f_{ba}} \quad 또는 \quad \frac{f_c}{f_{ca}}+\frac{f_b}{f_{ba}\left(1-\dfrac{f_c}{f_{cax}}\right)} \leq 1.0$$

④ 근입깊이 검토 : 평형깊이(다음 값 중 큰 값)의 1.2배로 하며 1.5m 이상으로 한다.
   (1) 주동토압 작용폭은 굴착저면 상부는 말뚝의 간격 굴착하부는 플랜지 폭
   (2) 수동토압 작용폭은 N값에 따라 $(b_f \sim 3b_f)$적용

⑤ 흙막이 말뚝의 단면계산은 토압분포를 이용해 토압을 하중으로 하여 버팀보 위치 및 가상지지점을 지점으로 하는 단순보로 보고 계산한다.

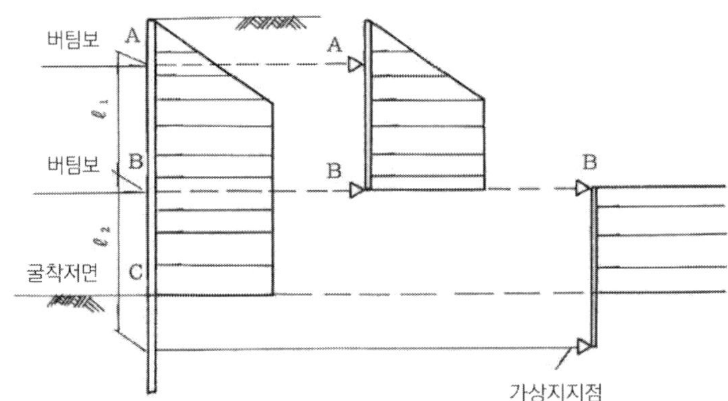

⑥ 흙막이 말뚝의 중심간격은 1~2m 범위에서 결정하며, 1.5m를 표준으로 한다.

최하단 버팀보 및 그 1단 위의 버팀보에 관하여 이보다 아래 방향의 주동토압에 의한 작용모멘트와 수동토압에 의한 저항모멘트가 평형인 상태가 될 때 굴착저면 이하의 깊이를 평형깊이라 하고 이때 수동측 합력의 작용점을 가상지지점으로 한다.

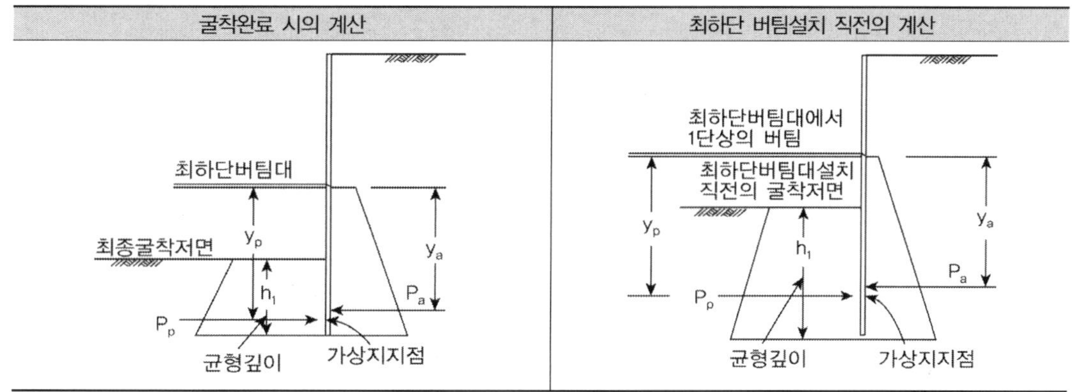

① Rankine-Resal의 이론에 의하여 주동토압, 수동토압을 구하고 $P_p y_p = P_a y_a$ 일 때 굴착저면 이하의 깊이가 평형깊이이고, 수동토압의 합력 P_p 의 작용점이 가상지지점이다. 단, 최하단 버팀보 설치 시 여유굴착량은 1.0m 정도로 한다.

2) 중간말뚝

중간말뚝을 좌굴 구속점으로 간주하기 위해서는 버팀보와 중간말뚝을 볼트 등으로 체결해야 한다. 또 버팀보 교점의 침하, 이동은 흙막이공 전체의 파괴를 일으키며, 가설교량의 부분 복공에 의한 활하중에 의하여 가로 흔들이가 흙막이공에 나쁜 영향을 미치므로 주의해야 한다. 한편 전면 복공의 경우는 흙막이 전체의 강성은 증가하지만 중간말뚝의 지지력 및 침하에 대해서 안전을 확인하여, 버팀보나 중간말뚝에 가새(브레이싱)를 붙이거나 필요에 따라서 침하방지 장치를 설치할 필요가 있다.

① 중간말뚝에 작용하는 축방향 연직력

(1) 복공받침보에 재하된 제하중에 의해 발생하는 최대반력 : 충분한 강성으로 브레이싱 연결된 경우에는 중간말뚝 전후로 하중이 분배된다고 가정한다. 아래의 그림처럼 최대반력이 발생했을 때 전후 중간말뚝인 B, C에는 1/4씩 분담하고 A에는 1/2만 받는다고 가정한다.

(2) 버팀보 좌굴에 수반되는 전단력 : 버팀보 교점은 좌굴 구속점으로 간주하므로 충분히 저항할 수 있도록 해야 하며, 좌굴에 수반되는 전단력은 축력의 1/50으로 한다.

(3) 버팀보, 경사보강재 자중 및 적재하중 : 버팀보, 경사보강재의 자중에 적재하중을 가한 것 또는 자중을 포함해 5kN/m를 연직하중으로 고려한다. 단면계산은 기둥으로서 좌굴을 계산하고 좌굴길이는 중간말뚝 끝단과 보팀보 교점간의 간격(l_1), 버팀보 교점간의 간격(l_2),

버팀보 교점과 굴착저면간 간격(l_3)로 한다.

(4) 중간말뚝의 자중

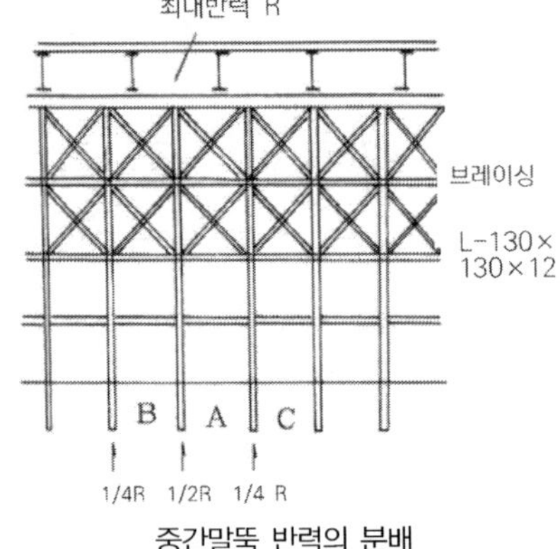

중간말뚝 반력의 분배

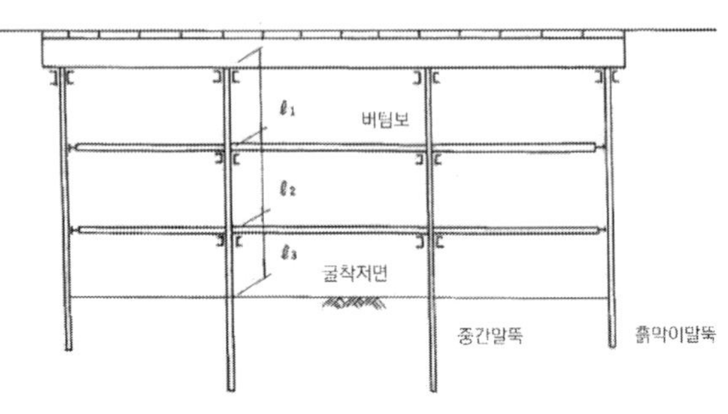

중간말뚝의 좌굴길이

3) 토류판

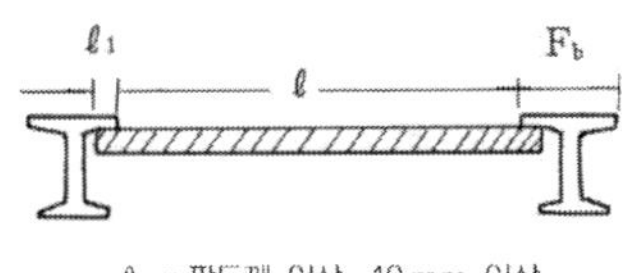

① 지간 $l = L - 2l_1$ (l : 계산지간, L : 측벽파일 중심 간격)

② 토류판의 두께 $h = \sqrt{\dfrac{6M}{f_a b}} \geq 30\text{mm}, \quad M = \dfrac{1}{8}wl^2$

   (w : 토압, f_a : 목재 허용휨응력, b : 엄지말뚝 플랜지폭)

③ 응력검토

   (1) 모멘트 : $M = \dfrac{wl^2}{8}$ (2) 휨응력 : $f_b = \dfrac{M}{Z} < f_a$ (Z : 단면계수)

   (3) 전단력 : $S = \dfrac{wl}{2}$ (4) 전단응력 : $\tau = \dfrac{S}{bh} < \tau_a$

4) 띠장 및 버팀보에 작용하는 하중

띠장 및 버팀보에 작용하는 하중은 굴착상태에서 그림과 같이 띠장, 버팀보에 작용하는 힘이 이 버팀보와 아랫방향의 버팀보와의 사이 토압이라고 생각하는 하방향 분담법으로 계산한다. 이때에 적용된 하중은 단위길이당 작용하는 하중이고 버팀보의 간격을 곱해 버팀보 반력을 산출한다.

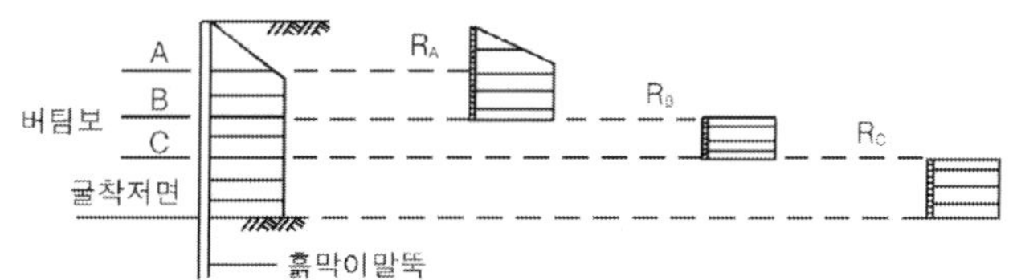

5) 띠장(Wale)

버팀보 또는 앵커 위치를 지점으로 하는 3경간 연속보 또는 단순보로 가정하고 띠장 위치에서의 엄지말뚝 지점반력을 집중하중으로 간주하여 계산한다. 기초와 굴착 평면형상이 장방형인 경우에는 띠장은 보팀보를 겸하게 되므로 압축력을 고려해야 한다. 경사보강재가 있는 경우 지간은 $l_1 + l_2$로 한다.

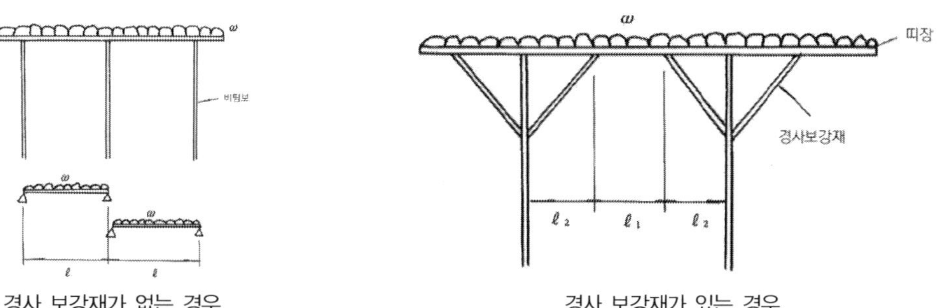

경사 보강재가 없는 경우   경사 보강재가 있는 경우

구 분	연속보	단순보
띠장의 종류	연속보 W L	단순보 W L
최대 휨모멘트	$M_{\max} = \dfrac{1}{10} wl^2$	$M_{\max} = \dfrac{1}{8} wl^2$
최대 전단력	$S_{\max} = \dfrac{6}{10} wl$	$S_{\max} = \dfrac{7}{12} wl$
최대 반력	$R_{\max} = \dfrac{11}{10} wl$	$R_{\max} = \dfrac{13}{12} wl$

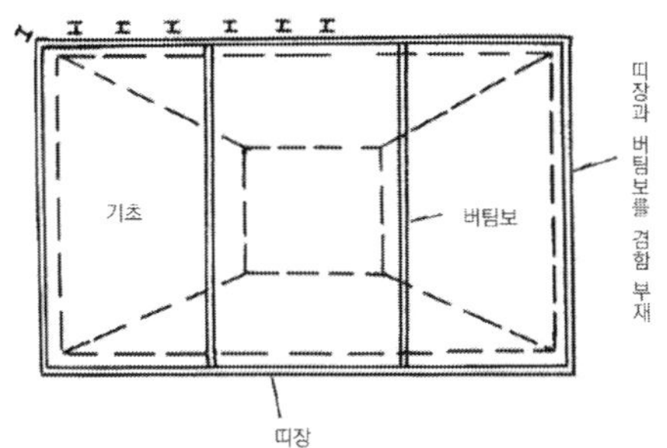

6) 버팀보

버팀보에 작용하는 축력은 띠장 및 버팀보에 작용하는 하중에 계산된 반력과 버팀보의 분담폭과의 곱으로서 구한다. 버팀보의 온도변화에 의한 축력의 증가는 120kN으로 하며, 작용하는 연직하중에 의하여 큰 휨모멘트가 작용할 경우 축력과 휨모멘트가 작용하는 부재로 고려한다.

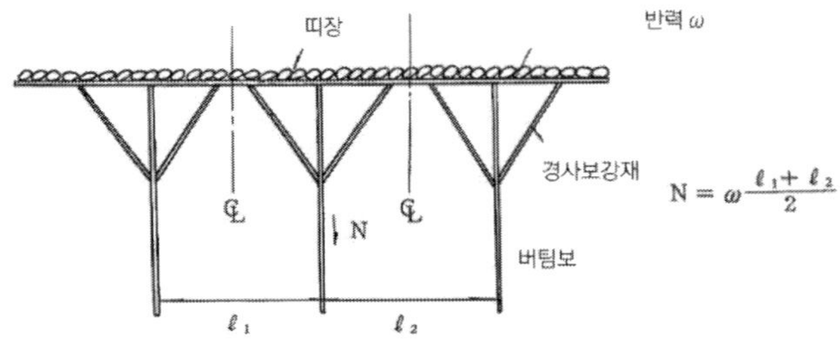

① 압축재로서 좌굴하지 않도록 충분한 단면과 강성을 가져야 한다. 부재가 긴 경우 중간말뚝 등을 설치하여 보강한다.

② 버팀보는 이음설치가 바람직하지 않으나 부득이한 경우 보강을 하여 충분한 강도를 확보한다. 이음의 위치는 중간말뚝, 띠장 등으로 구속된 부근(1.0m 이내)에 설치하는 것이 바람직하다.

③ 상재하중이 불명확할 경우에는 강재자중으로 5kN/m의 연직하중을 고려한다.

④ 버팀보의 좌굴길이는 다음과 같이 고려한다.

  (1) 연직방향 : 중간말뚝이 없는 경우 버팀보 전길이, 중간말뚝이 있을 경우 간격 거리 중 최대 길이(그림의 max [l_1, l_2, l_3]). 다만, 횡좌굴은 고려하지 않는다.

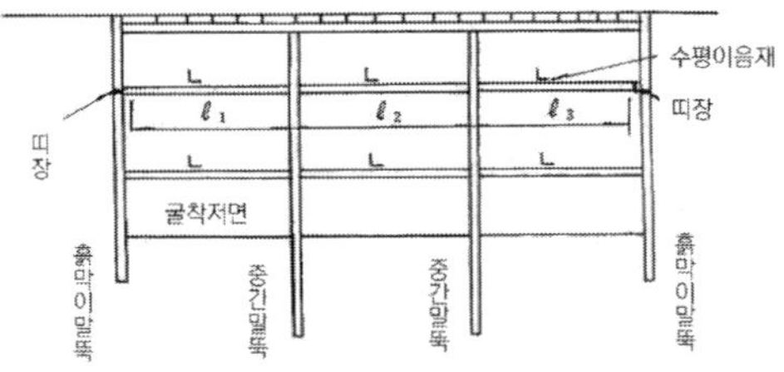

  (2) 수평방향

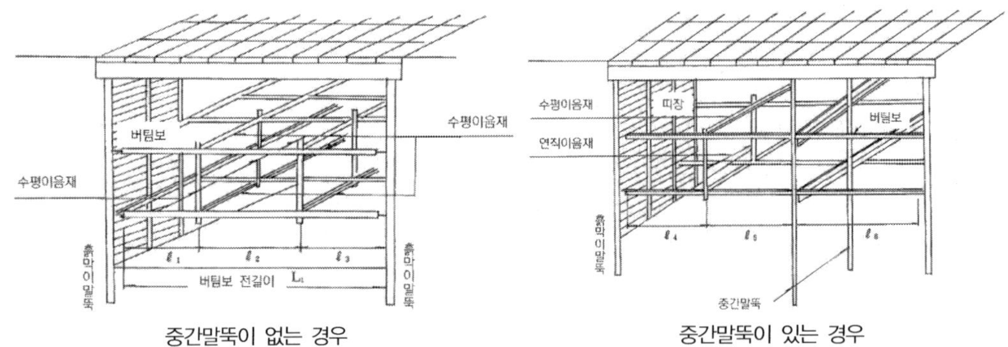

중간말뚝이 없는 경우 min [L_1, max[$2.5l_1$, $2.5l_2$, $2.5l_3$]]

중간말뚝이 있는 경우 min [max[$l_4 + l_5$, l_6], max[$2.5l_4$, $2.5l_5$, l_6]]

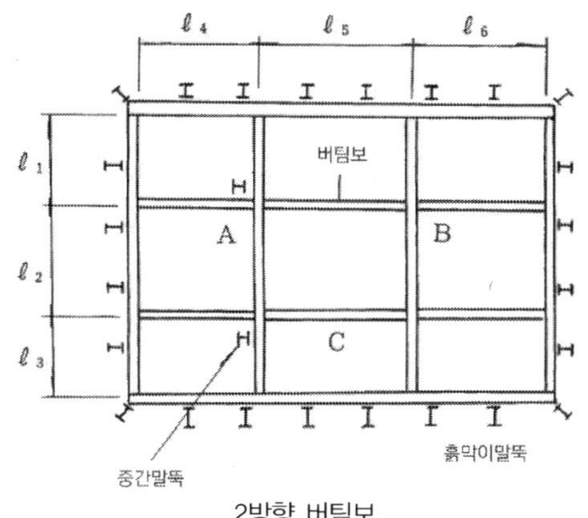

2방향 버팀보   좌굴구속점과 좌굴길이

(1) 버팀보 A   max [l_1, l_2, l_3]   (2) 버팀보 B   max [$2.5l_1$, $2.5l_2$, $2.5l_3$] $\leq L_1$

(3) 버팀보 C   max [$2.5l_5$, $2.5l_6$] $\leq l_4$

⑤ 응력검토

$$\frac{f_c}{f_{caz}} + \frac{f_{bcy}}{f_{bagy}\left(1 - \dfrac{f_c}{f_{eay}}\right)} \leq 1.0$$

f_c : 조사단면에 작용하는 축방향 압축응력

f_{bcy} : 강축에 대한 휨압축응력

f_{caz} : 약축에 대한 허용축방향 압축응력

f_{bagy} : 국부좌굴을 고려하지 않은 강축에 대한 허용휨압축응력

f_{eay} : 강축에 대한 허용오일러 좌굴응력

⑥ 세장비의 규정 : 세장비(λ)는 100 이하로 하고 부득이한 경우 좌굴에 대하여 효과적으로 구속
시킬 수 없는 경우라도 120을 초과할 수 없다.

7) 경사보강재

경사보강재는 45° 각도로 대칭으로 설치하는 것을 원칙으로 한다.

① 경사 보강재에 작용하는 축력 $N = 0.7(l_1 + l_2)w$

② 경사 보강재 설치부의 전단력 $S = 0.7N$

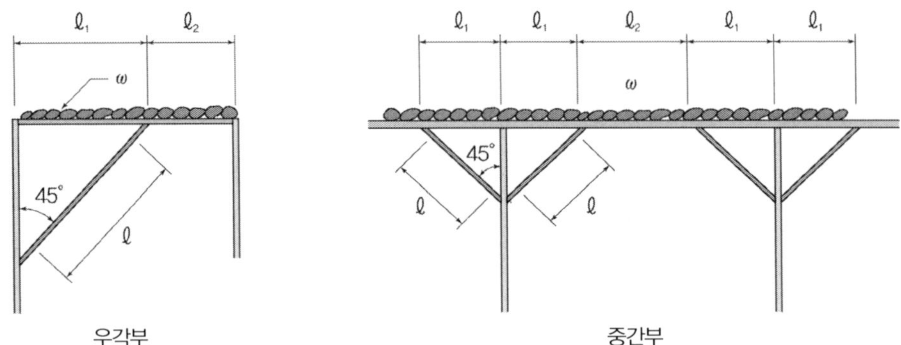

우각부   중간부

8) 지반앵커(Earth Anchor)

그라운드 앵커라고도 하며 토사에 타설되는 soil anchor와 암반에 타설되는 rock anchor로 분류 된다. 그라운드 앵커는 인장재의 양쪽 끝 부분을 지반과 구조물에 각각 정착시켜 그 중간부분을 신장 변형에 대하여 자유롭게 하고 이것에 pre-stress를 주는 것이며, 앵커체·인장부·앵커두부 에 의하여 구성되는 구조체의 총칭이다. 앵커를 설계할 때에는 (1) 구조계의 안정, (2) 앵커의 인 발저항력, (3) 그라우트와 인장재 사이의 부착력, (4) 안전율에 대해 검토하여야 한다.

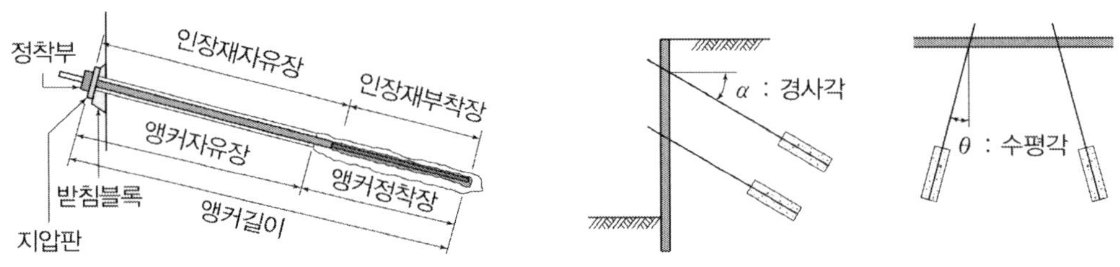

① 가설 앵커의 안전율

앵커분류		안전율	비고
사용기간 2년 미만	토사	2.0	인발저항에 대한 안전율
	암반	1.5	
사용기간 2년 이상(영구 앵커로 간주)		2.5	

② 지반별 주면마찰저항 : 인발시험에 의해 저항을 산정하는 것이 좋으나 설계 시 다음의 값을 참 고할 수 있다.

지반 구분			주면마찰저항(MPa)
암반	경암		1.0~2.5
	연암		0.6~1.5
	풍화암		0.4~1.0
암반	N값	10	0.1~0.2
		20	0.17~0.25
		30	0.25~0.35
		40	0.35~0.45
		50	0.45~0.70
자갈	N값	10	0.1~0.14
		20	0.18~0.22
		30	0.23~0.27
		40	0.29~0.35
		50	0.30~0.40
점성토			0.1c

③ 앵커의 길이 : 앵커의 자유장 + 앵커 정착장

　(1) 앵커의 자유장 : 앵커 자유 길이는 구조물의 종류나 목적·지반 조건 등을 고려하여 결정되지만, 앵커가 유효하게 작용되기 위해서는 4m 이상 취하는 것이 바람직하다. 앵커 자유 길이 부분의 제작방법은 가설용과 영구용이 다르며, 영구용은 강재 부식에 대하여 보다 많은 주의를 하고 있다.

　　－ 도로설계편람(2012) 제시 값 : max[가상 활동파괴면에서 1.5m, 0.15 × H] ≥ 4.5m

　　－ 국외 : FIP 4.6~7.6m, USA 4.6m 이상

　(2) 앵커의 정착장 : 앵커체 정착 길이는 설계상 앵커체의 허용인발력 또는 허용인장력에 의하여 결정된다. 앵커체 정착 길이는 설계에서 사용하는 앵커 주면의 마찰저항력은 앵커체 주면에 등분포로 작용하는 것으로 간편하게 간주할 수 있다. 단, 실제로는 균등하게 분포하지 않기 때문에 영구 앵커를 비롯한 중요한 앵커에는 이 점에 관한 검토를 필요로 하는 경우가 있다. 앵커체 정착 길이는 총상 3~10m가 바람직하지만, 정착 지반이 암반이고 균열이 발달하고 있지않은 경우나 하중이 작은 경우 등 조건에 따라서는 3m 이하로 하여도 좋다. 또한, 10m 이상으로 되는 경우는 전체 정착 길이가 유효하게 작용하지 않기 때문에 앵커 주면의 마찰저항력을 저감해서 생각하거나 앵커수를 증가하는 등 설계를 재검토할 필요가 있다.

　　－ 국외 FIP 3.0~10.0m, USA 4.6m 이상, 점성토는 비점성토보다 정착길이가 길다.

④ 앵커각 : 앵커경사각이 수평에 가까운 경우에는 그라우트주입부에 breathing이 생기고, 충분한 부착을 기대할 수 없을 때가 있으므로 일반적으로는 수평면에서 −10°~ +10°의 범위는 피해야 한다. 앵커수평각은 일반적으로는 구조물의 앵커정착면에 수직으로 하나 현장의 상황에 의해서는 각도를 붙이는 경우이다.

흙막이 앵커는 구조물의 규모, 형상, 지반조건 및 환경조건에 적합한 것을 선정하고, 설계하중에 대해서 인발저항력을 갖도록 설계한다. 흙막이 앵커는 양호한 지반에 정착하는 것으로 하고, 그 길이 및 배치는 토질 조건, 시공조건, 환경조건, 지하매설물의 유무, 흙막이벽의 응력, 변위 및 구조계의 안정을 고려하여 결정한다.

1. 허용정착력(T_a) ≥ 설계정착력(T_d)

   허용정착력(T_a) = min[허용인발력(T_{ag}), 허용인장력(T_{as})]

2. 허용인발력(T_{ag})

앵커의 종류		사용 기간	극한인발력(T_{ug})에 대한 안전율
가설(임시) 앵커		2년 미만	1.5
영구 앵커	상 시	2년 이상	2.5
	지진 시	2년 이상	1.5~2.0

3. 허용인장력(T_{as}) = min[인장재 극한하중(T_{us}), 인장재 항복하중(T_{ys})]

앵커의 종류		사용 기간	인장재 극한하중(T_{us})	인장재 항복하중(T_{ys})
가설(임시) 앵커		2년 미만	$0.65\,T_{us}$	$0.80\,T_{ys}$
영구 앵커	상 시	2년 이상	$0.60\,T_{us}$	$0.75\,T_{ys}$
	지진 시	2년 이상	$0.75\,T_{us}$	$0.90\,T_{ys}$

4. 앵커체와 지반과의 주면마찰력(τ_u) : 시험을 통해서 구한다.

5. 앵커의 정착장(L_a) = max[설계정착력으로부터 산출된 정착장($L_a{'}$), 인장재 부착장(L_{sa})]

   토사층인 경우 최소 4.5m 이상, 최대 10m 이하 범위에서 사용한다.

앵커의 정착장 ($L_a{'}$)	인장재의 부착장 (L_{sa})
$L_a = \dfrac{T_d \times F.S}{\pi \times D_a \times \tau_u}$	$L_{sa} = \dfrac{T_d}{\pi \times n \times d_e \times \tau_a}$
T_d 설계정착력(kgf), F.S 안전율(=1.8) D_a : 앵커 지름(cm), τ_u : 앵커체–지반 주변마찰저항(kgf/cm^2)	T_d 설계정착력(kgf), n 인장재의 사용본수 d_e : 인장재의 지름(cm), τ_a : 주입재–인장재의 허용부착응력(kgf/cm^2)

6. 주입재와 인장재의 허용부착응력(τ_u)

지반의 종류	단기허용 부착응력	장기허용 부착응력
토 사	0.7MPa	0.4MPa
암 반	1.0MPa	0.7MPa

7. 앵커의 자유장 : max[가상 활동파괴면에서 1.5m, 0.15 × H] ≥ 4.5m

앵커 축력 및 연직벽에 작용하는 축력	앵커의 정착 위치
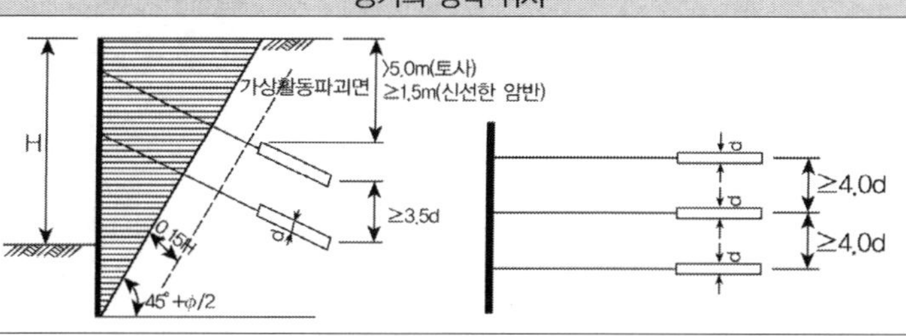	

- 앵커 축력 : $T_0 = \dfrac{R}{\cos\theta}$
- 연직벽에 작용하는 축력
  $V_0 = R \cdot \tan\theta$
- R : 앵커의 수평력(최대 지반반력)
- θ : 앵커의 설치 각도

- 설계 자유장 >
  (앵커 지점에서 파괴면까지의 거리) + (0.15H 또는 1.5m값 중 큰 값)
- 최상단 앵커체의 최소 토피고
  - 토사층 : 5.0m 이상
  - 신선한 암반층 : 1.5m 이상
- 앵커체 간 이격거리
  - 수직방향 : 3.5d(=앵커체 지름) 이상
  - 수평방향 : 4.0d(=앵커체 지름) 이상

6. 주변 구조물 영향 검토

1) 주변 구조물 영향 검토

근접시공 시에는 지반특성, 횡토압, 지반진동, 지하수위 변화와 지반손실, 굴착으로 인한 주변 영향, 대상구조물의 특성 등을 고려해 가설흙막이 구조물 자체의 안정과 인접구조물에 미치는 영향을 검토해야 한다. 특히, 근접시공으로 인한 지하수위 변화가 인접 시설물에 영향을 미치는 경우에는 차수식 벽체로 설계하는 것이 바람직하며, 이때 지하수에 의한 배면수압을 고려한다.

주변 지반 침하 예측 방법은 이론적 및 경험적 추정 방법이 있으며, 이 중 설계자가 현장여건, 지층조건, 굴착방법, 흙막이 벽체와 지지체의 형식을 종합적으로 고려하여 선택한다. 굴착에 의한 배면 지반의 변위를 산정한 후, 허용 변위량을 기준으로 인접 구조물의 손상 여부를 분석하고 필요시 대책을 강구한다. 또한, 굴착 시 정기적으로 계측관리를 실시한다.

① 흙막이 벽의 변위에 따른 주변 지반의 침하를 예측하는 방법에는 실측 또는 계산에 의하여 구한 흙막이 벽의 변위로부터 주변지반 침하를 추정하는 방법과 버팀 구조와 주변지반을 일체로 하여 구하는 유한요소법, 유한차분법 등의 수치해석방법이 있다.

② 주변 지반의 침하 예측방법은 이론적 및 경험적 추정 방법 중에서 설계자가 현장여건, 지층조건, 굴착방법, 흙막이 벽 및 지지체의 형식을 종합적으로 고려하여 선택, 적용하여야 한다.

③ 인접구조물에 대한 침하, 부등침하(각변위), 수평변형률, 경사 등에 관한 허용값은 대상 구조물에 따라 관련 설계기준과 건축기준 등을 참고로 하여 결정한다.

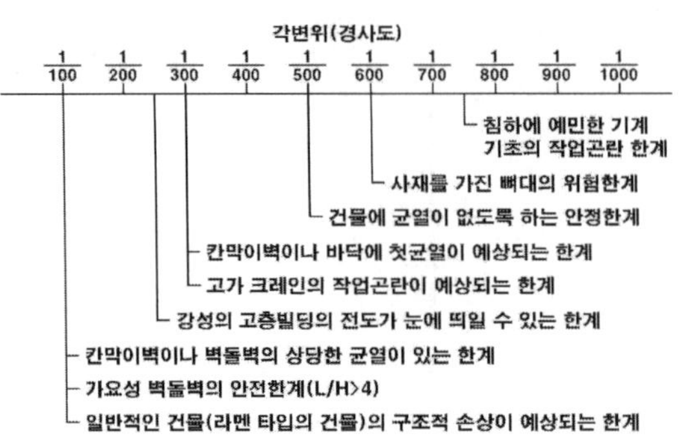

(Bjerrum이 제안한 각 변위 한계)

구조물의 허용침하량

침하형태	구조물의 종류	최대 침하량
전체침하	배수시설 출입구 석적 및 조적구조 뼈대구조 굴뚝, 사이로, 매트	15.0~30.0cm 30.0~60.2cm 2.5~5.0cm 5.0~10.0cm 7.5~30.0cm
부등침하	빌딩의 벽돌벽체 철근콘크리트 뼈대구조 강 뼈대구조(연속) 강 뼈대구조(단순)	0.005S~0.02S 0.003S 0.002S 0.005S

주) S : 기둥 사이의 간격 또는 임의 두 점 사이의 거리

기초의 허용침하량

기준		독립기초	확대기초
각변위(δ/L)		1/300(L : 임의의 기둥 간격, δ : 부등침하량)	
최대 부등 침하량	점토	44mm(38mm)	
	사질토	32mm(25mm)	
최대 침하량	점토	76mm (64mm)	76~127mm (64mm)
	사질토	51mm	51~76mm (38~64mm)

주) ( ) 내의 값은 추천되는 최댓값임

2) 계측기기

측정위치	측정항목		사용계기	육안 관찰	측정 목적
흙막이 벽 체	측압	토압 수압	토압계 수압계	벽체의 휨 및 균열, 흙막이벽의 연속성 확인, 누수, 주변지반 균열	① 측압의 계측치와 실측치 비교 ② 주변 수위, 간극수압, 벽면수압의 관련성 파악
	변형	두부변위 수평변위	트랜싯, 추, 경사계		① 변형이 허용치 이내 여부 ② 토압, 수압, 벽체변형의 관계 파악
	벽체의 응력		변형계 철근계		① 응력분포를 구해 설계 시 계산된 응력과 비교 ② 실측과 허용응력의 비교로 벽체 안정성 확보
버팀보, 어스 앵커	축력, 신축량, 온도		하중계 신축계 변위계 온도계	버팀보 연결의 평 탄성, 볼트의 조임 상태	① 버팀보, 어스앵커의 토압 분담 역할 ② 허용축력과의 비교
굴착 지반	굴착면 변위 임의적 변위 간극수압 지중수평변위		지중변위계 간극수압계 경사계	내부지반 용수, 파이핑, 히빙	① 응력해방에 의한 굴착면의 횡변형 및 주변지반 거동 ② 배면, 흙막이벽, 굴착저면 상호간의 변위 관계 ③ 실측과 허용변위량의 비교 ④ 굴착/배수에 따른 침하량 및 침하 범위 파악 ⑤ 지하매설물의 침하 파악
주변 지반	지표·지중 수직·수평변위 간극수압 지하수위		변위말뚝 지중변위계 경사계	배면지역의 균열, 도로연석, 블록 등의 벌어짐	
인접 건물	수직변위, 경사		균열측정계 침하계 경사계	구조물의 균열	① 굴착, 배수에 수반되는 기존구조물의 변위량

흙막이벽 가시설 설계

그림과 같은 가시설 구조에서(토압분포는 그림 참조) 3단에 해당하는 띠장과 버팀대를 해석하여 설계적정 여부를 판정하시오.

단, 1) 작용 작업하중은 3kN/m이며 자중은 1kN/m이다.

2) 작용압력 산정은 1/2분담법을 사용하고 하단 경계는 굴착면으로 한다.

3) 버팀대 간격은 3.0m이고, 버팀대 경사는 45°이며 그 길이는 6.0m이다.

4) 강재는 SM400의 전용자재로서 그 제원은 다음 표와 같다.

규 격	H-300×300×10×15	
A	11,980mm²	
Ix	204,000,000mm⁴	
Zx	1,360,000mm³	
rx	131mm	
ry	75.1mm	
허용 축응력 (MPa)	$l/r \leq 20 : 140$	$20 < l/r \leq 93 :$ $140 - 0.84(l/r - 20)$
허용휨압축응력(MPa)	$l/b \leq 4.5 : 140$	$4.5 < l/b \leq 30 :$ $140 - 2.4(l/b - 4.5)$

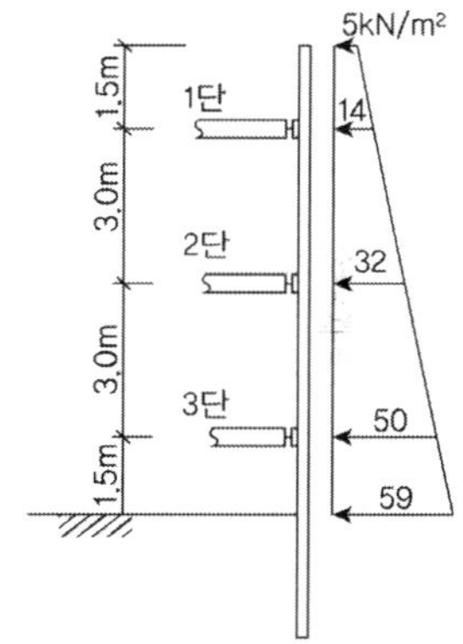

▶ 개요

흙막이 시설 하중분담 방법 : 1/2분담법, 하방향 분담법

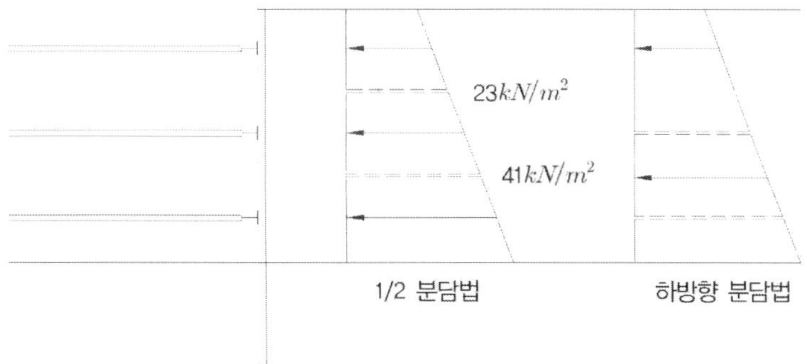

▶ 토압의 하중분담 산정

1) 1단의 하중분담
$$w_1 = \frac{1}{2}(5 + 23) \times 4.5^m = 63^{kN/m}$$

2) 2단의 하중분담 $\qquad w_2 = \dfrac{1}{2}(23+41) \times 3.0^m = 96^{kN/m}$

3) 3단의 하중분담 $\qquad w_3 = \dfrac{1}{2}(41+59) \times 3^m = 150^{kN/m}$

➤ 고정하중

$$q = 10+3+1 = 14kN/m, \qquad k_a = \tan^2\!\left(45 - \frac{\phi}{2}\right) = \frac{1}{2} \ (\text{가정치}), \qquad \therefore \ k_a \times q = 7^{kN/m}$$

➤ 띠장설계(3경간 연속보로 가정)

3단에 작용하는 수평하중 $\quad w = w_3 + k_a q = 157^{kN/m}$

띠장설계 공식 $M_{\max} = \dfrac{1}{10}wl^2$를 사용하거나 3경간 연속보에 대해서 3연 모멘트 방정식으로부터

$$M_A L + 2M_B(L+L) + M_C L = -2 \times \frac{wL^3}{4}, \quad M_B L + 2M_C(L+L) + M_D L = -2 \times \frac{wL^3}{4}$$

$$M_A = M_D = 0, \quad M_B = M_C \qquad \therefore \ M_B = M_C = -\frac{1}{10}wL^2 = 141.3^{kNm}$$

$$\therefore \ f_b = \frac{M}{S} = \frac{141.3 \times 10^6}{1,360,000} = 103.9^{MPa}$$

$$\frac{l}{b} = \frac{3000}{300} = 10 \qquad \therefore \ 4.5 < \text{l/b} \leq 30 \qquad f_{ba} = 140 - 2.4(10-4.5) = 126.8^{MPa}$$

가시설에 대해서 허용응력 증가를 고려하면, $\qquad f_{ba}{}' = 1.5 \times f_{ba} = 190.2^{MPa} > f_b \qquad\qquad$ O.K

➤ 버팀대 설계

$$N = 157 \times 3 = 471^{kN}$$

$$F = \frac{N}{\sin 45°} = 471\sqrt{2} = 666.1^{kN}$$

$$f_c = \frac{F}{A} = \frac{666.1 \times 10^3}{11980} = 55.60^{MPa}$$

$$r_x = 131, \quad r_y = 75.1, \qquad \frac{l}{r_x} = \frac{6000}{131} = 45.80, \qquad \frac{l}{r_y} = 79.89$$

$$\therefore \ f_{ca} = 140 - 0.84(79.89-20) = 89.69^{MPa}$$

가시설에 대해서 허용응력 증가를 고려하면, $\qquad f_{ba}{}' = 1.5 \times f_{ba} = 134.54^{MPa} > f_c \qquad\qquad$ O.K

경사 보강재, 띠장 설계

아래 그림과 같이 지중에 공동구를 건설하고자 흙막이공을 계획하였다. 흙막이공의 코너 버팀대를 45°, 3m 간격으로 배치하였다. 띠장에 100kN/m의 하중이 작용하고, 버팀대에 5kN/m(자중 포함) 작업하중이 작용할 때 온도하중에 의한 축력(120kN)을 고려하여 버팀대에 발생하는 응력과 안전 여부를 검토하시오.

(단, 버팀대의 H형강은 H300×300×10×15의 고재를 사용하며, 강재의 허용응력은 아래 표를 참조하고, 단기 하중에 의한 응력 할증은 1.3으로 한다.)

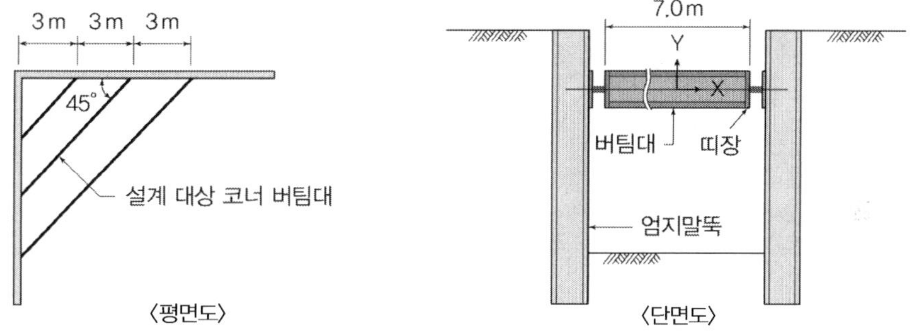

【 강재의 허용응력 】

허용 축방향 응력(MPa)		허용 휨압축 응력(MPa)	
$\frac{l}{r} \leq 20$	$f_{ca} = 140$	$\frac{l}{b} \leq 4.5$	$f_{ca} = 140$
$20 < \frac{l}{r} \leq 93$	$f_{ca} = 140 - 0.84\left(\frac{l}{r} - 20\right)$	$4.5 < \frac{l}{b} \leq 30$	$f_{ca} = 140 - 2.4\left(\frac{l}{b} - 4.5\right)$
$\frac{l}{r} > 93$	$f_{ca} = \dfrac{1,200,000}{6700 + (l/r)^2}$		

풀 이

▶ **단면계수 산정**

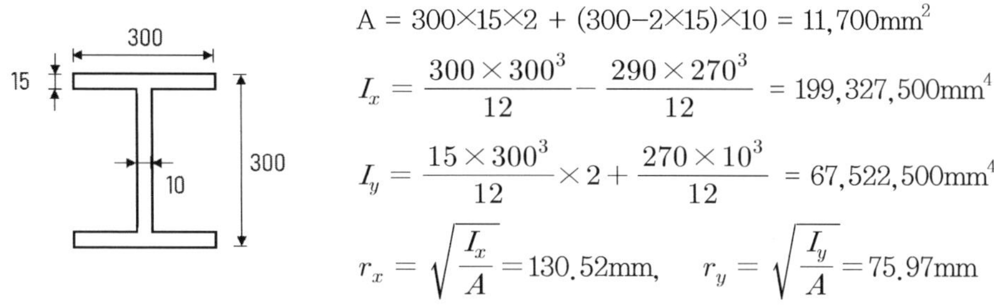

$$A = 300 \times 15 \times 2 + (300 - 2 \times 15) \times 10 = 11,700\,\text{mm}^2$$

$$I_x = \frac{300 \times 300^3}{12} - \frac{290 \times 270^3}{12} = 199,327,500\,\text{mm}^4$$

$$I_y = \frac{15 \times 300^3}{12} \times 2 + \frac{270 \times 10^3}{12} = 67,522,500\,\text{mm}^4$$

$$r_x = \sqrt{\frac{I_x}{A}} = 130.52\,\text{mm}, \qquad r_y = \sqrt{\frac{I_y}{A}} = 75.97\,\text{mm}$$

➤ 버팀대의 단면력 산정

1) 띠장에 작용하는 하중에 의한 축력

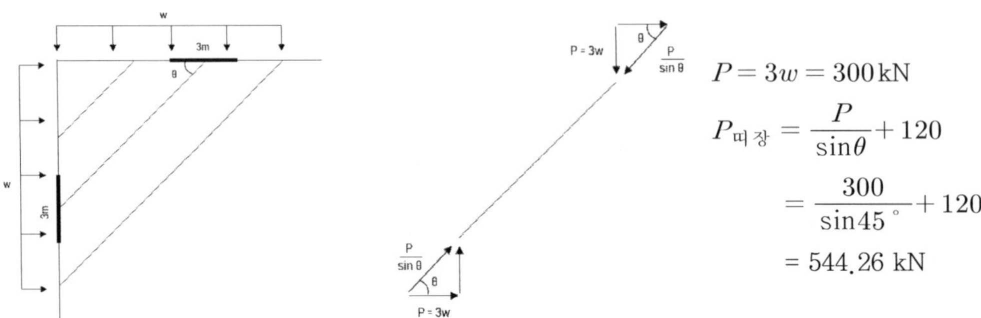

$$P = 3w = 300\,\text{kN}$$

$$P_{\text{띠장}} = \frac{P}{\sin\theta} + 120$$

$$= \frac{300}{\sin 45\,^\circ} + 120$$

$$= 544.26\ \text{kN}$$

2) 띠장에 작용하는 작업하중으로 인한 모멘트

$$M_{\text{띠장}} = \frac{wL^2}{8} = \frac{5 \times 7^2}{8} = 30.625\ \text{kNm}$$

➤ 버팀대의 응력검토

1) 축방향 응력

  ① 발생응력

$$f_c = \frac{P_{\text{띠장}}}{A} = \frac{544.26 \times 10^3}{11700} = 46.52\ \text{MPa}$$

  ② 허용응력

$$\frac{l}{r_x} = \frac{7000}{130.52} = 53.63 \quad \therefore f_{cax} = 140 - 0.84\left(\frac{l}{r_x} - 20\right) = 111.75\ \text{MPa}\ \left(\because 20 < \frac{l}{r} \leq 93\right)$$

$$\frac{l}{r_y} = \frac{7000}{75.97} = 92.14 \quad \therefore f_{cay} = 140 - 0.84\left(\frac{l}{r_x} - 20\right) = 79.40\ \text{MPa}\ \left(\because 20 < \frac{l}{r} \leq 93\right)$$

$$\therefore f_{ca} = 0.9 \times 1.3 \times Min[f_{cax},\ f_{cay}] = 92.90\ \text{MPa} > f_c \qquad\qquad \text{O.K}$$

2) 휨압축 응력

  ① 발생응력

$$f_b = \frac{M_{\text{띠장}}}{S} = \frac{30.625 \times 10^6}{199{,}327{,}500} \times \frac{300}{2} = 23.05\ \text{MPa}$$

② 허용응력

$$\frac{l}{b}=\frac{7000}{300}=23.3 \quad \therefore f_{ba}=140-2.4\left(\frac{l}{b}-4.5\right)=94.81\ \text{MPa}\ \left(\because 4.5<\frac{l}{b}\le 30\right)$$

$f_{cal}=140\ \text{MPa}$ (국부좌굴에 대한 허용응력)

$$\therefore f_{ba}=0.9\times1.3\times Min\left[f_{ba},\ f_{cal}\right]=110.92\ \text{MPa}>f_b \qquad\qquad \text{O.K}$$

3) 합성 응력 검토

$$f_E=\frac{1,200,000}{\left(\dfrac{l}{r_x}\right)^2}\times0.9\times1.3=488.15\ \text{MPa}$$

$$\therefore \frac{f_c}{f_{ca}}+\frac{f_b}{f_{ba}\left(1-\dfrac{f_c}{f_E}\right)}=\frac{46.52}{92.90}+\frac{23.05}{110.92\left(1-\dfrac{46.52}{488.15}\right)}=0.73<1.0$$

$$\text{O.K}$$

경사보강재 설계 : 볼트

그림과 같이 경사버팀보를 45°, 2.5m 간격으로 배치하는 흙막이공을 계획하였다. 띠장에 100 kN/m의 하중이 작용하고 온도하중에 의한 경사버팀보의 축력(120kN)을 고려할 때, 허용응력 할증계수의 적용사유를 가설흙막이 설계기준(KDS 21 30 00)에 따라 설명하고, 경사버팀보와 띠장 연결에 필요한 볼트(M22 F8T)의 필요수량을 검토하시오(단, 계획현장은 단기간(6개월 이내)에 공사 완료되는 현장으로 모든 자재는 재사용 자재를 사용하며, 필요 볼트의 수량은 정수로 구한다).

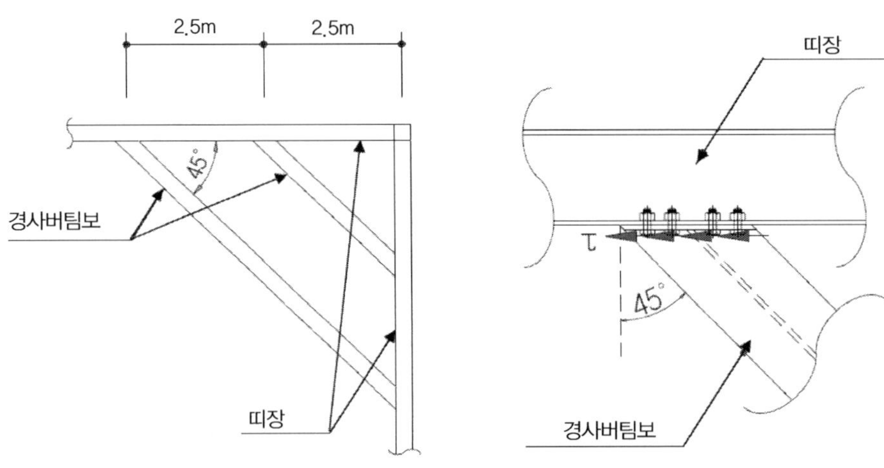

풀 이

▶ 허용응력 할증계수 적용 사유

가설흙막이 설계기준(KDS 21 30 00)에서는 공사기간이 2년 미만인 경우에는 가설구조물로 2년 이상인 경우에는 영구구조물로 간주해 설계하도록 규정하고 있다. 이는 가설구조물로 설계된 구조물이 2년 이상 경과하면 안정성을 보장할 수 없고 안전점검 등을 실시해 상태를 파악하여야 하기 때문에 잔여공사기간을 고려해 별도의 안전대책을 수립해야 하기 때문이다. 또한, 재활용 강재를 사용할 경우에는 신강재의 허용응력에 0.9이하로 적용해야 한다.

① 가시설 구조물의 재료 허용응력 할증계수 : 1.5

② 영구구조물의 재료 허용응력 할증계수 : 1.25(시공 중), 1.00(완공 후)

③ 재활용 강재 사용 시 : 0.9

➤ 경사버팀보와 띠장 연결 볼트

1) 띠장에 의해 발생하는 하중

띠장에 작용하는 하중에 대해서 버팀보 또는 앵커 위치를 지점으로 하는 3경간 연속보 또는 단순보로 가정하고 띠장 위치에서의 엄지말뚝 지점반력을 집중하중으로 간주하여 계산한다. 따라서 띠장에 작용하는 하중 $w = 100 \text{kN/m}$이므로 버팀대에 작용하는 집중하중 N=wL = 250 kN

① 띠장으로 인해 버팀대에 작용하는 축력 $F_1 = wL/\sin 45° = 353.55 \text{kN}$

② 온도하중으로 인해 버팀대에 작용하는 신장력 $F_2 = \pm 120 \text{kN}$

③ 경사버팀대에 작용하는 축력 $F_{\max} = F_1 + F_2 = 473.55 \text{kN}$

④ 띠장 연결부에 작용하는 전단력 $V = F_{\max} \cos 45° = 334.85 \text{ kN}$

TIP | 한국도로공사 도로설계요령 2020 | 경사보강재

① 경사보강재는 45° 각도로 대칭으로 들어가는 것을 원칙으로 한다.

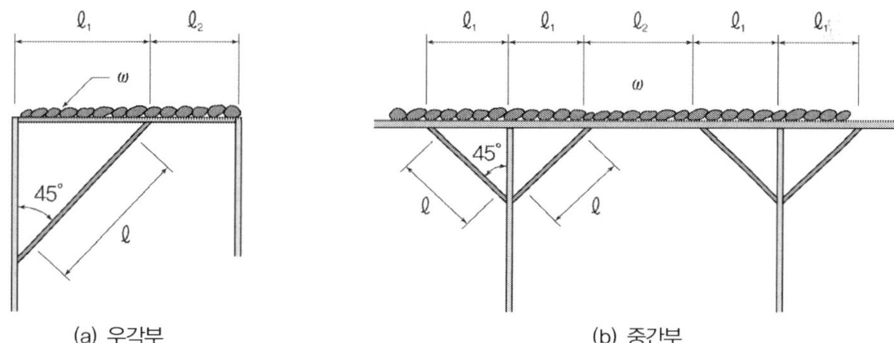

② 경사보강재에 작용하는 축력은 다음 식에 의해서 계산한다.

$$N = 0.7(l_1 + l_2)w$$

③ 경사보강재 설치부의 전단력 $S = 0.7N$으로 계산한다.

④ 경사보강재 자중은 무시해도 좋다.

2) 고장력볼트의 허용력

볼트의 종류	응력의 종류	허용응력(MPa)	비고
보통볼트	전단	100	SS275 기준
	지압	220	
고장력볼트	전단	150	F8T 기준
	지압	270	SS275 기준

가설흙막이 설계기준(KDS 21 30 00)에 따라 고장력볼트 F8T의 허용응력은 150MPa이고,
허용응력 할증계수는 1.5, 재활용에 따른 감소계수 0.9 이므로 $f_{ba}=150{\times}1.5{\times}0.9=202.5\text{MPa}$

M22볼트 단면적 $A_b=\dfrac{\pi d^2}{4}=380.1\text{mm}^3$

볼트 1개당 허용 전단력 $R_{ba}=f_{ba}{\times}A_b=76.98\text{kN}$

$$\therefore n=\dfrac{V}{R_{ba}}=4.35{\simeq}4\text{개}$$

가설 흙막이 개략공사비와 용역비

아래 그림과 같이 흙막이 시설을 계획하여 깊이 10m까지 굴착하고자 한다. 이때 흙막이 시설의
개략공사비와 설계용역비를 산정하시오(단, 사용강재의 규격은 H-300×300×10×15이다).

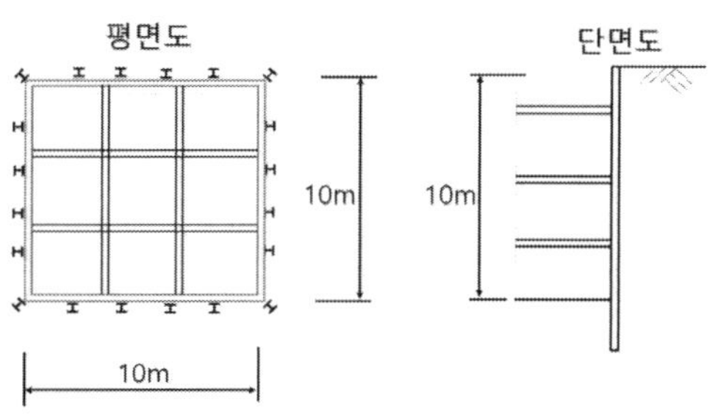

풀 이

➤ 개요

설계용역비 산정 시에는 주로 추정공사비 산정방식을 이용한 요율방식이 주로 이용된다. 추정공
사비 산정방식은 과거 공사비에 대한 통계치를 토대로 산정하는 방식이며, 지역여건에 따라 개략
적인 설계를 통해 추정공사비를 산정할 수도 있다.

➤ 개략공사비 산정

실제 흙막이 시설의 공사비는 지반의 조건과 보강 상세에 따라 공사비가 달라진다. 개략공사비
산정을 위해 공사비 산정에 포함되는 산출내역은 아래와 같다.

구분	단위	구분	단위	구분	단위	구분	단위
H-PILE 천공	M	띠장 설치	M	Bracing Beam 해체	M	강재손료	TON
H-PILE 항타	M	띠장 해체	M	브라켓 설치, 해체	개소	강재매몰	TON
H-PILE 인발	M	띠장브라켓 설치, 해체	개소	브라켓 재료비	TON	강재운반	TON
H-PILE 연결이음	개소	띠장홈메우기	개소	JACK설치, 해체	개소	운 반 비	식
POST-PILE천공	M	STRUT 설치	M	토류판설치	M2	동 력 비	식
POST-PILE 항타	M	STRUT 해체	M	토류판손료	재	소모품비	식
POST-PILE 인발	M	STRUT 연결이음	개소	복공판 설치 해체	M2		
POST-PILE 연결이음	개소	Bracing Beam 설치	M	복공판 손료	M2		

➤ 설계용역비 산정

설계용역비 산정방식은 추정공사비를 통한 요율방식과 실비정액가산방식으로 구분된다. 추정공
사비가 5~50억 이내의 공사비의 설계용역비는 3.08~7.58%의 범위에서 결정된다.

앵커지지 벽체

앵커지지 벽체(anchored walls)의 구조적 파괴에 대한 안전성에 대하여 설명하시오.

풀 이

> **개요**

앵커지지 벽체(anchored walls)는 그라우팅된 앵커요소, 연직벽 요소 및 전면판으로 구성되어 토사 또는 암반을 지지하는 임시 또는 영구 구조물로 사용될 수 있다. 앵커지지 벽체의 적용 여부를 결정할 때는 앵커 정착장 주변의 지반 및 암반조건이 정착력을 발휘하는데 적합한지를 검토하여야 한다. 도로교설계기준(한계상태설계법, 2016)에서는 앵커지지 벽체(anchored walls)의 안전성을 평가할 때에는 사용한계상태에서의 변위와 안정성, 지반파괴에 대한 안전성, 앵커지지 벽체의 구조적 파괴에 대한 안전성에 대해 검토하도록 규정하고 있다.

사용한계상태에서의 변위와 안정성에 대한 검토는 변위로 인해 인접 구조물에 영향을 미치지 않는지 확인하여야 하며, 이때 사면안정해석을 통해 전체 안정성에 대해 검토한다. 지반파괴에 대한 안전성은 앵커의 인발저항력과 수동저항력에 대한 검토를 하도록 하고 있다.

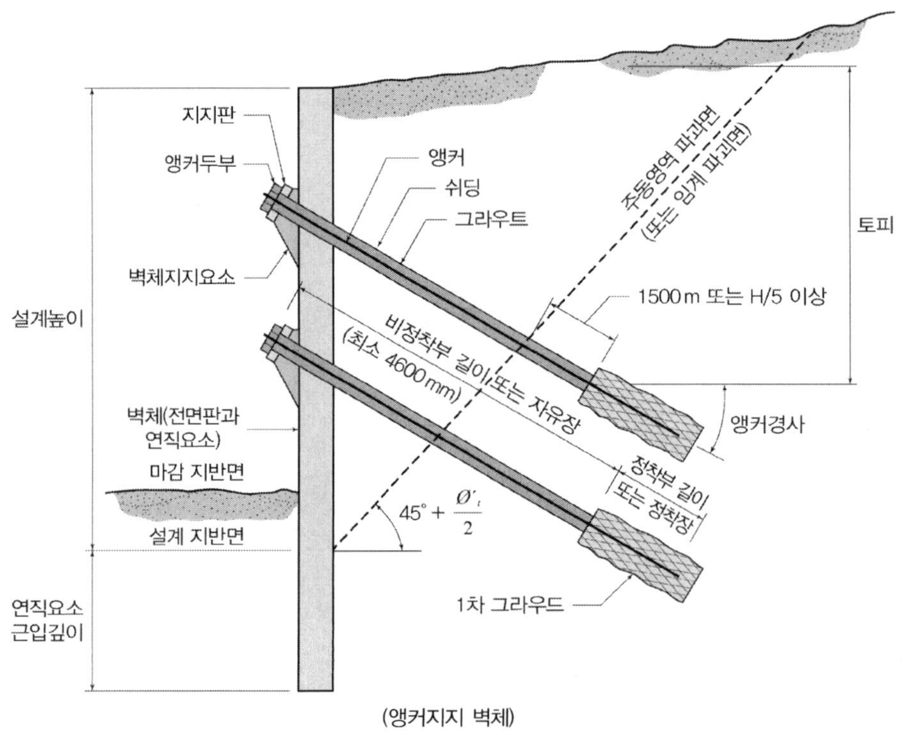

(앵커지지 벽체)

앵커, 연직벽체요소, 전면판에 대해 구조적 파괴 안정성을 검토한다. 검토 시에는 활하중, 고정하중, 토압, 수압과 자중, 지진하중 등을 고려한다.

1) 앵커 안전성 : 분할영역법과 힌지법을 주로 이용해 앵커의 하중을 결정하고 수평간격과 크기를 정해 안전성을 확보한다. 이 때 위의 두 방법은 굴착 저면의 토사가 반력 R에 저항할 수 있는 충분한 강도를 갖는다고 가정한다. 만약 수동저항력을 제공하는 굴착 저면의 토사가 약하여 반력 R을 충분히 지지할 수 없을 경우에는 최하단에 있는 앵커가 반력과 앵커하중 모두 지지하도록 설계하여야 한다. 위의 방법 이외에 앵커 벽체를 작은 선단 반력을 갖는 연속보로 간주하여 탄성기초 위의 보로 가정하는 지반–구조물 상호작용해석을 적용할 수 있다. 이 방법은 모든 하중이 최하단 앵커에 의해 지지된다는 매우 보수적인 가정에 기초한다.

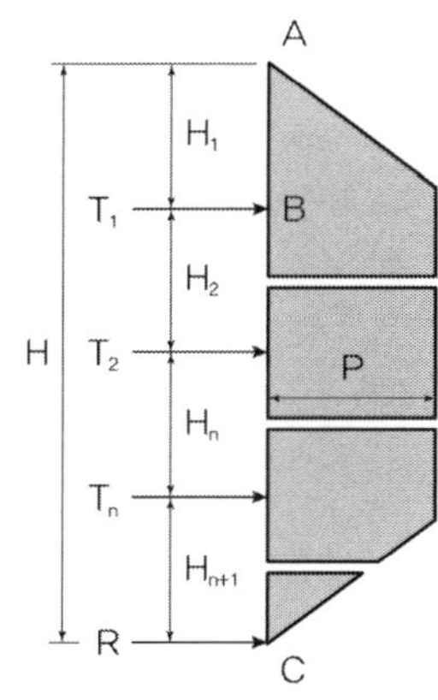

T₁ = H₁ + H₂/2 길이에 해당하는 하중
T₂ = H₂/2 + Hₙ/2 길이에 해당하는 하중
Tₙ = Hₙ + Hₙ₊₁/2 길이에 해당하는 하중
R = Hₙ₊₁/2 길이에 해당하는 하중

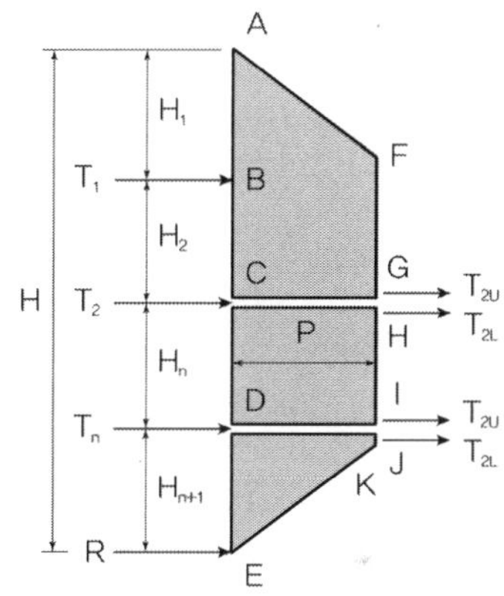

$\Sigma M_C = 0$ 조건으로부터 T₁ 계산
T_{2u} = (ABCGF)에 해당하는 전체토압 − T₁
$\Sigma M_D = 0$ 조건으로부터 T₂ₗ 계산
T_{nu} = (CDIH)에 해당하는 전체토압 − T₂ₗ
$\Sigma M_E = 0$ 조건으로부터 Tₙₗ 계산
R = 전체토압 − T₁ − T₂ − Tₙ
T₂ = T₂ᵤ − T₂ₗ
Tₙ = Tₙᵤ − Tₙₗ

2) 연직 벽체 요소 : 길이방향으로 연속적인 구조체로서 타입말뚝, 케이슨, 현장타설말뚝, 오거타설말뚝 등 미리 파놓은 구멍에 설치된 그리고 벽체의 수동역역에 구조용 콘크리트 및 노출부에 버림 콘크리트로 채워진 말뚝과 건입부 등을 포함한다. 연속 연직벽체요소는 연직방향 연결부로 인하여 전단력이나 모멘트가 인접부로 전달되지 않더라도 길이와 폭 방향에 대하여 연속지지로 간주한다. 특히 연약지반에 지지되는 경우 벽체 앞면의 히빙을 방지할 수 있도록 벽체의 전면 바닥면 아래로 충분히 근입하여야 한다. 900mm 정도까지 근입하거나 선단지지력이나 안정성이 확보될 만큼 충분히

근입한다.

3) 전면판 : 전면판은 지반의 아칭현상을 고려하거나 요소와 요소를 단순지지로 가정하거나 또는 여러
   개의 요소에 걸쳐 연속지지로 가정하여 설계한다.

구 분	연속보(3경간)		단순보(1경간)	
	지반 아칭 있음	지반 아칭 없음	지반 아칭 있음	지반 아칭 없음
최대 휨모멘트	$M_{\max} = 0.183pl^2$	$M_{\max} = 0.1pl^2$	$M_{\max} = 0.083pl^2$	$M_{\max} = 0.125pl^2$

개구부 수평보호덮개

가설공사 표준시방서(국토교통부) 중 '추락재해 방지시설 표준시방서(KCS 21 70 10)'에 규정된 개구부 수평보호덮개의 시공방법에 대하여 설명하시오.

풀 이

▶ 개요

개구부 보호덮개는 소형 개구부로 근로자가 추락이나 낙하물에 의한 재해를 방지하기 위해 설치되는 보호시설로 집수정, PD, AD 등 추락 및 비래위험이 있는 개구부에 설치된다.

▶ 개구부형 수평보호덮개

① 개구부 수평보호덮개는 상부판과 스토퍼로 구성된다.

② 개구부 수평보호덮개로 사용되는 목재의 재질은 옹이, 갈라짐, 홈 등 결점이 없는 곧은 것이어야 한다.

③ 상부판으로 사용되는 합판은 두께가 12mm 이상이어야 하며, 스토퍼로 사용되는 목재의 경우에는 단면이 45mm × 45mm 이상이어야 한다.

④ 강재를 사용하여 개구부 수평보호덮개를 제작할 경우 다음 표의 규격과 동등 이상의 기계적 성질을 갖는 것을 사용하며, 스토퍼로 형강을 사용할 수 있다.

수평보호덮개용 강재의 재질

강재 종류	재료	상부판	스토퍼
철근	KS D 3504	D10 이상의 격자모양	D10 이상
형강	KS D 3503	40mm×40mm×5mm	40mm×40mm×5mm

▶ 개구부형 수평보호덮개 시공 시 유의사항

① 수평개구부에는 12mm 합판과 45mm × 45mm 각재 또는 동등 이상의 자재를 이용하거나, 슬래브 철근을 연장하여 배근하고 개구부 수평보호덮개를 설치하여야 한다.

② 차도 및 운송로 등에 위치한 수평보호덮개는 해당 현장에서 가장 큰 운송수단의 2배 이상의 하중을 견딜 수 있도록 설치하여야 한다.

③ 수평보호덮개는 근로자, 장비 등의 2배 이상의 무게를 견딜 수 있도록 설치하여야 한다.

④ 수평보호덮개는 바람, 장비 및 근로자에 의해 이탈되지 않도록 설치하여야 한다.

⑤ 개구부 단변 크기가 200mm 이상인 곳에는 수평보호덮개를 설치하여야 한다.

⑥ 상부판은 개구부를 덮었을 경우 개구부에 밀착된 스토퍼로부터 100mm 이상을 본 구조체에 걸쳐져 있어야 한다.

⑦ 철근을 사용하는 경우에는 철근간격을 100mm 이하의 격자 모양으로 한다.

⑧ 스토퍼는 개구부에 2면 이상을 밀착시켜 미끄러지지 않도록 하여야 한다.

⑨ 위험표지판을 설치하는 경우에는 어두운 곳에서도 눈에 띨 수 있는 형광페인트 등을 사용하여 표시한다.

⑩ 자재 등을 개구부에 덮어놓거나, 자재 등으로 개구부가 가려지지 않도록 하여야 한다.

⑪ 개구부 주변은 정리정돈을 철저히 하여야 하며, 주변에서 작업할 때에는 안전대를 착용하여야 한다.

04 가설용 거푸집, 동바리 설계

1. 구조 형식에 따른 동바리의 종류 [82회]

【 기출유형 ① 】 시스템 동바리의 정의와 붕괴원인 및 붕괴방지대책

시스템 동바리(조립형 동바리, 강관틀 동바리), 강재 동바리, 혼합형 동바리

1) 조립형 동바리

수직재, 수평재 및 경사재 등의 각각의 부재를 현장에서 조립하여 거푸집을 지지하는 동바리 형식

2) 강관틀 동바리

수직재, 수평재 및 경사재 등을 용접으로 일체화시켜 생산한 주틀과 경사재 등을 현장에서 조립하여 거푸집을 지지하는 동바리 형식

3) 강재 동바리

조립형동바리와 강관틀동바리에 규정되는 수직재의 규격에 포함되지 않는 대구경 강관이나 H형강 등을 주부재로 사용하는 동바리 형식

4) 혼합형 동바리

조립형동바리, 강관틀동바리, 강재동바리 공법을 현장조건이나 사용목적에 따라 적절하게 혼합하여 구성하는 지지구조 형식

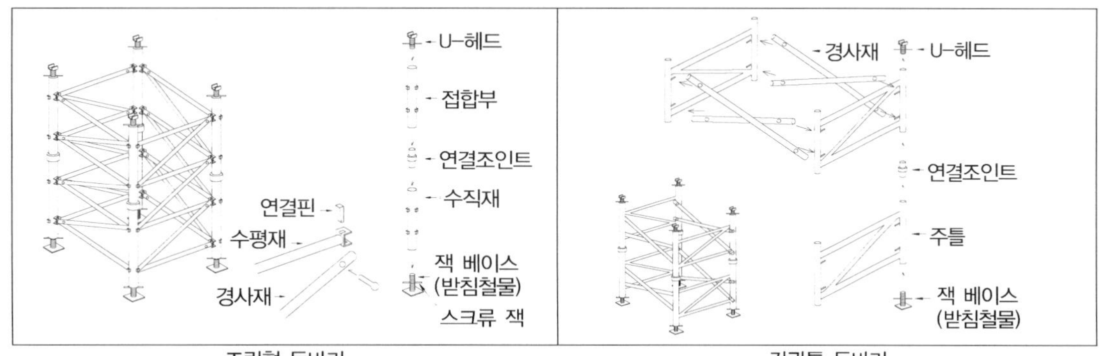

조립형 동바리	강관틀 동바리
강재 동바리	혼합형 동바리

2. 가설 방식에 따른 동바리의 종류

1) 전체지지식 동바리

전체지지식 동바리 가설 방법은 상부에서 전해지는 콘크리트 타설 하중을 전체 구역에 균등하게 설치된 동바리 구조체계를 통해 기초에 전달하는 동바리 구조 형식이다. 강관으로 된 조립형 동바리와 강관틀 동바리는 구성 부재의 내하력이 작기 때문에 주로 중소규모의 교량가설이나 낮은 교하공간을 갖는 교량 가설에 적용된다.

2) 지주지지식 동바리

이 방식은 상부에서 전해지는 콘크리트 타설하중을 지지하는 상부구조 바로 밑에 설치된 수직지주를 통해 지반에 전달시키는 동바리 구조 형식이다. 이 방식에 적용되는 지주는 대구경 원형 강관이나 형강과 같은 대형 지주이며, 교하 높이가 큰 경우에 주로 적용한다.

3) 거더지지식 동바리

이 방식은 상부의 콘크리트 타설하중을 경간 사이에 설치된 조립거더를 통해서 교각에 설치된 브라켓이나 교각 기초에 설치된 지주를 통해 전달하는 방식이다. 이 방식은 지반상태가 불량하거나, 교하고가 비교적 높은 경우에 적용하는 동바리 구조 형식이다.

| 전체지지식 | 지주지지식 | 거더지주식 |

3. 동바리 사용제한 및 설치 제한

1) 경사재가 없는 조립형 동바리와 강관틀동바리는 수평변위가 억제되지 않으므로 시공 시 안전사고 방지를 위해 콘크리트 교량 가설용 동바리로서의 사용을 제한한다.

2) 조립형동바리 및 강관틀동바리의 설치높이는 시공성과 안전성을 고려하여 10m 이내이어야 한다.

3) 조립형동바리 및 강관틀동바리는 15m 이내의 지간을 갖는 교량의 가설공사 시에 적용하며 15m를 초과하는 경우에는 발주처의 승인을 받아야 한다. 단, 박스형 거더교의 경우에는 이 제한을 적용하지 않는다.

4. 설계

1) 콘크리트 교량 가설용 동바리는 콘크리트 타설 시 발생되는 수직 및 수평하중에 대해 안전하도록 설계되어야 한다.

2) 콘크리트 교량 가설용 동바리 설계는 허용응력 설계법을 따르는 것을 원칙으로 한다.

3) 조립형동바리와 강관틀동바리는 수평재 및 경사재를 반드시 설치하여 예상되는 수평하중을 이들 부재가 지지하도록 한다.

4) 동바리 설계는 시공 중과 완성 후의 침하와 변형을 고려하며, 이때 예상되는 전체 침하량은 가설기초의 침하와 동바리 자체의 변형을 포함하여야 한다.

5) 조립형동바리의 수직재 간 간격은 0.9m 이상 1.2m 이하이어야 하며, 0.9m 이하의 경우에는 공사감독자의 승인을 받아야 한다.

6) 강관틀동바리의 수직재 간 간격은 KS 규정을 따른다.

7) 조립형동바리 및 강관틀동바리의 상하 수평재 간 설치간격에 대한 수직재 간 설치간격의 비는 0.5/1~1/1의 범위 이내이어야 한다.

8) 경사진 교량의 가설용 동바리로서 조립형동바리 또는 강관틀동바리를 사용하는 경우에는 다음의 편경사 및 평면곡선반경에 대한 조건을 만족하여야 한다. 종단경사의 경우에는 제한을 두지 않는다.

   ① 편경사는 6% 이내이어야 한다.
   ② 평면곡선 반경은 최대 편경사 6%일 때의 설계속도에 대응하는 최소 곡선반경 규정을 만족하여야 한다.

5. 하중 80회/83회/102회/111회/126회

【 **기출유형 ①** 】 동바리 구조설계 시 구조적으로 검토되어야 할 사항
【 **기출유형 ②** 】 거푸집 및 동바리 계산 시 연직·수평하중, 콘크리트 측압에 대해 고려할 사항

거푸집 및 동바리는 콘크리트 시공 시에 작용하는 연직하중, 수평하중, 콘크리트 측압 및 풍하중, 편심하중 등에 대해 그 안전성을 검토하여야 한다.

1) 연직하중 : 고정하중(D), 공사 중 발생하는 작업하중(L_i)

   ① 고정하중 : 철근콘크리트 + 거푸집, 최소 5kN/m³ 이상
      (1) 철근 콘크리트 : 보통 24kN/m³, 제1종 경량 20kN/m³, 제2종 경량 17kN/m³
      (2) 거푸집 : 최소 0.4kN/m³, 특수 거푸집은 실제 무게 적용
   ② 작업하중 : 작업원 + 경량의 장비하중 + 충격하중 + 기타 자재 및 공구 하중

(1) 콘크리트 타설 높이(h), h <0.5m : 수평투영면적당 최소 2.5kN/m^3

(2) 콘크리트 타설 높이(h), 0.5m ≤ h < 1.0m : 수평투영면적당 최소 3.5kN/m^3

(3) 콘크리트 타설 높이(h), 1.0m ≤ h : 수평투영면적당 최소 5.0kN/m^3

2) 콘크리트 측압

거푸집 설계에서는 굳지 않은 콘크리트의 측압을 고려하여야 한다. 콘크리트의 측압은 사용재료, 배합, 타설 속도, 타설 높이, 다짐 방법 및 타설되는 콘크리트 온도, 사용하는 혼화제의 종류, 부재의 단면 치수 등에 의한 영향을 고려하여 산정하여야 한다.

① 일반콘크리트용 측압

$$P = W \cdot H$$

여기서, P : 콘크리트의 측압(kN/㎡), W : 굳지 않은 콘크리트의 단위중량(kN/m^3),

H : 콘크리트의 타설 높이(m)

② 내부진동 다짐 타설되는 기둥 및 벽체 콘크리트 측압 : 슬럼프 175mm 이하, 다짐높이 1.2m 이하

(1) 기둥 : 다음의 식을 사용해 산정한다. 이 때 측압은 최소 $30C_w$ kN/m^2 이상, 최대 $W \cdot H$ 이하로 적용한다.

$$P = C_w \cdot C_c \left[7.2 + \frac{790R}{T+18} \right]$$

여기서, P : 콘크리트 측압(kN/m^2), C_w : 단위중량 계수, C_c : 첨가물 계수,

R : 콘크리트 타설속도(m/h), T : 타설되는 콘크리트의 온도(℃)

(2) 벽체 : 타설속도와 타설높이에 따라 다음과 같이 구분한다. 이때 측압은 최소 $30C_w$ kN/m^2 이상, 최대 $W \cdot H$ 이하로 적용한다.

(가) 타설속도가 2.1 m/h 이하이고, 타설높이가 4.2 m 미만인 벽체 : (1)식 적용

(나) 타설속도가 2.1 m/h 이하이고, 타설높이가 4.2 m 이상인 벽체, 타설속도가 2.1~4.5 m/h인 모든 벽체

$$P = C_w \cdot C_c \left[7.2 + \frac{1160 + 240R}{T+18} \right]$$

※ 단위중량 계수 C_w , 첨가물 계수 C_c

콘크리트의 단위중량	C_w
$\gamma_c \leq 22.5$ kN/m^3	$C_w = 0.5\,[1 + (W/23\,\text{kN/m}^3)] > 0.8$
$22.5 < \gamma_c \leq 24$ kN/m^3	$C_w = 1.0$
$\gamma_c > 24$ kN/m^3	$C_w = W/23\,\text{kN/m}^3$

시멘트 타입 및 첨가물	C_c
지연제를 사용하지 않은 1, 2, 3종 시멘트	1.0
지연제를 사용한 1, 2, 3종 시멘트	1.2
다른 타입의 시멘트 또는 지연제 없이 40% 이하의 플라이 애쉬 또는 70% 이하의 슬래그가 혼합된 시멘트	1.2
다른 타입의 시멘트 또는 지연제를 사용한 40% 이하의 플라이 애쉬 또는 70% 이하의 슬래그가 혼합된 시멘트	1.4
70% 이상의 슬래그 또는 40% 이상의 플라이 애쉬가 혼합된 시멘트	1.4

주) 여기서, 지연제란 콘크리트의 경화를 지연시키는 모든 첨가물로서, 감수제, 중간단계의 감수제, 고성능 감수제(유동화제)를 포함한다.

③ 슬립 폼(Slip form) : 타설높이가 높지 않고 타설 속도가 빠르지 않아 측압을 낮추어 적용

(1) 진동다짐을 하지 않는 경우 : $P = 4.8 + \dfrac{520R}{T+18}$

(2) 진동다짐을 하는 경우 : $P = 7.2 + \dfrac{520R}{T+18}$

④ 수중에 타설하는 콘크리트는 수압에 의해 측압이 감소되는 효과를 고려하여 적용할 수 있다.

⑤ 콘크리트를 거푸집 하부에서 주입하는 역타설의 경우에는 주입하는 압력이 추가로 고려되어야 하며, 최소한 일반 콘크리트용으로 계산된 측압의 최소 25 % 이상을 추가로 고려하여야 한다.

⑥ 프리플레이스트 콘크리트용 거푸집의 측압은 골재 투입 시에 거푸집에 작용하는 측압과 주입 모르타르의 측압을 고려하여야 한다.

⑦ 콘크리트 다짐을 외부 진동다짐으로 할 경우에는 이에 대한 영향을 고려하여야 한다.

3) 풍하중

건축물 설계하중 기준(KDS 41 12 00)에 따라 기본풍속, 풍향계수, 풍향고도분포계수, 지형계수, 중요도계수의 곱으로 산정한다. 다만, 가시설물의 재현기간에 따른 중요도계수(I_w)는 다음 식에 의해 산정하고, 최솟값은 0.55로 한다.

$$I_w = 0.51 + 0.10\ln\left(T_w\right) \geq 0.55$$

$$T_w = \dfrac{1}{1 - (P)^{\frac{1}{N}}}$$

여기서, I_w : 재현기간에 따른 중요도계수, T_w : 재현기간(년), N : 가시설물의 존치기간(년), P : 비초과 확률(60%)

4) 수평하중

거푸집 및 동바리는 풍하중 이외에 타설 시의 충격, 또는 시공오차 등에 의한 최소의 수평하중(M)을 고려하여야 하며, 풍하중과 최소 수평하중의 영향을 각각 고려하여 불리한 경우에 대하여 검토한다.

① 최소 수평하중 : max[설계수직하중의 2%, 동바리상단 수평방향 단위길이당 1.5kN/m]로 동바리 설치면에 대해 X, Y방향에 각각 적용한다.

② 횡경사에 의한 수평하중 : 한 번에 타설하는 상부 바닥판의 종단경사 또는 횡경사에 의해 굳지 않은 콘크리트의 유체 압력이 발생하는 경우에는 그림에 주어진 식에 따라 수평력을 계산하고 (1)의 수평하중에 추가하여 고려한다.

③ 풍하중(W), 수압(F), 콘크리트 비대칭 타설 시의 편심하중, 경사진 거푸집의 수직 및 수평분력, 콘크리트 내부 매설물의 양압력, 크레인 등의 장비하중, 외부진동다짐에 의한 영향 하중 등과 같이 가설 작업 중 특수하게 발생하는 수평하중의 영향은 별도로 고려하여야 한다.

④ 벽체 및 기둥 거푸집의 전도에 대한 안정성 검토 시에는 거푸집면 외측에서 투영면적당 $0.5kN/m^2$의 최소 수평하중이 작용하는 것으로 하며, 풍하중과 최소 수평하중의 영향을 각각 고려하여 불리한 경우에 대하여 검토한다.

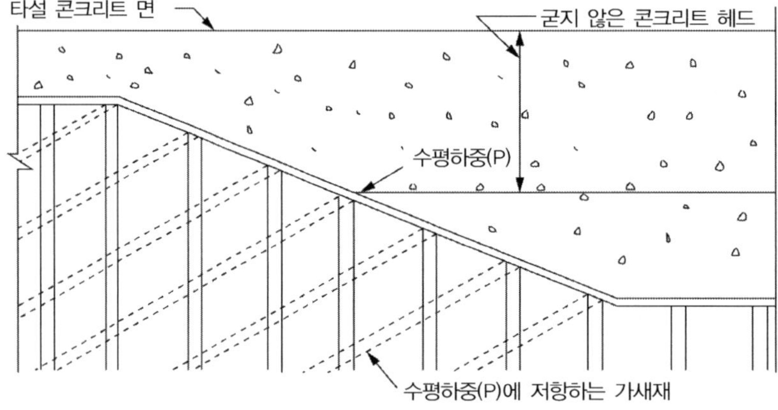

5) 특수하중

① 시공 중에 예상되는 특수한 하중에 대해서는 그 영향을 고려하여야 하며, 이때 특수하중이란 콘크리트를 비대칭으로 타설할 때의 편심하중, 콘크리트 내부 매설물의 양압력, 포스트텐션(post tension) 시에 전달되는 하중, 크레인 등의 장비하중 그리고 외부진동다짐에 의한 영향 등을 말한다.

② 슬립 폼의 인양(jacking) 시에는 벽체길이당 최소 3.0 kN/m 이상의 마찰하중이 작용하는 것으로 한다.

6) 하중조합과 허용응력증가계수

CASE	하중조합	허용응력증가계수
1	$D + L_i + M$	1.00
2	$D + W$	1.25
3	$D + L_i + M + S$	1.50

7) 안전율

① 압축부재 : 거푸집 지지를 위해 사용하는 동바리의 허용압축하중에 대한 안전율(극한하중에 대한 허용하중의 비를 말하며, 극한하중은 압축성능을 의미함)은 지지형식에 따라 다음의 값 이상이어야 한다.

지지형식		안전율	시공형태
지주형식 동바리	단품 동바리	3	강재 및 알루미늄 합금재 파이프 서포트, 강관과 같이 개개품을 이용하여 거푸집을 지지하는 동바리
	조립식 동바리	2.5	시스템 동바리, 틀형 동바리와 같이 수직재, 수평재, 가새재 등의 각각의 부재를 현장에서 조립하여 거푸집을 지지하는 동바리

② 보 부재 : 보 형식 동바리 중앙부 허용휨응력에 대한 중앙부 설계휨모멘트의 안전율은 다음의 값 이상이어야 한다.

지지형식	안전율	시공형태
보 형식 동바리	2	강재 갑판 및 철재트러스 조립보 등을 수평으로 설치하여 거푸집을 지지하는 동바리

③ 거푸집용 부속품

부속품		안전율	시공형태
거푸집 간격재		2	모든 경우
앵커	전단	2	거푸집 하중과 콘크리트 측압만을 지지할 경우
		3	거푸집 하중, 콘크리트 측압 및 작업하중을 지지할 경우
	인장	2	모든 경우
폼 행거		2	모든 경우
양중에 관련된 로프나 부속품		5	

8) 변형기준

거푸집 널의 표면의 등급에 따라 순 간격(l_n) 1.5m 이내의 상대변형과 절대변형 중 작은 값 이하

표면 등급	상대변형	절대변형
A급(미관상 중요한 노출 콘크리트 면)	l_n / 360	3 mm
B급(마감이 있는 콘크리트 면)	l_n / 270	6 mm
C급(미관이 중요하지 않은 노출콘크리트 면)	l_n / 180	13 mm

6. 구조설계

일반적으로 동바리는 현장조건에 부합하는 각 부재의 연결조건과 받침조건을 고려한 2차원 또는 3차원 해석을 수행하여야 하며, 구조물의 형상, 평면선형 및 종단선형의 변화가 심하고 편재하의 영향을 고려할 경우, 높이 5m 이상인 동바리는 반드시 3차원 해석을 수행하여 안전성을 검증하여야 한다.

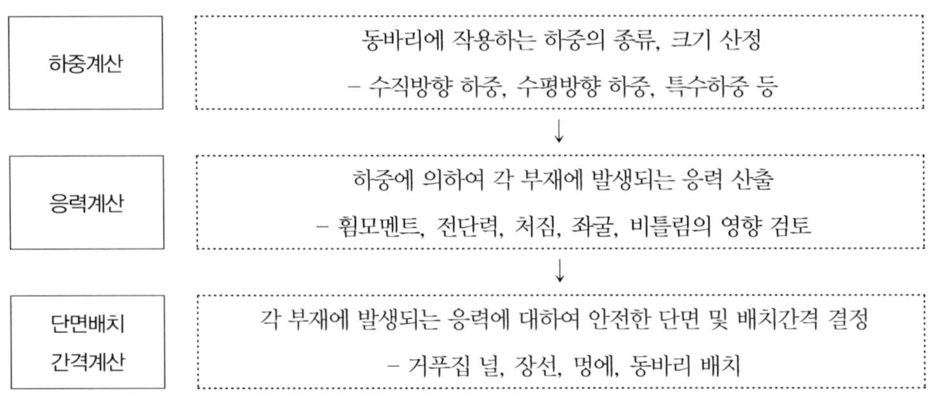

1) 부재의 연결조건

① 시스템 동바리의 경우에는 각 부재의 연결조건을 다음과 같이 적용한다.
   (1) 수직재와 수직재의 연결부 : 연속 부재
   (2) 수직재와 수평재의 연결부 : 힌지 연결(수평재 단부)
   (3) 수직재와 경사재의 연결부 : 힌지 연결(경사재 단부)
   (4) 수평재와 경사재의 연결부 : 힌지 연결
② 강관틀 동바리의 경우에는 각 부재의 연결조건을 다음과 같이 적용한다.
   (1) 수직재와 수직재의 연결부 : 연속 부재
   (2) 수직재와 수평재의 연결부 : 연속 부재
   (3) 주틀과 경사재의 연결부 : 힌지 연결(경사재 단부)
③ 강관틀 동바리의 부재 중에서 주틀을 구성하는 수직재에 연결되는 수평재와 경사재의 연결부가 강성의 저하없이 용접 연결되는 경우에는 연결조건을 다음과 같이 적용할 수 있다.
   (1) 수직재와 수평재의 연결부 : 연속 부재
   (2) 수직재와 경사재의 연결부 : 연속 부재
   (3) 수평재와 경사재의 연결부 : 연속 부재
④ 동바리 상·하 받침부의 경계조건은 원칙적으로 힌지로 간주한다.

2) 거푸집 설계

① 거푸집은 그 형상 및 위치가 정확히 유지되도록 설계한다.

② 거푸집은 예상되는 하중조건에 대하여 모든 부속품이 허용응력을 초과하지 않아야 하며, 변형기준 이하가 되도록 설계되어야 한다.

③ 거푸집은 부과되는 연직하중과 수평하중을 지반 또는 영구 구조체에 안전하게 전달할 수 있도록 설계되어야 한다.

④ 목재 거푸집 및 수평부재는 등분포 하중이 작용하는 단순보로 설계하여야 한다. 다만, 강재나 알루미늄 등과 같은 재료가 사용되는 경우 지점조건에 맞게 설계하여야 한다.

⑤ 양중이 필요한 거푸집은 양중에 의한 영향을 고려하여야 한다.

⑥ 거푸집은 시공 중의 침하나 상승을 고려하여 설계되어야 한다. 특히, 태풍 등과 같은 강풍이 작용하여 거푸집이 붕괴될 우려가 있는 경우에는 수평방향 풍하중에 저항할 수 있도록 설계하여야 한다.

3) 동바리 설계

① 동바리는 조립이나 해체가 편리한 구조로서, 그 이음이나 접속부에서 하중을 확실하게 전달할 수 있도록 한다.

② 파이프 서포트, 시스템 동바리의 수직재와 강관틀 동바리의 주틀의 경우에는 압축성능을 안전율로 나눈 허용압축력에 근거한 허용압축응력을 적용하여 안전성을 검토할 수 있다.

③ 동바리 기초는 상부하중에 대한 지반의 허용지지력 및 허용침하량을 초과하지 않도록 설계하여야 하며, 동바리의 모든 부속품이 변형기준과 허용응력을 초과하지 않아야 한다.

④ 동바리의 설계는 시공 중과 완성 후의 전체 연직방향 변위량에 충분한 안전성을 확보하여야 한다. 전체 연직방향 변위량 선정은 기초 침하량과 동바리 자체 변형량을 포함한다.

⑤ 단품 지지형식 동바리의 허용압축내력 산정 시 수평연결재로 좌굴길이를 조정하지 않고 전체 동바리 길이에 대하여 좌굴길이로 산정하였을 경우에는 수평연결재를 생략할 수 있다.

⑥ 양중이 필요한 동바리는 양중에 의한 영향을 고려하여야 한다.

⑦ 동바리에 설치되는 수평연결재 및 가새재는 예상되는 모든 수평하중을 안전하게 지지할 수 있도록 설치하여야 한다.

⑧ 동바리 시공 중 태풍 등과 같은 강풍이 작용하여 동바리가 붕괴될 우려가 있는 경우에는 수평방향 풍하중에 저항할 수 있도록 설계하여야 한다. 특히 콘크리트 부분 타설 등 상부 편심하중에 의해 횡방향 쏠림현상(sidesway)이 크게 발생할 우려가 있는 시공조건일 경우 이를 미연에 방지할 수 있는 경사버팀대 등으로 견고하게 보강하여야 한다.

⑨ 전이보(transfer girder) 등과 같이 콘크리트 타설 두께가 큰 구조물을 지지하는 동바리에 의해 하부의 구조물에 전달되는 하중이 구조계산서에서 제시한 그 부재의 설계하중을 상회하는 경우에는 하부 지지구조물의 구조 안전성을 검토하여야 한다. 이때 하부 지지구조물이 콘크리

트 구조물인 경우 재령에 따른 콘크리트 압축강도를 고려하여야 한다.

⑩ 동바리 구조물에 볼트연결이 필요한 경우 다음 사항을 적용한다.

   (1) 고장력 볼트를 사용하는 모든 가시설물은 너트회전법, 직접인장측정법, 토크관리법, TS볼트 등을 사용하여 주어진 설계볼트장력 이상으로 조여야 한다.

   (2) 진동이나 하중변화에 따른 고장력 볼트의 풀림이나 피로를 설계에 고려할 필요가 없는 경우와 지압이음은 밀착 조임을 할 수 있으며 밀착 조임은 설계도면과 시공상세도에 명확히 표기하여야 한다. 여기서, 밀착 조임이란 임팩트 렌치로 수 회 또는 일반 렌치로 최대로 조여서 접합되는 판들이 서로 충분히 밀착된 상태가 된 볼트 조임을 말한다.

   (3) 진동, 충격 또는 반복하중을 받는 이음부 이외의 곳에 설계된 일반 볼트를 고장력 볼트로 대용하는 경우 일반 볼트의 규정에 따라 시공한다.

검토 항목	검토 사항	검증 기준
허용응력 및 변형량 설정	• 휨 모멘트 • 전단력 • 최대처짐량	• 부재에 작용응력(f_b) ≤ 허용휨응력(f_{ba}) • 부재에 작용응력(f_v) ≤ 허용전단응력(f_{va}) • 부재의 최대처짐량(δ_{max}) ≤ 허용처짐량
하중의 산정	• 수직, 수평하중 • 활하중 • 기타하중(풍하중, 특수하중)	• 콘크리트의 자중과 거푸집중량(0.4kN/m² 이상) • 충격하중과 작업하중 : 2.5kN/m² 이상
거푸집널의 검토	• 널재(합판) 두께 • 장선배치 간격 결정	① 널재의 단면성능 검토 ② 장선재 단면성능에 따른 배치간격 결정 ③ 휨모멘트 : 합판에 작용 응력(f_b) ≤ 허용휨응력(f_{ba}) ④ 최대처짐량(δ_{max}) ≤ 허용처짐량(δ_a)
장선의 검토	• 멍에 배치간격 결정	① 장선 배치간격에 대한 하중선정 ② 멍에재 단면성능에 따른 배치간격 결정 ③ 휨모멘트 : 장선에 작용 응력(f_b) ≤ 허용휨응력(f_{ba}) ④ 최대처짐량(δ_{max}) ≤ 허용처짐량(δ_a) ⑤ 전단검토 : 장선의 전단응력(f_v) ≤ 허용전단응력(f_{va})
멍에의 검토	• 동바리의 배치간격 결정	① 멍에 배치간격에 대한 하중산정 ② 동바리 배치간격 결정 ③ 휨모멘트 : 멍에에 작용 응력(f_b) ≤ 허용휨응력(f_{ba}) ④ 최대처짐량(δ_{max}) ≤ 허용처짐량(δ_a) ⑤ 전단검토 : 멍에의 전단응력(f_v) ≤ 허용전단응력(f_{va})
동바리의 검토		• 멍에 배치간격에 대한 연직방향 동바리 배치결정 • 수평방향 하중에 대한 수평재 및 수직경사재 배치 간격 결정 • 소요 지반지지력 검토
종합검토		• 최적 설계에 대한 검토(거푸집널, 장선, 멍에, 동바리 배치간격, 동바리 기초형식) • 특수하중 및 풍하중에 의한 영향여부 검토
표준조립 상세도		• 구조검토 결과에 의한 가설재 배치도 작성

4) 시스템 동바리

① 시스템 동바리는 규격화·부품화된 수직재, 수평재 및 가새재 등을 현장에서 조립하여 거푸집을 지지하는 동바리로 구조설계를 통해 조립도를 작성하여야 한다.

② 시스템 동바리 구조설계 시 연직 및 수평하중에 대한 안전성 검토결과에 따라 수직재 및 수평재에 가새재가 배치되도록 설계하여야 한다.

③ 경사진 구조물의 가설용 동바리로 시스템 동바리를 사용하는 경우 다음의 편경사 및 평면곡선 반지름에 대한 조건을 만족하여야 한다. 단, 종단경사의 경우에는 제한을 두지 않는다.

  (1) 바닥면의 편경사는 6% 이내이어야 한다.

  (2) 평면곡선 반지름은 최대 편경사 6%일 때의 설계속도에 대응하는 최소 평면곡선 반지름 규정을 만족하여야 한다.

④ 동바리의 전체 좌굴을 방지하기 위해 시스템 동바리의 설치높이는 조립되는 동바리 단면 폭의 3배가 넘지 않도록 하며, 초과 시에는 주변 구조물에 지지하는 등의 전체 좌굴을 방지할 수 있는 조치를 취하여야 한다. 다만, 수평버팀대 등의 설치를 통해 전도 및 좌굴에 대한 구조 안전성이 확인된 경우에는 3배를 초과하여 설치할 수 있다.

⑤ 시스템 동바리를 지반에 설치할 경우에는 연직하중에 견딜 수 있도록 지반의 지지력을 검토하여 강재, 목재 등을 이용하여 깔판 또는 깔목을 설치하거나, 지반다짐 후 콘크리트를 타설하는 등의 상재하중에 의한 침하 방지조치를 하여야 한다.

5) 강관틀 동바리

① 강관틀 동바리는 수직재, 수평재 및 경사재 등이 용접으로 일체화되어 생산된 주틀과 경사재 등이 조립되어 구조 시스템을 형성하기 때문에 시스템 동바리와 마찬가지로 부재의 단면적과 재료 특성만을 토대로 성능을 산정하기 어렵다. 따라서, 강관틀 동바리 부재의 성능은 KS에 규정된 시험방법에 따라 하중을 가하여 각 부재가 견딜 수 있는 하중의 최댓값을 토대로 산정하는 것을 원칙으로 한다.

② 강관틀 동바리는 수평재 및 경사재를 반드시 설치하여 예상되는 수평하중을 이들 부재가 지지토록 하여야 한다.

③ 강관틀 동바리의 상하 수평재 설치간격에 대한 수직재 설치간격의 비는 0.5/1~1/1의 범위 이내이어야 한다.

④ 경사진 구조물의 가설용 동바리로 강관틀 동바리를 사용하는 경우 다음의 편경사 및 평면곡선 반지름에 대한 조건을 만족하여야 한다. 단, 종단경사의 경우에는 제한을 두지 않는다.

  (1) 바닥면의 편경사는 6% 이내이어야 한다.

  (2) 평면곡선 반지름은 최대 편경사 6%일 때의 설계속도에 대응하는 최소곡선 반지름 규정을 만족하여야 한다.

6) 강재 동바리

① 강재 동바리는 대구경 원형 강관 또는 H형강, I형강 또는 플레이트 거더 등을 이용하여 설계되는 동바리를 말하며, 동바리의 재료특성과 단면형상을 토대로 설계되어 시공 현장에서 다양하게 적용될 수 있는 일반적인 동바리를 말한다.

② 강재 동바리는 유목에 의한 충돌하중을 고려할 경우에는 충돌력을 산출한다. 그 작용높이는 수면으로 하며, 유송물의 중량을 결정함에 있어서는 강재 동바리 지점 부근의 주민의 경험담, 상류의 교량 하천구조물, 산지의 상황 등을 조사한 후 합리적인 값을 정한다.

$$P = 0.1\,Wv$$

여기서 P : 충돌력(kN), W : 유송물의 중량(kN), v : 표면유속(m/s)

7) 하부 기초설계

① 동바리 하부에 별도의 기초가 사용될 경우에는 기초의 지지력을 결정하고, 동바리 시공상세도에는 설계 시에 적용한 지지력을 표시하여야 한다.

② 동바리 하부와 받침목 그리고 받침목과 기초콘크리트는 못이나 볼트 등으로 연결하여 변위를 구속하여야 한다. 이때 받침목은 상부하중에 의해 횡단면 비틀림이 발생되지 않는 단면으로 설계하여야 한다.

③ 하부기초 설계는 다음 순서에 따라 실시한다.

(1) 기초로 전달되는 하중의 크기 결정

(2) 기초지반의 허용지지력을 산정

(3) 기초 지반 허용지지력에 근거한 하부 기초의 지지 형식을 결정

㉠ 소요지지력이 지반 허용지지력보다 큰 경우

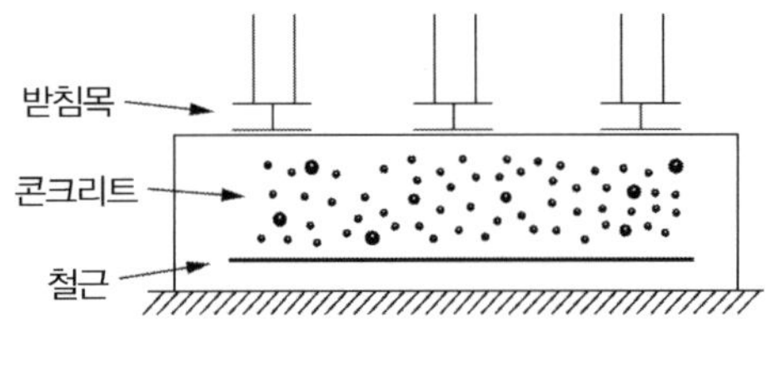

- 지반 허용지지력 및 기초철근콘크리트에 대한 응력검토

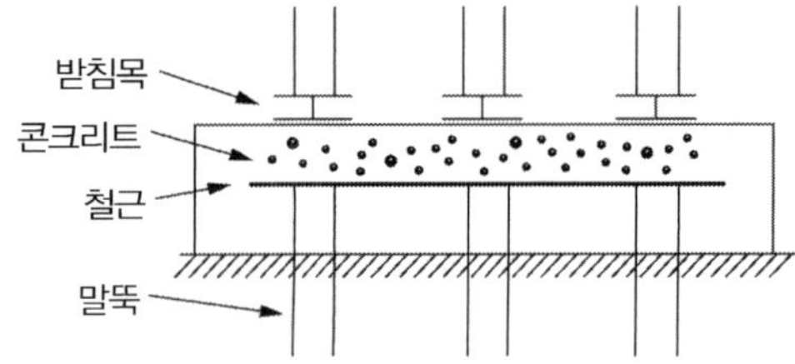

- 말뚝 허용지지력 및 기초철근콘크리트에 대한 응력검토

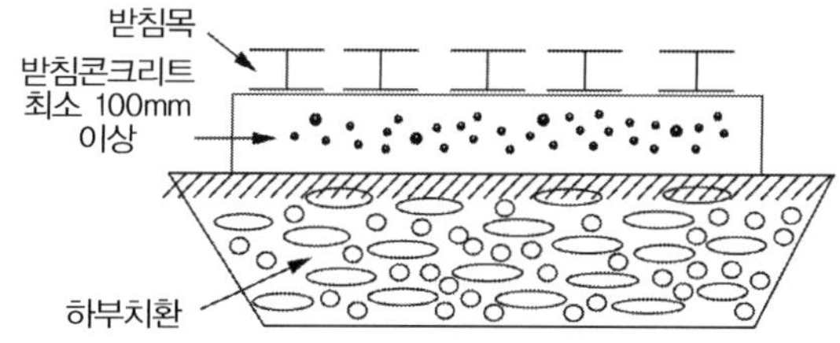

• 시험에 의한 치환깊이, 종류 등을 결정해 소요지지력 확보
• 하중분포를 위해 받침목 필히 설치

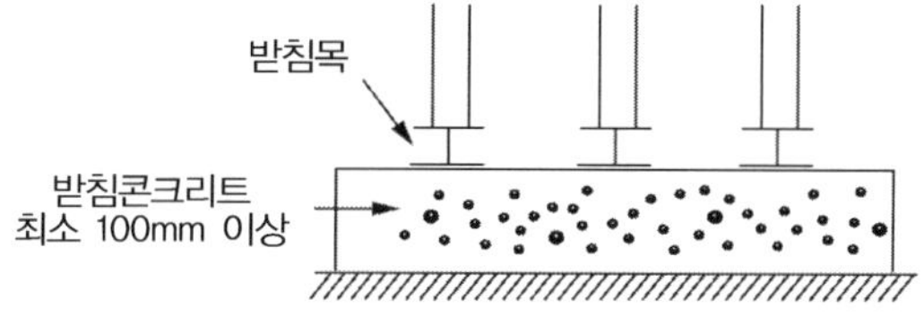

• 받침콘크리트는 기초가 아니므로 하중분포를 위해 받침목 필히 설치
• 받침콘크리트를 타설하지 않을 경우 받침목을 설치하더라도 국부적 부등침하 필히 검토

④ 지반의 지지력은 다음의 방법에 따라 결정한다.

(1) 지반 지지력은 항복강도의 1/2과 극한강도의 1/3 중 작은 값으로 한다.

(2) 지반침하량은 재하 폭 및 기초 폭에 종속적이므로 허용침하량 이내 인지를 검토하며 또한, 부등침하의 여부를 검토한다.

(3) 평판재하시험에 의해 지반 지지력을 평가하는 경우에는 재하판 지름의 2배 깊이까지의 지층에 대한 지지력을 나타내므로 지하수 등에 유의하고, 지반 하부에 배수관 등이 있을 경우에는 강성보강 등 별도의 대책을 강구한다.

(4) 허용지지력의 크기는 허용 침하량에 의한 지지력의 1/3과 평판재하시험에 의한 허용지지력을 비교하여 작은 값을 적용한다.

8) 콘크리트 타설 순서(처짐, 균열방지, 정부모멘트 교차점의 신축이음 설치 등 고려)

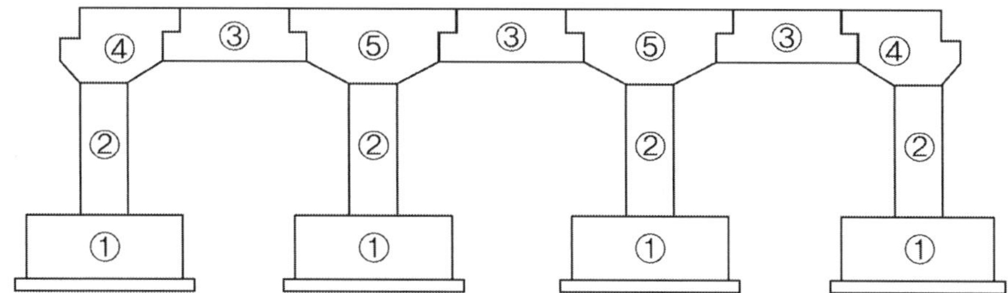

비계 안전검토

가시설물 설계기준(국토교통부) 중 '비계 및 안전시설물 설계기준(KDS 21 60 00)'에 따라 비계 및 안전시설물의 설계 시 검토하여야 하는 연직하중, 수평하중, 특수하중 및 하중조합에 대하여 설명하시오.

풀 이

➤ 개요

가시설물 설계기준에 적용되는 하중은 연직하중과 수평하중, 풍하중, 특수하중으로 구분되며, 연직하중의 경우 고정하중과 작업하중으로 구분해서 적용하도록 규정하고 있다.

➤ 하중별 특징

1) 연직하중 : 고정하중(D), 활하중(설계차량하중 L_w, 작업하중 L_i)
   ① 비계의 연직하중에는 비계 및 작업 발판의 고정하중(D)과 작업하중(L_i)이 있다.
   ② 작업 발판의 중량은 실제 중량을 반영하여야 하며, 0.2 kN/m² 이상이어야 한다.
   ③ 작업하중에는 근로자와 근로자가 사용하는 자재, 공구 등을 포함하며 다음과 같이 구분한다.
      (1) 통로의 역할을 하는 비계와 가벼운 공구만을 필요로 하는 경작업에 대해서는 바닥면적에 대해 1.25kN/m² 이상이어야 한다.
      (2) 공사용 자재의 적재를 필요로 하는 중작업에 대해서는 바닥면적에 대해 2.5 kN/m² 이상이어야 한다.
      (3) 돌 붙임 공사 등과 같이 자재가 무거운 작업인 경우에는 자재의 중량을 참고로 하여 단위면적당 작용하는 작업하중을 적용하여야 하며 최소 3.5 kN/m² 이상이어야 한다.

2) 수평하중 : 풍하중(W), 지진하중(E), 콘크리트 측압(P), 수압(F), 토압(H), 타설충격 또는 시공오차 등으로 인한 최소 수평하중(M)
   ① 비계의 수평연결재나 가새, 벽 연결재의 안전성 검토는 풍하중과 연직하중의 5%에 해당하는 수평하중 가운데 큰 값의 하중이 부재에 작용하는 것으로 한다.
   ② 수평하중은 비계설치 면에 대하여 X방향 및 Y방향에 대하여 각각 적용한다.

3) 풍하중
   ① 세장한 부재들로 이루어져 충실률이 낮고 보호망이나 패널 등을 붙여서 사용하는 안전시설물의 풍력계수(C_f)는 충실률에 따라 다음과 같이 산정한다.
   $$C_f = (0.11 + 0.09\gamma + 0.945 C_0 R)F$$

여기서, C_f : 안전시설물의 풍력계수, γ : 보호망, 네트 등의 풍력저감계수, C_0 : 안전시설물의 기본풍력계수, R : 안전시설물의 형상보정계수, F : 비계 위치에 대한 보정계수

② 보호망 등이 설치된 경우에 적용하는 풍력저감계수(γ)는 보호망 등으로 인한 충실률(ϕ)에 따라 다음의 식을 적용한다.

  (1) 쌍줄비계에서 후면비계에 적용하는 풍력저감계수 : $\gamma = 1 - \phi$

  (2) 쌍줄비계의 전면이나, 외줄비계에 적용하는 풍력저감계수 : $\gamma = 0$

③ 안전시설물의 기본풍력계수(C_0)는 충실률(ϕ)에 따라 다음 값을 적용한다.

ϕ	0.1미만	0.3	0.5	0.7	1.0
C_0	0.1	0.5	1.2	1.6	2.0

④ 안전시설물의 형상보정계수(R)는 망 또는 시트, 패널의 길이(l), 패널의 높이(h), 지면에서 패널 상부까지의 높이(H)에 따른 형상보정계수(R)는 다음과 같이 구분하여 적용한다. 다만, (l/h) 또는 ($2H/l$)가 1.5 이하인 경우에는 $R = 0.6$을 적용하며, (l/h) 또는 ($2H/l$)가 59 이상인 경우에는 $R = 1.0$을 적용한다.

  (1) 망이나 패널이 지면과 공간을 두고 설치되는 경우

$$R_{sh} = 0.5813 + 0.013(l/h) - 0.0001(l/h)^2$$

  (2) 망이나 패널이 지면에 붙어서 설치되는 경우

$$R_{sh} = 0.5813 + 0.013(2H/l) - 0.0001(2H/l)^2$$

⑤ 비계의 지지방법에 의한 보정계수(F)는 비계의 설치방법과 충실률에 따라 다음 표를 적용한다.

비계의 종류	풍력방향	적용부분	보정계수
독립적으로 지지되는 비계	정압, 부압	전 부분	F=1.0
구조물에 지지되는 비계	정압	상부 2개층	F=1.0
		기타부분	F=1+0.31ϕ
	부압	개구부 인전부 및 돌출부	F=-1.0
		우각부에서 2스팬 이내	F=-1+0.23ϕ
		기타 부분	F=-1+0.38ϕ

4) 특수하중 : 편심하중, 경사진 거푸집의 타설 시 수직 및 수평분력, 콘크리트 내부 매설물의 양압력, 포스트텐션 시에 전달되는 하중, 작업하중 이외의 충격하중, 진동다짐에 의한 하중, 안전시설의 특수한 설비를 설치한 경우의 하중, 적설하중, 교통하중, 인접건물하중

① 비계에 선반 브래킷, 양중설비, 콘크리트 타설장비 및 낙하물 방지망 등 안전시설에 특수한 설비를 설치한 경우에는 그 영향을 고려하여야 한다.

② 낙하물의 충격하중은 낙하물의 중량과 낙하 시 충격 등의 영향을 고려하여야 한다.

▶ 하중 조합

① 하중조합은 연직하중(자중 및 작업하중)과 수평하중을 동시에 고려하여야 한다. 수평하중은 각 방향에 대하여 서로 독립적으로 작용하며, 중첩하여 적용하지 않는다.

② 풍하중의 적용은 작업하중의 영향을 고려하지 않는다.

③ 비계 및 안전시설물에 적용하는 하중조합과 허용응력 증가계수를 고려한다.

CASE	하중조합	허용응력증가계수
1	$D+L_i+M$	1.00
2	$D+L_i+(M+W)$	1.25
3	$D+L_i+M+S$	1.50

▶ 구조설계 시 고려사항

1) 일반적으로 비계는 현장조건에 부합하는 각 부재의 연결조건과 받침조건을 고려한 2차원 혹은 3차원 구조해석을 수행하여야 하나, 구조물의 형상, 평면선형 및 종단선형의 변화가 심하고 편재하의 영향을 고려할 경우에는 반드시 3차원 해석을 수행하여 안전성을 검증하여야 한다.

2) 구조설계 순서는 KDS 21 50 00(1.7)에 따른다.

3) 강관 비계 및 시스템 비계 각 부재의 연결조건을 다음과 같이 적용한다.

　① 수직재와 수직재의 연결부 : 연속 부재
　② 수직재와 수평재의 연결부 : 힌지 연결(수평재 단부)
　③ 수직재와 경사재의 연결부 : 힌지 연결(경사재 단부)
　④ 수평재와 경사재의 연결부 : 힌지 연결

4) 강관틀 비계 및 이동식 비계의 경우에는 각 부재의 연결조건을 다음과 같이 적용한다.

　① 수직재와 수직재의 연결부 : 연속 부재
　② 수직재와 수평재의 연결부 : 연속 부재
　③ 주틀과 교차가새의 연결부 : 힌지 연결(경사재 단부)

5) 비계를 구성하는 수직재, 수평재 및 가새재 등 각 부재의 연결상세가 강성의 저하없이 용접 연결되는 경우에는 연결조건을 다음과 같이 적용할 수 있다.

　① 수직재와 수평재의 연결부 : 연속 부재
　② 수직재와 경사재의 연결부 : 연속 부재
　③ 수평재와 경사재의 연결부 : 연속 부재

콘크리트 타설 시 고려 하중

콘크리트 타설에 따른 일반과 특수 거푸집 및 동바리 설계 시 고려 하중들에 대하여 설명하고, 콘크리트 측압에 미치는 영향 요인 및 거푸집 설계 시 일반적인 고려사항에 대하여 설명하시오.

풀 이

> **개요**

거푸집 및 동바리는 콘크리트 시공 시에 작용하는 연직하중, 수평하중, 콘크리트 측압 및 풍하중, 편심하중 등에 대해 그 안전성을 확보하도록 설계하중을 고려해야 한다.

> **콘크리트 타설에 따른 거푸집 및 동바리 설계하중**

1) 연직하중 : 고정하중과 작업하중을 고려한 연직하중을 타설높이와 상관없이 5.0kN/m^2 이상 고려

  ① 고정하중(DL) : 타설되는 콘크리트 중량, 거푸집 하중, 특수 거푸집 하중과 철근 무게
    (1) 보통 콘크리트 24kN/m^3, 제1종 경량 콘크리트 20 kN/m^3, 제2종 경량 콘크리트 17 kN/m^3
    (2) 거푸집 하중 = 최소 0.4kN/m^2 (특수 거푸집의 경우에는 실제의 중량 적용)

  ② 작업하중(Li) : 작업원, 경량의 장비하중, 충격하중, 기타 필요한 자재 및 공구 등의 하중
    (1) 콘크리트 타설 높이(h)가 0.5 m 미만 : 구조물의 수평투영면적당 최소 2.5 kN/m^2 이상
    (2) 콘크리트 타설 높이(h)가 $0.5\text{ m}{\sim}1.0\text{m}$: 구조물의 수평투영면적당 최소 3.5 kN/m^2 이상
    (3) 콘크리트 타설 높이(h)가 1.0 m 이상 : 구조물의 수평투영면적당 최소 5.0 kN/m^2 이상
    (4) 콘크리트 분배기 등의 특수장비는 실제 장비하중을 적용

  ③ 적설하중 : 작업하중을 초과하는 적설하중에 대해 설계기준에 따라 고려

2) 수평하중 : 거푸집 및 동바리는 풍하중 이외에 타설 시의 충격, 또는 시공오차 등에 의한 최소의 수평하중(M)을 고려하여야 하며, 풍하중과 최소 수평하중의 영향을 각각 고려하여 불리한 경우에 대하여 검토한다.

  ① 최소 수평하중 : max[설계수직하중의 2%, 동바리상단 수평방향 단위길이당 1.5kN/m]로 동바리 설치면에 대해 X, Y방향에 각각 적용한다.

  ② 횡경사에 의한 수평하중 : 한 번에 타설하는 상부 바닥판의 종단경사 또는 횡경사에 의해 굳지 않은 콘크리트의 유체 압력이 발생하는 경우에는 그림에 주어진 식에 따라 수평력을 계산하고 (1)의 수평하중에 추가하여 고려한다.

  ③ 풍하중(W), 수압(F), 콘크리트 비대칭 타설 시의 편심하중, 경사진 거푸집의 수직 및 수평분력, 콘크리트 내부 매설물의 양압력, 크레인 등의 장비하중, 외부 진동다짐에 의한 영향 하중

등과 같이 가설 작업 중 특수하게 발생하는 수평하중의 영향은 별도로 고려하여야 한다.

④ 벽체 및 기둥 거푸집의 전도에 대한 안정성 검토 시에는 거푸집면 외측에서 투영면적당 0.5kN/m^2의 최소 수평하중이 작용하는 것으로 하며, 풍하중과 최소 수평하중의 영향을 각각 고려하여 불리한 경우에 대하여 검토한다.

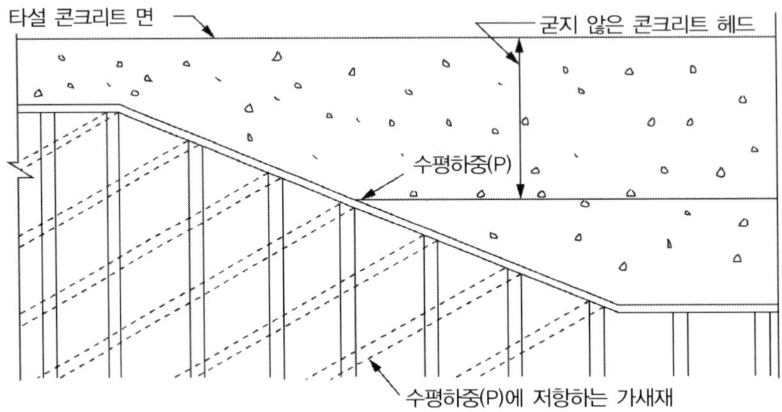

3) 콘크리트 측압 : 거푸집 설계에서는 굳지 않은 콘크리트의 측압을 고려하여야 한다. 콘크리트의 측압은 사용재료, 배합, 타설 속도, 타설 높이, 다짐 방법 및 타설되는 콘크리트 온도, 사용하는 혼화제의 종류, 부재의 단면 치수 등에 의한 영향을 고려하여 산정하여야 한다.

① 일반콘크리트용 측압

$$P = W \cdot H$$

여기서, P : 콘크리트의 측압(kN/m^2), W : 굳지 않은 콘크리트의 단위중량(kN/m^3),
H : 콘크리트의 타설 높이(m)

② 내부진동 다짐 타설되는 기둥, 벽체 콘크리트 측압 : 슬럼프 175mm 이하, 다짐높이 1.2m 이하
(1) 기둥 : 측압은 최소 $30C_w$ kN/m^2 이상, 최대 $W \cdot H$ 이하로 적용

$$P = C_w \cdot C_c \left[7.2 + \frac{790R}{T+18} \right]$$

여기서, P : 콘크리트 측압(kN/m^2), C_w : 단위중량 계수, C_c : 첨가물 계수,
R : 콘크리트 타설속도(m/h), T : 타설되는 콘크리트의 온도(°C)

(2) 벽체 : 타설속도와 타설높이에 따라 구분하며, 측압은 최소 $30C_w$ kN/m^2 이상, 최대 $W \cdot H$ 이하로 적용
(가) 타설속도가 2.1 m/h 이하이고, 타설높이가 4.2 m 미만인 벽체 : (1)식 적용
(나) 타설속도가 2.1 m/h 이하이고, 타설높이가 4.2 m 이상인 벽체, 타설속도가 2.1~4.5 m/h인 모든 벽체

$$P = C_w \cdot C_c \left[7.2 + \frac{1160 + 240R}{T + 18} \right]$$ ※ 단위중량 계수 C_w, 첨가물 계수 C_c

③ 슬립 폼(Slip form) : 타설높이가 높지 않고 타설 속도가 빠르지 않아 측압을 낮추어 적용

　(1) 진동다짐을 하지 않는 경우 : $P = 4.8 + \dfrac{520R}{T + 18}$

　(2) 진동다짐을 하는 경우 : $P = 7.2 + \dfrac{520R}{T + 18}$

④ 수중에 타설하는 콘크리트는 수압에 의해 측압이 감소되는 효과를 고려하여 적용할 수 있다.

⑤ 콘크리트를 거푸집 하부에서 주입하는 역타설의 경우에는 주입하는 압력이 추가로 고려되어야 하며, 최소한 일반 콘크리트용으로 계산된 측압의 최소 25 % 이상을 추가로 고려하여야 한다.

⑥ 프리플레이스트 콘크리트용 거푸집의 측압은 골재 투입 시에 거푸집에 작용하는 측압과 주입 모르타르의 측압을 고려하여야 한다.

⑦ 콘크리트 다짐을 외부 진동다짐으로 할 경우에는 이에 대한 영향을 고려하여야 한다.

4) 풍하중 : 건축물 설계하중 기준(KDS 41 12 00)에 따라 기본풍속, 풍향계수, 풍향고도분포계수, 지형계수, 중요도계수의 곱으로 산정한다. 다만, 가시설물의 재현기간에 따른 중요도계수(I_w)는 다음 식에 의해 산정하고, 최솟값은 0.55로 한다.

$$I_w = 0.51 + 0.10\ln(T_w) \geq 0.55, \quad T_w = \frac{1}{1 - (P)^{\frac{1}{N}}}$$

　여기서, I_w : 재현기간에 따른 중요도계수,　T_w : 재현기간(년), N : 가시설물의 존치기간(년), P : 비초과 확률(60%)

5) 특수하중

① 시공 중에 예상되는 특수한 하중에 대해서는 그 영향을 고려하여야 하며, 이때 특수하중이란 콘크리트를 비대칭으로 타설할 때의 편심하중, 콘크리트 내부 매설물의 양압력, 포스트텐션(post tension) 시에 전달되는 하중, 크레인 등의 장비하중 그리고 외부진동다짐에 의한 영향 등을 말한다.

② 슬립 폼의 인양(jacking) 시에는 벽체길이 당 최소 3.0 kN/m 이상의 마찰하중이 작용하는 것으로 한다.

▶ 콘크리트 측압에 미치는 영향 요인

콘크리트의 측압 산정 식에서 고려된 바와 같이 콘크리트의 측압은 사용재료, 배합, 타설 속도, 타설 높이, 다짐 방법 및 타설되는 콘크리트 온도, 사용하는 혼화제의 종류, 부재의 단면 치수 등에 의한 영향을 받으며, 이를 고려해 각 경우에 따라 측압 산정식을 산정하도록 하고 있다.

➤ 거푸집 설계 시 일반적인 고려사항

① 거푸집은 그 형상 및 위치가 정확히 유지되도록 설계한다.

② 거푸집은 예상되는 하중조건에 대하여 모든 부속품이 허용응력을 초과하지 않아야 하며, 변형 기준 이하가 되도록 설계되어야 한다.

③ 거푸집은 연직과 수평하중을 지반 또는 영구 구조체에 안전하게 전달하도록 설계되어야 한다.

④ 목재 거푸집 및 수평부재는 등분포 하중이 작용하는 단순보로 설계하여야 한다. 다만, 강재나 알루미늄 등과 같은 재료가 사용되는 경우 지점조건에 맞게 설계하여야 한다.

⑤ 양중이 필요한 거푸집은 양중에 의한 영향을 고려하여야 한다.

⑥ 거푸집은 시공 중의 침하나 상승을 고려하여 설계되도록, 태풍 등과 같은 강풍이 작용하여 거푸집이 붕괴될 우려가 있는 경우에는 수평방향 풍하중에 저항할 수 있도록 설계하여야 한다.

⑦ 일반적인 거푸집 표면의 평탄하기는 다음의 3단계로 구분되며, 적용부위별 표면의 평탄하기 등급은 공사시방서에 따른다.

　※ A급 : 미관상 중요한 노출콘크리트 면 ~ C급 : 미관상 중요하지 않은 노출콘크리트 면

거푸집 콘크리트 측압

콘크리트 거푸집 설계에 사용되는 콘크리트 측압에 대하여 설명하시오.

풀 이

▶ 개요

콘크리트의 측압은 사용재료, 배합, 타설속도, 타설높이, 다짐방법 및 타설할 때의 콘크리트 온도, 사용하는 혼화제의 종류, 부재의 단면 치수, 철근량 등에 의한 영향을 고려하여 산정하여야 한다.

▶ 콘크리트의 측압

1) 일반적으로 콘크리트용 측압은 다음의 식을 이용하여 산정한다.

$$p = WH$$

p : 콘크리트의 측압(kN/m^2) 　　　　　 W : 생콘크리트의 단위중량(kN/m^3)

H : 콘크리트 타설 높이(m)

2) 콘크리트 슬럼프가 175mm 이하이고 1.2m 깊이 이하의 일반적인 내부진동다짐으로 타설되는 기둥 및 벽체의 콘코리트의 측압은 다음의 식으로 산정한다. 다만 p값은 최소 $30C_w$ 이상이고 최대 WH 이하이다.

① 기둥의 측압

$$p = C_w C_c \left[7.2 + \frac{790R}{T+18} \right]$$

② 벽체의 측압

· 타설속도 2.1m/h 이하이고 타설높이가 4.2m 미만

$$p = C_w C_c \left[7.2 + \frac{790R}{T+18} \right]$$

· 타설속도 2.1m/h이하이고 타설높이가 4.2m초과하거나, 타설속도가 2.1~4.5m/h인 모든 벽체

$$p = C_w C_c \left[7.2 + \frac{1,160 + 240R}{T+18} \right]$$

여기서, R(콘크리트 타설속도 m/h), T(콘크리트 온도 ℃)

C_w (단위중량계수)

콘크리트 단위중량(kN/m³)	C_w
22.5 이하	$C_w = 0.5\left(1 + \dfrac{W}{23}\right) \geq 0.8$
22.5~24.0	1.0
24.0 이상	$C_w = \dfrac{W}{23}$

C_c (화학첨가물 계수)

시멘트 타입 및 첨가물	C_c
지연제를 사용하지 않는 KS L5201의 1, 2, 3종 시멘트	1.0
지연제를 사용한 KS L5201의 1, 2, 3종 시멘트	1.2
다른 타입의 시멘트 또는 지연제 없이 40% 이하의 플라이 애쉬 또는 70% 이하의 슬래그가 혼합된 시멘트	1.2
다른 타입의 시멘트 또는 지연제를 사용한 40% 이하의 플라이 애쉬 또는 70% 이하의 슬래그가 혼합된 시멘트	1.4
70% 이상의 슬래그 또는 40% 이상의 플라이 애쉬가 혼합된 시멘트	1.4

강재거푸집의 설계

다음 그림과 같은 9m 기둥에서 기둥하부 3m를 콘크리트로 1차 타설하려고 한다. 이때 Pier Formwork(강재거푸집)에 대한 콘크리트 타설속도, 측압, Skin plate에 발생하는 최대응력 및 최대변위량을 구하시오.

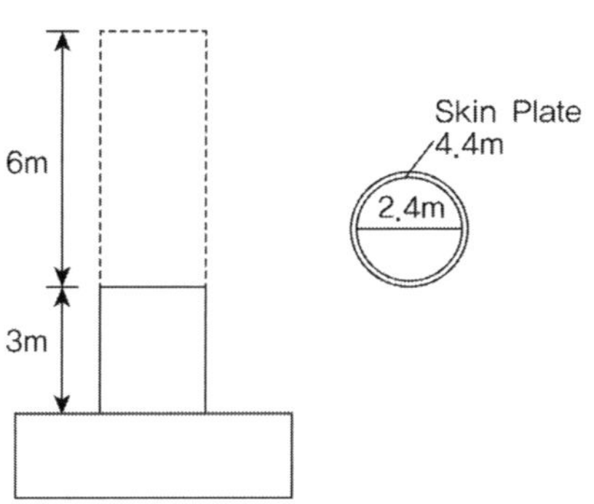

(조건) $C = 6m^3$: 레미콘 1대의 콘크리트량

$H_r = 30\text{min}$: 레미콘 1대의 타설 시간

$T = 15℃$: 타설 온도

$\gamma_c = 24kN/m^3$: 콘크리트 단위중량

$E_s = 210GPa$: 강재 탄성계수

SS400강재

$P = C_w \times C_c \times \left[7.2 + \dfrac{790R}{T+18} \right]$: 교각거푸집에 대한 측압(kN/m^2)

여기서 C_w : 단위중량계수(=1.0)

$\quad\quad C_c$: 첨가물계수(=1.0)

$\quad\quad R$: 콘크리트 타설속도(m/hr)

풀 이

▶ 콘크리트 타설 면적

$$A = \frac{\pi}{4}D^2 = 4.5238m^3$$

▶ 콘크리트 타설 높이

콘크리트 1대의 콘크리트량으로부터 타설되는 높이는 $C/A = 1.3263^m$

▶ 콘크리트의 타설 속도

$$R = (C/A)/H_r = 1.3263/0.5 = 2.6526 m/hr$$

▶ 콘크리트의 측압

$$P = C_w \times C_c \times \left[7.2 + \frac{790R}{T+18}\right] = 1.0 \times 1.0 \times \left[7.2 + \frac{790 \times 2.6526}{15+18}\right] = 70.7^{kN/m^2}$$

▶ Skin plate에 발생하는 최대 응력

콘크리트가 Skin plate의 높이만큼 타설될 때 지속적으로 동일한 타설속도로 타설된다고 가정하고 원주방향의 응력을 f_1 이라고 하면,

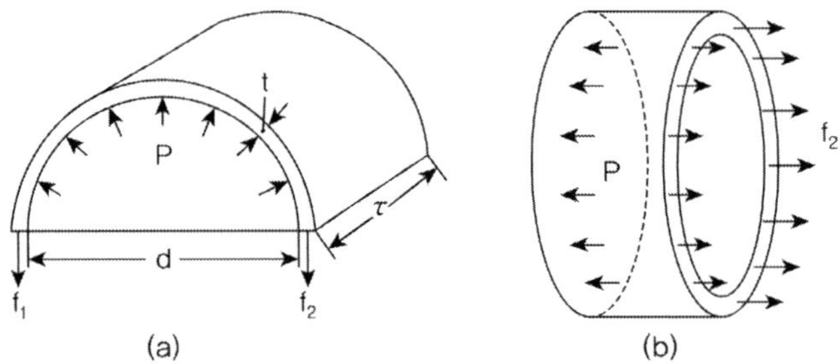

$$f_1(2lt) = p(dl)$$

$$\therefore f_1 = \frac{pd}{2t} = \frac{70.7^{kN/m^2} \times 2.4^m}{2 \times 4.4^{mm}} = 19.28^{N/mm^2} = 19.28^{MPa} \langle f_a \ (=140MPa, \ SS400)$$

▶ 거푸집의 변위량 산정

원주방향으로 발생하는 f_1 응력에 의해 발생되는 증가량 산정

$$\Delta l = \frac{TL}{AE} = \frac{(f_1 lt) \times (\pi D)}{(lt) \times E} = \frac{\pi f_1 D}{E} = \frac{\pi \times 19.28 \times 2400}{210,000} = 0.6922^{mm}$$

$$\pi D' = (\Delta l + l) = (\Delta l + \pi D), \quad \therefore D' = 2400.22^{mm}$$

∴ Skin plate에 발생하는 최대변위량(거푸집 배부름 양)은 편측방향을 기준으로 0.11mm이다.

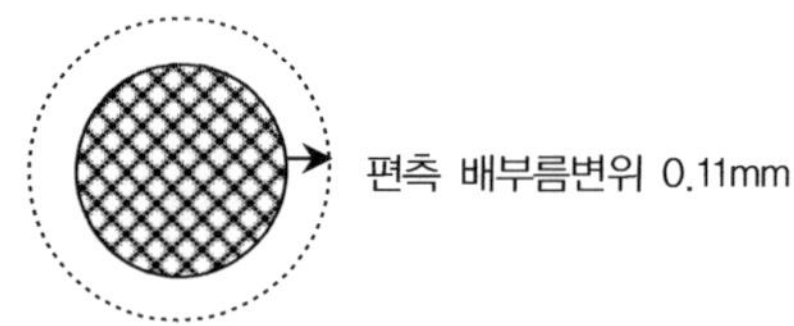

콘크리트 타설 시 하중, 동바리 설계

그림과 같이 헌치가 있는 RC라멘교를 시공하기 위하여 동바리 설계를 할 때, 콘크리트 타설 시 거푸집 및 동바리에서 콘크리트 압력이 작용하는데 다음 물음에 답하시오. 단, $W_c = 24\text{kN/m}^3$

1) 헌치거푸짐(A-B)에 작용하는 수평력을 구하시오.

2) 동바리 설계 및 시공 시 유의할 사항을 설명하시오.

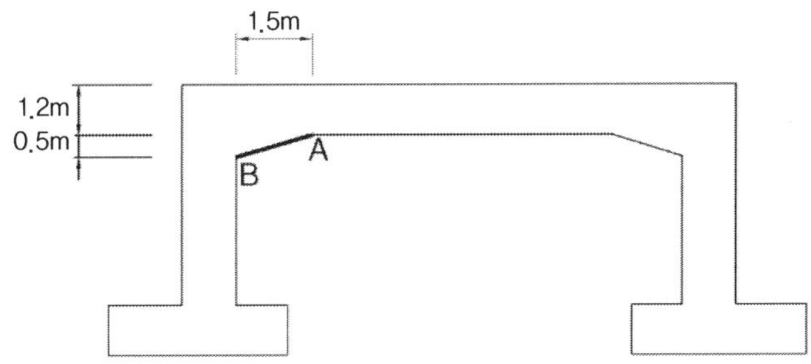

풀 이

➤ 개요

거푸집 및 동바리의 설계 시에는 수평하중(HL= max[설계수직하중의 2%, 동바리상단 수평방향 단위길이당 1.5kN/m])과 함께 횡방향 또는 종방향 기울기에 의해 굳지 않은 콘크리트의 유체압력에 대해서도 수평하중으로 고려하도록 하고 있다.

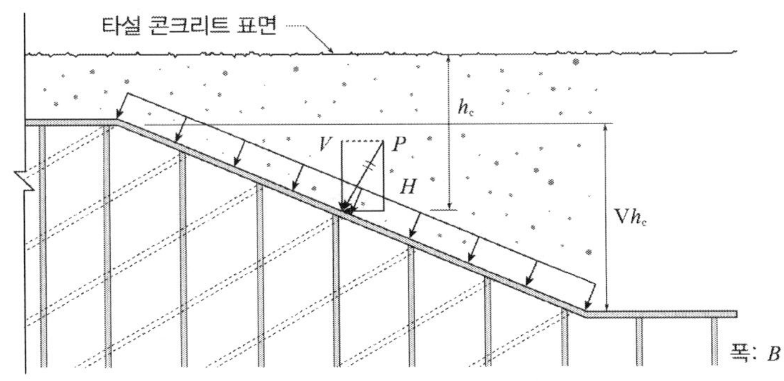

➤ 수평하중 산정

$H = W_c h_c B(Vh_c) = 24 \times (1.2+0.25) \times 1 \times 0.5 = 17.4 \text{ kN/m}$

HL= max[설계수직하중의 2%, 동바리상단 수평방향 단위길이당 1.5kN/m] = 1.5 kN/m (가정)

$\therefore$ 수평하중은 18.9 kN/m

➤ 동바리 설계 및 시공 시 유의사항

1) 동바리 사용제한 및 설치 제한사항

① 경사재가 없는 조립형 동바리와 강관틀 동바리는 수평변위가 억제되지 않음으로 시공 시 안전사고 방지를 위해 콘크리트 교량 가설용 동바리로서의 사용을 제한한다.

② 조립형동바리 및 강관틀 동바리의 설치높이는 시공성·안전성을 고려해 10m 이내이어야 한다.

③ 조립형동바리 및 강관틀 동바리는 15m 이내의 지간을 갖는 교량의 가설공사 시에 적용하며 15m를 초과하는 경우에는 발주처의 승인을 받아야 한다. 단, 박스형 거더교의 경우에는 이 제한을 적용하지 않는다.

2) 설계 시 유의사항

① 콘크리트 교량 가설용 동바리는 콘크리트 타설 시 발생되는 수직 및 수평하중에 대해 안전하도록 설계되어야 한다.

② 콘크리트 교량 가설용 동바리 설계는 허용응력 설계법을 따르는 것을 원칙으로 한다.

③ 조립형동바리와 강관틀 동바리는 수평재 및 경사재를 반드시 설치하여 예상되는 수평하중을 이들 부재가 지지하도록 한다.

④ 동바리 설계는 시공 중과 완성후의 침하와 변형을 고려하며, 이때 예상되는 전체 침하량은 가설기초의 침하와 동바리 자체의 변형을 포함하여야 한다.

⑤ 조립형동바리의 수직재 간 간격은 0.9m 이상 1.2m 이하이어야 하며, 0.9m 이하의 경우에는 공사감독자의 승인을 받아야 한다.

⑥ 강관틀 동바리의 수직재 간 간격은 KS 규정을 따른다.

⑦ 조립형동바리 및 강관틀 동바리의 상하 수평재 간 설치간격에 대한 수직재 간 설치간격의 비는 0.5/1~/1의 범위 이내이어야 한다.

⑧ 경사진 교량의 가설용 동바리로서 조립형동바리 또는 강관틀 동바리를 사용하는 경우에는 다음의 편경사 및 평면곡선반경에 대한 조건을 만족하여야 한다. 종단경사는 제한을 두지 않는다.
   (1) 편경사는 6% 이내이어야 한다.
   (2) 평면곡선 반경은 최대 편경사 6%일 때의 설계속도에 대응하는 최소 곡선반경 규정을 만족하여야 한다.

동바리 설계

아래 그림과 같이 배치된 거푸집, 동바리에 대하여 설계하시오.

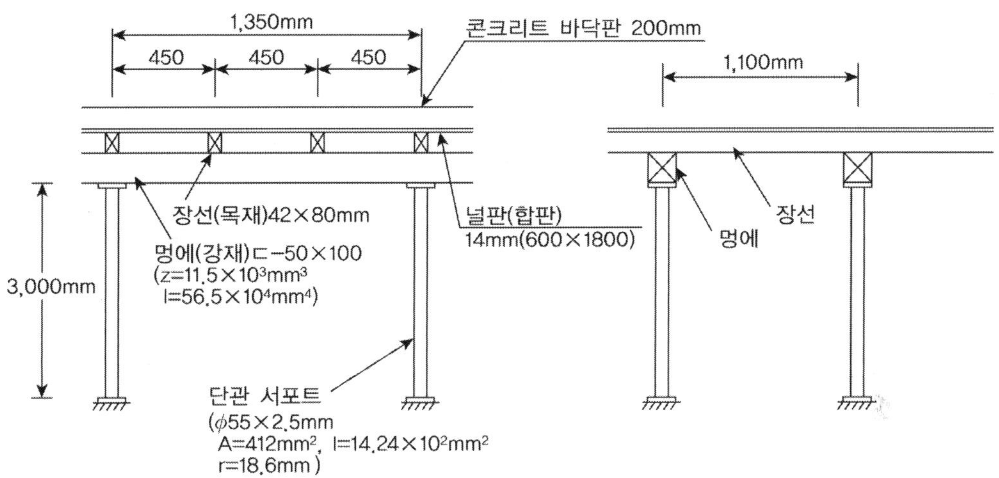

단, 콘크리트의 단위중량 25kN/m³, 허용처짐 : 3.0mm

충격하중은 고정하중의 50%를 적용하고, 작업하중은 1.5kN/m³로 적용하며 거푸집 중량은 무시한다.

합판과 목재 탄성계수 $E = 9000MPa$, 허용응력은 12MPa

강재 탄성계수 $E = 200,000MPa$ 강재는 SM400으로

$$l/b \leq 30 : f_{bca} = 140 - 2.4(l/b - 4.5)$$

$$l/b > 93 : f_{ca} = 1,200,000 / (6,700 + (l/r)^2)$$

각 부재 구조해석 모델링을 정하고 구하고자 하는 부재력 식은 구조계에 맞추어 적절히 가정하여 산정하고 서포트에 작용하는 횡력은 무시하며 응력할증은 고려하지 않는다.

풀 이

➤ 설계하중 산정

1) 고정하중(w_d)

① 콘크리트 : $25kN/m^3 \times 0.2^m = 5^{kN/m^2}$

② 거푸집 : $0.4^{kN/m^2}$ (주어진 조건으로부터 거푸집 중량은 무시한다)

2) 활하중(w_l)　　　　　　　작업하중 $1.5^{kN/m^2}$

3) 충격하중(w_i) $\qquad w_i = w_d \times 0.5 = 2.5^{kN/m^2}$

4) 총하중(w) $\qquad w = 5 + 1.5 + 2.5 = 9^{kN/m^2} = 0.009^{N/mm^2}$

➤ 합판의 설계

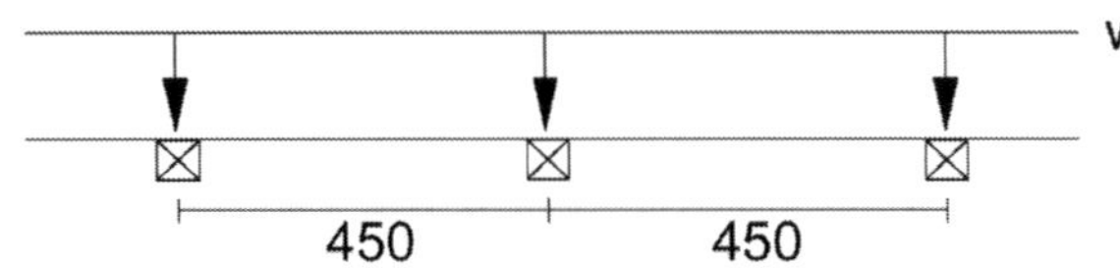

단순보로 보고 계산한다.

$$M_{\max} = \frac{1}{8}wl^2 = 0.2278^{kNm}$$

1) 허용응력

단위 m당 허용응력 산정

$$I = \frac{bh^3}{12} = \frac{1000 \times 0.014^3}{12} = 228666.7 mm^3, \quad S = \frac{bh^2}{6} = \frac{1000 \times 14^2}{6} = 32666.7 mm^3$$

$$f = \frac{M_{\max}}{S} = 6.97^{MPa} \langle f_a(= 12^{MPa}) \qquad\qquad \text{O.K}$$

2) 처짐 검토

$$\delta = \frac{5wl^4}{384EI} = \frac{5 \times 0.009 \times 450^4}{384 \times 9000 \times 228666.7} = 0.002^{mm} < \delta_a(= 3^{mm}) \qquad\qquad \text{O.K}$$

➤ 장선의 설계

장선이 받는 총하중 $w = 0.009 \times 400 = 3.6^{N/mm^2}$

1) 허용응력

단위 m당 허용응력 산정

$$I = \frac{bh^3}{12} = \frac{42 \times 80^3}{12} = 1{,}792{,}000 mm^4, \quad S = 44{,}800 mm^3$$

$$M_{\max} = \frac{wl^2}{8} = \frac{3.6 \times 1100^2}{8} = 544{,}500 Nmm$$

$$f = \frac{M}{S} = 12.154^{MPa} < f_a(= 12^{MPa}) \qquad\qquad \text{N.G}$$

2) 처짐 검토

$$\delta = \frac{5wl^4}{384EI} = \frac{5 \times 3.6 \times 1100^4}{384 \times 9000 \times 1792000} = 4.26^{mm} > \delta_a(= 3^{mm}) \qquad\qquad \text{N.G}$$

3) 멍애 간격 조정

멍애의 간격을 600^{mm} 로 변경하여 장선에 대해 재검토한다.

$$M_{\max} = \frac{wl^2}{8} = \frac{3.6 \times 600^2}{8} = 162,000\,Nmm$$

$$f = \frac{M}{S} = 3.62^{MPa} \rangle f_a (= 12^{MPa}) \qquad\qquad\qquad \text{O.K}$$

$$\delta = \frac{5wl^4}{384EI} = \frac{5 \times 3.6 \times 600^4}{384 \times 9000 \times 1792000} = 0.38^{mm} < \delta_a (= 3^{mm}) \qquad\qquad \text{O.K}$$

➤ 멍애의 설계

멍애가 받는 총하중 $w = 0.009 \times 600 = 5.4^{N/mm^2}$

1) 허용응력

$$M_{\max} = \frac{wl^2}{8} = \frac{3.6 \times 1350^2}{8} = 820,125\,Nmm, \qquad f_b = \frac{M}{S} = \frac{820,125}{11.5 \times 10^3} = 71.315^{MPa}$$

SS400 강재

$$\frac{l}{b} = \frac{1350}{50} = 27 \leq 30 \qquad\qquad f_{bca} = 140 - 2.4\,(l/b - 4.5) = 86^{MPa}$$

허용응력 증가를 고려하면, $\qquad f_{bca}{}' = 1.5 \times f_{bca} = 129^{MPa} \rangle f_b \qquad\qquad\qquad$ O.K

➤ 단관 서포트의 설계

총하중의 1/2씩 분담한다고 가정한다.

$$w = 0.009 \times 1350 = 12.15^{N/mm^2}, \qquad P = 12.15 \times \frac{1350}{2} = 8,201.25^{N/mm}$$

단위길이당 하중에 대해 검토하면

$$f_c = \frac{P}{A} = \frac{8201.25^N}{412^{mm^2}} = 19.9^{MPa}$$

$$\frac{l}{b} = \frac{3000}{27.5} = 109.1, \quad l/b \rangle 93$$

$$\therefore f_{ca} = 1,200,000/(6,700 + (l/r)^2) = 1,200,000/(6,700 + (3000/18.6)^2) = 36.68^{MPa}$$

허용응력 증가를 고려하면 $f_{ca}{}' = 1.5 f_{ca} = 55.02^{MPa} \rangle f_c \qquad\qquad\qquad$ O.K

REFERENCE

1	KDS 21 00 00 가설설계기준	국토교통부 2024
2	도로설계요령	한국도로공사 2020
3	도로교 설계기준 해설	대한토목학회 2008
4	도로교 설계기준 한계상태설계법	대한토목학회 2015
5	도로설계편람	국토해양부 2008
6	도로공사 흙막이 가시설 세부설계기준	한국도로공사 2005
7	콘크리트 교량 가설용 동바리 설치지침	국토해양부 2007
8	대한토목학회지	대한토목학회
9	알기 쉬운 가설 구조물의 해설	건설문화사

방재 설계

방재 설계

01 위험의 분석과 관리

사회기반시설을 운영하면서 발생되는 사고로 인해 설계단계에서부터 방재시설을 설치해 사고를 경감하고자 하는 노력이 지속되고 있다. 방재시설의 설계는 기반시설이 운용 중에 발생할 수 있는 화재, 붕괴, 폭발 등의 사고에 대비해 2차적인 피해를 예방하기 위해 설계단계에서부터 위험의 경감을 목적으로 설치되는 시설물의 설계를 말한다. 국내의 방재 설계와 관련된 지침은 주로 강우량과 연관되는 지역별 방재성능목표 설정기준(2022, 행정안전부) 화재와 관련된 도로터널 방재시설 설치 및 관리지침(2024, 국토교통부), 도로터널 내화지침(2024, 국토교통부) 등이 있다.

1. 위험 분석(Risk Assessment)

시설별로 발생할 수 있는 위험에 대해 설계단계부터 경감하는 시설을 설치하기 위해서는 위험의 평가와 그에 맞는 경감대책을 수립하는 것이 중요하다. 위험을 평가(Risk Assessment)하는 방법은 국내외적으로 여러 가지 방법이 있으나 국내에서 많이 사용하고 있는 방법은 다음과 같다.

1) 위험평가 방법 : 발생 가능성과 영향도, 노출도 등을 고려한 평가방법

이 방법은 기본적으로 데이터가 필요하기 때문에 과거의 발생한 위험을 대상으로 평가하는 방법이다. 국내에서 가장 많이 사용되는 방법이며, 영국의 NRA(National Risk Assessment)에서 많이 사용된다. 발생 가능성(Likelihood)은 위험이 출현되는 빈도(Frequency)를 통해서 산출되며, 영향도(Impact or Consequence)는 사망자, 재산피해 등을 통해 평가된다. 영향도의 평가는 가중치(Weight)를 통해 조정할 수도 있다. 기본적으로 발생가능성과 영향도를 큰 인자로 평가하며, 추가적으로 위험에 대한 노출도(Exposure)를 시설물별 혹은 지역별로 고려할 수 있다. 통상적으로 발생가능성과 영향도를 2축으로 하여 평가할 수 있으며, 보다 세밀한 평가를 원할 경우 노출도를 포함시켜 3축으로 위험에 대해 평가할 수 있다. 평가할 때에는 방재 시설의 설치 여부나 관리주체의 위험관리 능력(Governance of vulnerability) 등을 감안해 평가할 수 있다.

2) 위험의 관리

위험의 평가를 통해 우선순위가 결정된 주요 위험은 사전에 경감할 수 있는 계획을 수립한다. 방재 설계는 이러한 위험의 경감계획으로서 기대되는 위험을 최소화하고 2차 피해를 방지하기 위해서 운영된다. 예측되지 못한 위험이 발생한 경우에는 이를 보완하기 위해 원인 분석과 피드백을 통해 기존 수립된 경감계획을 보완해 나가는 것이 기본적인 원칙이다.

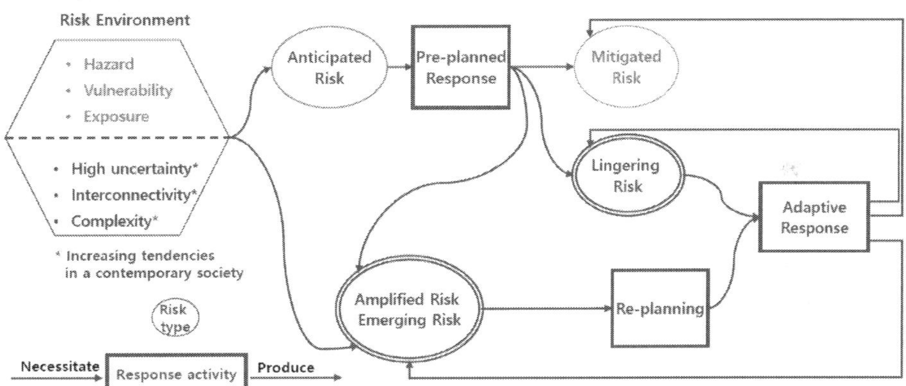

2. 사고 원인에 관한 이론

위험이 사고와 재난으로 연결되어가는 과정에 대해 설명하는 몇 가지의 이론에 대해 소개한다.

1) 하인리히 법칙(H. Heinrich, 1931)

통계적 기반으로 추출해 설명하는 이론으로 제조업 공장에서 발생하는 유사한 사고들의 통계로부터 추출된 내용이다. 사소한 위기징후 300번 가량 중 약 29건은 실제 작은 사고로 연결되어 발생되었고, 그중의 한번은 대형 사고로 이어진다는 내용이다.

2) 스위스 치즈 이론(James Reason, 1990)

사회의 안전망이 있음에도 대형 사고가 발생하는 것은 겹겹이 있는 안전망 중에서 취약한 부분이 연결되어 모든 조건들이 우연하게 한날 한시에 겹치면서 발생한다는 이론이다.

3) 정상 사고론(C.Perrow, 1984)

"개별 기술이 밀접하게 상호 작용하는 현대사회의 복잡한 시스템 속에서는 무수한 안전장치를 만들어도 피할 수 없이 사고가 발생하는 것이 정상적인 것이다."라고 설명하는 이론이다.

4) 위험사회 이론(U.Beck, 1999)

주로 통계적으로 발생하지 않았던 새로운 유형의 사고가 발생할 때 설명하는 이론으로 과학기술의 발전이 새로운 위험을 초래하며 이러한 새로운 위험은 일상적으로 출현한다고 설명한다.

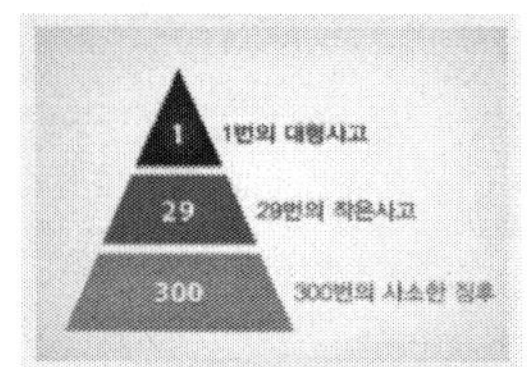
하인리히 법칙

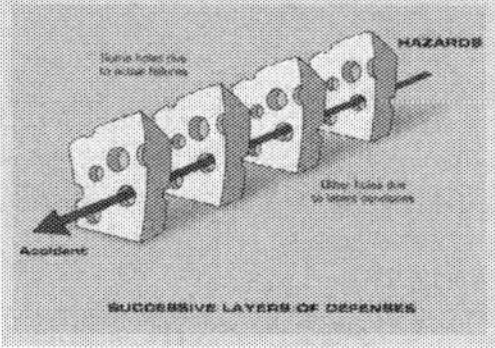
스위스 치즈이론

정상사고론

위험사회 이론

3. 위험, 사고, 재난의 관리방법

위험 분석(Risk Assessment)을 통해 위험으로 인식(Identification)되면, 위험을 효과적으로 줄이기 위한 방법론이 필요하다. 사고, 재난 등의 위험에 대한 방법론은 산업 분야에서는 P(Plan)−D(Do)−C(Check)−A(Act) 모델을 사용하기도 하지만, 국내에서 기본적인 활용하는 방법은 예방(Mitigation)−대비(Preparedness)−대응(Response)−복구(Recovery)의 4단계를 주로 채택한다.

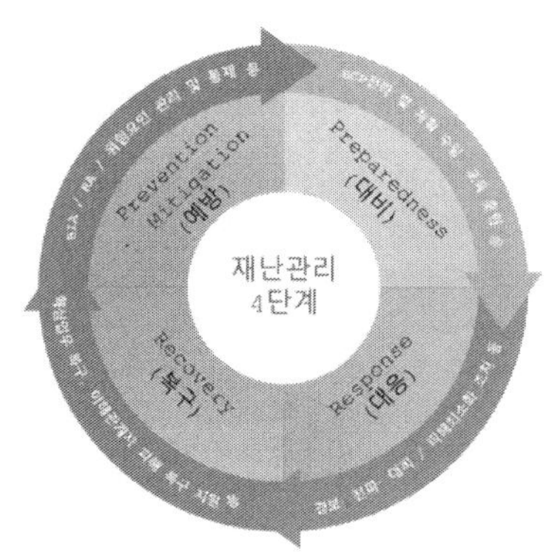

구분	주요내용
① 예방	평상시 사고 및 재난에 대한 위험감소 및 예방을 위해 수행하는 일련의 활동
② 대비	사고 및 재난 발생을 가정해 재난·사고 상황에서 수행할 제반사항을 미리 준비하기 위한 활동
③ 대응	사고 및 재난이 발생했을 때 대처하는 일련의 활동, 응급대책 및 구조, 구급활동 등
④ 복구	사고 및 재난이 발생하기 이전 상태로 되돌리기 위한 일련의 활동

02 방재 설계

1. 도로터널 방재시설

도로의 터널과 지하차도는 폐단면으로 구성되어 있기 때문에 화재나 폭발 등의 사고가 발생했을 때 화재나 연기로 인한 2차적으로 연이은 피해가 발생될 수 있다. 「도로터널 방재·환기시설 지침(국토해양부, 2025)」는 이러한 사고를 예방하기 위해 도로법에 따른 도로터널의 방재 및 환기시설에 대해 계획, 설계, 시공, 관리 시 적용해야 할 최소한의 기술기준을 규정하고 있다.

이 기준에 따르는 도로터널은 자동차의 통행을 목적으로 지반을 굴착하여 지하에 건설한 구조물, 개착공법으로 지중에 건설한 구조물(BOX형 지하차도), 기타 특수공법(침매공법 등)으로 하저에 건설한 구조물(침매터널 등)과 지상에 건설한 터널형 방음시설(방음터널)을 포함한다.

1) 도로터널의 방재시설

도로터널의 방재시설에는 사고예방, 초기대응, 피난대피, 소화 및 구조 활동, 사고확대방지를 기본으로 검토한다.

① 사고예방계획 : 터널의 구조적인 측면과 교통시스템 등 예방을 위한 시설의 확보, 운용 및 법적 규제에 대한 준수 대책 등이 포함된다. 구조적인 측면에서는 적정 설계속도 계획 수립, 도로 선형 및 구조, 비상주차대나 비상차로 등이 대표적이며, 교통통제시스템에는 교통표지판, 정보표시판, 차로이용규제신호, 진입차단시설 등이 포함된다.

② 초기대응계획 : 비상경보설비, 감시체계, 대피유도 및 피난·대피시설, 초기소화설비, 제연설비 등이 포함되며, 일반적으로 차량의 화재시 최대화재강도에 도달하는 시간은 10분 정도이므로 한정된 시간 내에 도로 이용자가 연기 등에 노출되지 않도록 계획하여야 한다.

③ 소화 및 구조활동 계획 : 소방대의 접근성을 확보하기 위해 터널의 구조적 특성과 지역 교통상황 등을 반영하여 소화 및 구조 활동을 신속하고 원활하게 수행할 수 있도록 적절한 배치 및 운영계획이 수립되어야 한다.

④ 피난·대피시설의 계획 : 피난대피는 화재 및 기타 재해 등의 비상시 생명을 보존하기 위해 안전지역으로 이동하는 행위로 터널의 경우에는 기본적으로 도로 이용자가 현장 상황을 스스로 판단하여 대피 여부를 결정해야 하는 경우가 많다는 점을 인식하여 피난유도시설 및 피난·대피시설을 적절히 계획하여야 한다. 피난대피환경을 확보하기 위해서는 일정시간 동안 대피가 가능한 환경 유지가 필요하므로 터널의 특성에 따라 제연시설을 계획하여야 한다.

⑤ 침수 대응계획 : 지하차도의 경우 침수사고에 취약하기 때문에 체계적인 대응계획과 통제기준 등을 마련해야 한다. 도로관리처의 경우 관심-주의-경계-심각 단계로 구분해 각 단계별로 점검계획을 수립하고, 지하차도의 침수이력, 홍수위험지도, 침수예상도, 하천 등 주변 인접지역

에서 유입사항을 고려해 설계 시 사전 고려할 수 있도록 해야 한다. 최대 침수심은 15cm 이하로 계획하고 진입차단설비, 우회로, 관측시설 등을 고려한다.

2) 터널의 방재 등급 구분

도로터널 방재·환기시설 지침(국토해양부, 2025)에서는 방재시설 설치를 위한 터널 등급은 터널연장(L)을 기준으로 하는 연장 등급과 교통량 등 터널의 제반 위험인자를 고려한 위험도 지수(X)를 기준으로 하는 구분한다. 터널의 방재등급은 개통 후, 매 5년 단위로 실측교통량 및 주변 도로여건 등을 조사하여 재평가하며, 이에 따라 방재시설의 조정을 검토할 수 있다.

등급	터널연장(L) 기준		위험도지수 (X)기준
	일반도로터널 및 소형차전용터널	방음터널	
1	3,000m 이상 (L ≥ 3,000m)	3,000m 이상 (L ≥ 3,000m)	X > 29
2	1,000m 이상, 3,000m 미만 (1,000 ≤ L < 3,000m)	1,000m 이상, 3,000m 미만 (1,000 ≤ L < 3,000m)	19 < X ≤ 29
3	500m 이상, 1,000m 미만 (500 ≤ L < 1,000m)	250m 이상, 1,000m 미만 (250 ≤ L < 1,000m)	14 < X ≤ 19
4	연장 500m 미만 (L < 500)	연장 250m 미만 (L < 250)	X ≤ 14

3) 터널 위험도지수 산정기준

① 터널 위험도지수는 주행거리계(터널연장×교통량), 터널제원(종단경사, 터널높이, 곡선반경), 대형차 혼입률, 위험물의 수송에 대한 법적규제(대형차 통과대수, 위험물 수송차량에 대한 감시시스템, 위험물 수송차량에 대한 유도시스템), 정체정도(터널 내 합류/분류), 터널전방 교차로(IC, JCT/신호등/TG), 통행방식(대면통행, 일방통행)을 잠재적인 위험인자로 하여 산정한다.

② 방재등급은 일방통행의 경우, 터널 튜브별로 산정하여 상위등급으로 터널의 방재등급을 정한다. 다만, 상·하행 터널이 완전히 분리된 경우(피난연결통로 설치 불가)에는 튜브별로 각각 방재 등급을 산정한다.

③ 각 위험인자별 위험도지수 산정 세부기준은 표와 같으며, 산정방법은 다음과 같다. 다만, 방음터널의 경우에는 위험인자별 위험도지수를 추가로 고려하여 산정한다.

  (1) 주행거리계는 교통량과 터널연장을 곱한 값이며, 교통량은 목표 연도(터널 준공 후 20년 후)에 예상되는 연평균일교통량을 기준으로 하며 튜브당 교통량을 적용한다. 단, 중방향계수는 고려하지 않는다.

  (2) 표고차는 입·출구 표고와 터널의 최저지점과의 높이차로 터널의 구간별 경사도와 연장을 곱하여 이의 총합으로 구한다. 다만, V자형(지하차도형) 경사터널의 경우에는 위험도지수를 2로 하고, 연장이 1km 이상인 역 V자형(산악터널형)은 +/− 변곡점으로부터 입구와 출

구까지의 거리가 모두 500m 이상인 경우에 위험도 지수를 2로 한다

(3) 진입부 경사도는 터널 전방 1,000m 구간에 대해서 거리가중평균으로 구한다. 다만, 경사도는 모두 양의 값으로 환산하여 가중평균을 구한다.

(4) 터널높이는 노면에서부터 터널 천장의 최대높이로 하며, (반)횡류식 및 대배기구 환기방식처럼 상부덕트가 있는 경우에는 덕트 내부 공간의 높이를 포함하여 터널높이로 산정한다.

(5) 대형차 혼입률은 도로설계 시 적용하는 대형차 혼입률로 전체 차종에 대한 대형버스, 중형, 대형, 특수트럭의 합계 구성비를 지칭한다. 단, 소형차 전용터널은 고려하지 않는다.

(6) 대형차 주행거리계 산정을 위한 대형차의 기준은 중형, 대형, 특수트럭을 말하며, 연평균 일교통량을 기준으로 하여 튜브당 대형차통과 대수를 산정하고 여기에 터널연장을 곱하여 구한다. 다만, 소형차 전용터널의 경우에는 소형트럭을 기준으로 산정한 소형 화물차 주행 거리계를 고려한다.

(7) 위험물수송차량에 대한 감시시스템 및 유도시스템은 위험물 통과를 규제하거나 선도차량의 유도에 의해서 통과하는 시스템이다. 다만, 소형차 전용터널의 경우에는 고려하지 않는다.

(8) 터널진출부의 교차로(IC, JCT 포함)/신호등/TG 여부는 터널진출부에서 1,000m 이내의 거리를 기준으로 한다.

(9) 갓길(길어깨)은 최소폭원이 2.0m 이상인 경우에 한하여 갓길(길어깨)이 있는 것으로 한다.

(10) 소형차 전용터널은 터널진입이 가능한 구호·구급차 1대 및소방차 2대 이상 보유한 간이 소방서를 설치 할 수 있다.

(11) 방음터널의 방음판 재료의 구분 및 성능기준은 방화성능기준에 따르며, 방음터널의 방음판의 재료가 복합재료로 시공된 경우에는 그 중 성능기준이 가장 열악한 재료를 기준으로 한다. 다만, 방음터널 천장부의 방음판을 유리재료로 하는 경우, 화재시 비산 등으로 인한 2차 사고를 고려하여 난연재료에 해당하는 위험도지수를 적용한다.

(12) 방음터널의 중앙분리벽은 화재가 반대방향의 터널로 확산되는 것을 방지하기 위한 시설로 중앙분리벽 재료의 성능기준은 준불연 이상의 성능을 확보하여야 한다.

(13) 화재확산 방지구역은 화재가 터널의 종방향으로 확산하는 것을 방지하기 위하여 재료의 성능기준이 준불연 이상의 재료로 확산방지구간을 시공하여 구획하는 것을 말하며, 확산 방지구간의 종방향 길이는 5m로 하며, 방지구역간 거리는 50m 이내로 한다. 다만, 터널의 방음판 재료의 성능기준이 준불연 이상인 경우에는 화재확산 방지구역과 관련된 위험도지수를 적용하지 아니한다.

(14) 민가와 이격거리는 방음터널의 측벽과 최근접 이격거리로 한다. 다만, 방음판 재료의 성능기준이 준불연 이상인 경우에는 민가와 이격거리에 관련된 위험도지수를 적용하지 아니한다.

④ 방재등급은 연장등급에 대해서 다음과 같이 상향 또는 하향하여 적용한다.

(1) 연장등급이 3등급 이상인 터널의 방재등급이 연장등급보다 1단계 이상 높으면 1단계 상위 등급으로 적용하고 1단계 이상 낮으면 1단계 하위등급을 적용한다. 다만, 방음터널은 연장

4등급인 경우에도 방재등급이 연장등급 보다 1단계 이상 높으면 1단계 상위등급으로 적용한다.

(2) (1)항에 따라 방재등급이 연장등급보다 하위등급이 되는 경우에는 정량적 위험도 평가를 실시하여 터널의 안전성이 확보가 되는 경우에 1단계 하위등급으로 적용할 수 있다.

(3) 연장등급이 4등급인 터널은 위험도지수와 관계없이 방재등급을 4등급으로 적용한다. 단, 방음터널은 모든 터널에 대해서 위험도지수에 의한 방재등급을 산정한다.

터널의 유형별 위험도지수(X) 평가기준

세부평가항목			터널 위험도지수(X), 일반 도로터널		터널 위험도지수(X), 소형차 전용터널	
			범위	위험도 지수	범위	위험도 지수
사고 확률	주행거리계 (교통량×연장) (Veh·km/tube·day)		8,000 미만	1.5	8,000 미만	1.5
			8,000 이상~16,000 미만	2.5	8,000 이상~16,000 미만	2.5
			16,000 이상~32,000 미만	5.0	16,000 이상~32,000 미만	5.0
			32,000 이상~64,000 미만	7.5	32,000 이상~64,000 미만	7.5
			64,000 이상	10.0	64,000 이상~128,000 미만	10.0
					128,000 이상~256,000 미만	12.5
					256,000 이상	15.0
터널 특성	표고차 및 경사도	입·출구 표고차(m)	10 미만	0.5	10 미만	0.5
			10 이상~20 미만	1.0	10 이상~20 미만	1.0
			20 이상~30 미만	1.5	20 이상~30 미만	1.5
			30 이상	2.0	30 이상~40 미만	2.0
					40 이상~50 미만	2.5
					50 이상	3.0
		진입부 경사도(%)	3.0 미만	0.5	3.0 미만	0.5
			3.0 이상	1.0	3.0 이상	1.0
	터널높이(m)		7.5 이상	1.0	7.5 이상	1.0
			5.0 이상~7.5 미만	2.0	6.0 이상~7.5 미만	2.0
					4.5 이상~6.0 미만	3.0
			5.0 미만	3.0	3.0 이상~4.5 미만	4.0
					3.0 미만	5.0
	터널곡선반경(m)		1,800 이상	0.5	1,800 이상	0.5
			1,800 미만	1.0	1,800 미만	1.0
	배연구간(m)				없음	3.0
					배연 구간 (m) / 500 미만	0.0
					500~3,000 미만	1.0
					3,000 이상	2.0
	간이소방서				없음	2.0
					있음	0.0
소형 화물	소형화물 주행거리계 (대.km/tube·day)				1,000 미만	0.5
					1,000 이상~5,000 미만	1.0
					5,000 이상~10,000 미만	1.5
					10,000 이상	2.0

세부평가항목			터널 위험도지수(X), 일반 도로터널		터널 위험도지수(X), 소형차 전용터널		
			범위	위험도지수	범위		위험도지수
대형차량	위험물 수송 관련	대형차 혼입률 (%)	10 미만	0.5			
			10 이상~17.5 미만	1.0			
			17.5 이상~25 미만	1.5			
			25 이상	2.0			
		대형차 주행거리계 (대·km/tube·day)	500 미만	0.5			
			500 이상~1,000 미만	1.0			
			1,000 이상~2,500 미만	2.0			
			2,500 이상~5,000 미만	4.0			
			5,000 이상	6.0			
		감시 시스템	있음	0.0			
			없음	1.0			
		유도 시스템	있음	0.0			
			없음	1.0			
정체 정도		서비스수준	LOS A~LOSC	1.0	LOS A~LOSC		1.0
			LOS D	2.0	LOS D		2.0
			LOS E~LOS F	3.0	LOS E~LOS F		3.0
			대면통행	3.0	대면통행		3.0
		터널내 합류/분류	없음	0.0	없음		0.0
			있음	2.0	합류/분류 개소	1개소	2.0
						2개소	2.5
						3개소	3.0
						4개소	3.5
						5개소 이상	4.0
		교차로/신호등/TG 등	없음	0.0	없음		0.0
			있음	2.0	있음		2.0
통행 방식		구분	갓길(길어깨)	–	갓길(길어깨)		–
		일방통행	○	1.0	○		1.0
			×	2.0	×		2.0
		대면통행	○	5.0	○		5.0
			×	6.0	×		6.0

방음터널 세부평가항목		범위		위험도지수
터널 특성	방음판 재료의 성능기준(1)	불연재료		0.0
		준불연재료		0.5
		난연재료		1.0
		기타재료의 열분해온도	450℃ 이상	2.0
			그 외	4.0
	중앙분리벽	설치		0.0
		미설치		2.0
	화재확산 방지구역	있음		0.0
		없음		1.0
	인접민가와 이격거리	50m 이상		0.0
		30m 이상 50m 미만		1.0
		10m 이상 30m 미만		1.5
		10m 미만		2.0

4) 방재등급별 방재시설 설치기준(일반터널 기준)

방재시설	터널등급	1등급	2등급	3등급	4등급	비 고
소화 설비	소화기구	●	●	●	●	
	옥내소화전설비	●○	●○			연장등급, 방재등급 병행
	물분무설비	○				
경보 설비	비상경보설비	●	●	●		
	자동화재탐지설비	●	●			
	비상방송설비	○	○	○	△(5)	
	긴급전화	○	○	○		
	CCTV	○	○	○	△	△: 200m 이상 터널 또는 진입차단설비가 설치되는 BOX형 지하차도
	자동사고감지설비	△	△	△		
	재방송설비	○	○	○	△	△: 200m 이상 터널
	정보표지판	○	○	△(5)	△(5)	
	진입차단설비	○	○	○(5)	○(5)	
피난 대피 설비	비상조명등	●	●	●	△	△: 200m 이상 터널
	유도등	○	○	○	○(4)	대피시설이 설치되는 연장4등급터널(4)
	대피 시설 · 피난연결통로	●	●	●	●(4)	250m 초과하는 연장4등급 터널(4)
	대피 시설 · 피난대피터널(1)	●	△			1등급:피난대피터널을 우선 적용
	대피 시설 · 격벽분리형 피난대피통로(1)	△	●	●	●(4)	2등급: 격벽분리형 피난대피통로를 우선 적용 / 250m 초과하는 연장4등급 터널(4)
	대피 시설 · 피난대피소(1)	삭제				
	비상주차대	○	○			
소화 활동 설비	제연설비	○	○	◎	◎	〈삭 제〉
	무선통신보조설비	●	●	●	△(2)	
	연결송수관설비	●○	●○			연장등급, 방재등급 병행
	(비상)콘센트설비	●	●	●		
비상전원 설비	무정전전원설비	●	●	●	△(3)	
	비상발전설비	●○	●○	△		연장등급, 방재등급 병행

● 기본시설 : 연장등급에 의함 ○ 기본시설 : 방재등급에 의함

△ 권장시설 : 설치의 필요성 검토에 의함

◎ 보강설비 : 운영중 연장 3등급 및 연장 4등급 중 250m 초과하고 대피시설이 미흡한 터널

(1) 피난연결통로의 설치가 불가능한 터널에 설치

(2) 4등급 터널의 경우, 재방송설비가 설치되는 경우에 병용하여 설치함

(3) 4등급 터널은 방재시설이 설치되는 경우에 시설별로 설치함

(4) 연장4등급 중 250m를 초과하는 경우 정량적 위험도 평가결과에 따라 설치함

(5) 3등급 및 4등급 BOX형 지하차도에 적용함

1. 위험도 분석에 따른 방재등급 검토

개 요	•지하차도내 존재하는 잠재적인 위험인자에 대한 위험도 평가수행 •평균위험도 2를 초과하는 경우 방재등급 상향조정 ⇒ 지하차도 방재등급 신뢰성 증대

위 험 인 자	범 위	위험정도	위험도지수	적용등급
년평균 일일교통량×지하차도연장 (10^3 Veh·km/tube·day)	32 이상~64 미만	높음	4	14/6=2.33 평균위험도가 2 초과이므로 1등급 적용
경 사 도	3% 이상	높음	3	
대 형 차 혼 입 율	10% 이상~25% 미만	중간	2	
위험물 수송에 대한 법적규제	제한 없음	높음	2	
정 체 정 도	빈번한 정체 (서비스수준 D 이상)	중간	2	
통 행 방 식	일방통행	낮음	1	

2. 방재 설비의 배치 예

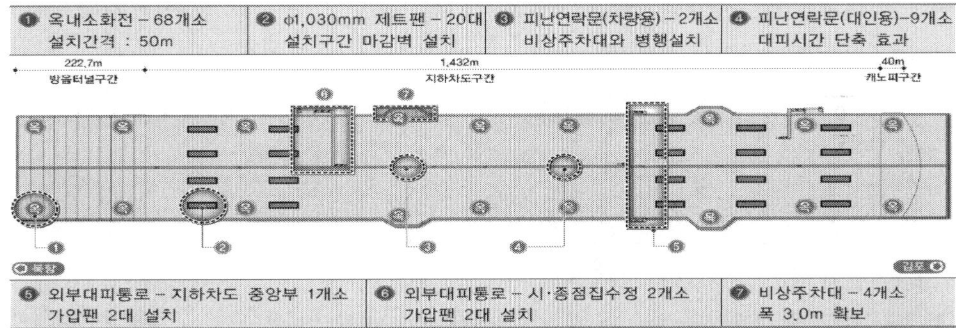

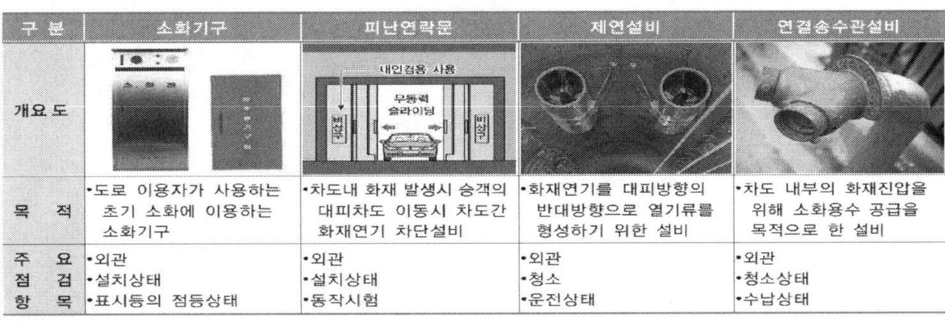

구 분	소화기구	피난연락문	제연설비	연결송수관설비
개 요 도				
목 적	•도로 이용자가 사용하는 초기 소화에 이용하는 소화기구	•차도내 화재 발생시 승객의 대피차도 이동시 차도간 화재연기 차단설비	•화재연기를 대피방향의 반대방향으로 열기류를 형성하기 위한 설비	•차도 내부의 화재진압을 위해 소화용수 공급을 목적으로 한 설비
주 요 점 검 항 목	•외관 •설치상태 •표시등의 점등상태	•외관 •설치상태 •동작시험	•외관 •청소 •운진상태	•외관 •청소상태 •수납상태

구 분	중 간 벽	비상주차대 및 피난연락문
개 요 도		
특 징	•대형차로 소음 및 매연차단효과 우수 •비상시 대피터널로 이용으로 방재우수	•비상주차대 설치규격 확대(30m ⇒ 60m)로 2차사고 발생 감소 •비상주차대 시설을 이용한 회차가능한 최소폭원(3.2m) 확보

검토결과	•중간벽은 방재대책 및 소음, 매연차단 효과가 우수하며 장대지하차도에 적합한 벽식 선정 •비상주차대 설치규격 확대로 설계기준 준수(접속길이 20m) 및 사고시 2차사고 예방

3. 피난대피 시뮬레이션

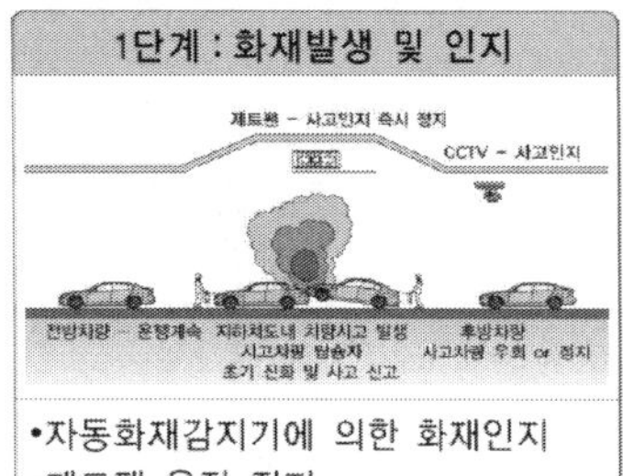

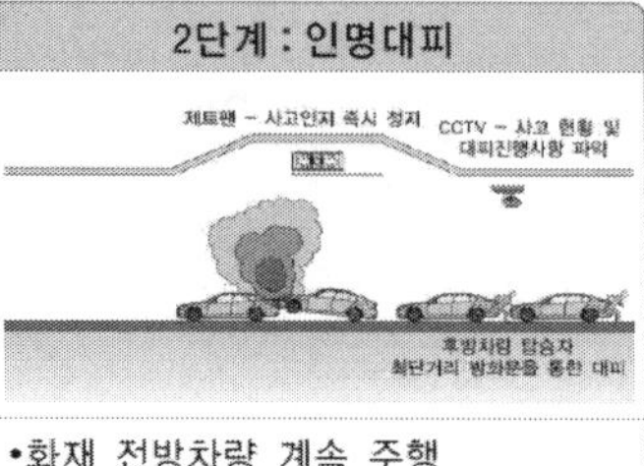

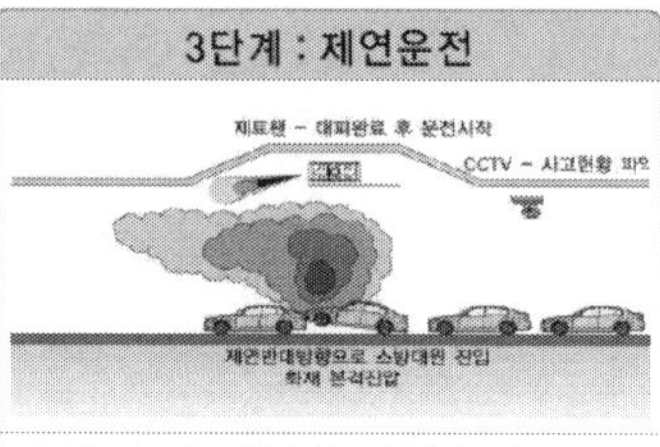

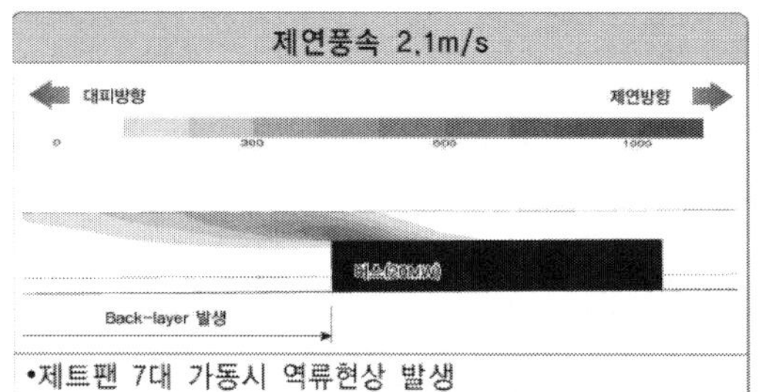

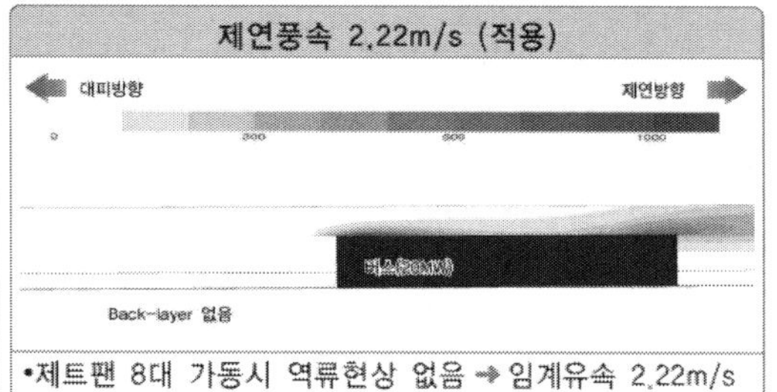

구 분	원안설계	대안설계
피 난 연 락 문 (대 인 용)	6개소	9개소
지 상 대 피 통 로	지하차도 시·종점부	지하차도 시·종점부+ 외부대피통로 3개소
최 대 대 피 거 리	210m	147m
대 피 인 원	1,208명	1,978명
안전지대 도착시간(인접차도)	6분 5초	3분 33초
지 상 대 피 완 료 시 간	12분 43초	4분 27초

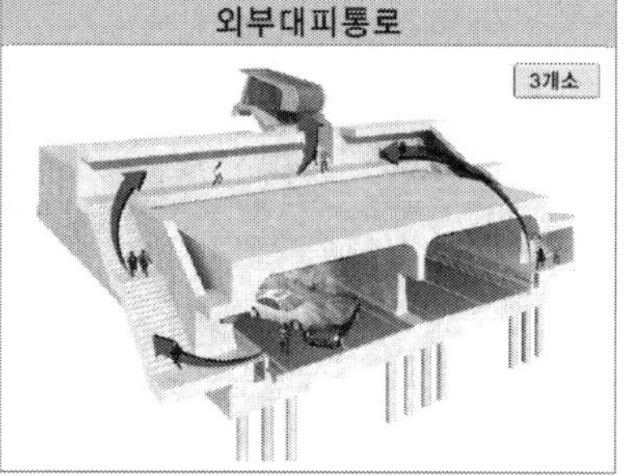

2. 도로터널 환기시설

1) 제연설비

제연설비는 화재지역으로부터 연기를 배기하거나 대피 반대방향으로 연기류의 이동을 제어하여 화재 초기 자기구조(self rescue) 단계에서 이용자 스스로가 안전을 확보할 수 있도록 하는 가장 중요한 설비이다. 터널 내 화재 시 연기의 제연은 평상시 환기설비에 의해서 수행되며, 제연방식은 연기를 화재 공간에서 완전히 제거하는 배연(smoke exhaust)을 목적으로 하는 횡류식 또는 반횡류식과 대피 반대방향으로 기류를 제어하여 대피안전을 확보하도록 하는 제연(smoke control) 개념의 종류식으로 구분된다.

구분	(반)횡류식 : 배연	종류식 : 제연
개념		
	• 화재지역으로부터 연기를 배연(Exhaust Smoke)하는 방식으로 연기 및 열기류의 방향성 제어가 곤란하여 화재규모가 큰 경우 적용성이 떨어짐	• 화재지역으로부터 일방향으로 연기 및 열기류를 제어(제연, Smoke Control)하는 방식으로 열기류의 유동방향 제어가 용이
환기팬 운전제어	• 급기 반횡류식의 경우, 화재 시 배연모드로 전환하기 위한 대기시간과 역전운전 후에 정상가동에 필요한 시간지연이 길다.	• 일반적으로 30초에서 1분 이내에 제트팬 정상운전속도에 도달하지만, 터널내 풍속이 정상상태에 도달하기 위해서 시간지연이 필요하다.
통행방식	• 일방통행 터널의 경우에는 차량의 운행에 의해서 발생하는 피스톤효과에 의한 풍속이 상시 존재하므로 열기류의 방향성 제어가 곤란, 일방통행 터널보다는 대면통행 터널에 대한 적용성 우수	• 대면통행보다 일방통행 터널에 적용성 우수함 • 교통 정체 시 연기가 화재 하류 지역에 영향 • 외국에서는 단순히 제트팬에 의한 종류식은 정체빈도가 높은 도시지역의 터널과 대면통행 터널에 대한 적용을 금지하는 경우도 있음
환기기 용량산정	• 화재강도에 따른 연기발생량 및 연기의 확산을 억제할 수 있도록 최소한의 풍속을 얻기 위한 풍량에 의해서 배연량을 결정	• 연기의 역류를 억제하기 위한 임계풍속을 유지할 수 있도록 제트팬 설치 대수 결정
능력향상 방안	• 대배기구 방식에 의해서 화재지점에서 집중적으로 연기를 배기할 수 있는 시스템 구축이 필요 • 제어의 정확성이 요구되며 배기구의 개폐조절을 위한 전동댐퍼의 설치로 설치비용 및 유지관리 비용 증대	• 연기가 전구간으로 확산되는 것을 억제하기 위해 일정간격으로 수직갱 또는 배연용 덕트를 설치, 구간배연을 통해 연기의 배기능력 증대 필요
비상전원	• 배기 또는 급기목적의 대형 축류팬은 비상전원시설에 의한 가동이 가능하나 발전실 규모와 용량 증대	• 종류식의 주 제연설비인 제트팬은 비상 발전기에 의해서 가동되도록 시설하고 있어, 정전 등의 비상시 제연이 가능

2) 지하차도와 터널의 환기방식 비교

구분	지하차도	일반 터널
단면	• 개착박스 공법의 4각 형태의 단면이 대다수 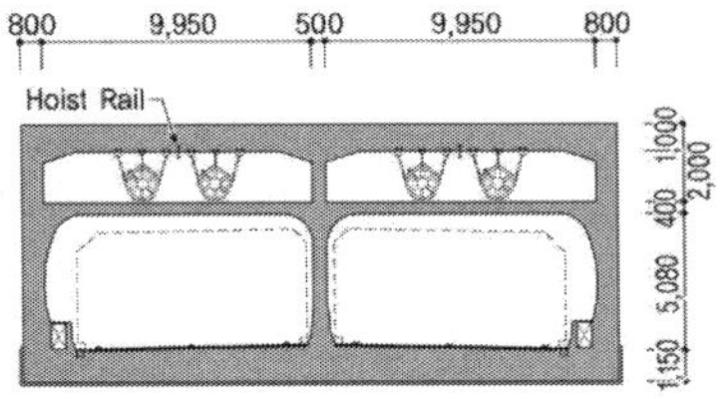	• NATM/Shield 공법에 의한 마제형 또는 원형단면 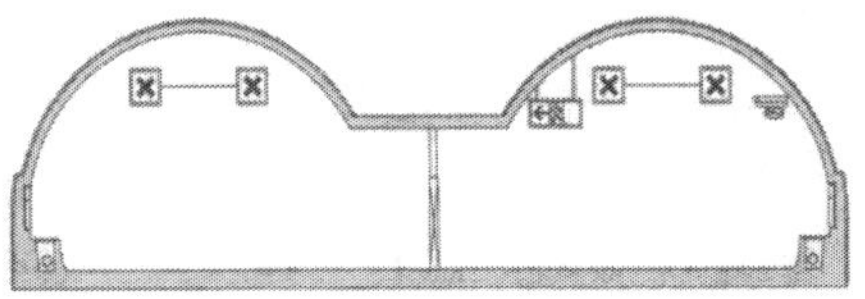
크기	• 일반 터널에 비해 작음	• 지하차도에 비해 큼
환기력	• 차량의 면적비가 크므로 화재 시 교통환기력이 크게 작용하며 일방향 교통상황에서는 초기피난 시에 유리	• 터널내 차량의 면적비가 지하차도에 비하여 작으므로 교통환기력이 상대적으로 작은 편임
화재시 연기	• 상부가 평슬래브이므로 상부 전체에 퍼진 후에 동시에 하강전파하는 현상을 보임 • 단면이 작기 때문에 동일한 풍량에서 유해가스의 농도가 증가할 우려가 있음 • 연기의 하강시간이 짧아 유효피난시간이 감소함. 이에 따라 대피 소요시간을 감소하기 위해 대피통로 간격을 감소할 필요가 있음	• 터널의 크라운 부로 상승한 후 전파, 전단면으로 침강하는 속도는 다소 느림. 그러나 연기전파 선단은 지하차도에 비해 빠른 것으로 평가됨
피난대피	• 차도 중앙에 격벽으로 되어 있는 경우에는 피난연결통로 차단문만 설치 • 피난연결통로 간격을 축소하는 데 비용 증가	• 상대터널간 거리만큼의 피난연결통로를 굴착하므로 공사비 증가 • 대피거리 증가됨
화재시 제연	• 높이가 낮은 경우 제트팬 설치 시 효율저감 발생 • 임계풍속은 감소 • 정체빈도가 높을 것으로 예상되며 이에 따라 일방향 제연은 대피환경을 오히려 악화시킬 우려 있음 • 대배기구 방식 등 집중배연을 할 수 있는 제연방식이 권장됨	• 터널 높이가 상대적으로 높기 때문에 임계풍속이 증가함 • 산악터널의 경우에는 화재하류에 차량이 정체될 우려가 작으므로 종류 환기방식을 적용한 제연이 경제적 • 이 경우에도 정체빈도가 높을 것으로 예상되는 도시지역의 터널은 대배기구 방식 등 집중배연을 통한 배연능력을 향상하기 위한 조치가 필요함
재유입 현상	• 입출구 갱구가 근접하기 때문에 갱구에서 배출되는 오염물질 및 화재연기가 재유입할 우려가 높음	• 입출구 갱구가 상대적으로 멀리 이격되어 재유입에 대한 우려가 적음

1. 터널이나 지하차도에서 화재 시 성층화를 유지하면서 열기류의 역류현상은 억제하기 위한 최소 풍속으로 임계풍속은 종류환기방식을 적용한 지하차도에서 제연을 위한 제트팬 대수를 결정하는 인자이다. 일반적으로 화재가 발생하면 열기류가 급격히 천장으로 상승하며 상승운동량 및 부력에 의해서 종방향 기류가 작은 경우에는 상향 (+)경사방향으로 열기류가 이동한다. 특히 주기류의 반대방향으로 열기류가 이동하는 현상을 역류(Backlayering)라 한다. 또한 종방향 풍속이 증가하여 관성이 부력보다 소정의 값 이상으로 증대하는 경우에는 연기의 성층화가 교란되게 된다. 임계풍속은 프라우드(F_r)수를 변수로 하는 관계식에 의해서 계산한다.

$$V_r = F_r^{-\frac{1}{3}} \left(\frac{gHQ}{\rho_0 C_p A_r T_f} \right)^{\frac{1}{3}} \qquad F_r = \frac{gHQ}{\rho_0 C_p A_r T_f V_r^3}$$

2. 임계풍속은 역류를 방지하는 프라우드(F_r)수를 어떻게 정의하느냐에 따라서 달라지며 이를 임계 프라우드(F_{rc})수라 한다.

3. Thomas(1968)는 $F_{rc} = 1.0$, Lee(1979)는 $F_{rc} = 4.5 \sim 6.7$의 범위에서는 역류(Backlayering)가 발생하지 않는다고 밝혔으며, Kennedy는 $F_{rc} = 4.5$로 정하여 경사보정계수를 도입하여 경사에 따른 영향을 검토하였다.

4. 국내 적용기준 : Kennedy가 제시한 경험식과 Wu에 의해서 제시된 구배보정계수의 적용을 원칙으로 하여 Tetzner가 제시한 β을 고려하여 CFD시뮬레이션을 통해서 결정한다.

3) 터널 특성별 권장 제연방식

구분	터널길이	화재시 적용 제연방식 및 방법
대면통행 및 도시지역	500m 미만	• 자연환기에 의한 제연
	500~1,000m 미만	• 방재등급 2등급 이상의 터널은 기계환기방식
	1,000m 이상	• 방재등급 1등급 이상의 터널은 대배기구방식의 횡류방식/반횡류식
지방지역의 일방통행	500m 미만	• 자연환기에 의한 제연
	500~3,000m 미만	• 방재등급이 2등급 이상인 터널은 기계환기방식
	3,000m 이상	• 수직구, 집중배기, 대배기구 방식 등 배연능력 향상 위한 구간배연시스템 권장

3. 도로터널의 내화

터널은 폐쇄 공간이기 때문에 내부 화재 발생 시 사용자의 대피를 위한 시간과 경로 확보를 통해 안전을 보장하는 방안이 고려되어져야 한다. 또한 화재로 인해 구조물 자체의 손상이 발생할 경우에는 기능 상실로 인해 복구하는 데 막대한 사회적 비용이 발생하기 때문에 도로터널 내화 지침은 이러한 터널 시설물의 손상과 붕괴를 방지하고 사용자의 안전을 확보 위해 마련되었다.

1) 터널의 한계온도

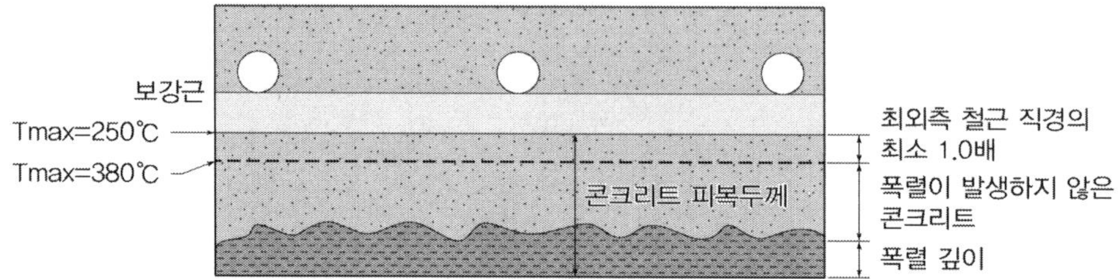

도로터널의 한계온도는 화재 시 이용자의 파난시간과 소화 구조활동에 대응시간을 확보하고 화재 시 구조물의 손상을 최소화하기 위해 고려되어야 한다. 터널 화재 시 터널부재의 최대온도를 한계온도 이내로 유지해 각 부재의 성능을 유지할 수 있도록 한다. 내화처리를 위해 증가된 두께를 제외한 콘크리트 면의 온도는 380℃, 내화가 필요한 프리캐스트 세그먼트 부재는 250℃, 철근은 250℃ 이내로 한계온도를 설정하도록 규정하고 있다. 콘크리트의 압축강도는 약 600℃에 노출될 경우 상온 강도의 약 50% 수준인 것으로 알려져 있다. 온도가 약 200℃까지는 강도의 감소가 거의 없지만 750℃ 이상에서는 설계에 반영할 수 있는 강도의 수준이 아니다. 일반적으로 설계 시 적절한 수준의 화재 규모에 대해 구조 부재의 허용강도는 콘크리트 압축강도의 30~50% 범위 내에 있는 것으로 가정한다. 따라서 구조물의 하중지지능력을 유지하기 위해서는 콘크리트의 온도가 350~400℃ 수준 이내여야 한다.

2) 터널의 내화설계

터널을 이용하는 차량의 유형, 지반특성 및 터널 유형을 고려해 내화시험의 화재 조건을 만족할 수 있는 성능을 확보하도록 설계해야 한다. 이때 터널 부재는 내화 시험 시 한계온도 이내여야 하며 이를 초과하는 경우 내화공법을 적용해야 한다.

3) 콘크리트의 내화공법

만약 콘크리트가 1,000~1,350℃까지의 고온에 노출될 경우에는 설계단계에서부터 구조물의 하중지지능력의 감소에 대한 고려를 해야 하고, 차폐재료의 사용 등을 고려해야 한다. 터널 내화 방법을 3가지로 분류할 수 있다.

① 콘크리트 자체 내화공법 : 혼화재, 섬유 등 콘크리트 내부에 내화재료가 혼입된 공법
② 콘크리트 외부 내화공법 : 내화 보드, 뿜칠 등 콘크리트 외부에 내화재료가 부착되는 공법

③ 그 외의 기타 내화공법

구분	유기섬유 혼입 콘크리트	2차 라이닝	내화뿜칠
개요	저용점 유기섬유를 콘크리트에 혼입해 화재열에 섬유가 녹아 콘크리트 안에 있는 수증기를 비산시켜 폭렬 방지	콘크리트가 본래 지닌 내화성을 기대	펄라이트, 버미큘라이트, 시멘트를 주성분으로 한 재료를 분사, 일반적으로 박락 방지 스테인리스 메쉬를 설치한 뒤 습식 시공
장점	◦ 현장시공이 불필요, 타 내화공법에 비해 저렴 ◦ 설비기기와 접합 문제 없음 ◦ 복공 표면 상시 육안점검 가능	◦ 2차 라이닝 지수성 확보 용이 ◦ 자중이 늘어 지진 시 들뜸 억제 ◦ 2차 라이닝 표면 상시 육안 점검 가능	◦ 시공속도 빠름 ◦ 설비 기기와 접합 용이 ◦ 비정형 구조물에 적합
단점	◦ 철근 노출 주의 필요 ◦ 열변형이 내화피복보다 커짐 ◦ 두께가 두꺼워짐 ◦ 복구 시 장기 통행 규제 필요	◦ 2차 라이닝으로 굴착단면 커짐 ◦ 2차 라이닝으로 공사기간 증가 ◦ 별도 시공으로 비용상승 ◦ 복구 시 장기 통행 규제 필요	◦ 표면에 평활성과 경도 떨어짐 ◦ 리브 구조의 강철제 세그먼트에 부적합
내구성	◦ 화재 입지 않을 경우 콘크리트 내구성과 동일	◦ 콘크리트 내구성과 동일	◦ 해외에서 30년 정도 실적 ◦ 일본에서 10년 정도 실적
유지관리	◦ 평시와 같이 육안·타음 점검 가능 ◦ 화재 후 중성화 부분 제거 후 유기섬유 분사모르타르 등으로 보수	◦ 평시와 같이 육안·타음 점검 가능 ◦ 화재 후 중성화 부분 제거 후 유기섬유 분사모르타르 등으로 보수	◦ 표면 육안 확인 불가, 타음 점검에 제약이 있음 ◦ 화재 후 손상 범위 교환

구분	내화보드	내화 담요	내화도료
개요	규산 칼슘계 또는 알루미나 시멘트계를 주성분으로 한 판상형 내화피복을 직접 또는 띄워 부착 시공	실리카를 주성분으로 한 담요형태의 소재를 스터드나 나사로 고정하고 표면은 SUS판 등으로 보호	폴리인산암모늄, 다가 알코올류, 수지바인더 등으로 구성된 도료를 여러 층으로 시공, 표면은 탑코트로 보호하며 화재 시 열로 발포하여 단열층을 형성
장점	◦ 띄어서 부착 가능 ◦ 표면 평활성과 경도 뛰어남 ◦ 내장 기능 부여 가능	◦ 신축성, 가요성 지님 ◦ 매우 경량	◦ 매우 얇음 ◦ 페인트와 동등한 시인성 기대
단점	◦ 설비기기에 대한 거푸집 처리 번잡	◦ 표면 경도가 떨어져 보호 필요 ◦ 내수성 취약	◦ 다층 칠을 위한 공사기간 필요 ◦ 건축분야에 주로 적용되며 터널 적용사례 적음
내구성	◦ 해외에서 30년 정도 실적 ◦ 일본에서 10년 정도 실적	◦ 재료 자체 내구성은 높으나 표면 보호 재료에 따라 다름	◦ 탑코트의 주기적 도장을 통해 내구성 유지 가능
유지관리	◦ 표면 육안 확인 불가, 타음 점검에 제약이 있음 ◦ 화재 후 손상 범위 교환	◦ 표면 육안 확인 불가, 타음 점검에 제약이 있음 ◦ 화재 후 손상 범위 교환	◦ 매우 얇아 도장상태에 따라 육안점검 가능 ◦ 본체의 타음 점검에 제약 있음

4. 방재성능목표와 침수저감

방재성능목표는 홍수, 호우 등으로부터 재해를 예방하기 위한 방재정책 등에 적용하기 위해 처리 가능한 시간당 및 연속 강우량의 목표를 말한다. 자연재해대책법에 따라 지역별로 기준을 설정하도록 규정하고 있으며 2022년 지역별 방재성능목표 설정기준(행정안전부)에 따라 국내 기상관측소(488개소 ; ASOS 69개, AWS 419개)에서 관측된 강우자료를 기준으로 238개 지역으로 구분되며, 재현기간 30년 빈도의 확률강우량을 기준으로 한다. 현행 강우강도에 기후변화 시나리오를 활용에 지역별 예상되는 강우 증가율을 5단계(기존 3단계)로 확대해 할증률로 고려하도록 하고 있다.

구분	기존	기본 5%		관심 8%	주의 10%	
	변경	기본 0%	관심 5%	주의 8%	경계 12%	심각 15%
할증률	구간 (평균)	−3.7~0% (−1.4%)	0~5.2% (3.0%)	5.5~9.7% (7.9%)	9.8~13.5% (11.7%)	13.9~18.6% (15.9%)

1) 도로 구조물 배수시설의 설계빈도

배수시설의 설계빈도는 하천설계기준 또는 하수도설계기준 등 관련 기준을 고려하여, 공사에 소요되는 비용과 안전이 균형을 이루도록 한다. 또한, 시설물의 파괴로 인한 피해, 구조물의 중요도, 내구연한, 경제성에 따라 설계빈도를 결정하며, 주요 구조물의 설계빈도는 다음과 같다.

구분		설계빈도	
		도로설계요령(한국도로공사, 2020)	KDS 44 40 00 도로배수시설(국토부, 2023)
교량	국가하천 중요구간	200년 이상	하천설계기준에 따름
	국가하천	100~200년	
	지방하천	50~200년	
	도시하천	50~200년	
	소하천	30~100년	
암거 및 배수관		30년(도심지 50년, 산악지 100년)	30년(도심지·산악지 50년)
노면 및 비탈면 배수		10년(산지 20년)	10년(산지 20년)
측도 및 도로 인접지 배수		10년(산지 20년)	10년(산지 20년)
집수정 등 배수구조물 간 접속부		접속하는 시설물 중 빈도가 큰 값	

2) 지하도로 배수 및 수방체계

지하도로 배수 및 수방체계는 평상시에는 지하도로의 도로기능 유지 및 교통안전을 위하여 구간 내로 유입되는 표면수나 지하수 유입수를 원활하게 배수하도록 하고 홍수 침수 비상시를 대비하여 지하도로의 침수방지 및 저감체계, 비상시 비상대처계획 등으로 구분하여 구축하여야 한다.

3) 지하도로 침수위험도 평가와 저감방안

지하도로설계지침(국토교통부, 2023)에서는 지하도로의 본선부 및 진출입부, 접속부 및 환기구 등에 대하여 홍수침수 위험성을 검토하고, 침수취약성을 가지는 지하도로 시설에 대해서는 현장 조건 및 강우특성을 고려한 침수위험도(또는 안전도) 평가를 바탕으로 상시·비상시 원활한 배수 체계와 침수 예방 또는 저감시설 등 수방체계를 수립도록 규정하고 있다.

① 침수위험도 평가 : 지하도로 등 지하공간 침수 재해에 대한 방지의 목적으로 필요한 경우 수치 또는 수리 시뮬레이션 분석 방안을 이용해 침수 방지대책의 기준이 되는 침수예상지도를 작성할 수 있다. 이때 전체 또는 일부의 지하도로망을 임의 구역화(Zoning)하여 기존 지역 및 우배수관거 체계를 고려한 침수 예상 분석을 하여야 하며, 지하도로 내 침수양상, 침투경로 예측, 침수심, 유속 및 유량 등 지하도로 내 유입수 거동의 해석적, 동적 거동에 대한 방법을 이용하여 평가, 활용할 수 있다.

침수위험도 등급 구분 및 대책 예시

구분	주요내용
1. 침수위험도 평가개념 정의	지하도로시설 홍수피해 주요원인 분석 도심지 지하공간, 시설물 분류, 기능적 및 공간적 평가
2. 평가인자의 선정	평가인자의 정량적, 정성적 분석방법을 통한 평가인자 선정법 도출
3. 평가인자의 가중치 선정	풍수해 방재전문가, 수자원 및 지하공간 건설 전문가들을 대상으로 설문조사
4. 침수 위험도 평가모형 설정	위험요소별 평가결과의 종합분석 실내외 실험, 수치시뮬레이션 결과 반영 지하도로 및 지하공간 풍수해에 대한 재난위험평가 관리체계와 연계

구분	상황	주요대책
I 매우 위험 (20점 이하)	내적·외적 침수위험 요인, 전반적인 수방시설 미비, 침수요인에 대하여 무방비 상태	- 즉시 침수위험도 상세 평가, 전반적 수방재 체계 분석 후, 적절한 조치 계획, 비상 대피시설, 적극적 구조적 수방시설/장치 설치
II 위험 (21~40점)	수방시설 및 장치가 미비하여 외부침수위험 요인에 대하여 지하도로 공간의 방재능력 적음	- 지하공간 관리자, 한전/하수도 관련 기관 및 부처 협력을 통한 종합대책 필요 - 비상시 대응계획 및 시민대피체계 철저 수립
III 보통 (41~60점)	일반적인 수방시설/장치가 마련되어 일반적 강우 등에는 방재능력이 있으나 폭우 강우 등 외부 침수위험 요인에 대하여 별도 방재시설 필요	- 경제성평가 및 침수위험도 평가 후 필요한 적절 수방재 조치 및 시설/장치 설치 - 침수방지 시설 및 장치 설치(방지턱, 방수판, 차수문 등) - 비상시 대응계획 및 시민대피체계 수립
IV 안전 (61~80점)	수방시설/장치, 관련 수재해체계가 잘 갖추어 있음. 폭우 강우 등 외부 침수요인에 대해 방재능력 있음	- 즉각적인 침수재해 대비 조치는 필요 없음 - 갖추어진 침수방지 시설/장치 및 체계의 유지관리, 점검 - 비상시 대응계획 및 시민대피체계 수립
V 매우안전 (81점 이상)	지하도로 공간시설물 입지조건 우수, 수방시설/장치 및 관련 수재해 체계가 매우 잘 갖추어 있음	

② 주요 침수 저감 시설

구분	주요내용
진출입부 상향볼록 종단선형계획	• 도로의 지상부 진출입구간에서 예상홍수위를 고려하여 일정 높이의 상향 볼록구간으로 도로종단선형을 계획하여 빗물유입을 원천 차단
진출입부 상부캐노피	• 지하도로 진출입구간에서 도로 노면상 강우 집수면적을 감소시켜 지표 우수유입량을 감소시킬 수 있는 진출입 개구부 상부에 캐노피를 설치
도로본선부, 진출입부, 개구부 차수문	• 집중호우나 주변유역 홍수 시 기존의 우배수체계로 배수가 충분하지 않을 경우에 대비하여 지하도로 본선부 주요 위치와, 외부 우수의 내부유입 전단계에서 차수문을 설치하여 차단함으로써 지하도로의 침수 방지 또는 최소화되도록 계획 – 도로 본선 진출입부, 접속도로부, 환기구, 천창 등의 개구부 위치 – 강우상황, 현장조건에 따라 필요시 간이식 적용 가능
환기구 및 천창, 작업구 등 시설	• 예상 침수심보다 높은 지점에 개구부 시설물을 설치하거나, 방수용 천막 등을 이용하여 차수처리 • 지하도로 환기구, 천창, 유지관리 등을 위한 작업구 등의 개구부의 설치 위치는 침수위험성을 고려하여 선정하며 개구부의 설치 시 인접 지역의 예상침수고 이상의 적정 높이를 확보
방수판과 모래주머니	• 방수판 설치 또는 모래주머니 비치 – 본선 및 램프 진출입부에 비상시 예상치 못한 홍수에 대비하기 위하여 주요 구간별 방수판 또는 모래주머니 비치 – 방수판은 자동운행이 가능하도록 설치하는 것이 좋으나, 이동식인 경우 사람이 작동하기에 적정한 형식이 되도록 규모와 재질을 결정(자동식, 여닫이식, 슬라이트식, up–down식, 고정식 등) – 인접 환승·지하공간 출입구에서 방지턱을 설치하여도 지하침수를 방지하지 못하는 경우 준비
배수관거 역류방지장치	• 지하도로로부터 외부로 배수하기 위하여 설치한 배수관거를 통한 역류를 방지하기 위하여 역류방지밸브를 설치
집수정 및 배수펌프 설치	• 집수정, 배수펌프 및 예비 배수펌프 설치 – 요구되는 규모와 위치에 도로터널 내부로 유입되는 우수나 지하수를 집수하여 배수하기 위한 집수정을 설치 – 집수정 내에는 토사나 불순물 유입 방지를 위해 침사지를 설치하거나 예비 배수펌프를 추가 설치 – 배수펌프의 용량 결정은 반드시 지하도로 주변 침수예상분석을 통한 지하도로 유입 노면수나 지하수 용출수의 유입량을 기준으로 펌프의 용량 및 개수를 결정
침수피해확산 방지시설	• 지상–지하연결 비상대피로나 유지관리용 출입시설의 지하층 계단통로나 엘리베이터 이동통로, 환기구 등 차단 방안 – 대피경로가 결정되면 안전한 대피경로를 확보하기 위한 차수문 등의 침수확산 방지시설을 대피경로 중심으로 설치
인접한 환승· 지하공간 출입구 방지턱 높이	• 지하도로의 침수위험도 평가 결과를 바탕으로 외수에 대비해야 할 것인지, 내수에 대비해야 할 것인지를 판단 • 내수에 대비해야 할 시설인 경우에는 내수 예상 침수심을 감안한 출입구 방지턱의 높이를 결정(예상치 못한 외수에 대한 대비는 모래주머니나 방수판, 간이차수문 등을 준비) • 지하공간의 출입구, 지형여건을 고려하여 방지턱을 설치(저지대와 하천방향의 출입구측은 반드시 예상 침수심보다 높게 방지턱을 설치)

터널 내화지침

도로터널 내화지침(국토교통부)에 의거한 지하도로(터널) 설계 시 고려해야 하는 내화설계기준에 대하여 설명하시오.

풀 이

▶ 개요

터널은 폐쇄 공간이기 때문에 내부 화재 발생 시 사용자의 대피를 위한 시간과 경로 확보를 통해 안전을 보장하는 방안이 고려되어야 한다. 또한 화재로 인해 구조물 자체의 손상이 발생할 경우에는 기능 상실로 인해 복구하는데 막대한 사회적 비용이 발생하기 때문에 도로터널 내화지침은 이러한 터널 시설물의 손상과 붕괴를 방지하고 사용자의 안전을 확보위해 마련되었다.

▶ 지하도로 설계 시 고려해야 할 내화 설계기준

1) 터널의 한계온도

도로터널의 한계온도는 화재 시 이용자의 파난시간과 소화 구조활동에 대응시간을 확보하고 화재 시 구조물의 손상을 최소화하기 위해 고려되어져야 한다. 터널 화재 시 터널부재의 최대온도를 한계온도 이내로 유지해 각 부재의 성능을 유지할 수 있도록 한다. 내화처리를 위해 증가된 두께를 제외한 콘크리트 면의 온도는 380℃, 내화가 필요한 프리캐스트 세그먼트 부재는 250℃, 철근은 250℃ 이내로 한계온도를 설정하도록 규정하고 있다. 콘크리트의 압축강도는 약 600℃에 노출될 경우 상온 강도의 약 50% 수준인 것으로 알려져 있다. 온도가 약 200℃까지는 강도의 감소가 거의 없지만 750℃ 이상에서는 설계에 반영할 수 있는 강도의 수준이 아니다. 일반적으로 설계 시 적절한 수준의 화재 규모에 대해 구조 부재의 허용강도는 콘크리트 압축강도의 30~50% 범위 내에 있는 것으로 가정한다. 따라서 구조물의 하중지지능력을 유지하기 위해서는 콘크리트의 온도가 350~400℃ 수준 이내이어야 한다.

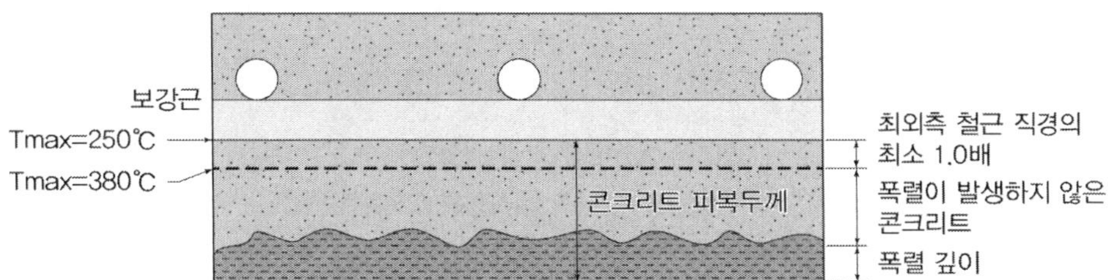

2) 터널의 내화설계

터널을 이용하는 차량의 유형, 지반특성 및 터널 유형을 고려해 내화시험의 화재 조건을 만족할 수 있는 성능을 확보하도록 설계해야 한다. 이때 터널 부재는 내화 시험 시 한계온도 이내여야 하며 이를 초과하는 경우 내화공법을 적용해야 한다.

3) 콘크리트의 내화공법

만약 콘크리트가 1,000~1,350℃까지의 고온에 노출될 경우에는 설계단계에서부터 구조물의 하중지지능력의 감소에 대한 고려를 해야 하고, 차폐재료의 사용 등을 고려해야 한다. 터널 내화 방법을 3가지로 분류할 수 있다.
① 콘크리트 자체 내화공법 : 혼화재, 섬유 등 콘크리트 내부에 내화재료가 혼입된 공법
② 콘크리트 외부 내화공법 : 내화 보드, 뿜칠 등 콘크리트 외부에 내화재료가 부착되는 공법
③ 그 외의 기타 내화공법

구분	유기섬유 혼입 콘크리트	2차 라이닝	내화뿜칠
개요	저융점 유기섬유를 콘크리트에 혼입해 화재열에 섬유가 녹아 콘크리트 안에 있는 수증기를 비산시켜 폭렬 방지	콘크리트가 본래 지닌 내화성을 기대	펄라이트, 버미큘라이트, 시멘트를 주성분으로 한 재료를 분사, 일반적으로 박락 방지 스테인리스 메쉬를 설치한 뒤 습식 시공
장점	◦ 현장시공이 불필요, 타 내화공법에 비해 저렴 ◦ 설비기기와 접합 문제없음 ◦ 복공 표면 상시 육안점검 가능	◦ 2차 라이닝 지수성 확보 용이 ◦ 자중이 늘어 지진 시 들뜸 억제 ◦ 2차 라이닝 표면 상시 육안점검 가능	◦ 시공속도 빠름 ◦ 설비 기기와 접합 용이 ◦ 비정형 구조물에 적합
단점	◦ 철근 노출 주의 필요 ◦ 열변형이 내화피복보다 커짐 ◦ 두께가 두꺼워짐 ◦ 복구 시 장기 통행 규제 필요	◦ 2차 라이닝으로 굴착단면 커짐 ◦ 2차 라이닝으로 공사기간 증가 ◦ 별도 시공으로 비용상승 ◦ 복구시 장기 통행 규제 필요	◦ 표면에 평활성과 경도 떨어짐 ◦ 리브 구조의 강철제 세그먼트에 부적합
내구성	◦ 화재 입지 않을 경우 콘크리트 내구성과 동일	◦ 콘크리트 내구성과 동일	◦ 해외에서 30년 정도 실적 ◦ 일본에서 10년 정도 실적
유지 관리	◦ 평시와 같이 육안·타음 점검 가능 ◦ 화재 후 중성화 부분 제거 후 유기섬유 분사모르타르 등으로 보수	◦ 평시와 같이 육안·타음 점검 가능 ◦ 화재 후 중성화 부분 제거 후 유기섬유 분사모르타르 등으로 보수	◦ 표면 육안 확인 불가, 타음 점검에 제약이 있음 ◦ 화재 후 손상 범위 교환

구분	내화보드	내화담요	내화도료
개요	규산 칼슘계 또는 알루미나 시멘트계를 주성분으로 한 판상형 내화피복을 직접 또는 띄워 부착 시공	실리카를 주성분으로 한 담요 형태의 소재를 스터드나 나사로 고정하고 표면은 SUS판 등으로 보호	폴리인산암모늄, 다가 알코올류, 수지바인더 등으로 구성된 도료 재료를 여러 층으로 시공, 표면은 탑코트로 보호하며 화재 시 열로 발포하여 단열층을 형성
장점	◦ 띄어서 부착 가능 ◦ 표면 평활성과 경도 뛰어남 ◦ 내장 기능 부여 가능	◦ 신축성, 가요성 지님 ◦ 매우 경량	◦ 매우 얇음 ◦ 페인트와 동등한 시인성 기대
단점	◦ 설비기기에 대한 거푸집 처리 번잡	◦ 표면 경도가 떨어져 보호 필요 ◦ 내수성 취약	◦ 다층 칠을 위한 공사기간 필요 ◦ 건축분야에 주로 적용되며 터널 적용사례 적음
내구성	◦ 해외에서 30년 정도 실적 ◦ 일본에서 10년 정도 실적	◦ 재료 자체 내구성은 높으나 표면 보호 재료에 따라 다름	◦ 탑코트의 주기적 도장을 통해 내구성 유지 가능
유지관리	◦ 표면 육안 확인 불가, 타음 점검에 제약이 있음 ◦ 화재 후 손상 범위 교환	◦ 표면 육안 확인 불가, 타음 점검에 제약이 있음 ◦ 화재 후 손상 범위 교환	◦ 매우 얇아 도장상태에 따라 육안점검 가능 ◦ 본체의 타음 점검에 제약 있음

REFERENCE

1	도로터널 방재시설 설치 및 관리지침	국토교통부, 2024
2	도로터널 방재시설 설치 및 관리지침	국토해양부, 2019
3	도로터널 내화지침 해설서	국토교통부, 2024
4	지하도로 설계지침	국토교통부, 2023
5	지역별 방재성능목표 설정기준	행정안전부, 2022
6	KDS 44 40 00 도로배수시설	국토교통부, 2023

건설 관계 법령

건설 관계 법령

01 관계 법령

1. 설계기준의 위계 [126회]

【 기출유형 ① 】 설계기준, 설계지침 및 설계편람을 구분하여 설명

1) 설계기준 : 각 시설물별로 설계자가 설계업무를 수행하는 데 있어 시설물이나 작업에 대해 품질, 강도, 안전, 성능 등을 유지하기 위한 설계조건의 한계(최저한계)를 규정한 기준. 건설기술관리법 제34조 1항에 준하는 기준을 말함(설계와 관련된 시설기준을 모두 포함)

2) 설계지침 : 기준과 편람의 중간적 성격, 특별히 분야별로 설계 또는 시공방법 및 유지관리에 관한 상세한 기술적 기준을 요소별로 정의하여 방침을 정한 것

3) 설계편람 : 계획, 조사, 설계, 시공, 유지관리 단계에서 나열할 사항이 많으며 특별한 작업과 관련되지 않아 설계기준 및 시방서에 기술하기가 곤란한 사항, 기술자가 효율적인 업무 수행을 위하여 필요한 사항들을 관련 기술자들이 실무에 쉽게 적용하도록 만든 것

4) 설계요령 : 설계 및 시공의 재료시험방법 등에 대하여 현장기술자가 능률적으로 업무를 수행할 수 있도록 시방서나 규격의 범위를 쉽게 풀이한 것

5) 기술지도서 : 기술 및 창의력의 향상을 위하여 새로운 설계기법 및 시험방법, 신개발 자재 등을 현장 실무자에게 활용하게 할 수 있도록 제시된 것

2. 도로건설 법적절차

국내의 도로설치를 위한 관련법으로는 크게 「도로법」, 「국토의 계획 및 이용에 관한 법률」에 의한 절차로 구분할 수 있다.

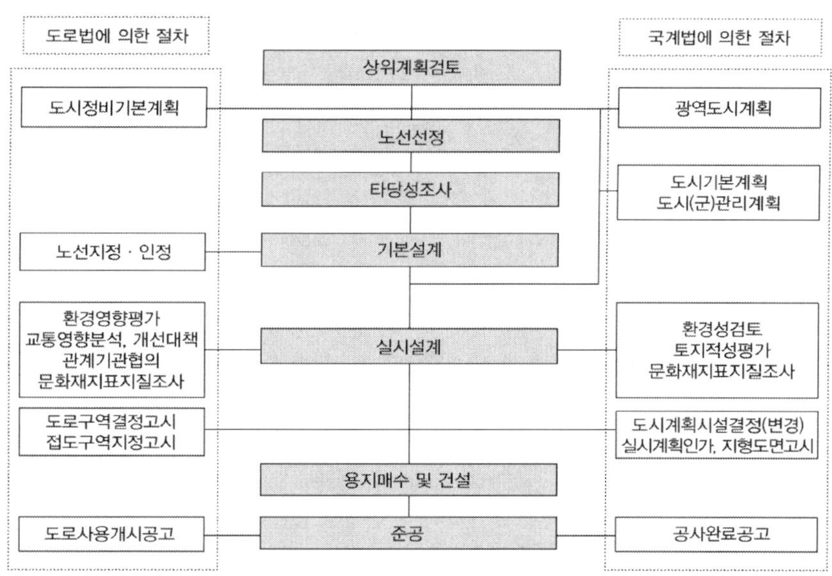

3. 건설공사 제반 영향성 검토 [101회]

【 기출유형 ① 】 사전재해 영향성 검토

1) 사전환경성 검토 : 각종 개발계획이나 개발사업을 수립ㆍ시행함에 있어 타당성조사 등 초기단계에서 입지의 타당성, 주변환경의 조화 등 환경에 미치는 영향을 고려함으로써 개발과 보전, 환경 친화적인 개발을 도모코자 도입된 제도로「환경영향평가법」제4조 제1항의 규정에 의한 환경영향평가대상사업을 내용으로 하는 행정계획과 보전이 필요한 지역 안에서 시행되는 개발사업을 대상으로 규정한다. (환경정책기본법) 제25조의 2, 동법 시행령 제7조

2) 환경영향평가 : 환경ㆍ교통ㆍ재해 또는 인구에 미치는 영향이 큰 사업에 대한 계획을 수립ㆍ시행함에 있어서 당해 사업으로 인해 미치는 영향을 미리 평가ㆍ검토하여 건전하고 지속가능한 개발이 되도록 함으로써 쾌적하고 안전한 국민생활을 도모코자 도입한 제도로 통상 25m 폭의 도로로 4km 이상의 신설 도로의 경우에 해당된다. (환경영향평가법) 시행령 및 시행규칙, 환경영향조사 등에 관한 규칙

3) 재해영향평가 : 도시화와 산업화에 따른 개발로 인해 발생 가능한 재해영향요인을 개발사업 시행 이전에 예측ㆍ분석하고 적절한 저감방안을 수립ㆍ실행토록 함으로 예방차원에서 개발 사업에 대한 종합적이고 체계적인 평가에 따른 재해영향을 최소화 하고자 도입한 제도로 통상 2km 이상의 도로의 경우에 해당된다. (자연재해대책법) 제5조 및 시행령

4) 교통영향분석 및 개선대책 수립 : 도시교통정비지역 또는 그 교통권역에서 도로건설사업 시행 시 사

업자는 교통영향분석 및 개선대책을 수립하여 당해 사업으로 인해 미치는 영향을 미리 분석·검토하여 쾌적하고 안전한 국민생활을 도모하고자 도입한 제도로 총길이 5km 이상 신설 도로의 경우에 해당된다.

(도시교통정비촉진법) 시행령 및 시행규칙, 교통영향평가지침

5) 도로교통 안전진단 : 교통사고 발생 전 사고유발 요인을 발견하고 설계추진 중 개선내용을 반영하기 위한 교통안전법이 개정 발효('08.7.)됨에 따라 도로 개설사업 시 관할 지자체로부터 교통안전진단 결과를 제출한다.

(교통안전법) 제33조, 제34조 및 동법 시행령 제20조, 제22조, 교통안전진단지침

4. 엔지니어링 용역업자의 평가제도 ^{119회}

【 기출유형 ① 】 설계평가기준인 PQ, SOQ, TP에 대해 설명
【 기출유형 ② 】 건설기술용역 종합심사낙찰제에 대해 설명

1) 설계 등 건설엔지니어링 용역업자의 평가제도

「건설기술진흥법 시행규칙」에 따라 건설엔지니어링 사업자의 선정 시에는 용역 금액에 따라 평가방법을 구분하고 있다. 사업수행능력평가(PQ, Pre-Qualification)는 용역업체가 사업을 수행할 기본적인 능력을 갖고 있는지 평가하는 제도이며, 기술인평가(SOQ, Statement Of Qualification)는 용역을 수행하는 참여기술인의 능력과 경험 등을 평가하는 제도로 난이도가 있는 용역에 대해 추가적으로 평가한다. 기술제안서평가(TP, Technical Proposal)는 해당용역의 난제를 해결하기 위해서 대안으로 제시하는 기술에 대한 평가로 고난이도의 용역을 수행할 때 평가하는 제도이다.

건설기술용역사업 규모별 적용기준(건설기술진흥법 시행규칙 제28조, 2025.6. 기준)

구분	기본계획/기본설계	실시설계	건설사업관리	정밀점검/정밀안전진단
PQ	2.3~10억원	2.3~15억원	~20억원	~2억원
PQ+SOQ	10~30억원	15~40억원	–	2억원 이상
PQ+TP	30억원 이상	40억원 이상	20억원 이상	

2) 종합심사낙찰제

종합심사낙찰제도는 가격뿐만 아니라 공사의 수행능력, 사회적 책임을 종합 평가하여 낙찰자를 선정하는 방식으로 가격 경쟁 위주의 입찰방식에 따른 문제점을 개선하여 최저가 낙찰제를 대신해 시행되고 있는 건설공사의 입찰제도이다. 용역의 경우 추정가격 30억원 이상의 기본계획 및 기본설계, 추정가격 40억원 이상의 실시설계, 추정가격 50억원 이상의 건설사업관리 용역이 적용 대상이다. 평가방식은 2단계를 원칙으로 하며 기술능력 평가와 입찰가격 평가 점수에 각각 가중치를 곱한 값으로 평가된다. 기술능력평가의 가중치는 80~95%에서 결정된다.

① 기술적 이행능력 평가 심사 기준

심사항목(배점)			배점	
대분류		중분류	정량	정성
기술능력평가	관리역량 (20)	품질보증 및 관리 체계(5)	–	5
		사업관리 운영체계(5)	–	5
		신용도(영업정지, 벌점, 재정건실도 등)(10)	10	–
	기술역량 (50)	과업에 대한 전문성(25)	15	10
		과업내용에 대한 경험(10)	–	10
		건설엔지니어링 평가결과 심사(15)	15	–
	유사건설 엔지니어링 수행실적(30)	양적평가(유사실적 건수 및 금액)(20)	20	–
		질적평가(대표사례 업체별 5건 이내)(10)	–	10
계약신뢰도 (감점)		평가의 공정성·적정성 저해우려 사항, 제안서 작성위반, 중대한 건설사고 발생 등	최대-5	감점
합 계			60	40

② 종합기술제안서 심사기준

심사항목(배점)			배점	
대분류		중분류	정량	정성
수행능력	기술보유(10)	기술적이행능력 평가서 평가점수(10)	6	4
	사업수행방법 (20)	사업목적의 이해도 및 방법론(5)	–	5
		건설엔지니어링 수행 조직의 운영 방법(5)	–	5
		과업내용서에 대한 개선사항(10)	–	10
	작업 및 직원투입계획 (10)	작업계획(2)	–	2
		직원투입계획(8) - 업무중복도(정량 8)	8	–
	전문가역량 (55)	건설엔지니어링에 투입되는 핵심전문가 역량(30) - 핵심전문가의 유사실적, 경력 등 양적평가(정량 25) - 핵심전문가의 수행경험, 문제해결 등 질적평가(정성 5)	25	5
		핵심전문가 인터뷰 평가(25) - 사업책임기술인 인터뷰 평가(정성 10) - 분야별책임기술인 인터뷰 평가(정성 15)	–	25
	스마트 건설기술 (5)	BIM 등 스마트 건설기술 활용(5) - BIM 전문인력 구성, 프로그램 구비, 실적(정량 2) - BIM 등 스마트 건설기술 활용 및 역량(정성 3)	2	3
사회적 책임 (가감점)		인력고용(가점) - 건설기술인 신규고용(최대1점, 1~3%까지 차등) - 젊은기술인 참여비율(최대1점, 1~5%까지 차등)	최대+2	가점
		공정거래(감점)	최대-2	감점
평가 관련 신뢰도 (감점)		평가의 공정성·적정성 저해우려 사항, 제안서 작성위반 등 - 제안서 및 책임기술인 발표에서 꼭 필요하지 않은 수식어 등 특정문구 반복 언급(감점 1~2점)	최대-10	감점
합 계			41	59

③ 통합평가방식

<table>
<tr><td colspan="3" rowspan="2">심사항목(배점)</td><td colspan="2">배점</td></tr>
<tr><td>정량</td><td>정성</td></tr>
<tr><td colspan="2">대분류</td><td>중분류</td><td></td><td></td></tr>
<tr><td rowspan="8">수
행
능
력</td><td rowspan="3">관리역량
(2)</td><td>품질보증 및 관리 체계(0.5)</td><td>−</td><td>0.5</td></tr>
<tr><td>사업관리 운영체계(0.5)</td><td>−</td><td>0.5</td></tr>
<tr><td>신용도(영업정지, 벌점, 재정건실도 등)(1.0)</td><td>1</td><td>−</td></tr>
<tr><td rowspan="3">기술역량
(5)</td><td>과업에 대한 전문성(2.5)</td><td>1.5</td><td>1</td></tr>
<tr><td>과업내용에 대한 경험(1.0)</td><td>−</td><td>1</td></tr>
<tr><td>건설엔지니어링 평가결과 심사(1.5)</td><td>1.5</td><td>−</td></tr>
<tr><td rowspan="2">유사건설
수행실적(3)</td><td>양적평가(유사실적 건수 및 금액)(2.0)</td><td>2</td><td>−</td></tr>
<tr><td>질적평가(대표사례 업체별 5건 이내)(1.0)</td><td>−</td><td>1</td></tr>
<tr><td colspan="2">계약 신뢰도
(감점)</td><td>평가의 공정성·적정성 저해우려 사항, 제안서 작성위반, 중대한
건설사고 발생 등</td><td>최대−0.5</td><td>감점</td></tr>
<tr><td rowspan="11">수
행
능
력</td><td rowspan="3">사업수행방법
(20)</td><td>사업목적의 이해도 및 방법론(5)</td><td>−</td><td>5</td></tr>
<tr><td>건설엔지니어링 수행 조직의 운영 방법(5)</td><td>−</td><td>5</td></tr>
<tr><td>과업내용서에 대한 개선사항(10)</td><td>−</td><td>10</td></tr>
<tr><td rowspan="2">작업 및
직원투입계획
(10)</td><td>작업계획(2)</td><td>−</td><td>2</td></tr>
<tr><td>직원투입계획(8)
 − 업무중복도(정량 8)</td><td>8</td><td>−</td></tr>
<tr><td rowspan="4">전문가역량
(55)</td><td>건설엔지니어링에 투입되는 핵심전문가 역량(30)
 − 핵심전문가의 유사실적, 경력 등 양적평가(정량 25)
 − 핵심전문가의 수행경험, 문제해결 등 질적평가(정성 5)</td><td>25</td><td>5</td></tr>
<tr><td>핵심전문가 인터뷰 평가(25)
 − 사업책임기술인 인터뷰 평가(정성 10)
 − 분야별책임기술인 인터뷰 평가(정성 15)</td><td>−</td><td>25</td></tr>
<tr><td rowspan="2">스마트
건설기술
(5)</td><td>BIM 등 스마트 건설기술 활용(5)
 − BIM 전문인력 구성, 프로그램 구비, 실적(정량 2)
 − BIM 등 스마트 건설기술 활용 및 역량(정성 3)</td><td>2</td><td>3</td></tr>
<tr><td colspan="2" rowspan="2">사회적 책임
(가감점)</td><td>인력고용(가점)
 − 건설기술인 신규고용(최대1점, 1~3%까지 차등)
 − 젊은기술인 참여비율(최대1점, 1~5%까지 차등)</td><td>최대+2</td><td>가점</td></tr>
<tr><td>공정거래(감점)</td><td>최대−2</td><td>감점</td></tr>
<tr><td colspan="2">평가 관련 신뢰도
(감점)</td><td>평가의 공정성·적정성 저해우려 사항, 제안서 작성위반 등
 − 제안서 및 책임기술인 발표에서 꼭 필요하지 않은 수식어 등
   특정문구 반복 언급(감점 1~2점)</td><td>최대−10</td><td>감점</td></tr>
<tr><td colspan="3">합 계</td><td>41</td><td>59</td></tr>
</table>

5. 설계 안전성 검토 ^{113회/120회/124회/131회/132회/136회}

【 **기출유형 ①** 】 설계안전성 검토에 대해 설명
【 **기출유형 ②** 】 설계안전성 검토의 대상, 단계별 검토사항 및 저감대책 사례

건설공사에서 발생하는 재해를 감소시키기 위해 국내 건설공사 안전관리제도는 기존 시공자 중심의 안전관리 제도에서 모든 건설공사 참여자(발주자, 설계자, 시공자 등)들이 참여하는 형태로 변화하면서, 「건설기술진흥법 시행령」 제75조의 2(설계의 안전성 검토)에 따라 안전관리계획을 수립해야 하는 건설공사의 실시설계단계부터 사전에 위험성을 평가하고 저감대책을 세우는 설계 안전성 검토 제도가 도입되었다.

1) 설계안전성 검토의 주요 내용

설계단계에서 사전에 위험요소를 저감시키기 위한 설계안전성 검토 절차는 사전준비, 위험요소 인식, 인적 및 물적 피해의 판단, 위험성의 평가, 저감 대책의 수립 및 저감 대책 적용에 따른 위험성 평가, 저감 대책의 이행 및 기록의 순으로 이루어진다. 설계자는 설계안전성 검토 결과를 설계안전 검토보고서로 작성하여 발주자에게 제출하도록 하고 있다.

① 사전준비 : 설계 전 발주자가 설정한 안전관리 수준과 건설재해 목표 등 설계안정성 검토 목표를 확인하고 관련자료 수집과 분석을 수행한다.

② 위험요소 인식 : 건설안전 전문가 등을 활용해 브레인스토밍과 같은 의사결정 방법을 통해 위험요소를 도출한다. 시공순서 및 공법을 판단하여 작업자의 입장에서 위험요소를 도출하고, 설계도면으로 위험요소를 파악하기 힘든 시공방법과 시공순서에 대해서는 건설안전 전문가 및 관련 공종 전문가들과 심도 있게 협의해 시공 중 목적물과 작업자들에게 위험성이 잔존하는 부분은 설계도면에 표기(note)하여 작업자들이 인지하도록 하여야 한다. 기타 외국의 설계안전성 검토 사례 등을 참고하여 위험요소를 도출할 수도 있다.

③ 인적 및 물적 피해의 판단 : 설계도면에 제시된 공법과 작업자 위치 및 작업내용, 작업방법에 따라 사고의 발생가능성과 심각성이 달라지므로 위험요소로 인해 발생되는 사고의 유형을 인적 및 물적 유형으로 분류한다.
  ⑴ 물적피해 유형 : 무너짐, 넘어짐, 화재, 폭발, 파열, 화학물질 누출 등
  ⑵ 인적피해 유형 : 떨어짐, 넘어짐, 깔림, 부딪침, 맞음, 끼임, 절단, 베임, 감전, 교통사고 등

④ 위험성의 평가 : 발상빈도와 심각성에 대해 추정하고 위험성 평가 매트릭스 등을 통해 허용가능한 위험성 수준을 평가한다.

심각성 \ 발생빈도	1	2	3	4
1	1	2	3	4
2	2	4	6	8
3	3	6	9	12
4	4	8	12	16

허용　　　조건부 허용　　　허용불가

(위험성 허용여부 기준 매트릭스)

⑤ 저감 대책의 수립 : 허용 불가로 판정된 위험요소에 대해 저감대책을 수립하여야 하며, 가능한 한 복수의 저감 대책들을 도출·평가하여 최선의 저감 대책을 선정하도록 한다. 위험성 저감대책 수립 시에는 Hierarchy of Controls(HOC)의 원칙을 고려하여야 한다. HOC의 원칙은 저감 대책을 세울 때 제거, 대체, 기술적 제어, 관리적 통제, 개인보호 장비 착용의 순서로 위험요소 저감의 효과가 크다는 것이며, 그 내용은 아래와 같다. 설계 단계에서는 제거와 대체, 기술적 제어에 해당하는 대책을 수립하여야 하며, 관리적 통제와 개인보호 장비에 의한 대책은 시공단계의 대책으로 사용될 수 있으며 설계단계에서는 최소화하거나 지양하여야 한다.

(1) 제거(Elimination) : 계획 또는 시공방법 변경을 통한 위험요소의 제거

(2) 대체(Substitution) : 재료의 대체 등과 같이 대체를 통해 위험요소의 저감

(3) 기술적 제어(Engineering Control) : 기술적인 방법으로 위험요소로부터 격리시키거나 방호 조치를 취함

(4) 관리적 통제(Administrative Control) : 교육과 작업 공정 계획, 감독 등을 통한 위험요소의 저감대책으로서 설계단계에서는 가능하면 지양하여야 함

(5) 개인보호 장비(Personal Protective Equipment) : 최후의 수단으로서 의미를 가지며, 설계단계에서의 대책으로는 지양하여야 함

2) 설계 안전성 검토 대상

시행령상에 안전관리계획을 수립해야 하는 건설공사를 대상으로 시행되는 설계안전성 검토에는 시공단계에서 반드시 고려해야 하는 위험요소, 위험성 및 그에 대한 저감대책, 설계에 포함된 각종 시공법과 절차에 관한 사항, 그 밖에 시공과정의 안전성을 확보하기 위해 국토부장관이 정하여 고시하는 사항이 포함되어 검토되어야 한다.

① 1종 및 2종 시설물의 건설공사

② 지하 10m 이상을 굴착하는 건설공사

③ 폭발물 사용으로 주변에 영향이 예상되는 건설공사

④ 10층 이상 16층 미만의 건축물의 건설공사

⑤ 10층 이상인 건축물의 리모델링 및 해체공사

⑥ 주택법에 따른 수직 증축형 리모데링 공사

⑦ 건진법에 따른 가설구조물을 사용하는 건설공사

3) 설계 시행 단계별 설계자의 안전관리 업무

설계자의 의사결정이 건설안전에 미치는 영향과 효과는 크며, 설계단계에서 수행하는 위험요소의 제거 및 감소는 사업전반의 건설안전에 큰 영향을 미친다. 또한, 근본적인 위험요소 제거의 기술적인 문제를 가장 효과적으로 해결할 수 있는 주체는 설계자이므로 설계자는 건설안전에 대한 위험요소를 가장 먼저 규명하고 저감대책을 반영한 설계를 수행하여 공사목적물과 작업자들이 위험요소에 노출되지 않도록 적극적인 노력을 해야 한다. 설계자는 발주자와의 협의를 통해 설계 안전성 검토 절차를 실질적으로 수행하는 주체로서, 건설공사 중 발생할 수 있는 위험요소의 인식, 위험성 평가, 저감대책 수립, 보고서의 작성 및 관련정보의 전달과 같은 핵심적인 역할을 수행하여야 한다. 설계자는 관련 공사에 필요한 건설안전과 시공분야의 경험과 전문성 부족으로 설계 안전성 검토 절차의 수행에 어려움이 있는 경우, 건설안전 전문가와(필요시, 시공 전문가 등도 포함하여) 협업 또는 자문 및 컨설팅을 통해 설계 안전성 검토 절차를 수행하여야 한다.

① 설계발주 단계
  (1) 설계자는 발주자의 설계서(과업지시서) 설계조건에서 명시된 안전관리 부문의 요구사항을 확인 및 검토하여야 한다.
  (2) 설계자는 발주자의 과업지시서에 안전관리 요구사항이 명시되어 있지 않은 경우에도 관련 법규와 규정의 요구사항을 검토 및 확인하여야 한다.

② 설계시행 단계
  (1) 건설안전을 고려한 설계 : 설계자는 설계서(과업지시서)의 설계조건을 바탕으로 표준시방서, 설계기준을 활용하여 설계과정 중에 건설안전에 치명적인 위험요소를 도출하고 위험요소를 제거 또는 감소시킬 수 있는 저감대책을 마련해야 한다.
    1. 설계에서 가정한 시공법 및 절차에 의해 발생하는 위험요소가 회피, 제거, 감소되도록 한다.
    2. 시공단계에서 설치되는 가설 시설물의 안전한 설치 및 해체를 고려해야 한다.
    3. 깊은 지하 굴착을 최대한 배제하여야 한다.
    4. 위험장소에서의 작업을 최소화하기 위해 공장제작 자재의 활용을 적극적으로 고려해야 한다.
    5. 동일 작업장소에서 시공절차가 충돌되지 않고 안전한 작업이 이루어지도록 하여야 한다.
    6. 시설물의 유지관리가 용이하도록 개·보수 및 청소를 위한 전용통로, 설비의 설치 및 제거가 용이한 반입구 등을 고려하여야 한다.
    7. 부서지기 쉬운 자재가 최소화되도록 하여야 하며, 석면 및 석면이 함유된 자재가 사용되지 않도록 하여야 한다.
    8. 해체 및 개·보수 공사 시 기존 구조물의 안전성을 확보하여야 한다.
    9. 지반굴착공사의 시행시기가 장마철, 해빙기와 겹칠 경우에는 이에 대한 안전성 검토를

실시하여야 한다.

10. 건설공사 중 근로자의 안전확보를 위하여 「산업안전보건법」 제23조부터 24조까지에서 정하는 내용을 고려해야 한다.

(2) 설계 안전성 검토 준비 : 안전성 검토를 위한 팀을 구성하고, 위험요소 프로파일 등 관련 위험요소 자료 수집, 유사재해 사례 등의 사전 준비과정을 추진한다.

(3) 위험성 평가 및 저감대책 수립 : 위험요소 프로파일과 유사 건설재해 사례, 공개된 건설재해 및 위험요소 프로파일, 자체적으로 발굴한 자료를 활용하여 설계과정에서 건설공사 중 발생할 수 있는 위험요소를 인식하고 기록하여야 한다. 설계자는 인식된 위험요소에 대해 발생빈도와 심각성을 추정하고, 발생빈도와 심각성의 조합으로 위험성을 평가한다. 위험요소에 대해 평가된 위험성이 허용 수준을 넘는 경우, 반드시 저감대책을 수립하여 위험성을 저감시켜야 한다. 설계자는 도출된 위험요소에 대한 저감대책이 적용된 경우의 위험성 평가를 실시하여 위험성이 허용 수준 이내임을 확인하여야 하며, 선정된 저감대책은 설계도서에 반영한다. 설계단계에서 허용 수준을 만족하는 저감대책을 수립하기 어려운 위험요소에 대해서는 시공단계에서 저감대책을 수립하고 위험성을 저감시킬 수 있도록 관련 정보를 설계안전검토보고서에 포함시켜야 한다.

(4) 설계안전검토보고서의 보완과 제출 : 설계자는 위험요소, 위험성, 저감대책 형태로 설계안전검토보고서를 작성, 건설사업관리나 발주청의 확인을 받고 보완·변경 후 제출하여야 한다.

6. 산안법과 중처법 ^{129회/133회}

【 기출유형 ① 】 「중대재해처벌법」의 시행목적과 중대재해의 종류
【 기출유형 ② 】 설계안전보건대장 설명

국내법에서는 「산업안전보건법」과 「중대재해처벌법」을 통해서 사업자가 고용인과 노무자의 안전확보를 위해 노력하도록 규정하고 있다. 설계와 관련해서는 산업안전보건법에 따라 총공사금액이 50억원 이상인 공사에서 발주자는 산업재해 예방을 위해 건설공사의 계획, 설계 및 시공단계에서 안전보건대장을 작성하고 확인하도록 하고 있다. 설계안전보건대장은 계획단계에서 수립된 기본 안전보건대장을 토대로 설계자가 유해·위험요인의 감소방안을 포함하여 작성된 안전보건대장을 말한다.

「중대재해처벌법」은 사업주 등이 중대재해를 예방하고 종사자와 시민의 생명 보호를 위해 필요한 역할을 다하도록 하는 법률로 안전·보건 조치의무를 위반하여 인명피해를 발생하게 한 사업주, 경영책임자, 공무원 및 법인의 처벌 등을 규정한다. 산안법에 따른 중대재해는 1명 이상이 사망한 경우이나, 중대재해처벌법 상의 중대재해는 중대산업재해와 중대시민재해로 구분된다.

1) 중대산업재해

중대산업재해는 「산업안전보건법」에 따라 건설공사의 경우 「건설산업기본법」에 따른 건설공사, 「전기공사업법」에 따른 전기공사, 「정보통신공사업법」에 따른 정보통신공사, 「소방시설사업법」에 따른 소방공사 등이 포함되며, 중대산업재해에는 산업재해 중 사망자가 1명이상 발생하거나 동일한 사고로 6개월 이상 치료가 필요한 부상자가 2명 이상 발생, 동일한 유해요인으로 급성중독 등 직업성 질병자가 1년이내 3명 이상 발생한 재해가 이에 해당된다.

2) 중대시민재해

중대시민재해는 중대산업재해를 제외하고 특정 원료 또는 제조물, 공중이용시설 또는 공중교통수단의 설계, 제조, 설치, 관리상의 결함을 원인으로 하여 발생한 재해 중 사망자가 1명 이상 발생하거나 동일한 사고로 2개월 이상 치료가 필요한 부상자가 10명 이상 발생하거나 동일한 원인으로 3개월 이상 치료가 필요한 질병자가 10명 이상 발생한 재해를 지칭한다.

7. 건설사업관리 117회/121회/125회/126회/128회/130회/134회/136회

> 【 기출유형 ① 】 건설사업관리의 개념과 필요성, 운영방식
> 【 기출유형 ② 】 건설사업관리업무의 검토 항목과 절차
> 【 기출유형 ③ 】 건설사업관리기술인(기술지원기술인)의 업무와 검토 내용

건설사업관리, CM(Construction Management)은 건설사업을 성공적으로 유도하기 위해서 사업 시작부터 종료에 이르기까지 참여하게 되는 다수 조직의 활동을 합리적으로 계획하고 지휘, 총괄하는 기능 및 활동을 말한다. 건설 프로젝트의 발굴, 기획, 타당성 조사, 자금조달, 기본 및 상세설계, 구매조달, 시공, 시운전 및 유지 및 보수 등을 총괄하는 일련의 과정의 업무를 수행한다.

1) 건설사업관리(CM)의 계약방식

건설사업관리(CM)은 설계자와 원도급자 사이에 체계하는 전통적인 공사계약 체계와는 달리 계약형태를 순수형 CM 계약방식(CM for free)과 위험형 CM 계약방식(CM at Risk)의 두 가지로 구분하고 있다.

① 순수형 CM 계약방식(CM for free) : 순수형 CM 계약방식은 발주자의 대리인으로 설계자 및 시공자와는 직접적인 계약 관계없이 업무에 대하여 발주자가 관리, 감독할 수 있도록 조언하며, 설계자 및 시공자 선정에 필요한 입찰서류 준비 및 시공자의 시공능력 평가, 입찰내용 평가, 시공단계에서의 복수 시공자 간의 협력업무 등의 대가를 받는 계약 방식이다.

② 위험형 CM 계약방식(CM at Risk) : 위험형 CM 계약방식은 건설사업관리자가 시공자 또는 설계자와 시공자를 모두 고용하여 책임을 지는 계약형태이다. 경우에 따라 건설프로젝트의 개발에서부터 시공 및 사후관리까지 전단계에 걸쳐 발주자를 대신하여 관리하며 특정부분에 대하여 책임을 지기도 한다.

순수형 CM 계약방식(CM for free)	위험형 CM 계약방식(CM at Risk)	
	시공관리	설계·시공관리
• 발주자에 대한 조언 • 참여사에 대한 평가 • 복수시공자간 협력(Coordination) • 공사 책임 없음	• 시공 책임	• 설계·시공 모두 책임

2) 건설사업관리(CM)의 역할과 필요성

건설사업관리(CM)제도는 기존의 감리 제도와 달리 전문 인력을 활용해 사업 전반에 대한 관리를 수행하는 제도다. 기획 단계에서부터 전문적인 지식을 가지고 계획하기 때문에 공사비 절감은 물론 사업기간 단축 등의 이점을 가진다. 또한 사업의 진행 중에 품질관리와 안전 확보에도 유리하기 때문에 점차 확대될 것으로 기대된다.

① 기획단계 : 건설사업의 기획, 타당성 조사 및 분석 등 사업비와 공사비 비용 분석, 프로젝트 절차 매뉴얼 및 품질, 안전, 공정 등 각종 계획서 관리

② 설계단계 : 설계자 선정 업무 지원, 공사 발주계획 수립, 설계 경제성 검토, 설계일정 및 기성 관리, 설계조정 및 연계성 검토

③ 조달단계 : 계약관련 회의, 계약 및 이행, 보고서 작성 및 제출, 계약 요구사항 및 지침 작성

④ 시공단계 : 시공 단계별 공정·안전·품질·환경 관리, 예상 및 사업성 관리, 기성 평가, 민원· 사업비·품질·공정 등 클레임 관리, 설계변경 관리, 공사계약 변경 업무, 준공도면 관리

⑤ 유지보수 : 최종 공사비·최종보고서 작성 및 보고, 유지관리 방침 및 계획 수립, 유지관리 지침서 작성, 하자보수 기술 협력

3) 건설사업관리(CM)의 업무

「건설기술진흥법」에 따라 발주청은 건설공사를 효율적으로 수행하기 위하여 설계·시공관리 난이도가 높거나 기술인력 부족으로 공사관리가 어려운 경우 등 필요한 경우에는 건설사업관리를 하게 할 수 있다. 건설사업관리를 수행하는 기술인은 건설사업관리기술인(상주기술인)과 상주기술인을 지원하는 건설사업관리기술인(기술지원기술인)으로 구분된다.

「건설기술진흥법 시행령」 및 건설공사 사업관리방식 검토기준 및 업무수행지침에 따라 건설사업관리인은 관련법령, 설계기준 및 설계도서 작성기준 등에 적합한 내용대로 설계되는지의 여부를 확인하고, VE, 시공성 검토 등의 업무를 수행하며 기술지원기술인은 현장조사 내용의 분석과 기술적 검토, 기술 및 행정지원 등의 업무를 지원하는 업무를 수행하도록 하고 있다.

8. 가설구조물의 안전관리계획 ^{123회/128회/134회}

가설구조물에 대한 사고가 계속되면서 설계단계에서부터 안전관리계획을 수립하도록 관련 법령에 지속적으로 강화되고 있다. 「건설기술진흥법 시행령」 제98조에서는 주요 토목 구조물인 ① 시설특법에 따른 1종 또는 2종 시설물, ② 지하 10미터 이상 굴착공사, ③ 천공기, 항타, 타워크레인 등의 건설기계가 사용되는 건설공사, ④ 가설구조물을 사용하는 공사 등에 대해 안전관리계획을 수립하도록 규정하고 있다. 특히, 가설구조물의 경우 시행령 제101조의 2에 따라 구조적 안전성을 확인받도록 규정하고 있다.

1) 안전관리계획 수립대상 가설구조물

구분	대표적 가설구조물
비계시스템	시스템 비계, 강관비계, 브라켓 비계, 워킹타워 등
거푸집 및 동바리	시스템 동바리, 벽체거푸집, 파이프서포트, 작업발판 일체형 거푸집
지보공	흙막이 지보공, 터널 지보공
외부작업 위한 작업발판 및 안전시설물 일체화 가설구조물	SWC(Safety Working Cage), ACS(Automatic Climbing System), RCS(Rail Climbing System), 워킹 플랫폼(Working platform)
현장 제작 복합 가설구조물	합벽지지대, 가설벤트, 작업대차, 라이닝폼
동력이용 가설구조물	FCM, ILM, PSM, MSS
발주자 인정 가설구조물	가설교량, 공중비계, 보형식 동바리

2) 안전관리계획 수립기준

① 가설기자재 품질관리계획 : 「건설기술진흥법」 제55조 및 시행령 제89조에 따라 가설기자재 품질시험 및 검사 실시

② 시행단계별 안전성 검토 : 「건설기술진흥법」 제48조, 시행령 75조의2, 제98조, 제101조의2에 따라 실시설계단계, 설계안전성검토단계, 안전관리계획단계 및 시공단계별로 설계 안전성을 검토

③ 시방규정 등의 준수 : 가설공사, 교량공사, 터널공사 표준시방서에 따라 현장여건에 적합하도록 공사시방서를 작성해 사용

④ 운영 중 안전점검 : 「건설기술진흥법」 제62조, 시행령 제100조에 따라 시공자가 건설공사의 공기기간 동안 매일 자체 안전점검을 실시하여야 하며, 건설안전전문기관으로 하여금 실시시기에 맞추어 정기안전점검을 실시하고 지적된 사항에 대해서는 별도 기록해 발주자에 확인 과정 수행

설계기준과 위계 : 지침, 편람, 지침

설계기준, 설계지침, 설계편람에 관해서 국내외 기준을 비교, 설명하시오.

▶ 개요

설계기준과 지침, 편람의 차이는 기본적으로 설계기준의 경우 법적으로 반드시 지켜야 하는 상위의 기준이 된다. 지침의 경우에는 국내의 발주처별로 설계기준 이내에서 세부적으로 수립되는 설계사항을 말하며 설계편람의 경우에는 설계자의 편의를 위해서 설계과정을 풀이한 내용을 말한다. 국내뿐만 아니라 해외에서도 설계기준, 지침, 편람 등이 상존한다.

▶ 설계기준

국내의 설계기준에는 콘크리트 설계기준, 강구조설계기준, 도로교설계기준, 철도교설계기준 등의 상위 설계기준이 존재하며, 일반적으로 설계기준 간의 상충이 있을 때에는 재료에 대한 설계기준을 우선시 하는 것이 원칙이다. 재료에 대한 설계기준과 함께 구조물의 특성별로 구분된 도로교나 철도교의 설계기준이 존재하며 국외에서도 AASHTO LRFD, Eurocode 등의 설계기준이 있다.

▶ 설계지침

국내에서는 강도로교 상세부 설계지침, 케이블 강교량설계지침 등의 세부 상세별 설계지침이나 발주청별로 따로 규정한 설계지침 도로공사 설계지침, LH 공사 설계지침 등이 존재하며 각각의 설계지침은 설계기준의 범주 내에서 공사의 특성별로 지정하고 있다.

▶ 설계편람

국내에서는 도로설계편람, 도로설계요령 등이 존재하며 해외에서는 AASHTO Guide Specification for Horizontally Curved Steel Girder Highway과 같은 설계편람이 존재한다. 설계편람은 설계기준에 따라 설계자가 이해하기 쉽도록 설계과정을 예와 함께 쉽게 풀어놓은 가이드 북 형식이다.

▶ 국내외 설계기준, 지침, 편람에 대한 고찰

현재 국내 설계기준은 ASD, USD, LRFD가 공존하는 형태로 그 설계방법의 혼재로 인해 설계자가 혼돈을 일으키기 쉽다. 앞으로의 추세는 LRFD, LSD의 방식으로 추구해 가는 과정에 있어서 아직까지 이에 대한 설계지침이나 편람은 잘 정비되어 있지는 않지만 지속적으로 설계방향에 대한 세부적인 설계 예제가 국내 실정에 맞도록 정비될 필요가 있다.

설계기준과 위계

설계기준, 설계지침 및 설계편람을 구분하여 설명하고, 2021년도에 개정된 콘크리트 구조설계기준(KDS 14 20 00)의 주요 변경 사항에 대하여 설명하시오.

풀 이

▶ 개요

설계기준과 지침, 편람의 차이는 기본적으로 설계기준의 경우 법적으로 반드시 지켜야 하는 상위의 기준이 된다. 지침의 경우에는 국내의 발주처별로 설계기준 이내에서 세부적으로 수립되는 설계사항을 말하며 설계편람의 경우에는 설계자의 편의를 위해서 설계과정을 풀이한 내용을 말한다. 국내뿐만 아니라 해외에서도 설계기준, 지침, 편람 등이 상존한다.

▶ 설계기준, 설계지침, 설계편람

1) 설계기준

국내의 설계기준에는 콘크리트 설계기준, 강구조설계기준, 도로교설계기준, 철도교설계기준 등의 상위 설계기준이 존재하며, 일반적으로 설계기준간의 상충이 있을 때에는 재료에 대한 설계기준을 우선시 하는 것이 원칙이다. 재료에 대한 설계기준과 함께 구조물의 특성별로 구분된 도로교나 철도교의 설계기준이 존재하며 국외에서도 AASHTO LRFD, Eurocode 등의 설계기준이 있다.

2) 설계지침

국내에서는 강도로교 상세부 설계지침, 케이블 강교량설계지침 등의 세부 상세별 설계지침이나 발주청별로 따로 규정한 설계지침 도로공사 설계지침, LH공사 설계지침 등이 존재하며 각각의 설계지침은 설계기준의 범주 내에서 공사의 특성별로 지정하고 있다.

3) 설계편람

국내에서는 도로설계편람, 도로설계요령 등이 존재하며 해외에서는 AASHTO Guide Specification for Horizontally Curved Steel Girder Highway와 같은 설계편람이 존재한다. 설계편람은 설계기준에 따라 설계자가 이해하기 쉽도록 설계과정을 예와 함께 쉽게 풀어놓은 가이드북 형식이다.

▶ 콘크리트구조 설계기준(KDS 14 20 00)의 주요 변경 사항

콘크리트구조 설계기준(KDS 14 20 00)은 '21년과 '22년 개정되면서 기존 기준에서 휨·압축, 전단·비틀림, 내구성 설계기준 등이 일부 변경되었다. 설계기준이 변경된 주요 사유는 콘크리트와 강재의 강도가 기술 발전에 따라 점차 증가됨에 따라 고강도 재료가 사용될 때에 실험값 등을 통해 보정해 기존의 20개 기준 중 12개 기준의 27개 항목의 설계기준을 개정하였다.

1) 휨 및 압축 설계기준

① 휨부재의 콘크리트 압축연단 극한 변형률 ϵ_{cu} 가 0.003에서 f_{ck} 가 40MPa 이하에서는 0.0033, 40MPa 초과시에는 매 10MPa 마다 0.001씩 감소하도록 변경되었다.

② 등가압축영역의 콘크리트 응력 등분포 크기 및 범위를 일괄적으로 크기를 $0.85f_{ck}$, 등분포 범위 분포를 β_1 으로 규정하던 것을 f_{ck} 값에 따라서 η, β_1 이 변경되면서 등분포 응력 크기를 $\eta(0.85f_{ck})$ 로 변경하고 β_1 도 변경되는 것으로 개정되었다.

2) 전단 및 비틀림

① 전단철근의 전단강도 V_s 의 최대 한곗값이

$$V_s \leq (2\lambda\sqrt{f_{ck}})b_w d \text{에서 } V_s \leq 0.2(1 - f_{ck}/250)f_{ck}b_w d \text{로 변경되었다.}$$

② 벽체 전단설계 수평전단철근의 최소 단면적비 ρ_h 가 0.0025 이상에서 전단철근의 항복강도에 따라 변경되도록 조정되었다.

③ 벽체 전단설계 수평전단철근의 간격 s_h, 슬래브와 기초판 전단설계 2방향 휨거동 위험단면 둘레길이 b_0 에 대해 일부 변경되었다.

3) 내구성 설계기준 : 노출범주 및 등급, 콘크리트 최소 설계 기준압축강도 등에 대해 일부 변경되었다.

4) 철근상세 및 정착 및 이음 : 철근상세와 관련한 최소 피복두께, 확대머리 이형철근 정착길이 l_{dt}, 용접이음과 기계적이음의 상세 규정이 일부 변경되었다.

5) 앵커 설계기준과 관련해 후설치 앵커 사용의 적절성, 인장력을 받는 부착식 앵커의 부착강도 등이 추가되었으며, 일부 내용이 변경되었다.

설계용역 선정 평가방법

현재 설계평가기준인 PQ(Pre-Qualification), SOQ(Statement Of Qualification), TP(Technical Proposal)에 대하여 설명하시오.

풀 이

> **개요**

현재의 설계평가기준은 「건설기술진흥법」에 따라 수주경쟁에 따른 입찰부담 경감과 공정성 확보를 위해서 참여사의 입찰참가자격사전심사(PQ, Pre-Qualification)를 통과방식으로 운영하고 용역금액과 용역규모·특성에 따라 기술자평가(SOQ, Statement Of Qualification)와 기술제안서(TP, Technical Proposal) 평가를 실시하도록 하고 있다.

> **설계 평가기준 비교**

건설기술용역의 기본계획, 기본설계, 실시설계 및 건축설계의 경우 건설사업용역의 금액규모에 따라서 구분하여 적용하도록 하고 있다. 적은 금액의 용역의 경우 PQ 혹은 PQ와 SOQ를 혼용하여 참여사의 자격요건과 기술자에 대한 평가를 중시하고 있으며, 금액이 큰 설계용역의 경우 기술제안을 통해 효율적인 설계가 이루어질 수 있도록 유도하고 있다.

건설기술용역사업 규모별 적용기준(건설기술진흥법 시행규칙 제28조, 2025.6. 기준)

구분	기본계획/기본설계	실시설계	건설사업관리	정밀점검/정밀안전진단
PQ	2.3~10억원	2.3~15억원	~20억원	~2억원
PQ+SOQ	10~30억원	15~40억원	–	2억원 이상
PQ+TP	30억원 이상	40억원 이상	20억원 이상	

SOQ 및 TP 평가 대상용역의 결정기준은 용역의 금액규모와 함께 사업의 난이도를 고려하고 있으며, 난이도는 공공의 안전확보, 역사문화 보전 등을 위하여 기술자의 특별한 경험과 기술력이 필요하다고 인정되거나 국내 실적이 많지 않고 복합공종, 입지, 지반조건 및 인접시설 등에 대한 특별한 고려가 필요한 경우, 신기술·신공법 및 친환경건설기법 등 기술발전을 도모하기 위해 필요하다고 인정된 경우로 한정하고 있다. 일반적으로 도로와 철도의 경우 장대교, 현수교, 사장교 등 특수교량을 포함하거나 3km 이상의 터널이나 해저터널, 도시부 장대지하터널 등이 포함된 경우이며 저수량 1천만 톤 이상의 댐이나 갑문시설이 포함된 항만 설계가 이에 해당된다.

용역 선정 평가기준 : 종합심사낙찰제

최근 시행 중인 건설기술용역 종합심사낙찰제에 대하여 설명하시오.

풀 이

▶ 개요

종합심사낙찰제도는 가격뿐만 아니라 공사의 수행능력, 사회적 책임을 종합 평가하여 낙찰자를 선정하는 방식으로 가격 경쟁 위주의 입찰방식에 따른 문제점을 개선하여 최저가 낙찰제를 대신해 시행되고 있는 건설공사의 입찰제도이다.

▶ 종합심사낙찰제 제도

국가계약법에 따라 국가 및 공공기관에서 발주하는 추정공사 300억원 이상인 공사를 대상으로 하며 공사수행능력(50점), 입찰금액(50점), 사회적 책임(가점 1점)의 평가를 통해 낙찰자를 결정한다. 기존의 최저가낙찰제의 문제점이었던 덤핑 입찰에 따른 부실공사 및 품질저하, 불필요한 설계변경을 통한 공사비 부당 증액, 유지관리비 증대로 인한 예산 낭비, 저가 하도급 및 임금체불, 산업재해 증가, 건설시장의 불안정 등을 개선하여 공사품질 향상, 생애주기 측면의 재정 효율성 증대, 하도급 관행 등 건설산업 생태계 개선, 기술경쟁력 촉진, 건설산업 경쟁력 강화 등을 꾀하기 위하여 도입되었다. 자치단체나 지방공사에서는 종합심사낙찰제와 유사한 종합평가낙찰제도를 운영하고 있다. 다만, 기술이행능력의 한계로 대형건설사에 유리하고 공사수행능력 중 시공실적과 시공평가결과 비중이 다소 높다는 문제점이 지적되고 있다.

▶ 종합심사낙찰제 주요 평가 항목

심사분야	배점	세부평가항목
공사수행능력	50	시공실적, 동일공종 전문성 비중, 배치기술자, 시공평가결과, 규모별 시공역량, 공동수급체 구성
입찰금액	50	가격점수, 단가심사, 하도급계획 심사, 물량심사, 시공계획심사
사회적 책임	가점(1)	고용, 건설안전, 공정거래, 지역경제 기여도

설계 안전성 검토

「건설기술진흥법」에 따라 작성하는 설계 안전 검토보고서

풀 이

설계안정성 검토 업무 매뉴얼(국토교통부, 2017)

▶ 개요

건설공사에서 발생하는 재해를 감소시키기 위해 국내 건설공사 안전관리제도는 기존 시공자 중심의 안전관리 제도에서 모든 건설공사 참여자(발주자, 설계자, 시공자 등)들이 참여하는 형태로 변화하면서, 관련법에 따라 안전관리계획을 수립해야하는 건설공사의 실시설계단계부터 사전에 위험성을 평가하고 저감대책을 세우는 설계 안전성 검토 제도가 도입되었다.

▶ 설계안전검토서 주요내용

설계단계에서 사전에 위험요소를 저감시키기 위한 설계 안전성 검토 절차는 사전준비, 위험요소 인식, 인적 및 물적 피해의 판단, 위험성의 평가, 저감 대책의 수립 및 저감 대책 적용에 따른 위험성 평가, 저감 대책의 이행 및 기록의 순으로 이루어진다. 설계자는 설계 안전성 검토 결과를 설계안전 검토보고서로 작성하여 발주자에게 제출하도록 하고 있다.

1) 사전준비 : 설계 전 발주자가 설정한 안전관리 수준과 건설재해 목표 등 설계 안정성 검토 목표를 확인하고 관련자료 수집과 분석을 수행한다.

2) 위험요소 인식 : 건설안전 전문가 등을 활용해 브레인스토밍과 같은 의사결정 방법을 통해 위험요소를 도출한다. 시공순서 및 공법을 판단하여 작업자의 입장에서 위험요소를 도출하고, 설계도면으로 위험요소를 파악하기 힘든 시공방법과 시공순서에 대해서는 건설안전 전문가 및 관련 공종 전문가들과 심도 있게 협의해 시공 중 목적물과 작업자들에게 위험성이 잔존하는 부분은 설계도면에 표기(note)하여 작업자들이 인지하도록 하여야 한다. 기타 외국의 설계 안전성 검토 사례 등을 참고하여 위험요소를 도출할 수도 있다.

3) 인적 및 물적 피해의 판단 : 설계도면에 제시된 공법과 작업자 위치 및 작업내용, 작업방법에 따라 사고의 발생가능성과 심각성이 달라지므로 위험요소로 인해 발생되는 사고의 유형을 인적 및 물적 유형으로 분류한다.
   ① 물적피해 유형 : 무너짐, 넘어짐, 화재, 폭발, 파열, 화학물질 누출 등
   ② 인적피해 유형 : 떨어짐, 넘어짐, 깔림, 부딪힘, 맞음, 끼임, 절단, 베임, 감전, 교통사고 등

4) 위험성의 평가 : 발상빈도와 심각성에 대해 추정하고 위험성 평가 매트릭스 등을 통해 허용가능한 위험성 수준을 평가한다.

위험성 허용여부 기준 매트릭스

심각성 \ 발생빈도	1	2	3	4
1	1	2	3	4
2	2	4	6	8
3	3	6	9	12
4	4	8	12	16

	허용		조건부 허용		허용불가

5) 저감 대책의 수립 : 허용 불가로 판정된 위험요소에 대해 저감대책을 수립하여야 하며, 가능한 한 복수의 저감 대책들을 도출·평가하여 최선의 저감 대책을 선정하도록 한다. 위험성 저감대책 수립 시에는 Hierarchy of Controls(HOC)의 원칙을 고려하여야 한다. HOC의 원칙은 저감대책을 세울 때 제거, 대체, 기술적 제어, 관리적 통제, 개인보호 장비 착용의 순서로 위험요소 저감의 효과가 크다는 것이며, 그 내용은 아래와 같다. 설계 단계에서는 제거와 대체, 기술적 제어에 해당하는 대책을 수립하여야 하며, 관리적 통제와 개인보호 장비에 의한 대책은 시공 단계의 대책으로 사용될 수 있으며 설계단계에서는 최소화하거나 지양하여야 한다.

(1) 제거(Elimination) : 계획 또는 시공방법 변경을 통한 위험요소의 제거

(2) 대체(Substitution) : 재료의 대체 등과 같이 대체를 통해 위험요소의 저감

(3) 기술적 제어(Engineering Control) : 기술적인 방법으로 위험요소로부터 격리시키거나 방호조치를 취함

(4) 관리적 통제(Administrative Control) : 교육과 작업 공정 계획, 감독 등을 통한 위험요소의 저감대책으로서 설계단계에서는 가능하면 지양하여야 함

(5) 개인보호 장비(Personal Protective Equipment) : 최후의 수단으로서 의미를 가지며, 설계단계에서의 대책으로는 지양하여야 함

설계안전성 검토

설계안전성 검토(Design for Safety)에 대한 다음 사항에 대하여 설명하시오.
(1) 기본 취지 및 목표　　　(2) 「건설기술진흥법 시행령」에 따른 설계안전성 검토 대상
(3) 실제 설계단계에서 검토되어야 할 위험요소 및 저감대책 사례

풀 이

▶ 기본 취지 및 목표

설계안전성 검토는 「건설기술진흥법」에 따라 건설공사에서 발생하는 재해를 감소시키기 위해 설계자의 참여를 통해 설계단계부터 사전에 위험성을 평가하고 저감대책을 세우기 위해 도입되었다.

▶ 설계 안전성 검토 대상

시행령상에 안전관리계획을 수립해야 하는 건설공사를 대상으로 시행되는 설계안전성 검토에는 ① 시공단계에서 반드시 고려해야 하는 위험요소, 위험성 및 그에 대한 저감대책, ② 설계에 포함된 각종 시공법과 절차에 관한 사항, ③ 그 밖에 시공과정의 안전성을 확보하기 위해 국토부장관이 정하여 고시하는 사항이 포함되어 검토되어야 한다.
① 1종 및 2종 시설물의 건설 공사
② 지하 10m 이상을 굴착하는 건설 공사
③ 폭발물 사용으로 주변에 영향이 예상되는 건설 공사
④ 10층 이상 16층 미만의 건축물의 건설 공사
⑤ 10층 이상인 건축물의 리모델링 및 해체 공사
⑥ 주택법에 따른 수직증축형 리모델링 공사
⑦ 건진법에 따른 가설구조물을 사용하는 건설 공사

▶ 설계단계에서 검토되어야 할 위험요소 및 저감대책 사례

설계안전검토보고서는 설계도면, 시방서, 내역서, 구조 및 수리계산서가 완료된 시점에 실시설계 중 시공단계에서 반드시 고려해야 하는 위험요소, 위험성 및 그에 대한 저감대책과 설계에 포함된 각종 시공법과 절차에 관한 사항 등을 검토한다.

| 공종 | Hazard | Risk | | | | | 위험요소
저감대책 | 위험요소
관리주체 | 잔여위험요소 | |
		물적 피해	인적 피해	발생 빈도	심각성	위험 등급			위험요소 보유자	안전관리 문서
...	...	...	...	...	...	...	...	...	...	...

① 건설안전을 고려한 설계 : 설계자는 설계서(과업지시서)의 설계조건을 바탕으로 표준시방서, 설계기준을 활용하여 설계과정 중에 건설안전에 치명적인 위험요소를 도출하고 위험요소를 제거 또는 감소시킬 수 있는 저감대책을 마련해야 한다.

  (1) 설계에서 가정한 시공법 및 절차에 의해 발생하는 위험요소가 회피, 제거, 감소되도록 한다.

  (2) 시공단계에서 설치되는 가설 시설물의 안전한 설치 및 해체를 고려해야 한다.

  (3) 깊은 지하 굴착을 최대한 배제하여야 한다.

  (4) 위험장소에서의 작업을 최소화하기 위해 공장제작 자재의 활용을 적극적으로 고려해야 한다.

  (5) 동일 작업장소에서 시공절차가 충돌되지 않고 안전한 작업이 이루어지도록 하여야 한다.

  (6) 시설물의 유지관리가 용이하도록 개보수 및 청소를 위한 전용통로, 설비의 설치 및 제거가 용이한 반입구 등을 고려하여야 한다.

  (7) 부서지기 쉬운 자재가 최소화되도록 하여야 하며, 석면 및 석면이 함유된 자재가 사용되지 않도록 하여야 한다.

  (8) 해체 및 개·보수 공사 시 기존 구조물의 안전성을 확보하여야 한다.

  (9) 지반굴착공사의 시행시기가 장마철, 해빙기와 겹칠 경우에는 이에 대한 안전성 검토를 실시하여야 한다.

  (10) 건설공사 중 근로자의 안전확보를 위하여 「산업안전보건법」 제23조부터 24조까지에서 정하는 내용을 고려해야 한다.

② 설계 안전성 검토 준비 : 안전성 검토를 위한 팀을 구성하고, 위험요소 프로파일 등 관련 위험요소 자료 수집, 유사재해 사례등의 사전 준비과정을 추진한다.

③ 위험성 평가 및 저감대책 수립 : 위험요소 프로파일과 유사 건설재해 사례, 공개된 건설재해 및 위험요소 프로파일, 자체적으로 발굴한 자료를 활용하여 설계과정에서 건설공사 중 발생할 수 있는 위험요소를 인식하고 기록하여야 한다. 설계자는 인식된 위험요소에 대해 발생빈도와 심각성을 추정하고, 발생빈도와 심각성의 조합으로 위험성을 평가한다. 위험요소에 대해 평가된 위험성이 허용 수준을 넘는 경우, 반드시 저감대책을 수립하여 위험성을 저감시켜야 한다. 설계자는 도출된 위험요소에 대한 저감대책이 적용된 경우의 위험성 평가를 실시하여 위험성이 허용 수준 이내임을 확인하여야 하며, 선정된 저감대책은 설계도서에 반영한다. 설계단계에서 허용 수준을 만족하는 저감대책을 수립하기 어려운 위험요소에 대해서는 시공단계에서 저감대책을 수립하고 위험성을 저감시킬 수 있도록 관련 정보를 설계안전검토보고서에 포함시켜야 한다.

④ 설계안전검토보고서의 보완과 제출 : 설계자는 위험요소, 위험성, 저감대책 형태로 설계안전검토보고서를 작성, 건설사업관리나 발주청의 확인을 받고 보완·변경후 제출하여야 한다.

설계안전성 검토

설계안전성(Design For Safety) 검토에서 설계 시행단계별 설계자의 안전관리 업무에 대하여 설명하시오.

풀 이

▶ 개요

설계안전성 검토는 「건설기술진흥법」에 따라 건설공사에서 발생하는 재해를 감소시키기 위해 설계자의 참여를 통해 설계단계부터 사전에 위험성을 평가하고 저감대책을 세우기 위해 도입되었다.

▶ 설계안전성 검토 업무절차

설계안전성을 검토하는 과정은 사전 준비단계, 위험요소의 도출, 위험성 추정 및 평가, 저감대책 수립 및 저감대책에 대한 위험성 평가, 저감대책의 이행 및 기록하는 단계로 진행된다.
① 준비단계 : 검토대상 목적물 확인 및 목표설정, 검토팀 등 구성, 설계도서 및 사례 분석, 워크숍
② 실시단계 : 위험요소 인식, 위험성 추정 및 평가, 위험성 저감대책 수립 및 이행, 기록, 검토, 수정

▶ 설계 시행단계별 설계자의 안전관리 업무

설계자의 의사결정이 건설안전에 미치는 영향과 효과는 크며, 설계단계에서 수행하는 위험요소의 제거 및 감소는 사업전반의 건설안전에 큰 영향을 미친다. 또한, 근본적인 위험요소 제거의 기술적인 문제를 가장 효과적으로 해결할 수 있는 주체는 설계자이므로 설계자는 건설안전에 대한 위험요소를 가장 먼저 규명하고 저감대책을 반영한 설계를 수행하여 공사목적물과 작업자들이 위험요소에 노출되지 않도록 적극적인 노력을 해야 한다.
설계자는 발주자와의 협의를 통해 설계안전성 검토 절차를 실질적으로 수행하는 주체로서, 건설공사 중 발생할 수 있는 위험요소의 인식, 위험성 평가, 저감대책 수립, 보고서의 작성 및 관련정보의 전달과 같은 핵심적인 역할을 수행하여야 한다. 설계자는 관련 공사에 필요한 건설안전과 시공분야의 경험과 전문성 부족으로 설계안전성 검토 절차의 수행에 어려움이 있는 경우, 건설안전 전문가와(필요시, 시공 전문가 등도 포함하여) 협업 또는 자문 및 컨설팅을 통해 설계안전성 검토 절차를 수행하여야 한다.

1) 설계발주 단계

① 설계자는 발주자의 설계서(과업지시서) 설계조건에서 명시된 안전관리 부문의 요구사항을 확인 및 검토하여야 한다.

② 설계자는 발주자의 과업지시서에 안전관리 요구사항이 명시되어 있지 않은 경우에도 관련 법규와 규정의 요구사항을 검토 및 확인하여야 한다.

2) 설계시행 단계

① 건설안전을 고려한 설계 : 설계자는 설계서(과업지시서)의 설계조건을 바탕으로 표준시방서, 설계기준을 활용하여 설계과정 중에 건설안전에 치명적인 위험요소를 도출하고 위험요소를 제거 또는 감소시킬 수 있는 저감대책을 마련해야 한다.

  (1) 설계에서 가정한 시공법 및 절차에 의해 발생하는 위험요소가 회피, 제거, 감소되도록 한다.

  (2) 시공단계에서 설치되는 가설 시설물의 안전한 설치 및 해체를 고려해야 한다.

  (3) 깊은 지하 굴착을 최대한 배제하여야 한다.

  (4) 위험장소에서의 작업을 최소화하기 위해 공장제작 자재의 활용을 적극적으로 고려해야 한다.

  (5) 동일 작업장소에서 시공절차가 충돌되지 않고 안전한 작업이 이루어지도록 하여야 한다.

  (6) 시설물의 유지관리가 용이하도록 개보수 및 청소를 위한 전용통로, 설비의 설치 및 제거가 용이한 반입구 등을 고려하여야 한다.

  (7) 부서지기 쉬운 자재가 최소화되도록 하여야 하며, 석면 및 석면이 함유된 자재가 사용되지 않도록 하여야 한다.

  (8) 해체 및 개·보수 공사 시 기존 구조물의 안전성을 확보하여야 한다.

  (9) 지반굴착공사의 시행시기가 장마철, 해빙기와 겹칠 경우에는 이에 대한 안전성 검토를 실시하여야 한다.

  (10) 건설공사 중 근로자의 안전확보를 위하여 「산업안전보건법」 제23조부터 24조까지에서 정하는 내용을 고려해야 한다.

② 설계 안전성 검토 준비 : 안전성 검토를 위한 팀을 구성하고, 위험요소 프로파일 등 관련 위험요소 자료 수집, 유사재해 사례 등의 사전 준비과정을 추진한다.

③ 위험성 평가 및 저감대책 수립 : 위험요소 프로파일과 유사 건설재해 사례, 공개된 건설재해 및 위험요소 프로파일, 자체적으로 발굴한 자료를 활용하여 설계과정에서 건설공사 중 발생할 수 있는 위험 요소를 인식하고 기록하여야 한다. 설계자는 인식된 위험요소에 대해 발생빈도와 심각성을 추정, 발생빈도와 심각성의 조합으로 위험성을 평가한다. 위험요소에 대해 평가된 위험성이 허용 수준을 넘는 경우, 저감대책을 수립하여 위험성을 저감시켜야 한다. 설계자는 도출된 위험요소에 대한 저감대책이 적용된 경우의 위험성 평가를 실시하여 위험성이 허용 수준 이내임을 확인하여야 하며, 선정된 저감대책은 설계도서에 반영한다. 설계단계에서 허용 수준을 만족하는 저감대책을 수립하기 어려운 위험요소에 대해서는 시공단계에서 저감대책을 수립하고 위험성을 저감시킬 수 있도록 관련 정보를 설계안전검토보고서에 포함시켜야 한다.

④ 설계안전검토보고서의 보완과 제출 : 설계자는 위험요소, 위험성, 저감대책 형태로 설계안전검토보고서를 작성, 건설사업관리나 발주청의 확인을 받고 보완·변경 후 제출하여야 한다.

중대재해처벌법

「중대재해 처벌 등에 관한 법률」의 시행목적 및 중대재해 종류에 대하여 설명하시오.

풀 이

▶ 개요

「중대재해처벌법」은 사업 또는 사업장, 공중이용시설 및 공중교통수단을 운영하거나 인체에 해로운 원료나 제조물을 취급하면서 안전·보건 조치의무를 위반하여 인명피해를 발생하게 한 사업주, 경영책임자, 공무원 및 법인의 처벌 등을 규정함으로써 중대재해를 예방하고 시민과 종사자의 생명과 신체를 보호함을 목적으로 한다.

▶ 중대재해의 종류

법상에 중대재해는 중대산업재해와 중대시민재해로 구분된다.

1) 중대산업재해

중대산업재해는 「산업안전보건법」에 따라 건설공사의 경우 「건설산업기본법」에 따른 건설공사, 「전기공사업법」에 따른 전기공사, 「정보통신공사업법」에 따른 정보통신공사, 「소방시설사업법」에 따른 소방공사 등이 포함되며, 중대산업재해에는 산업재해 중 사망자가 1명 이상 발생하거나 동일한 사고로 6개월 이상 치료가 필요한 부상자가 2명 이상 발생, 동일한 유해요인으로 급성중독 등 직업성 질병자가 1년이내 3명 이상 발생한 재해가 이에 해당된다.

2) 중대시민재해

중대시민재해는 중대산업재해를 제외하고 특정 원료 또는 제조물, 공중이용시설 또는 공중교통수단의 설계, 제조, 설치, 관리상의 결함을 원인으로 하여 발생한 재해 중 사망자가 1명 이상 발생하거나 동일한 사고로 2개월 이상 치료가 필요한 부상자가 10명 이상 발생하거나 동일한 원인으로 3개월 이상 치료가 필요한 질병자가 10명 이상 발생한 재해를 지칭한다.

▶ 건설산업에서 「중대재해처벌법」과 관련한 의무사항

사업주와 경영책임자는 사업 또는 사업장의 종사자의 안전·보건상의 유해 또는 위험을 방지하기 위해 ① 재해예방에 필요한 인력·예산 등 안전보건관리체계의 구축과 이행, ② 재해발생 시 재발방지대책 수립과 이행, ③ 행정기관의 개선·시정 명령에 대한 이행, ④ 안전·보건 관계법령에 따른 의무가 주어진다.

산업안전보건법 : 설계안전보건대장

설계안전보건대장에 대하여 설명하시오.

풀 이

▶ 개요

「산업안전보건법」에 따라 총공사금액이 50억원 이상인 공사에서 발주자는 산업재해 예방을 위해 건설공사의 계획, 설계 및 시공단계에서 안전보건대장을 작성하고 확인하도록 하고 있다. 설계안전보건대장은 계획단계에서 수립된 기본안전보건대장을 토대로 설계자가 유해·위험요인의 감소 방안을 포함하여 작성된 안전보건대장을 말한다.

① 기본안전보건대장 : 발주자가 건설공사에서 중점적으로 관리하여야 할 유해 위험요인과 저감 방안을 포함해 작성한다.

② 설계안전보건대장 : 기본안전보건대장을 설계자에게 제공하고 설계자가 유해 위험요인과 저감방안을 포함해 작성한다.

③ 공사안전보건대장 : 설계안전보건대장을 시공자에게 제공하고 시공자는 이를 반영하여 안전한 작업방법 등을 작성한다.

▶ 설계안전보건대장

설계안전보건대장은 설계자가 설계 시 공사단계별로 유해요소나 위험요인을 작성하고 이에 대한 저감방안을 제시하도록 규정하고 있으며, 설계안전검토보고서가 국토부의 검토와 심사 후 최종 제출과 승인하는 과정을 거치는 데 비해 설계안전보건대장은 건설안전보건분야의 전문가(산업안전지도사, 건설안전기술사 등)에게 대장 내용의 적정성을 확인 받고 공사착공 시에 현장에 비치하도록 규정하고 있다. 발주자는 수급인이 설계안전보건대장과 공사안전보건대장에 따른 안전조치를 이행하지 않아 산업재해가 발생할 위험이 있을 경우에는 수급인에게 작업을 중단할 것을 요청할 수 있다.

건설사업관리, CM

건설사업관리(Construction Management, CM제도) 운영방식 중 순수형 CM 계약방식(CM for free)과 위험형 CM 계약방식(CM at Risk)에 대하여 설명하시오.

풀 이

▶ 개요

건설사업관리, CM(Construction Management)은 건설사업을 성공적으로 유도하기 위해서 사업 시작부터 종료에 이르기까지 참여하게 되는 다수 조직의 활동을 합리적으로 계획하고 지휘, 총괄하는 기능 및 활동을 말한다. 건설 프로젝트의 발굴, 기획, 타당성 조사, 자금조달, 기본 및 상세 설계, 구매조달, 시공, 시운전 및 유지 및 보수 등을 총괄하는 일련의 과정의 업무를 수행한다.

▶ 건설사업관리(CM)의 계약방식

건설사업관리(CM)은 설계자와 원도급자 사이에 체계하는 전통적인 공사계약 체계와는 달리 계약 형태를 순수형 CM 계약방식(CM for free)과 위험형 CM 계약방식(CM at Risk)의 두 가지로 구분하고 있다.

1) 순수형 CM 계약방식(CM for free)

순수형 CM 계약방식은 발주자의 대리인으로 설계자 및 시공자와는 직접적인 계약 관계없이 업무에 대하여 발주자가 관리, 감독할 수 있도록 조언하며, 설계자 및 시공자 선정에 필요한 입찰서류 준비 및 시공자의 시공능력 평가, 입찰내용 평가, 시공단계에서의 복수 시공자 간의 협력 업무 등의 대가를 받는 계약 방식이다.

2) 위험형 CM 계약방식(CM at Risk)

위험형 CM 계약방식은 건설사업관리자가 시공자 또는 설계자와 시공자를 모두 고용하여 책임을 지는 계약형태이다. 경우에 따라 건설프로젝트의 개발에서부터 시공 및 사후관리까지 전단계에 걸쳐 발주자를 대신하여 관리하며 특정 부분에 대하여 책임을 지기도 한다.

순수형 CM 계약방식(CM for free)	위험형 CM 계약방식(CM at Risk)	
	시공관리	설계·시공관리
• 발주자에 대한 조언 • 참여사에 대한 평가 • 복수시공자 간 협력(Coordination) • 공사 책임 없음	• 시공 책임	• 설계·시공 모두 책임

건설사업관리, CM

CM(Construction Management)에 대한 개념과 필요성에 대하여 설명하시오.

풀 이

▶ 개요

CM(Construction Management)은 발주처를 대신해 건설·공사의 운영과 관리를 대신 수행하는 개념으로 프로젝트의 기간, 비용, 품질 등을 관리해 공사비 절감(Cost), 품질향상(Quality), 공기 단축(Time) 등의 목표를 달성하게 하는 전문적인 관리 프로세스를 뜻한다. CM은 발주자를 대신해 건설사업의 기획, 설계단계부터 조달관리, 시공관리, 사후평가 및 유지관리 등의 전반적인 업무를 관리감독하는 역할을 수행한다.

▶ CM의 역할과 필요성

1) CM의 단계별 역할

① 기획단계 : 건설사업의 기획, 타당성 조사 및 분석 등 사업비와 공사비 비용 분석, 프로젝트 절차 매뉴얼 및 품질, 안전, 공정 등 각종 계획서 관리

② 설계단계 : 설계자 선정 업무 지원, 공사 발주계획 수립, 설계 경제성 검토, 설계일정 및 기성 관리, 설계조정 및 연계성 검토

③ 조달단계 : 계약관련 회의, 계약 및 이행, 보고서 작성 및 제출, 계약 요구사항 및 지침 작성

④ 시공단계 : 시공 단계별 공정·안전·품질·환경 관리, 예상 및 사업성 관리, 기성 평가, 민원·사업비·품질·공정 등 클레임 관리, 설계변경 관리, 공사계약 변경 업무, 준공도면 관리

⑤ 유지보수 : 최종 공사비·최종보고서 작성 및 보고, 유지관리 방침 및 계획 수립, 유지관리 지침서 작성, 하자보수 기술 협력

2) CM의 필요성

CM제도는 기존의 감리 제도와 달리 전문인력을 활용해 사업 전반에 대한 관리를 수행하는 제도다. 기획단계에서부터 전문적인 지식을 가지고 계획하기 때문에 공사비 절감은 물론 사업기간 단축 등의 이점을 가진다. 또한 사업의 진행 중에 품질관리와 안전 확보에도 유리하기 때문에 점차 확대될 것으로 기대된다.

건설사업관리, CM

「건설기술진흥법 시행령」에 규정된 설계용역에 대한 건설사업관리업무의 검토항목에 대하여 설명하시오.

풀 이

▶ 개요

「건설기술진흥법」에서는 1·2종 시설물이 포함되거나 총공사비 300억원 이상의 건설공사의 기본 및 실시설계용역에 대해서는 발주청은 설계품질 확보와 향상을 위해 설계용역에 대한 건설사업관리 업무를 하도록 규정하고 있다.

▶ 설계용역 건설사업관리업무의 검토항목

발주청 감독관의 업무를 대행하기 때문에 일반적으로 발주청에서 검토하는 항목에 대해 건설사업관리업무를 수행하면서 관리하도록 규정하고 있으며, 설계 적정성, 공사비 산정 적정성, 대안검토 여부 등에 대해 확인하도록 하고 있다.

① 건설공사 설계기준 및 건설공사 시공기준에의 적합성 검토
② 구조물의 설치 형태 및 건설공법 선정의 적정성 검토
③ 사용재료 선정의 적정성 검토
④ 설계내용의 시공 가능성에 대한 사전 검토
⑤ 구조계산의 적정성 검토
⑥ 측량 및 지반조사의 적정성 검토
⑦ 설계공정의 관리
⑧ 공사기간 및 공사비의 적정성 검토
⑨ 설계의 경제성 등 검토
⑩ 설계안의 적정성 검토
⑪ 설계도면 및 공사시방서 작성의 적정성 검토

건설사업관리, CM : 설계시공성 검토

기본 및 실시설계단계에서 건설사업관리인이 수행하는 설계 시공성 검토 절차 및 내용에 대하여
설명하시오.

풀 이

➤ 개요

「건설기술진흥법 시행령」 및 건설공사 사업관리방식 검토기준 및 업무수행지침에 따라 건설사업
관리인은 관련법령, 설계기준 및 설계도서 작성기준 등에 적합한 내용대로 설계되는지의 여부를
확인하고, VE, 시공성 검토 등의 업무를 수행하도록 하고 있다.

➤ 설계시공성 검토 절차 및 내용

시공성 검토는 건설공사 설계도서의 검토과정의 일부로 시공성에 주안점을 둔 설계검토 방식으로
시공과정에서 기술적인 견해 차이로 불필요한 마찰 및 설계도서의 부실(누락, 불일치, 오류, 시공
성 결여 등) 문제로 인하여 공정, 품질, 원가관리에 영향을 미칠 수 있다.

1) 설계도서의 검토

  ① 기본 및 실시설계 보고서, 지반조사 보고서, 구조계산서, 기타 현장조사 보고서 등을 참조하여
    기본조사 Data가 충분한지, Data의 적용은 적절한지를 검토

  ② 적용된 설계표준 또는 설계시방의 일치 여부를 검토

  ③ 구조계산 시 적용된 구조계(System)의 적정성 여부를 검토

  ④ 하중계산의 적합성 여부를 검토

  ⑤ 구조계산(Modeling)의 적정성 여부를 검토

  ⑥ 선정재료의 적합성 여부를 검토

  ⑦ 공종별 채택 시방서와 현장조건의 일치 여부를 검토

  ⑧ 적용공법 및 사용재료의 시방규격 적합성 여부를 검토

  ⑨ 현장조건 대비 설계시방의 일치 여부를 검토

2) 설계시공성 검토

  ① 기본 및 실시설계 도서와 공정표를 참조하여 공사기간 내에 실행 가능한 공법 여부 검토

    (1) 각 작업들의 공정이 건설기간 내 실현가능한지 검토

    (2) 자재의 구매 또는 공급시기가 적기에 이루어지는 자재인지를 검토

(3) 건설기간 중의 기후조건에 대한 사항이 반영 여부

② 각 공종별 적용공법의 생산성에 대한 검토

　(1) 설계의 단순성(Simplicity)

　(2) 설계의 유연성(Flexibility)

　(3) 대체안 또는 대안의 수용이 용이한 설계

③ 공사비용 대비 적용공법의 적정성 여부 검토

④ 현장조건 대비 적용공법의 적정성 여부 검토

　(1) 시방서(Specification)에 현장조건이 반영되었는지 등 검토

⑤ 적용된 공법과 타 공종과의 간섭관계 여부 검토

⑥ 사용자재의 취득, 가용성에 대한 검토

　(1) 시설부재 표준화로 시공과정의 반복시공 유도가 가능한지 여부 검토

　(2) 건설자재의 다량구매로 자재원가 절감이 가능한지 여부 검토

⑦ 적용공법의 사용장비 및 인력의 동원가능성에 대한 검토

　(1) 시설구조를 모듈화하거나 사전조립 형태로 설계해 관리가 가능한지 여부

　(2) 인력, 자재, 장비의 현장 접근성이 설계에 반영되었는지 여부 : 현장 인근의 기존도로, 철도, 수로 등의 운송 시스템, 기존 운송 시스템과 현장까지의 연결도로(진입도로), 현장 내 도로 및 공간, 시설 구조간의 운송공간 및 운송장비, 양중장비 및 하역설비, 하역공간, 자재 이송설비, 시설 구조물 간의 공사용 개구부 등

⑧ 주문제작 자재의 조달기간에 대한 검토

⑨ 공법, 특수공법의 Risk에 대한 검토

건설사업관리, CM : 건설사업관리계획

「건설기술진흥법 시행령」(2024.7.)에 규정된 발주청이 시공 단계의 건설사업관리계획을 착공 전까지 수립해야 하는 건설공사 및 건설사업관리계획을 변경해야 하는 경우와 「건설기술진흥법 시행규칙」(2024.7.)에 규정된 시공 단계의 건설사업 관리계획에 포함해야 하는 사항에 대해 설명하라.

풀 이

▶ 건설사업관리계획 수립 개요

「건설기술진흥법 시행령」 제59조의2 제1항에 따라 발주청은 다음 각호의 건설공사에 대해 시공 단계의 건설사업관리계획을 공사 착공 전까지 수립해야 한다.

① 총공사비 5억원 이상인 토목공사

② 연면적 660m² 이상인 건축물의 건축공사

③ 총공사비가 2억원 이상인 전문공사

④ 그 밖에 부실시공 및 안전사고 예방을 위해 발주청이 필요하다고 인정하는 건설공사

▶ 건설사업관리계획을 변경해야 하는 경우

「건설기술진흥법 시행령」 제59조의2 제8항에 따라 발주청이 기술자문위원회 또는 지방심의위원회의 심의를 받아 수립된 건설사업관리계획이 다음의 사항에 해당되는 경우에는 그 건설사업관리계획을 변경하여야 한다.

① 건설공사의 공사규모, 공사기간, 총공사비 등 주요 사업계획이 10% 이상 변경되는 경우

② 시공단계의 건설사업관리방식이 변경되는 경우

③ 건설사업관리 업무를 수행하는 건설기술인 또는 공사감독자의 배치계획에서 총 건설사업관리 기술인의 수가 감소되는 경우

④ 그 밖에 발주청이 건설사업계획의 변경이 필요하다고 인정하는 경우

▶ 시공단계의 건설사업관리계획에 포함해야 하는 사항

① 건설공사명, 시행기관명, 건설공사 주요내용 및 총공사비 등 건설공사 기본사항

② 사업관리방식

③ 건설사업관리기술인 또는 공사감독자 배치 계획

④ 기술자문위원회 또는 지방심의위원회의 심의 대상여부 및 심의 결과

⑤ 공사감독자 또는 건설사업관리기술인 업무범위

⑥ 그 밖에 발주청이 필요하다고 인정하는 사항

건설사업관리, CM : 기술지원기술인

「건설기술진흥법 시행규칙」에 규정된 건설사업관리기술인(기술지원기술인)이 수행하는 업무와 시공 전 설계적정성 검토내용에 대하여 설명하시오.

풀 이

▶ 개요

「건설기술진흥법」에 따라 발주청은 건설공사를 효율적으로 수행하기 위하여 설계·시공관리 난이도가 높거나 기술인력 부족으로 공사관리가 어려운 경우 등 필요한 경우에는 건설사업관리를 하게 할 수 있다. 건설사업관리를 수행하는 기술인은 건설사업관리기술인(상주기술인)과 상주기술인을 지원하는 건설사업관리기술인(기술지원기술인)으로 구분된다.

▶ 기술지원기술인의 임무

① 책임건설사업관리기술인이 요청하는 현장조사 내용의 분석 및 주요 구조물의 기술적 검토
② 사업비 절감을 위한 검토
③ 책임건설사업관리기술인이 요청하는 시공상세도면 검토
④ 기성 및 준공 검사
⑤ 행정 지원 업무
⑥ 설계도서의 검토
⑦ 중요한 설계변경에 대한 기술 검토
⑧ 현장 시공 상태의 평가 및 기술 지도

▶ 시공 전 설계 적정성 검토내용

발주청 감독관의 업무를 대행하기 때문에 일반적으로 발주청에서 검토하는 항목에 대해 건설사업관리업무를 수행하면서 관리하도록 규정하고 있으며, 설계 적정성, 공사비 산정 적정성, 대안검토 여부 등에 대해 확인하도록 하고 있다.
① 건설공사 설계기준 및 건설공사 시공기준에의 적합성 검토
② 구조물의 설치 형태 및 건설공법 선정의 적정성 검토
③ 사용재료 선정의 적정성 검토
④ 설계내용의 시공 가능성에 대한 사전 검토
⑤ 구조계산의 적정성 검토
⑥ 측량 및 지반조사의 적정성 검토

⑦ 설계공정의 관리

⑧ 공사기간 및 공사비의 적정성 검토

⑨ 설계의 경제성 등 검토

⑩ 설계안의 적정성 검토

⑪ 설계도면 및 공사시방서 작성의 적정성 검토

➤ 참고. 설계변경 요건 및 설계변경 절차 시 기술지원기술인의 임무

1) 설계변경 요건

① 인근 주민 등에 대한 피해 발생 가능성이 있을 경우

② 당초설계의 기본적인 사항인 중심선, 계획고, 구조물의 구조 및 공법 등의 변경이 필요한 경우

③ 공사비의 절감과 건설공사의 품질향상을 위한 개선사항 등 설계변경이 필요한 경우

④ 발주청의 요구로 설계내용이 변경된 경우

⑤ 기타 발주청이 필요하다고 인정한 경우

2) 설계변경 시 기술지원기술인의 임무

① 설계도서와 현지여건이 상이한 부분에 대한 내용 파악(현지 여건 조사)

② 시공자가 제출한 실정보고 내용의 적정성 검토

③ 발주청에 설계변경을 위한 공사 실정보고 제출

가설구조물의 안전관리

「건설기술진흥법 시행령」(2024.7.) 제101조의2(가설구조물의 구조적 안전성 확인)에 규정된 건설사업자 또는 주택건설등록업자가 관계전문가로부터 구조적 안전성을 확인받아야 하는 가설구조물에 대하여 설명하시오.

풀 이

▶ 개요

건설사업자 또는 주택건설등록업자는 가설 구조물의 구조적 안전성을 확인하기 위해 사업자에게 고용되지 않은 토목구조, 건축구조 등 해당 가설구조물의 구조적 안전성을 확인하기에 적합하다고 인정되는 기술자에게 구조적 안전성을 확인받고 공사감독자 등에게 제출하도록 규정하고 있다.

▶ 안전성 확인 대상 가설구조물

시행령에 따라 확인 받아야 하는 가설구조물은,
① 높이 31m 이상의 비계
② 브라켓(bracket) 비계
③ 작업발판 일체형 거푸집 또는 높이가 5m 이상인 거푸집 및 동바리
④ 터널의 지보공 또는 높이가 2m 이상인 흙막이 지보공
⑤ 동력을 이용하여 움직이는 가설구조물
⑥ 높이 10m 이상에서 외부작업을 하기 위하여 작업발판 및 안전시설물을 일체화하여 설치하는 가설구조물
⑦ 공사현장에서 제작하여 조립, 설치하는 복합형 가설구조물
⑧ 그 밖에 발주자 또는 인허가기관의 장이 필요하다고 인정하는 가설구조물이 해당된다.

가설구조물의 안전관리계획

「건설기술진흥법 시행령」(제98조 제1항)에 따른 안전관리계획상 가설구조물의 수립기준에 대하여 설명하시오.

풀 이

▶ 개요

「건설기술진흥법 시행령」에 따라 안전관리계획을 수립해야 하는 건설공사에는 ① 높이가 31m 이상인 비계, ② 브라켓 비계, ③ 작업발판 일체형 거푸집 또는 높이가 5m 이상인 거푸집 및 동바리, ④ 터널의 지보공(支保工) 또는 높이가 2m 이상인 흙막이 지보공, ⑤ 동력을 이용하여 움직이는 가설구조물, ⑥ 높이 10m 이상에서 외부작업을 하기 위하여 작업발판 및 안전시설물을 일체화하여 설치하는 가설구조물, ⑦ 공사현장에서 제작하여 조립·설치하는 복합형 가설구조물 등의 가설구조물을 사용하는 건설공사가 포함된다.

▶ 가설구조물의 안전관리계획 수립기준

구분	대표적 가설구조물
비계시스템	시스템 비계, 강관비계, 브라켓 비계, 워킹타워 등
거푸집 및 동바리	시스템 동바리, 벽체거푸집, 파이프서포트, 작업발판 일체형 거푸집
지보공	흙막이 지보공, 터널 지보공
외부작업 위한 작업발판 및 안전시설물 일체화 가설구조물	SWC(Safety Working Cage), ACS(Automatic Climbing System), RCS(Rail Climbing System), 워킹 플랫폼(Working platform)
현장 제작 복합 가설구조물	합벽지지대, 가설벤트, 작업대차, 라이닝폼
동력이용 가설구조물	FCM, ILM, PSM, MSS
발주자 인정 가설구조물	가설교량, 공중비계, 보형식 동바리

① 가설기자재 품질관리계획 :「건설기술진흥법」 제55조 및 시행령 제89조에 따라 가설기자재 품질시험 및 검사 실시

② 시행단계별 안전성 검토 :「건설기술진흥법」 제48조, 시행령 75조의2, 제98조, 제101조의2에 따라 실시설계단계, 설계안전성검토단계, 안전관리계획단계 및 시공단계별로 설계 안전성을 검토

③ 시방규정 등의 준수 : 가설공사, 교량공사, 터널공사 표준시방서에 따라 현장여건에 적합하도록 공사시방서를 작성해 사용

④ 운영 중 안전점검 :「건설기술진흥법」 제62조, 시행령 제100조에 따라 시공자가 건설공사의 공기기간동안 매일 자체 안전점검을 실시하여야 하며, 건설안전전문기관으로 하여금 실시시기에 맞추어 정기안전점검을 실시하고 지적된 사항에 대해서는 별도 기록해 발주자에 확인 과정 수행

설계도서 작성기준

'건설공사 설계도서 작성기준(국토교통부, 2015.06)'에 따른 설계도서 작성 시 고려사항

풀 이

▶ 개요

2015년 「건설기술진흥법」 개정에 따라 설계도서 작성시 가설구조물에 대한 구조검토가 의무화되면서 건설공사 설계도서 작성기준이 개정되었다. 건설공사 설계도서 작성기준에 따른 설계도서 작성시에는 시공상세도 작성지침을 반영해 설계도서를 작성하도록 하고 신기술이나 신공법 적용시의 방법과 목록작성을 의무화하였다.

▶ 설계도서 작성 시 고려사항

1) 설계도면

과업계획에 의해 제시된 목적물의 형상과 규격 등을 표현하기 위해 설계자에 의해 작성된 도면으로 물량산출 및 내역산출의 기초가 되며 시공자가 시공상세도면을 작성할 수 있도록 표현된 도면을 말하며, 일반도, 구조도 및 확대도와 구조계산이 필요한 가시설물의 도면을 포함하여야 한다.

2) 시공상세도면

시공상세도면은 목적물에 대한 설계도면의 구체화·상세화를 목적으로 작성되며, 현장에 종사하는 시공자가 목적물의 품질확보 또는 안전시공을 할 수 있도록 건설공사의 진행 단계별로 작성되는 도면을 말한다. 시공방법과 순서, 자재의 가공 조립, 현장상태 등 시공에 필요한 모든 정보를 작성하는 설계도면으로 감리원의 검토 승인이 요구되며, 가시설물의 설치, 변경에 따른 제반도면을 포함하여야 한다.

3) 가설구조물의 구조 검토

「건설기술진흥법」 제48조제5항에 따라 건설기술용역업자가 설계도서(실시설계) 작성 시 구조검토를 하여야 하는 가설구조물은 다음과 같다. 다만 현장여건, 자재의 변동 가능성 등에 따라 시공 전 재검토·재설계가 필요하다고 판단되는 가설구조물(제1호의 비계, 거푸집 및 동바리로 한정한다)은 개략 구조검토를 할 수 있다.

① 높이가 31m 이상인 비계, 높이가 5m 이상인 거푸집 및 동바리
② 터널의 지보공 또는 높이가 2m 이상인 흙막이 지보공

③ 공용되는 가설교량 및 노면복공

④ 그 밖에 발주자 또는 인·허가기관의 장이 필요하다고 인정하는 가설구조물

4) 시공상세도 작성지침을 반영한 설계도서 작성

"건설공사 시공상세도 작성지침(국토해양부, 2010)"에 의거 실시설계도면과 시공상세도면을 구분하여 작성하여야 하며, 공사시방서에 Shop Drawing 공종을 제시하고, "엔지니어링 사업대가"의 시공상세도 작성비 요율에 따른 비용을 설계내역서에 반영하여야 한다.

5) 신기술·신공법 적용방법과 목록작성의 의무화

신기술·신공법을 건설공사에 적용할 경우에는 반드시 다음 절차에 따라 설계단계에서 반영하고 도면 또는 시방서에 목록을 작성하여야 한다.

① 「건설기술진흥법 시행규칙」 제40조제1항5호에 따라 적용하려는 신기술·신공법과 이에 해당하는 기존 공법에 대하여 시공성, 경제성, 안전성, 유지관리성, 환경성을 종합적으로 비교·분석하여, 해당 건설공사에 적용할 수 있는지 검토

② "신기술 현장적용기준(국토해양부 훈령 제746호, 2011.09.23)"에 따라 "신기술활용심의위원회"를 통해 해당 기술의 적용 여부를 심의

③ "정부입찰·계약 집행기준" 제5조의2에 따라 발주기관과 해당 신기술·신공법 개발자 간 사용협약서 체결

④ 해당 신기술·신공법을 적용하기로 결정한 경우에는 목록표 작성과 해당 도면에 신기술·신공법 명칭(지정번호 포함)을 명기

시험시공 등이 필요하여 시공단계에서 특정 신기술·신공법을 선정해야 하는 경우에는 동일한 효과를 나타내는 2개 이상의 유사 신기술을 설계단계에서 반영하여 설계도서를 작성하여야 한다.

1. 설계 VE 107회/117회/121회/123회/126회/128회/130회/132회

【 기출유형 ① 】 설계 VE의 정의, 목적, 절차
【 기출유형 ② 】 설계 VE 적용 대상 선정 시 「건설기술 진흥법 시행령」 제75조에 따른 법적 기준과 일반적 기준

수요자가 요구하는 품질, 소정의 성능, 신뢰성, 안전을 유지하면서 적용공법, 설비나 자재, 서비스, 절차 등으로부터 불필요한 COST를 찾아내어 제거하는 과정으로 해당교량의 계획과 설계, 시공, 유지관리, 해체 및 폐기까지 소요되는 전 생애 기간 동안 발생하는 총비용인 생애주기비용(LCC)을 고려하여 경제적인 대안을 선정하는 과학적인 공사관리 기법으로 국내에서는 건설기술진흥법에 따라 100억 원 이상인 공사에 대해 필수적으로 적용하도록 하고 있다.

1) 법적기준에 따른 설계 VE 적용 대상

「건설기술진흥법 시행령」에 따른 설계 VE 적용 대상은 통상 총공사비가 100억원 이상의 건설공사를 기준으로 하며, 100억원 미만의 건설공사의 경우에는 발주청이 필요하다고 인정한 경우에 실시한다.

① 총공사비 100억원 이상인 건설공사의 기본설계 및 실시설계를 하는 경우

② 총공사비 100억원 이상인 건설공사의 시공 중 총공사비 또는 공종별 공사비를 10% 이상 조정(단순 물량증가나 물가변동으로 인한 변경은 제외한다)하여 설계를 변경하는 경우

③ 총공사비 100억원 이상인 건설공사를 실시설계의 완료일부터 3년 이상 지난 후에 발주하는 경우. 다만, 실시설계의 완료일부터 건설공사의 발주일까지 특별한 여건변동이 없었던 경우는 제외한다.

④ 총공사비 100억원 미만인 건설공사에 대하여 발주청이 필요하다고 인정하는 건설공사의 설계를 하는 경우

⑤ 건설공사의 시공단계에서 건설공사의 여건변동 등으로 인하여 발주청이 설계의 경제성 등의 검토가 필요하다고 인정하는 경우

2) 일반적 기준에 따른 VE 적용대상

일반적인 기준은 국토교통부 VE 업무매뉴얼 등을 참조해 활용되며 이 경우 설계 경제성 등 검토 대상 공사는 법적기준에 따른 ①항의 100억원 이상의 건설공사 기본 및 실시설계에 일괄·대안입찰공사, 기술제안입찰공사, 민간투자 및 설계공모사업을 포함해 실시하도록 하고 있다. 특히 일괄 입찰공사 및 기술제안 입찰공사, 민간투자사업의 경우에는 다음과 같이 VE 실시시기를 별도로 규정하고 있다.

① 일괄입찰공사의 경우 실시설계적격자선정 후에 실시설계 단계에서 1회 이상 실시
② 민간투자사업의 경우 우선협상자 선정 후에 기본설계에 대한 설계의 경제성 등 검토, 실시계
　획승인 이전에 실시설계에 대한 설계의 경제성 등 검토를 각각 1회 이상 실시
③ 기본설계기술제안입찰공사의 경우 실시설계적격자 선정 후 실시설계 단계에서 1회 이상 실시

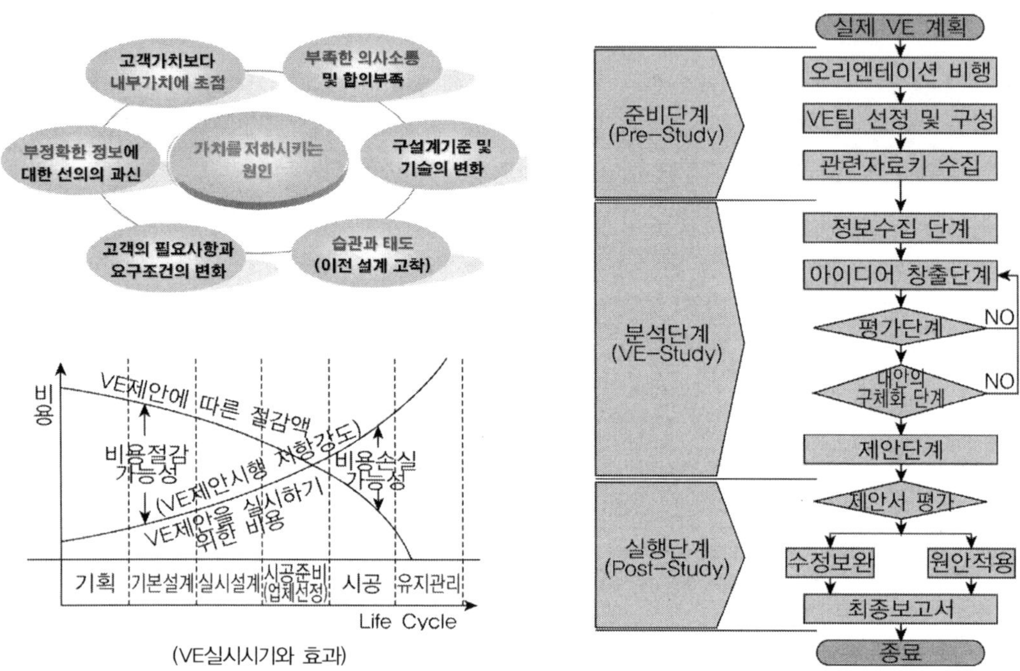

3) VE 검토조직

① 설계 VE 검토조직은 발주청 또는 건설사업관리용역업자가 구성하되 발주청의 담당자, 검토조
　직의 책임자(VE leader), 퍼실리테이터(VE Facilitator), 팀원으로 구성하며, 검토조직의 참여
　자는 다음의 자격을 갖추어야 한다.
　(1) 검토조직의 책임자 : 최소한 40시간 이상 VE전문교육과정을 이수한 자
　(2) 퍼실리테이터 : VE전문기관에서 인정한 최고수준의 VE전문가 자격증 소지자. 다만, 검토
　　조직의 책임자가 최고수준의 VE전문가 자격을 갖춘 때에는 별도의 퍼실리테이터는 포함하
　　지 않아도 된다.
　(3) 팀원 : 중요한 공종의 전문기술인 1인 이상 포함
② 검토조직을 발주청 소속직원으로만 구성하는 경우 검토조직에는 외부전문가 1인 이상이 포함
　되어야 한다.
③ 설계 VE는 발주청이 주관하여 실시하며, 발주청은 검토조직의 담당자를 선임하고 검토조직의·

담당자는 검토조직을 관리하여야 한다.

④ 시공자가 설계 VE를 수행할 경우 시공자가 주관하여 검토조직을 구성하여 실시하며, 발주청 담당자, 건설사업관리용역업자, 설계 VE 대상 시설물의 하수급인 등을 포함할 수 있다.

4) 설계자가 제시해야 할 자료

① 기본설계, 실시설계, 기본 및 실시설계를 수행하는 설계자는 다음 각 호의 자료를 설계VE 실시 최소 10일 전에 검토조직에 제시하여야 한다.

(1) 설계도(설계도 작성이 안 된 경우 스케치로 대체)

(2) 지형도 및 지질자료

(3) 주요 설계기준

(4) 표준시방서, 전문시방서, 공사시방서 및 설계업무 지침서

(5) 사업내역서, 공사비산출서

(6) 관련법규 등에 기초한 협의 및 허가수속 등의 진행상황

(7) 기타 검토조직이 필요하다고 인정하여 요구하는 자료

② 설계자는 설계VE 업무 진행과정에서 구조계산서, 원가내역서, LCC 자료 등 추가로 요구되는 자료가 있을 경우 이에 적극 협력하여야 한다.

5) 설계 VE 검토업무 절차 및 내용

① 설계 VE는 준비단계(Pre-Study), 분석단계(VE Study), 실행단계(Post-Study)로 나누어 실시한다.

② 준비단계에서는 검토조직의 편성, 설계 VE 대상 선정, 설계 VE 기간 결정, 오리엔테이션 및 현장답사 수행, 워크숍 계획 수립, 사전정보 분석, 관련자료의 수집 등을 하여야 한다.

③ 분석단계에서는 선정한 대상의 정보 수집, 기능 분석, 아이디어의 창출, 아이디어의 평가, 대안의 구체화, 제안서의 작성 및 발표를 하여야 한다.

(1) 분석단계에서 해당 사업의 설계자로부터 원안설계 내용에 대한 의견을 듣는 것을 원칙으로 한다.

(2) 대안의 구체화 및 제안서 작성은 안전성, 경관성, 내구성 및 기능을 손상하지 않는 범위에서 유지관리비 등을 포함시킨 생애주기비용의 관점에서 행한다. 단, 생애주기비용의 관점에서 설계 VE가 불가능한 경우에는 건설사업비용의 관점에서 행한다.

(3) 당해 사업의 비용배분 및 기능분석을 명확히 할 수 있는 자료를 작성하여야 한다.

(4) 분석단계는 발주청, 설계자와 검토조직이 한 장소에 모여 워크숍 형태로 수행되어야 한다.

④ 실행단계에서 검토조직은 설계 VE 검토에 따른 비용절감액과 검토과정에서 도출된 모든 관련 자료를 발주청에 제출하여야 하며, 발주청은 제안이 기술적으로 곤란하거나 비용을 증가시키는 등 특별한 사유가 없는 한 설계에 반영하여야 한다.

6) VE 시행기법

설계 VE의 시행목적은 건설공사의 예산절감, 기능향상, 구조적 안전 및 품질확보를 통해서 가치를 향상하고 고객 만족을 유도하는 데 그 목적이 있다.

① 가치평가

(1) 기능의 분석(Fast Diagram) : 설계의 목적을 정확히 파악하기 위한 기능계통도 작성

(2) 가치의 평가(Function/Cost)

비용절감형($V = \dfrac{F\rightarrow}{C\downarrow}$)	본래의 기능수준을 유지하면서 대상물에 포함되어 있는 불필요, 중복, 과잉기능을 찾아내 제거함으로써 동일한 기능수준을 유지하면서도 비용을 절감하는 가치향상 유형
기능향상형($V = \dfrac{F\uparrow}{C\rightarrow}$)	재료 변경, 제작방법의 변경 등을 통해 원가 상승 없이 제품의 기능을 향상시켜 가치를 향상시키는 유형
가치혁신형($V = \dfrac{F\uparrow}{C\downarrow}$)	기능을 향상시키면서도 비용은 절감시키는 가장 이상적인 가치향상 유형
기능강조형($V = \dfrac{F\uparrow}{C\uparrow}$)	일부 비용이 증가되더라도 기능을 월등히 향상시킴으로써 가치를 향상시키는 유형

② 성능분석 : 성능점수(F)의 추정

(1) 성능수준 : 정량적인 평가를 위해 Matrix 방법, AHP 기법 등을 활용

(2) 성능평가 : VE팀을 통해 아이디어 도출하고 각 대안별 성능 달성도를 수치화

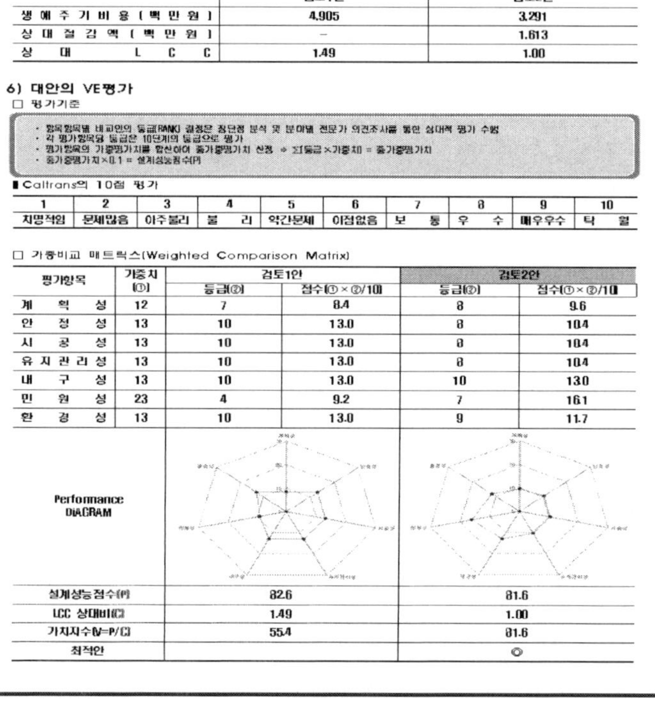

	검토1안	검토2안
생 애 주 기 비 용 (백 만 원)	4.905	3.291
상 대 절 감 액 (백 만 원)	–	1.613
상 대 L C C	1.49	1.00

1	2	3	4	5	6	7	8	9	10
치명적임	문제많음	아주불리	불 리	약간문제	이점없음	보 통	우 수	매우우수	탁 월

평가항목	가중치 (①)	검토1안 등급(②)	검토1안 점수(①×②/10)	검토2안 등급(②)	검토2안 점수(①×②/10)
계 획 성	12	7	8.4	8	9.6
안 정 성	13	10	13.0	8	10.4
시 공 성	13	10	13.0	8	10.4
유 지 관 리 성	13	10	13.0	8	10.4
내 구 성	13	10	13.0	10	13.0
민 원 성	23	4	9.2	7	16.1
환 경 성	13	10	13.0	9	11.7
Performance DIAGRAM					
설계성능점수(F)		82.6		81.6	
LCC 상대비(C)		1.49		1.00	
가치지수(V=P/C)		55.4		81.6	
최적안				◎	

(VE평가 예)

2. 비용의 분석, LCC ^{95회/126회/133회}

LCC란 초기투자비용(공사비, 설계비, 감리비, 보상비 등), 유지관리비용(점검 및 진단비, 관리비, 에너지비용, 보수비, 교체비, 보강비 등), 이용자비용, 사회·경제적 손실비용, 해체·폐기비용, 잔존가치 등 시설물의 생애주기 동안 발생하는 모든 비용을 말하며, "LCC 분석"은 초기투자비와 유지관리비 등 시설물의 내용연수 동안 발생하는 생애주기비용의 일부 또는 전부를 산출하는 것을 말한다.

1) LCC(Life Cycle Cost, 생애주기비용) 분석방법

LCC 경제성 분석방법은 확정적 분석방법과 확률적 분석방법으로 크게 구분되며, 국내에서는 확정적 분성방법을 기본으로 적용하도록 규정하고 있으며, 초기건설비용, 유지관리비용, 해체폐기비용, 간접비용을 고려한다.

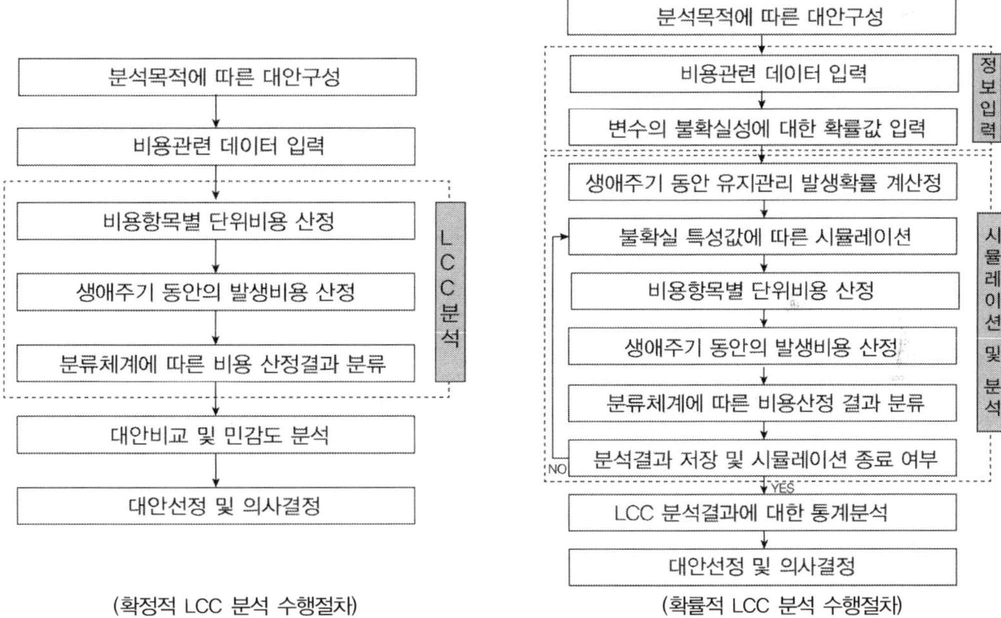

(확정적 LCC 분석 수행절차)　　　(확률적 LCC 분석 수행절차)

① 확정론적 방법 : 예측비용을 할인율 고려 추정하는 방법, 유지보수 주기나 비용 등 LCC 분석의 기초자료의 변동성이나 불확실성을 고려하지 않고 특정한 값을 확정하여 적용하는 방법으로 특정한 값을 확정하여 적용할 경우 적용이 간편하고 분석결과를 직관적으로 인식하기 쉽다는 장점이 있다. 다만, 기초자료를 특정함에 따라 불확실성을 처리하지 못한다는 단점이 있다. 확정적 분석방법의 단점을 보완하기 위해 일부 기초자료를 변화할 경우 LCC 분석결과의 차이를 분석해 보는 민감도 분석을 병행해야 한다.

② 확률론적 방법 : 재입력 변수들의 불확실성을 반영할 수 있도록 확률론적 특성값을 적용하여 분석하는 방법, LCC 분석 기초자료에 대하 특정한 값이 아닌 일정한 분포를 따르는 확률특성값을 적용하고 시뮬레이션을 통해 LCC 분석결과를 확률특성값으로 제시하고 LCC가 각각의 값이 될 수 있는 확률을 함께 제시하는 분석방법이다. LCC 분석 기초자료 각각의 확률적 특성치를 설정하고 이를 토대로 LCC를 시뮬레이션하며, LCC에 영향을 미치는 변수의 불확실성을 고려할 수 있으므로 확정적 분석방법보다 진보된 방법론이나 LCC 분석 기초자료의 확률적 특성치에 관한 신뢰할 수 있는 자료의 확보가 전제되어야 한다. LCC 분석 기초자료에 대한 확률적 특성치의 충분한 통계자료가 없는 경우 전문가 의견을 토대로 입력변수를 가정하여 적용할 수도 있다. 확률적 접근방법은 LCC를 확정값이 아닌 확률밀도함수와 누적분포함수의 형태로 표현할 수 있으며 기댓값과 위험도를 같이 고려할 수 있는 특징을 가진다.

【 확률 특성 가정 시 사용되는 분포 유형 】

	모형	조건
삼각형 (Triangular)		• 곡선의 꼬리 수치가 없을 경우 사용
삼각정규형 (Trigen)		• 곡선의 꼬리 수치가 있는 경우 사용
정규형 (Normal)		• 만일 데이터가 정규분포일 것이라고 판단되면 최확기대치, 최대/최솟값을 이용하여 표현 가능 • 표준편차 ±2는 데이터의 95%에 접근한다고 가정
표준형 (General)		• 전문가 융통성에 의해 곡선 모양을 조절하여 표현
균등형 (Uniform)		• 최대/최소 사이의 데이터가 균일하게 발생되며, 최대/최소 밖에서는 데이터의 발생이 없다고 판단되는 경우
이산형 (Discrete)		• 전문가의 의견에 의해 가중치를 주어 확률 분포를 표현하는 경우

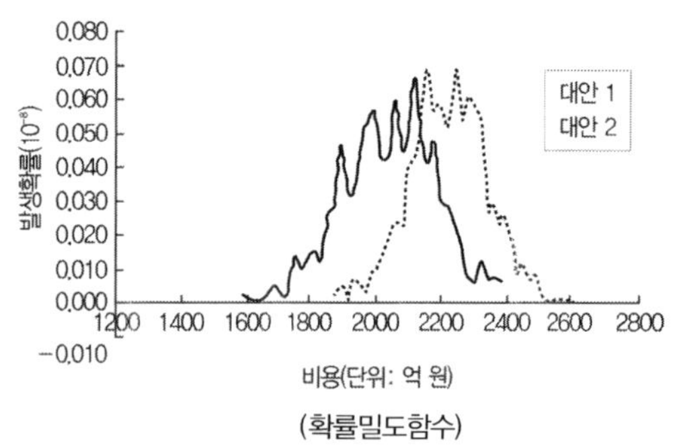

(확률밀도함수)

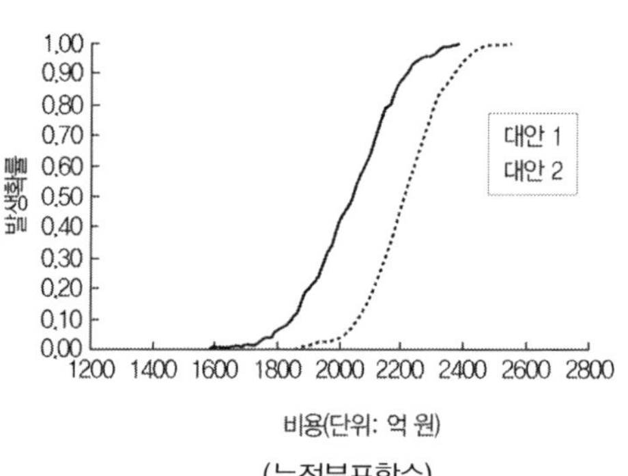

(누적분포함수)

2) LCC 경제성 분석 절차

초기투자비용(공사비, 설계비, 감리비, 보상비 등), 유지관리비용(점검 및 진단비, 관리비, 에너지비용, 보수비, 교체비, 보강비 등), 이용자비용, 사회·경제적 손실비용, 해체·폐기비용, 잔존가치 등 시설물의 생애주기 동안 발생하는 모든 비용을 분석하고 시간의 흐름에 따라 발생하는 비용을 모두 현재가치로 환산해 비용을 집계한다. 집계된 비용을 분석해 LCC에 유리한 방식을 선정하고 산정 시 고려된 데이터와 방법에 대한 검증 절차를 갖는다.

3) LCC 가치환산방법

① 현재가치환산법 : 현시점으로부터 미래의 비용발생 시점까지의 기간과 할인율을 기초로 하는 다음 현재가치환산계수(Present Worth Factor; PWF)를 곱하여 미래시점의 비용을 현재 시점 가치의 비용으로 환산하는 방법이다. 매년 동일하게 발생하는 비용의 경우는 매년 발생하는 비용에 다음 연등가액 현재가치환산계수(Present Worth of Anuity Factor; PWAF)를 곱하여 일괄적으로 현재가치로 환산할 수 있다.

② 연등가액환산법 : 연등가액과 연등가액 현재가치환산계수(PWAF)를 곱하여 현재가치를 계산할 수 있으므로, 현재가치를 연등가액 현재가치환산계수로 나누면, 즉 현재가치에 PWA의 역수를 곱하면 연등가액으로 환산할 수 있다. PWA의 역수가 현재가치 연등가액환산계수(Periodic Payment Factor; PPF)가 된다.

4) LCC 고려사항

LCC는 시설물의 공용수명기간 전체에 걸쳐 발생하는 계획/설계, 시공, 유지관리, 폐기처분 등에 소요되는 전체 비용의 총계를 말한다. LCC는 건설을 위한 초기공사비 외에 시설물의 수명기간 전체에 걸친 유지관리 비용까지 포함한다. LCC는 장기간에 걸친 비용을 산정하여야 하기 때문에 경제성 분석 시 가치비용에 대한 기준이 필요하며 이를 반영하기 위한 방법이 할인율이다. 현재와 미래의 비용을 첫 번째 비용이 발생되는 시점으로 변환시키는 시간가치 측정방법으로 현재가치법을 주로 사용하는 데 미래에 소요되는 비용을 현재가치로 환산하기 위해서 필요한 것이 할인율(Discount Rate)이며 이를 공칭할인율과 실질할인율로 분류한다.

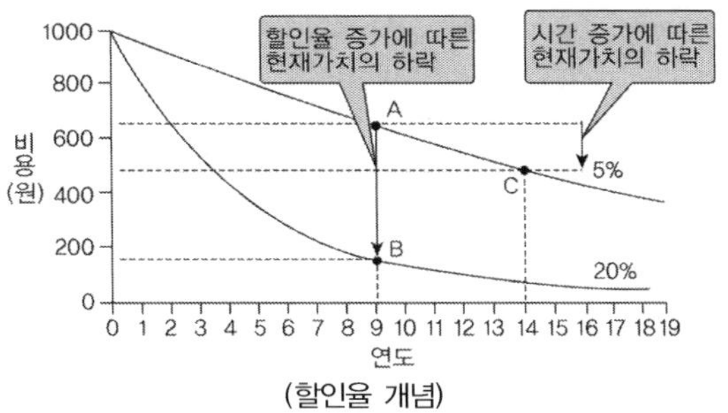

(할인율 개념)

① LCC의 구성항목과 세부항목

대분류	중분류	소분류
초기건설비용	계획, 설계비	기본설계비
		실시설계비
	시공비	직접공사비
		간접공사비
		일반관리비, 이윤
	감리, 감독비	공사감리비
		감독비
유지관리비용	일반관리비	인건비
		장비비
		경비
	점검, 진단비	정기검진비/정밀점검비
		정밀안전진단비
	유지보수비	보수비
		교체비
		보강비
해체폐기비용	해체폐기비	해체, 폐기, 처분비
간접비용	사용자비용	차량운행비
		시간지연비
		교통사고비용
		환경비용
	사회경제제손실비용	직접손실
		간접손실

(1) 초기건설비용 : 설계비용, 시공비용, 감리비용 등 일반적으로 교량이 준공되기 전까지 발생하는 비용으로 최초에 투자하는 기본적인 투자비용을 의미한다.

(2) 유지관리비용 : 관리비용, 점검 및 진단비용, 유지보수비용 등이 고려되어야 하며 이러한 데이터는 통계자료, 설문조사자료 등을 통해 추정이 가능하다.

(3) 해체폐기비용 : 철거비용과 재활용비용이 고려되어야 한다. 이 비용을 현재가치로 환산할 경우 그 값이 상대적으로 작아서 주로 통계자료를 활용한다.

(4) 간접비용 : 교량의 이용자들에게 적용되는 사용자비용과 사회, 경제적 손실비용으로 구분될 수 있으며 대상교량 또는 현장에 따라 발생여건이 다르므로 주로 기존 연구결과 등을 활용하여 해당 여건에 맞게 조정하여 사용한다.

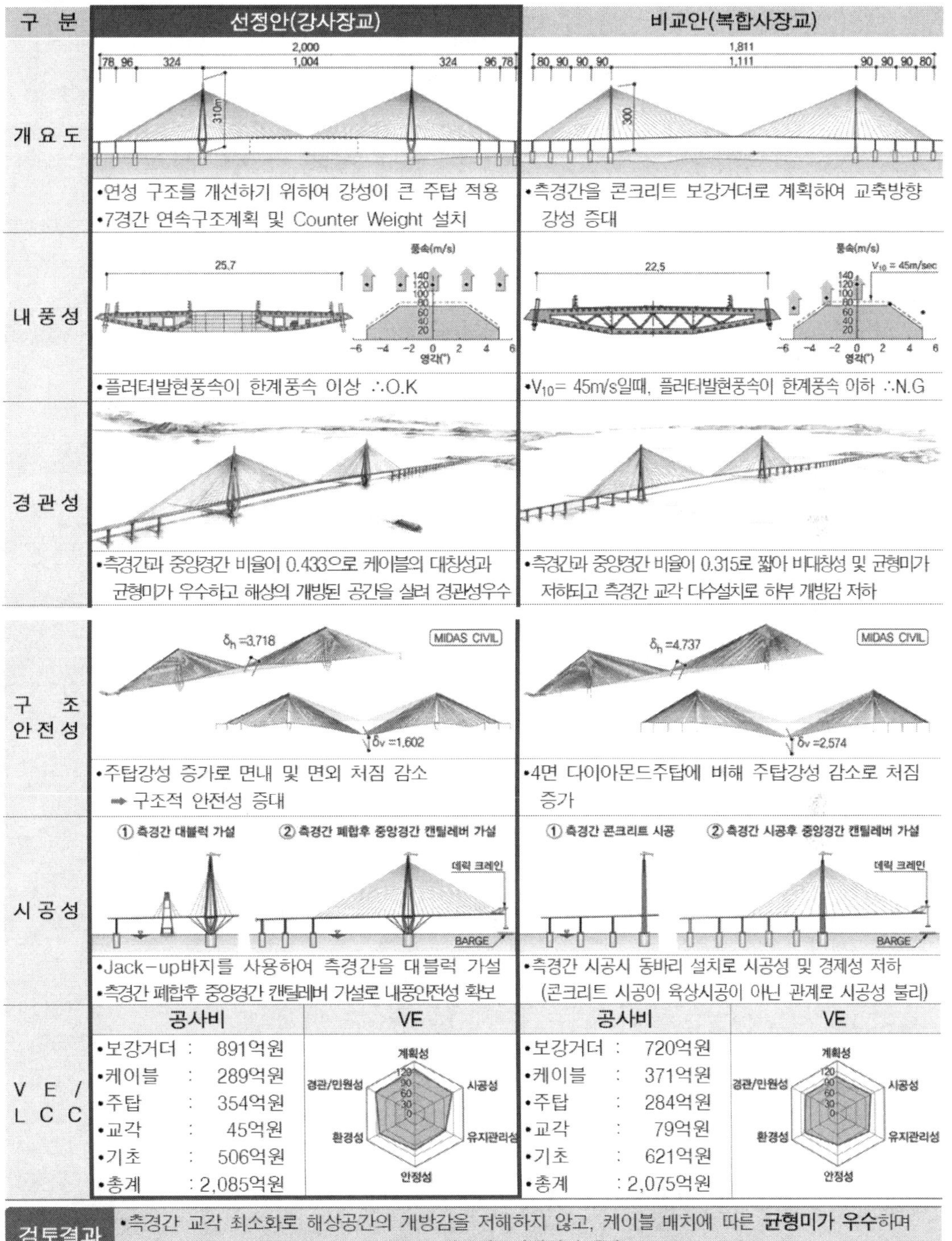

검토결과 •측경간 교각 최소화로 해상공간의 개방감을 저해하지 않고, 케이블 배치에 따른 **균형미가 우수**하며 Jack-up 바지와 대블럭 시공에 따른 **시공성, 안정성이 우수**한 강사장교 선정

(LCC비교 예)

3. 예비타당성조사 ^{138회}

예비타당성조사 운용지침('26 기획예산처)에 따라 조사결과는 경제성 분석, 정책성 분석, 지역균형발전 분석에 대한 평가결과를 종합적으로 고려하도록 하고 있다.

1) 경제성 분석

예비타당성조사 단계에서 사업의 경제성을 분석하는 방법론으로는 비용·편익 분석(Cost Benefit Analysis), 비용·효과 분석(Cost Effectiveness Analysis), 대차대조표 접근법(Balance Sheet Approach) 등이 있으며 일반적으로 비용·편익 분석법이 사용된다. 세부적인 평가 방법으로는 편익·비용 비율(Benefit Cost Ratio, B/C), 순현재가치(Net Present Value, NPV), 내부수익률(Internal Rate of Return, IRR) 등이 있다.

분석기법	판단	장점	단점
편익/비용분석 B/C	B/C≥1	◦ 이해용이, 사업규모 고려가능 ◦ 비용·편익 발생시간의 고려	◦ 편익과 비용의 명확한 구분이 곤란 ◦ 상호 배타적 대안선택의 오류 발생 가능 ◦ 사회적 할인율의 파악
순현재가치 NPV	NPV≥0	◦ 대안선택 시 명확한 기준 제시 ◦ 장래발생편익의 현재가치 제시 ◦ 한계 순현재가치 고려 ◦ 타 분석에 이용 가능	◦ 할인율의 분명한 파악 ◦ 이해의 어려움 ◦ 대안 우선순위 결정 시 오류 발생 가능
내부수익률 IRR	IRR≥r	◦ 사업의 수익성 측정 가능 ◦ 타 대안과 비교가 용이 ◦ 평가과정과 결과 이해 용이	◦ 사업의 절대적 규모 고려하지 않음 ◦ 몇 개의 내부수익률이 동시에 도출될 가능성 내재

① 편익/비용 분석(Benefit Cost Ratio, B/C) : 비용·편익 분석법은 총편익과 총 비용의 할인된 금액의 비율로 나타낸다. 장래에 발생할 비용과 편익을 현재가치로 환산해서 편익을 비용으로 나누어 산정하며, 편익/비용 비율이 1보다 같거나 큰 경우 경제적 타당성이 있는 것으로 판단한다.

$$\text{편익·비용비율(B/C)} \quad = \sum_{t=0}^{n} \frac{B_t}{(1+r)^t} / \sum_{t=0}^{n} \frac{C_t}{(1+r)^t}$$

여기서, B_t는 편익의 현재가치, C_t는 비용의 현재가치,

   r은 할인율(이자율), n은 내구(분석)연도

② 순현재가치(Net Present Value, NPV) : 순현재가치는 사업에 수반된 모든 비용과 편익을 기준연도의 현재가치로 환산하여 총 편익에서 총 비용을 제한 값이다. 이 값이 0보다 크거나 같을 경우 경제성이 있는 것으로 판단한다.

$$\text{순현재가치(NPV)} \quad = \quad \sum_{t=0}^{n}\frac{B_t}{(1+r)^t} \;-\; \sum_{t=0}^{n}\frac{C_t}{(1+r)^t}$$

③ 내부수익률(Internal Rate of Return, IRR) : 내부수익률은 편익과 비용을 현재가치로 환산한 값이 같아지는 할인율을 구하는 방법으로서 사업 시행에 의한 순현재가치를 0으로 만드는 할인율이다. 내부 수익률이 사회적 할인율보다 크면 경제성이 있는 것으로 판단한다.

$$\text{내부수익률(IRR)} \quad : \quad \sum_{t=0}^{n}\frac{B_t}{(1+r)^t} \;=\; \sum_{t=0}^{n}\frac{C_t}{(1+r)^t}$$

2) 정책성 분석

정책성 분석은 해당 사업과 관련된 사업추진 여건, 정책 효과(사회적 가치), 사업 별도평가항목(선택) 등 평가항목들을 정량적 또는 정성적으로 분석한다. 정책성 분석을 수행함에 있어 재원조달위험성, 국가유산가치 등 개별사업의 특성을 고려할 필요가 있을 경우에는 사업 별도평가항목에 반영하여야 한다. 예비타당성조사 수행기관은 정책성 분석 과정에서 필요한 경우 재무성 분석을 실시하고 그 결과를 제시할 수 있다.

① 사업추진 여건 : 정책 일치성 등 내부여건, 지역주민 사업 태도 등 외부여건 등으로 구성되며 정책 일치성 등 내부여건은 상위계획 반영여부나 정책 방향과의 일치성 등으로 평가하고, 지역주민 사업 태도 등 외부여건은 지역주민, 이해 당사자 등 해당 사업의 영향을 받는 대상의 사업에 대한 태도, 갈등 여부 등의 검토를 통해 평가한다.

② 정책효과 : 일자리 효과, 생활여건 영향, 환경성 평가, 안전성 평가 등의 세부 항목으로 구성된다. 일자리 효과는 사업 기간 재정 투입으로 인한 고용유발 효과, 운영기간의 직접 고용효과, 사업 완료 후 간접적 고용효과, 고용의 질 제고 효과, 취약계층에 대한 고용효과 등으로 평가할 수 있다. 생활여건 영향은 사업 추진에 따른 접근성·쾌적성·정시성·안정성 영향, 공동체 복원 영향 등으로 평가할 수 있다. 환경성 평가는 사업 수행 시 환경문제가 발생할 가능성, 지역 환경·경관에 대한 영향, 시설 개선에 따른 생태계·환경보전 기여도 등으로 평가할 수 있다. 안전성 평가는 재해·재난 예방 및 대응 가능성과 피해 규모에 대한 효과, 사업추진 중 또는 완료 후 안전사고 발생 관련 효과, 시스템 신설(개량)에 따른 정보보안 효과 등으로 평가할 수 있다.

③ 특수평가항목 : 정책성 분석을 수행하면서 개별사업의 특성을 고려할 필요가 있을 경우에 반영할 수 있으며 재원조달 위험성, 문화재 가치 등의 세부항목으로 구성될 수 있다. 재원조달 위험성은 운영비 조달 위험성이 있는 사업에 대해 위험 정도를 평가하여 평가점수를 부여하거나 원인자 부담 등으로 해당 사업에 대한 제원이 기 확보된 사업에 대해 총사업비 대비 기 확보된 재원 규모를 고려하여 평가점수에 부여해 평가할 수 있다. 문화재 가치는 국가·시도 지

정문화재가 다수 분포하는 문화 유적지 등 고려가 필요한 사업에 대해 문화재 가치를 고려하여 평가점수를 부여해 평가할 수 있다.

일반적 건설사업의 정책성 분석 항목

구분	사업추진 여건	정책효과(사회적 가치)	
세부평가항목	○ 정책 일치성 등 내부여건 ○ 지역주민 태도 등 외부여건	○ 일자리 효과 ○ 생활여건 영향	○ 환경성 평가 ○ 안전성 평가

3) 지역균형발전 분석

① 지역낙후도 지수 : 예비타당성조사에서 경제성 분석 결과만을 기준으로 사업의 타당성을 평가할 경우 지역 간 불균형 상태가 심화될 수 있다. 이는 경제성 분석 구조에서 지역발전이 부진한 낙후 지역일수록 인구가 적고 교통량 등이 상대적으로 적기 때문에 사업의 타당성이 낮게 평가되기 때문이다. 이로 인해 지역에 대한 투자기회가 줄고 경제성이 높게 평가된 지역에만 투자가 집중될 수 있기 때문에 이를 방지하기 위해 지역균형발전이라는 상위 국가정책을 평가에 반영하여 사업의 타당성을 평가한다. 지역균형발전을 평가에 반영하기 위하여 지역낙후도 지수를 개발하고 사업 시행의 지역별 파급효과를 분석하기 위한 지역간 산업연관모형(Inter-Regional Input Output Model; IRIO)도 개발되었다. 이러한 분석의 취지는 낙후지역에서 수행되는 공공투자사업, 그리고 해당 지역에 대한 파급효과가 큰 사업에 대하여 일종의 가점을 부여하여 경제성이 다소 낮은 사업이라도 사업추진이 가능하도록 하여 지역 간 불균형상태가 심화되지 않도록 하기 위함이다.

$$\text{지역낙후도 지수 } UI^r \quad = \quad \sum_j W_j \sum_i W_{ij} \times Z_i^r$$

여기서, UI^r 는 r지역의 지역낙후도 지수, Z_i^r 은 r지역의 표준화된 지표 i값(i=1~36)

W_{ij} 는 요인 j에 대한 지표 i의 가중치(i=1~36), W_j 는 요인 j의 가중치(j=1~3)

지역 낙후도지수 산정에 사용되는 지표(한국개발연구원, 2020)

부문	지표	측정방법
인구	연평균인구증감률	변화율은 연평균증감률 [(해당년/기준년)$^{(1/기간)}$−1] ×100
경제	재정자립도	[지방세 및 세외 수입/일반회계 세입] ×100
주거	노후주택비율	전체 주택 중 30년 이상 된 주택의 비율
	빈집비율	전체 주택 중 빈집의 비율
	상수도보급률	총인구 중 지방 및 광역상수도에 의해 수돗물을 공급받고 있는 인구의 비율
	하수도보급률	총인구 중 공공하수처리시설 및 폐수종말처리시설을 통해 처리되는 하수 처리구역 내 하수처리인구의 비율

부문	지표	측정방법
교통	도로포장률	개통도 연장에 대한 포장도로 연장비율
	고속도로IC접근성	가장 가까운 고속도로 IC까지 도로 이동거리
	고속철도 접근성	가장 가까운 고속·고속화철도까지 도로 이동거리
	주차장 서비스권역 내 인구비율	주차장으로부터 서비스 권역 이내에 위치한 격자에 거주하는 인구수/총 주민등록인구수×100
산업 일자리	사업체수 증감률	변화율은 연평균증감률 $[(해당년/기준년)^{(1/기간)}-1] \times 100$
	종사자수 증감률	변화율은 연평균증감률 $[(해당년/기준년)^{(1/기간)}-1] \times 100$
	지식기반산업 집적도	지식기반산업 = 지식기반제조업 + 지식기반서비스업
	상용근로자 비중	총 근로자대비 상용근로자× 비중
교육	유아 천명당 보육시설수	보육시설수/(총 주민등록인구 중 유아인구(0-5세)수 ÷ 1,000)
	학령인구당 학교수	초중고 학교수/총 주민등록인구 중 학령인구(6-21세)수
	어린이집·유치원 서비스권역 내 영유아인구비율	어린이집 및 유치원 서비스권역 이내 위치한 격자에 거주하는 영유아(7세 이하)인구수×100/총 주민등록인구 중 영유아인구수
	초등학교 서비스권역 내 학령인구 비율	초등학교 서비스권역 이내 위치한 격자에 거주하는 초등학령(8-13세)인구수×100/총 주민등록인구 중 초등학령인구수
문화 여가	인구십만명당 문화여가시설수	(문화여가시설수 ÷ 총 주민등록인구수)×100,00
	공연문화시설 서비스권역 내 인구비율	공연문화시설로부터 서비스권역 이내에 위치한 격자에 거주하는 인구 수×100/총 주민등록인구수
	도서관 서비스권역 내 인구비율	도서관으로부터 서비스권역 이내에 위치한 격자에 거주하는 인구 수×100/총 주민등록인구수
	공공체육시설 서비스권역 내 인구비율	공공체육시설로부터 서비스권역 이내에 위치한 격자에 거주하는 인구 수×100/총 주민등록인구수
안전	119안전센터 1개당 담당주민수	주민등록인구수 ÷ 119안전센터수
	소방서 접근성	가장 가까운 소방서까지 도로 이동거리
	경찰서 접근성	가장 가까운 경찰서까지 도로 이동거리
환경	인구 천명당 도시공원 면적	(도시공원 조성면적/주민등록 인구)×1,000 (m²/인)
	녹지율	(녹지면적/도시지역면적)×100
	1㎞당 대기오염 물질 배출량	대기오염물질배출량(kg)/시군구 면적(1km²)
	생활권 공원 서비스권역 내 인구비율	생활권공원으로부터 서비스권역 이내에 위치한 격자에 거주하는 인구 수×100/행정구역 내 총 거주인구수
보건 복지	65세 이상 1인 가구 비율	65세 이상 1인 가구수×100/전체 일반가구수
	사회복지 및 보건 분야 지출비중	(사회복지분야 예산액+보건분야 예산액)×100/전체 일반회계 예산
	인구 십만명당 사회복지시설수	(총 사회복지시설수÷주민등록인구)×100,000
	인구 천명당 의료기관 병상수	(의료법 제3조 "의료기관"의 전체 병상수 ÷ 주민등록인구)×1,000
	노인여가복지시설 서비스권역 내 노인인구 비율	노인여가복지시설 서비스권역 이내 위치한 격자에 거주하는 노인(60세이상)인구수×100/행정구역 내 총 거주 노인인구수
	응급의료시설 서비스권역 내 인구비율	응급의료시설로부터 서비스권역 이내 위치한 격자에 거주하는 인구 수×100/행정구역 내 총 거주인구수
	병원 서비스권역 내 인구비율	병원 시설로부터 서비스권역 이내 위치한 격자에 거주하는 인구수×100/행정구역 내 총 거주인구수

② 지표 간 척도 통일 : 단위정상법(unit normal scaling) : 지표별로 척도가 상이하기 때문에 효과를 통제하기 위해 지표 간 척도 통일하는 방법으로 표준화

$$Z_i = \frac{X_i - \overline{X}}{S}$$ 여기서, S는 표준편차, $\overline{X}$는 표본평균

③ 지표별 가중치(W_{ij}) : 통상적으로 기본생활 여건, 기타 사회기반시설 여건, 기타 경제활동 여건의 3개의 요인을 기준으로 평가

요인별 가중치(한국개발연구원, 예비타당성조사 수행을 위한 세부지침–도로·철도부문 연구, 2021)

기본생활여건	기타 사회기반시설 여건	기타 경제활동 여건
0.5017	0.2792	0.2192

④ 지역경제 파급효과 : 한국은행에서 발표하는 지역간산업연관표(165부문 또는 83부문)를 최대한 활용한 뒤 전국산업연관표상 기본부문별 유발계수와 소분류의 유발계수의 비중을 고려하여 배분하는 간접적인 방법을 주로 사용한다. 이는 지역적 특성을 최대한 고려하기 위함이다. 도로, 철도와 같은 대규모 공공투자사업의 경우 생산기술이 표준화되어 산업적 특성보다는 지역적 특성이 중요하다. 지역간산업연관표(IRIO)의 생산유발계수와 부가가치유발계수는 소분류(165부문)까지 제시되어 있으므로 이를 기준으로 파급효과를 기본적으로 분석하고, 이후 기본부문 배분 시에는 전국산업연관표에 서 제시된 기본부문 및 소분류 유발계수의 비중을 고려함으로써 평균적인 기본부문의 산업특성을 반영한다. 예를 들어 A지역의 도로시설 건설에 따른 유발효과를 분석한다면, 도로시설은 기본부문으로 지역간산업연관표(IRIO)에는 제시되어 있지 않고 도로시설, 철도시설, 항만시설을 포괄하는 교통시설 건설만 제시되어 있다. 따라서 교통시설 건설을 기준으로 A지역에 해당 투자액에 따른 생산유발효과를 먼저 계산한다. i지역, j산업(교통시설)의 파급효과를 표현하면 다음과 같다.

E_{ij} I는 지역(17개 광역시도), j는 산업(소분류 기준)

이후 전국산업연관표상에서 교통시설 건설에 따른 생산유발효과와 도로시설 건설에 따른 생산유발효과의 비율($\theta_{jk} = E_k / E_j$)을 기본부문 산업별(k, 도로시설)로 계산한다. 위 비율(θ_{jk})은 광역시도마다 동일하기 때문에 아래 첨자 i가 없다. 이 비율(θ_{jk})을 지역간산업연관표(IRIO)의 교통시설(j) 건설에 따른 i지역의 파급효과(E_{ij})에 곱해줌으로써 최종적인 효과를 계산한다. 따라서 i지역, k(도로시설) 산업의 최종적인 파급효과는 $E_{ik} = E_{ij} \times \theta_{jk}$가 되며 이를 지역별·산업별로 취합하면 A지역의 도로시설 건설에 따른 전체적인 효과를 계산할 수 있게 된다.

4) 종합평가

사업 타당성에 대한 종합평가는 평가항목별 분석결과를 토대로 다기준분석의 일종인 계층화분석법(AHP: Analytic Hierarchy Process)을 활용하여 계량화된 수치로 도출한다. 일반적으로 AHP 점수가 0.5 이상인 경우 사업의 타당성이 있음을 의미한다. AHP 수행 시 경제성, 정책성, 지역균형발전, 기술성 등에 대한 평가 가중치는 특별한 사유가 없는 한 사업유형별로 다음 각 호의 범위 내에서 적용한다. 단, 별도 평가항목이 적용되는 경우, 경제성 및 정책성 평가 가중치를 5%p(수도권 유형은 10%p) 각각 하향 및 상향하여 적용할 수 있다.

① 건설사업(비수도권 유형) : 경제성 30~45%, 정책성 25~40%, 지역균형발전 30~40%
② 건설사업(수도권 유형) : 경제성 60~70%, 정책성 30~40%

정책성 평가항목 중 사업추진 여건, 정책효과, 사업별도평가항목의 평가 가중치는 특별한 사유가 없는 한 다음 각 호의 범위내에서 적용한다.

① 사업별도평가항목이 없는 경우 : 사업추진 여건 30~40%, 정책효과 60~70%
② 사업별도평가항목이 있는 경우 : 사업추진 여건 20~30%, 정책효과 50~60%, 사업별도평가항목 20~30%

VE의 개념과 대상

설계의 경제성(Value Engineering)의 VE 산정식을 포함하여 정의하고, 실시 대상, 실시 시기 및 회수에 대하여 설명하시오.

풀 이

➤ 개요

설계 VE란 최소의 생애주기비용으로 시설물의 기능 및 성능, 품질을 향상시키기 위하여 여러 분야의 전문가로 설계 VE 검토조직을 구성하고 워크숍을 통하여 설계에 대한 경제성 및 현장 적용의 타당성을 기능별, 대안별로 검토하는 것을 말한다. 다만, 생애주기비용 관점에서 검토가 불가능한 경우 건설사업비용 관점에서 검토한다.

➤ VE 산정방식

1) 가치평가

① 기능의 분석(Fast Diagram) : 설계의 목적을 정확히 파악하기 위한 기능계통도 작성
② 가치의 평가(Function/Cost)

비용절감형($V = \dfrac{F\rightarrow}{C\downarrow}$)	본래의 기능수준을 유지하면서 대상물에 포함되어 있는 불필요, 중복, 과잉기능을 찾아내 제거함으로써 동일한 기능수준을 유지하면서도 비용을 절감하는 가치향상 유형
기능향상형($V = \dfrac{F\uparrow}{C\rightarrow}$)	재료변경, 제작방법의 변경 등을 통해 원가 상승 없이 제품의 기능을 향상시켜 가치를 향상시키는 유형
가치혁신형($V = \dfrac{F\uparrow}{C\downarrow}$)	기능을 향상시키면서도 비용은 절감시키는 가장 이상적인 가치향상 유형
기능강조형($V = \dfrac{F\uparrow}{C\uparrow}$)	일부 비용이 증가되더라도 기능을 월등히 향상시킴으로써 가치를 향상시키는 유형

2) 성능분석 : 성능점수(F)의 추정

① 성능수준 : 정량적인 평가를 위해 Matrix 방법, AHP 기법 등을 활용
② 성능평가 : VE팀을 통해 아이디어 도출하고 각 대안별 성능 달성도를 수치화

3) 비용의 분석(LCC 산정)

① 확정론적 방법 : 예측비용을 할인율 고려 추정하는 방법
② 확률론적 방법 : 입력 변수들의 불확실성을 확률론적 특성값을 적용하여 분석하는 방법
③ 고려요소 : 초기건설비용, 유지관리비용, 해체폐기비용, 간접비용

➤ **VE 실시 대상 및 시기, 회수**

1) VE 실시 대상

① 총공사비 100억 원 이상인 건설공사의 기본설계, 실시설계(일괄·대안입찰공사, 기술제안입찰
공사, 민간투자사업 및 설계공모사업을 포함한다)
② 총공사비 100억 원 이상인 건설공사로서 실시설계 완료 후 3년 이상 지난 뒤 발주하는 건설공
사(단, 발주청이 여건변동이 경미하다고 판단하는 공사는 제외한다)
③ 총공사비 100억 원 이상인 건설공사로서 공사시행 중 총공사비 또는 공종별 공사비 증가가
10% 이상 조정하여 설계를 변경하는 사항(단, 단순 물량증가나 물가변동으로 인한 설계변경은
제외한다)
④ 그 밖에 발주청이 설계단계 또는 시공단계에서 설계VE가 필요하다고 인정하는 건설공사

2) VE 실시 시기 및 회수

① 설계의 경제성 등 검토 실시시기 및 횟수는 설계자문회의나 설계심의회의를 하기 전에 발주청
이 적기로 판단하는 시점으로 하되 기본설계, 실시설계에 대하여 각각 1회 이상 실시토록 한
다. 다만, 일괄입찰공사, 기술제안입찰공사 및 민간투자사업은 다음 각 호와 같이 실시한다.
 (1) 일괄입찰공사의 경우 실시설계적격자선정 후에 실시설계 단계에서 1회 이상 실시
 (2) 민간투자사업의 경우 우선협상자 선정 후에 기본설계에 대한 설계의 경제성 등 검토, 실시
계획승인 이전에 실시설계에 대한 설계의 경제성 등 검토를 각각 1회 이상 실시
 (3) 기본설계기술제안입찰공사의 경우 실시설계적격자 선정 후 실시설계단계에서 1회 이상 실시
② 실시설계 완료 후 3년 이상 경과한 뒤 발주하는 건설공사의 경우 공사 발주 전에 설계의 경제
성 등 검토를 실시하고, 그 결과를 반영한 수정설계로 발주하여야 한다.
③ 시공단계에서의 설계의 경제성 등 검토는 발주청이나 시공자가 필요하다고 인정하는 시점에
실시한다.

설계 VE : 적용 대상

설계 VE 적용 대상 선정 시 「건설기술진흥법 시행령」 제75조에 따른 법적 기준과 일반적 기준에 대하여 설명하시오.

풀 이

> **개요**

설계의 경제성 검토(VE)는 최소의 생애주기비용으로 시설물의 필요한 기능을 확보하기 위하여 설계내용에 대한 경제성 및 현장적용의 타당성을 기능별, 대안별로 검토하는 것을 말한다. 다만, 생애주기비용 관점에서 검토가 불가능한 경우 건설사업비용 관점에서 검토한다.

> **설계 VE 적용 대상**

1) 법적 기준

「건설기술진흥법 시행령」에 따른 설계 VE 적용 대상은 통상 총공사비가 100억원 이상의 건설공사를 기준으로 하며, 100억원 미만의 건설공사의 경우에는 발주청이 필요하다고 인정한 경우에 실시한다.

① 총공사비 100억원 이상인 건설공사의 기본설계 및 실시설계를 하는 경우

② 총공사비 100억원 이상인 건설공사의 시공 중 총공사비 또는 공종별 공사비를 10% 이상 조정(단순 물량증가나 물가변동으로 인한 변경은 제외한다)하여 설계를 변경하는 경우

③ 총공사비 100억원 이상인 건설공사를 실시설계의 완료일부터 3년 이상 지난 후에 발주하는 경우. 다만, 실시설계의 완료일부터 건설공사의 발주일까지 특별한 여건변동이 없었던 경우는 제외한다.

④ 총공사비 100억원 미만인 건설공사에 대하여 발주청이 필요하다고 인정하는 건설공사의 설계를 하는 경우

⑤ 건설공사의 시공단계에서 건설공사의 여건변동 등으로 인하여 발주청이 설계의 경제성 등의 검토가 필요하다고 인정하는 경우

2) 일반적 기준

일반적인 기준은 국토교통부 VE 업무매뉴얼 등을 참조해 활용되며 이 경우 설계 경제성 등 검토 대상 공사는 법적기준에 따른 ①항의 100억원 이상의 건설공사 기본 및 실시설계에 일괄·대안 입찰공사, 기술제안입찰공사, 민간투자 및 설계공모사업을 포함해 실시하도록 하고 있다. 특히 일괄 입찰공사 및 기술제안 입찰공사, 민간투자사업의 경우에는 다음과 같이 VE 실시시기를 별도로 규정하고 있다.

① 일괄입찰공사의 경우 실시설계적격자선정 후에 실시설계 단계에서 1회 이상 실시

② 민간투자사업의 경우 우선협상자 선정 후에 기본설계에 대한 설계의 경제성 등 검토, 실시계획승인 이전에 실시설계에 대한 설계의 경제성 등 검토를 각각 1회 이상 실시

③ 기본설계기술제안입찰공사의 경우 실시설계적격자 선정 후 실시설계 단계에서 1회 이상 실시

설계 VE : 검토 조직과 절차

「설계공모, 기본설계 등의 시행 및 설계의 경제성 등 검토에 관한 지침」에서 정하는 다음 사항에 대하여 설명하시오.

1) 설계 VE 검토조직　　　　　　　　　　2) 설계자가 제시해야 할 자료
3) 설계 VE 검토업무 절차 및 내용

풀 이

➤ 개요

설계 VE는 최소의 생애주기비용으로 시설물의 기능 및 성능, 품질을 향상시키기 위하여 여러 분야의 전문가로 설계 VE 검토조직을 구성하고 워크숍을 통하여 설계에 대한 경제성 및 현장 적용의 타당성을 기능별, 대안별로 검토하는 것을 말한다.

➤ 검토조직, 제시자료, 업무 절차 및 내용

1) 설계 VE 검토조직

① 설계 VE 검토조직은 발주청 또는 건설사업관리용역업자가 구성하되 발주청의 담당자, 검토조직의 책임자(VE leader), 퍼실리테이터(VE Facilitator), 팀원으로 구성하며, 검토조직의 참여자는 다음의 자격을 갖추어야 한다.

　(1) 검토조직의 책임자 : 최소한 40시간 이상 VE전문교육과정을 이수한 자

　(2) 퍼실리테이터 : VE전문기관에서 인정한 최고수준의 VE전문가 자격증 소지자. 다만, 검토조직의 책임자가 최고수준의 VE전문가 자격을 갖춘 때에는 별도의 퍼실리테이터는 포함하지 않아도 된다.

　(3) 팀원 : 중요한 공종의 전문기술인 1인 이상 포함

② 검토조직을 발주청 소속직원으로만 구성하는 경우 검토조직에는 외부 전문가 1인 이상이 포함되어야 한다.

③ 설계 VE는 발주청이 주관하여 실시하며, 발주청은 검토조직의 담당자를 선임하고 검토조직의 담당자는 검토조직을 관리하여야 한다.

④ 시공자가 설계 VE를 수행할 경우 시공자가 주관하여 검토조직을 구성하여 실시하며, 발주청 담당자, 건설사업관리용역업자, 설계 VE 대상 시설물의 하수급인 등을 포함할 수 있다.

2) 설계자가 제시해야 할 자료

① 기본설계, 실시설계, 기본 및 실시설계를 수행하는 설계자는 다음 각 호의 자료를 설계 VE 실

시 최소 10일 전에 검토조직에 제시하여야 한다.

　(1) 설계도(설계도 작성이 안 된 경우 스케치로 대체)

　(2) 지형도 및 지질자료

　(3) 주요 설계기준

　(4) 표준시방서, 전문시방서, 공사시방서 및 설계업무 지침서

　(5) 사업내역서, 공사비산출서

　(6) 관련법규 등에 기초한 협의 및 허가수속 등의 진행상황

　(7) 기타 검토조직이 필요하다고 인정하여 요구하는 자료

② 설계자는 설계VE 업무 진행과정에서 구조계산서, 원가내역서, LCC 자료 등 추가로 요구되는 자료가 있을 경우 이에 적극 협력하여야 한다.

3) 설계 VE 검토업무 절차 및 내용

① 설계 VE는 준비단계(Pre-Study), 분석단계(VE Study), 실행단계(Post-Study)로 나누어 실시한다.

② 준비단계에서는 검토조직의 편성, 설계 VE 대상 선정, 설계 VE 기간 결정, 오리엔테이션 및 현장답사 수행, 워크숍 계획 수립, 사전정보 분석, 관련자료의 수집 등을 하여야 한다.

③ 분석단계에서는 선정한 대상의 정보 수집, 기능 분석, 아이디어의 창출, 아이디어의 평가, 대안의 구체화, 제안서의 작성 및 발표를 하여야 한다.

　(1) 분석단계에서 해당 사업의 설계자로부터 원안설계 내용에 대한 의견을 듣는 것을 원칙으로 한다.

　(2) 대안의 구체화 및 제안서 작성은 안전성, 경관성, 내구성 및 기능을 손상하지 않는 범위에서 유지관리비 등을 포함시킨 생애주기비용의 관점에서 행한다. 단, 생애주기비용의 관점에서 설계 VE가 불가능한 경우에는 건설사업비용의 관점에서 행한다.

　(3) 당해 사업의 비용배분 및 기능분석을 명확히 할 수 있는 자료를 작성하여야 한다.

　(4) 분석단계는 발주청, 설계자와 검토조직이 한 장소에 모여 워크숍 형태로 수행되어야 한다.

④ 실행단계에서 검토조직은 설계 VE 검토에 따른 비용절감액과 검토과정에서 도출된 모든 관련 자료를 발주청에 제출하여야 하며, 발주청은 제안이 기술적으로 곤란하거나 비용을 증가시키는 등 특별한 사유가 없는 한 설계에 반영하여야 한다.

설계 VE : 업무 수행자

'설계공모, 기본설계 등의 시행 및 설계의 경제성 등 검토에 관한 지침'(2020년)에 따른 설계 VE 실시대상과 설계 VE 업무를 수행할 수 있는 자에 대하여 설명하시오.

풀 이

▶ 개요

설계 VE란 최소의 생애주기비용으로 시설물의 기능 및 성능, 품질을 향상시키기 위하여 여러 분야의 전문가로 설계 VE 검토조직을 구성하고 워크숍을 통하여 설계에 대한 경제성 및 현장 적용의 타당성을 기능별, 대안별로 검토하는 것을 말한다. 다만, 생애주기비용 관점에서 검토가 불가능한 경우 건설사업비용 관점에서 검토한다.

▶ 설계 VE 실시대상

1. 총공사비 100억 원 이상인 건설공사의 기본설계, 실시설계(일괄·대안입찰공사, 기술제안입찰공사, 민간투자사업 및 설계공모사업을 포함한다)
2. 총공사비 100억 원 이상인 건설공사로서 실시설계 완료 후 3년 이상 지난 뒤 발주하는 건설공사(단, 발주청이 여건변동이 경미하다고 판단하는 공사는 제외한다)
3. 총공사비 100억 원 이상인 건설공사로서 공사시행 중 총공사비 또는 공종별 공사비 증가가 10퍼센트 이상 조정하여 설계를 변경하는 사항(단, 단순 물량증가나 물가변동으로 인한 설계변경은 제외한다)
4. 그 밖에 발주청이 설계단계 또는 시공단계에서 설계VE가 필요하다고 인정하는 건설공사

▶ 설계 VE 업무 수행자

1. 해당 건설사업의 건설사업관리용역사업자
2. 발주청 소속직원(시공자가 수행할 경우 시공사 직원 및 설계 VE 대상 공종의 하수급인을 포함한다.)
3. 설계 VE 검토 업무의 수행경력이 있거나, 이와 유사한 업무(연구용역 등)를 수행한 자
4. VE(Value Engineering)전문기관에서 인정한 최고수준의 VE전문가 자격증 소지자
5. 기타 발주청이 필요하다고 인정하는 자

설계 VE와 시공 VE

교량설계의 경제성 검토에서 설계 VE와 시공 VE의 차이점에 대하여 설명하시오.

풀 이

▶ 개요

VE는 「건설기술법」에 따라 100억 이상의 공사를 대상으로 시행되며, 설계단계에서 시행하는 설계 VE와 시공 단계에서 시행하는 시공 VE로 구분될 수 있다.

▶ 설계 VE와 시공 VE

1) 설계 VE와 시공 VE 비교

원가절감이나 품질향상을 도모하는 VE의 개념적에서 보듯이 가치공학이 적용되는 시기는 초기단계일수록 효과적이며, 따라서 일반적으로 설계 VE 단계에서 LCC 절감 효과가 더 크다. 또한 설계VE는 기본설계가 마무리되는 시점에서 시행되므로 계획이나 설계에 참여하지 않았던 다양한 전문가가 참여하는 데 반해, 시공 VE는 시공자 위주의 전문가가 참여하는 특성을 가진다. 이로 인해 시공 VE 단계에서는 설계변경 등을 요구하기 어렵고 비용 발생을 최소로 하기 위해 동등하거나 그 이상의 신기술 등의 적용이 요구되기도 한다.

구분	설계 VE	시공 VE
팀 구성	계획이나 설계에 참여하지 않았던 전문가	시공자 위주의 전문가
실행시기	기본설계 마무리 단계	공사 시행 전·후
내용	설계 오류의 정정보다 새로운 대안 제시	설계변경 등 요구하기 힘들고, 비용 발생을 최소화하고 동등하거나 그 이상의 기술 적용
절감폭	크다	적다

2) VE 활성화

설계 VE에 비해 시공 VE는 제도적 미흡과 인식 부족으로 다소 활성화되지 못하는 측면이 있으며, 이는 시공 VE단계에서 원가절감에만 치우친 인식과 인센티브 등에 대한 보상체계가 미흡한 측면이 있다. 원가측면뿐만 아니라 기능향상에 대한 부분에 대한 인식도 필요하며, 시공자가 VE를 통해 개선할 경우 예산 성과금 제도나 VE 절감액 분배금 등 인센티브 도입 등의 고려가 필요하다.

LCC 경제성 분석

비용 데이터 적용방법에 따른 교량의 LCC 경제성 분석 방법 및 절차에 대하여 설명하시오.

풀 이

▶ 개 요

LCC란 초기투자비용(공사비, 설계비, 감리비, 보상비 등), 유지관리비용(점검 및 진단비, 관리비, 에너지비용, 보수비, 교체비, 보강비 등), 이용자비용, 사회·경제적 손실비용, 해체·폐기비용, 잔존가치 등 시설물의 생애주기동안 발생하는 모든 비용을 말하며, "LCC 분석"은 초기투자비와 유지관리비 등 시설물의 내용연수 동 안 발생하는 생애주기비용의 일부 또는 전부를 산출하는 것을 말한다.

▶ LCC 경제성 분석방법

LCC 경제성 분석방법은 확정적 분석방법과 확률적 분석방법으로 크게 구분되며, 국내에서는 확정적 분성방법을 기본으로 적용하도록 규정하고 있다.

1) 확정적 분석방법

유지보수 주기나 비용 등 LCC 분석의 기초자료의 변동성이나 불확실성을 고려하지 않고 특정한 값을 확정하여 적용하는 방법으로 특정한 값을 확정하여 적용할 경우 적용이 간편하고 분석결과를 직관적으로 인식하기 쉽다는 장점이 있다. 다만, 기초자료를 특정함에 따라 불확실성을 처리하지 못한다는 단점이 있다. 확정적 분석방법의 단점을 보완하기 위해 일부 기초자료를 변화할 경우 LCC 분석결과의 차이를 분석해 보는 민감도 분석을 병행해야 한다.

2) 확률적 분석방법

LCC 분석 기초자료에 대한 특정한 값이 아닌 일정한 분포를 따르는 확률특성값을 적용하고 시뮬레이션을 통해 LCC 분석결과를 확률특성값으로 제시하고 LCC가 각각의 값이 될 수 있는 확률을 함께 제시하는 분석방법이다. LCC 분석 기초자료 각각의 확률적 특성치를 설정하고 이를 토대로 LCC를 시뮬레이션하며, LCC에 영향을 미치는 변수의 불확실성을 고려할 수 있으므로 확정적 분석방법보다 진보된 방법론이나 LCC 분석 기초자료의 확률적 특성치에 관한 신뢰할 수 있는 자료의 확보가 전제되어야 한다. LCC 분석 기초자료에 대한 확률적 특성치의 충분한 통계자료가 없는 경우 전문가 의견을 토대로 입력변수를 가정하여 적용할 수도 있다. 확률적 접근방법은 LCC를 확정값이 아닌 확률밀도함수와 누적분포함수의 형태로 표현할 수 있으며 기댓값과 위험도를 같이 고려할 수 있는 특징을 가진다.

	모형	조건
삼각형 (Triangular)		• 곡선의 꼬리 수치가 없을 경우 사용
삼각정규형 (Trigen)		• 곡선의 꼬리 수치가 있는 경우 사용
정규형 (Normal)		• 만일 데이터가 정규분포일 것이라고 판단되면 최확기대치, 최대/최솟값을 이용하여 표현 가능 • 표준편차 ±2는 데이터의 95%에 접근한다고 가정
표준형 (General)		• 전문가 융통성에 의해 곡선 모양을 조절하여 표현
균등형 (Uniform)		• 최대/최소 사이의 데이터가 균일하게 발생되며, 최대/최소 밖에서는 데이터의 발생이 없다고 판단되는 경우
이산형 (Discrete)		• 전문가의 의견에 의해 가중치를 주어 확률 분포를 표현하는 경우

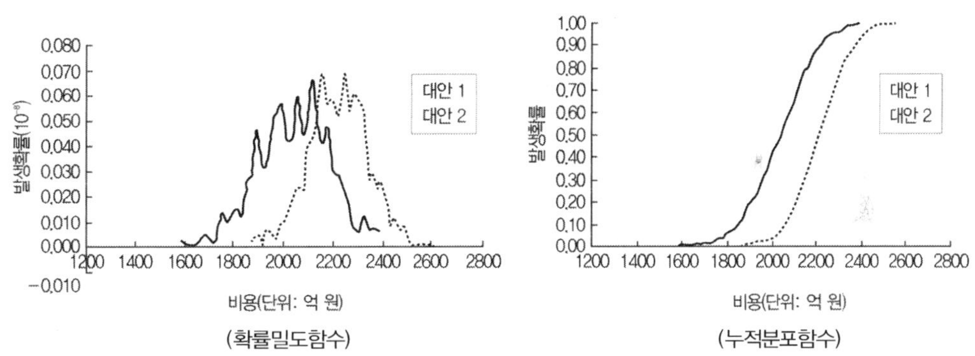

➤ LCC 경제성 분석 절차

초기투자비용(공사비, 설계비, 감리비, 보상비 등), 유지관리비용(점검 및 진단비, 관리비, 에너지비용, 보수비, 교체비, 보강비 등), 이용자비용, 사회·경제적 손실비용, 해체·폐기비용, 잔존가치 등 시설물의 생애주기 동안 발생하는 모든 비용을 분석하고 시간의 흐름에 따라 발생하는 비용을 모두 현재가치로 환산해 비용을 집계한다. 집계된 비용을 분석해 LCC에 유리한 방식을 선정하고 산정 시 고려된 데이터와 방법에 대한 검증 절차를 갖는다.

➤ **LCC 가치환산방법**

1) 현재가치환산법

현시점으로부터 미래의 비용발생 시점까지의 기간과 할인율을 기초로 하는 다음 현재가치환산계수(Present Worth Factor; PWF)를 곱하여 미래시점의 비용을 현재 시점 가치의 비용으로 환산하는 방법이다. 매년 동일하게 발생하는 비용의 경우는 매년 발생하는 비용에 다음 연등가액 현재가치환산계수(Present Worth of Anuity Factor; PWAF)를 곱하여 일괄적으로 현재가치로 환산할 수 있다.

2) 연등가액환산법

연등가액과 연등가액 현재가치환산계수(PWAF)를 곱하여 현재가치를 계산할 수 있으므로, 현재가치를 연등가액 현재가치환산계수(PWAF)로 나누면, 즉 현재가치에 PWA의 역수를 곱하면 연등가액으로 환산할 수 있다. PWA의 역수가 현재가치 연등가액 환산계수(Periodic Payment Factor; PPF)가 된다.

경제성 분석

어느 지방교량 신설사업에 대한 예비타당성조사 결과가 아래와 같을 때 다음에 대하여 설명하시오.

경제성 분석 자료	정책성 · 지역균형발전 평가 결과
총사업비의 현재가치 : 1,800억원 연간 사회적 편익 : 75억원 분석기간 : 20년	정책성 : 매우 우수 지역균형발전 기여도 : 우수

1) B/C(Benefit-Cost Ratio, 비용편익비) 및 NPV(Net Present Value, 순현재가치)를 산정하시오.
2) 예비타당성조사 관점에서 사업의 통과 여부를 종합적으로 판단하시오(단, 할인율은 이미 반영된 현재가치 기준이며, 잔존가치는 고려하지 않는다).

풀 이

▶ 개요

예비타당성 조사 단계에서 사업의 경제성을 세부적으로 평가 방법으로는 편익·비용 비율(Benefit Cost Ratio, B/C), 순현재가치(Net Present Value, NPV), 내부수익률(Internal Rate of Return, IRR) 등이 있다.

분석기법	판단	장점	단점
편익/비용분석 B/C	$B/C \geq 1$	◦ 이해용이, 사업규모 고려 가능 ◦ 비용·편익 발생시간의 고려	◦ 편익과 비용의 명확한 구분이 곤란 ◦ 상호 배타적 대안선택의 오류 발생 가능 ◦ 사회적 할인율의 파악
순현재가치 NPV	$NPV \geq 0$	◦ 대안선택 시 명확한 기준 제시 ◦ 장래발생편익의 현재가치 제시 ◦ 한계 순현재가치 고려 ◦ 타 분석에 이용 가능	◦ 할인율의 분명한 파악 ◦ 이해의 어려움 ◦ 대안 우선순위 결정 시 오류 발생 가능
내부수익률 IRR	$IRR \geq r$	◦ 사업의 수익성 측정 가능 ◦ 타 대안과 비교가 용이 ◦ 평가과정과 결과 이해 용이	◦ 사업의 절대적 규모 고려하지 않음 ◦ 몇 개의 내부수익률이 동시에 도출될 가능성 내재

▶ B/C(Benefit-Cost Ratio, 비용편익비)

비용·편익 분석법은 총편익과 총 비용의 할인된 금액의 비율로 나타낸다. 장래에 발생할 비용과 편익을 현재가치로 환산해서 편익을 비용으로 나누어 산정하며, 편익/비용 비율이 1보다 같거나 큰 경우 경제적 타당성이 있는 것으로 판단한다.

주어진 조건과 같이 할인율이 반영된 현재가치라고 가정하면,

$$\sum_{t=0}^{n}\frac{B_t}{(1+r)^t}=75\times20=1,500억원, \quad \sum_{t=0}^{n}\frac{C_t}{(1+r)^t}=1,800억원$$

$$\text{편익·비용비율(B/C)} \;=\; \sum_{t=0}^{n}\frac{B_t}{(1+r)^t}\Big/\sum_{t=0}^{n}\frac{C_t}{(1+r)^t} \;=\; 1,500/1,800 = 0.83$$

▶ NPV(Net Present Value, 순현재가치)

순현재가치는 사업에 수반된 모든 비용과 편익을 기준연도의 현재가치로 환산하여 총 편익에서 총 비용을 제한 값이다. 이 값이 0보다 크거나 같을 경우 경제성이 있는 것으로 판단한다.

$$\text{순현재가치(NPV)} \;=\; \sum_{t=0}^{n}\frac{B_t}{(1+r)^t} \;-\; \sum_{t=0}^{n}\frac{C_t}{(1+r)^t} \;=\; 1,500-1,800 = -300억원$$

▶ 예비타당성 관점에서 사업의 타당성

비수도권 지역의 사업이라고 가정한다. 예비타당성조사 운용지침에 따라 여러 명의 평가를 기반으로 한 AHP기법을 통해 적용 비율을 정하고 그 범주를 평가하여야 하나, 주어진 조건에서 운용지침에 제시한 값의 범위에서 중간값으로 임의로 고려해 평가한다.

구분	경제성	정책성	지역균형발전
적용비율 범위(%)	30~45%	25~40%	30~40%
적용 비율(%)	35	30	35
평가 결과	0.83/1.00	매우우수(5/5)	우수(4/5)
결과 값	0.29	0.30	0.28

AHP 평가결과 = 0.29 + 0.30 + 0.28 = 0.87 > 0.5 　　∴ 사업이 타당한 것으로 판단된다.

03 스마트 건설기술과 BIM

건설분야의 생산성 향상과 안전과 환경 중심으로 패러다임을 전환하기 위해 '22년 스마트 건설 활성화 방안이 마련되어 시행되고 있다. 스마트 건설기술의 주요 핵심 과제는 BIM 도입을 통한 건설산업의 디지털화, 인력과 현장중심의 생산시스템을 장비와 공장 중심으로의 변환, 기술중심의 평가와 민·관 협력 중심의 거버넌스 구축으로 구성되어 있다.

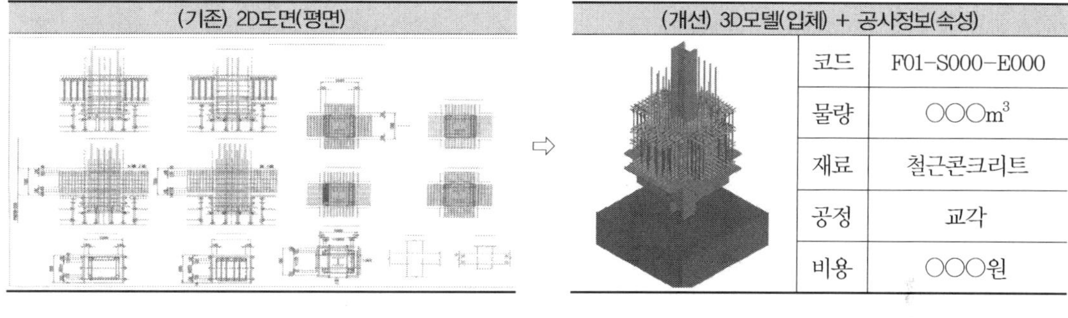

1. 스마트 건설기술 127회/130회

【 기출유형 ① 】 스마트 건설기술 중 설계, 시공, 유지관리 단계에 대하여 설명
【 기출유형 ② 】 스마트 기술들의 정의와 건설분야 활용 예시

"스마트 건설기술"이란 공사기간 단축, 인력투입 절감, 현장 안전 제고 등을 목적으로 전통적인 건설기술에 로보틱스, AI, BIM, IoT 등의 첨단 디지털 기술을 적용함으로써 건설공사의 생산성, 안전성, 품질 등을 향상시키고, 건설공사 모든 단계의 디지털화, 자동화, 공장제작 등을 통한 건설산업의 발전을 목적으로 개발된 공법, 장비, 시스템 등을 말한다.

1) 설계단계

① (조사) 카메라, 레이저스캔, 비파괴 조사장비, 센서 등을 이용한 지형정보를 디지털화하고 3차
원 지형 및 지질 형태화하여 활용

② (측량) 드론, 무인항공기 등 측량기술을 활용해 3차원 디지털 지형정보 구축

③ (3차원 설계) BIM, 디지털 트윈 등을 이용해 시설물의 특성을 반영 3D 입체 설계, AI기반 BIM
설계 자동화와 제약조건 및 발주자 요구사항 등을 반영한 최적화된 설계안 도출

2) 시공단계

① (자동화시공) 건설장비에 센서, 제어기, GPS 등을 통해 자동화 시공, 조립 및 시공 시 부재 위
치를 정밀 제어하고 접합부 자동 시공하는 등 시공 정밀제어 기술 개발, 로봇·드론 등 취등정
보와 연계해 조립시공 기술

② (운영관제기술) 건설현장 내 건설기계의 실시간 통합 관리·운영, 센서 및 IoT를 통해 현장의
실시간 공사정보 공유, AI를 활용하여 최적 공사계획 수립 및 건설기계 통합 운영

③ (건설공정) 로봇·드론 등을 활용한 3차원 공정관리, AI를 활용한 공사 공정 및 품질관리

3) 유지관리 단계

① (유지관리) IoT센서 기반 시설물 모니터링, 드론·로보틱스 기반 시설물 상태 진단, 시설물 정
보 빅데이터 통합 및 표준화, AI기반 유지관리 최적 의사결정

② (안전관리) ICT활용 취약공종과 근로자 위험요인에 대한 정보, 드론·로보틱스 기반 안전사고
예방, 스마트 착용장비, 센서 등을 통해 취득한 정보로 장비·작업자·자재 등의 상태와 위치
등 분석

국토부 건설 생산성 혁신 및 안전성 강화를 위한 스마트 건설기술 로드맵('21.3.)

2. BIM ^{118회/123회/125회/126회/128회/129회/131회/132회/133회/136회}

BIM(Building Information Modeling)은 시설물, 건축물, 구조물, 지형 및 지반정보 등에 대한 공간, 형상 및 속성정보를 포함해 3차원으로 가시화함으로써 도면을 추출하고 설계 수량을 자동적으로 산출하여 시공 및 유지관리 단계에서 발생할 수 있는 문제점을 설계단계에서 사전 검토할 수 있는 장점을 가진다. BIM 활용은 기본적으로 각 설계단계에서 요구하는 상세수준에 맞는 통합모델을 구축하고 통합모델을 기반으로 사업성/설계 품질검토, 시공성 검토 등에 활용할 수 있다. 사업성/설계품질 검토의 경우 노선검토, 설계 VE 지원, 사업환경 및 영향검토, 타당성 분석, 개략사업비 산출, 개략공사비 산출, 간섭검토, 설계오류 검토, 분야별 설계검토 등에 활용할 수 있다. 또한 시공성 검토의 경우 4D 시뮬레이션을 활용한 공정관리, BIM 기반 수량 산출, 주행성 검토 등 각종 시뮬레이션 및 시각화에 활용할 수 있다.

BIM 활용 개념도

1) BIM 적용가능한 기술범위

각 설계단계의 요구 상세수준에 따라 통합모델을 구축하고 통합모델을 기반으로 설계 검토, 시공성 검토, 시각화 등 각종 업무에 BIM 데이터의 적용·활용이 가능하다. 발주처의 요구사항과 사업 특성에 따라 활용 분야가 달라질 수 있으며, 과업의 목적에 따라 선택적으로 적용할 수 있다.

분야	활용사례	주요내용
공통	설계 오류 검토	BIM 기술 적용을 통한 설계오류 검토
	설계 대안 검토	BIM 형상 정보를 바탕으로 한 설계 대안의 사전 검토
	설계 변경	BIM 형상 정보를 바탕으로 한 설계변경 전후 사전 검토
	설계 VE 지원	BIM 기술을 활용한 주요시설물의 대안 평가 및 분석 지원
	경관 및 환경성 검토	BIM 형상 정보를 통한 주변 경관 및 환경성 사전 검토
	현장의 장비 운영성 검토	건설 현장 장비 운용에 대한 작업 반경 및 안전성 검토
	디지털 목업	실제 샘플 구조물 목업을 통한 디테일링 검토
	공사비 산정	BIM 데이터를 활용한 계략 공사비 산정
	시공성 검토	BIM 데이터를 활용한 시공 현장에서 발생할 수 있는 문제점 사전 분석 및 시공성 사전 검토
	공정시뮬레이션	공정계획정보를 반영한 공정 진행상의 문제점 파악 및 대처
건축	스페이스 프로그램 분석	설계안에 대한 공간 분석
	에너지 분석	에너지 효율성 검토
	간섭검토	BIM 형상 데이터를 통한 공종 간의 간섭 검토
	디자인 검토	BIM 테이터를 활용한 시설물의 디자인 검토
토목	주행성 검토(교차로, 교통분석)	BIM 형상 정보를 바탕으로 시설물에 대한 주행 또는 교통량 분석 및 검토
	하천수위 검토	3차원 지형을 활용한 하천의 확폭 또는 수위 검토

2) BIM 모델의 상세수준

상세수준	적용단계	적용내용
상세수준 100	기본계획 단계	면적, 높이, 볼륨, 위치 및 방향 표현
상세수준 200	기본설계 단계	기본(계획)설계 단계에서 필요한 형상 표현
상세수준 300	실시설계 단계	실시설계(낮음) 단계에서 필요한 모든 부재의 존재 표현
상세수준 350		실시설계(높음) 단계에서 필요한 모든 부재의 존재 표현
상세수준 400	시공단계	시공단계에서 활용 가능한 모든 부재의 존재 표현
상세수준 500	유지관리 단계	유지관리단계 등에서의 활용 가능한 내용

① 계획단계 : 구조물 계획단계에서는 개략적 모델링을 통해 적용성 검증, 원가 계산, 공정계획, 분석 등에 활용될 수 있으며 이때에는 계략적인 수량을 산출할 수 있도록 100~200 수준의 상세수준(LOD)을 가질 수 있도록 하여야 한다.

② 설계단계 : 설계단계에서는 도면 및 수량산출, 설계 모델링, 구조해석, 간섭검토, 최적부재 검토, 일조분석, 법규검토 등에 활용되며 상세수준(LOD) 300~350 수준의 모델이 요구된다.

③ 성과품 검토 단계 : 타공종의 BIM 모델과 통합해 실제 목적물간에 간섭이 없는지, 부지 공간 계획이 적정한지, 공정관리, 제작 및 품질관리, 안전관리 계획 수립 등에 활용될 수 있으며 실제 시공 전 단계에서 사전 검증을 수행할 수 있다. 뿐만 아니라 시공 단계의 BIM 모델과 통합적으로 유지관리 단계에서 준공과정에서의 이력관리, 자산관리, 재난안전관리 등에 활용될 수 있다.

3) 설계 분야 BIM의 활용

① BIM은 엔지니어링과 모델링 내용의 가시화를 통해 주체들 간의 신속하고 원활한 협의에 기여
할 수 있다.

② 시설물, 건축물, 구조물, 지형 및 지반정보 등에 대한 공간, 형상 및 속성정보를 포함함으로써
도면을 추출하고 설계수량을 자동적으로 산출할 수 있다.

③ 모델기반의 정보 유통을 통해 고품질의 설계가 가능하고 사전제작 구조물에 대한 시공성 확보
를 통해 설계 역량을 증대시킬 수 있다.

④ 3차원 가시화를 통해 시공 및 유지관리 단계에서 발생할 수 있는 문제점을 설계단계에서 사전
검토할 수 있다.

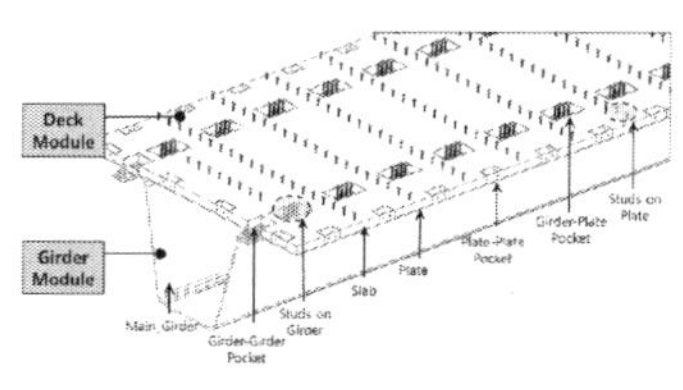

강교의 3차원 모듈러

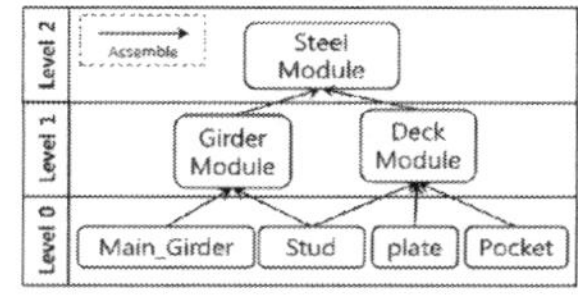

강교의 모듈 조합

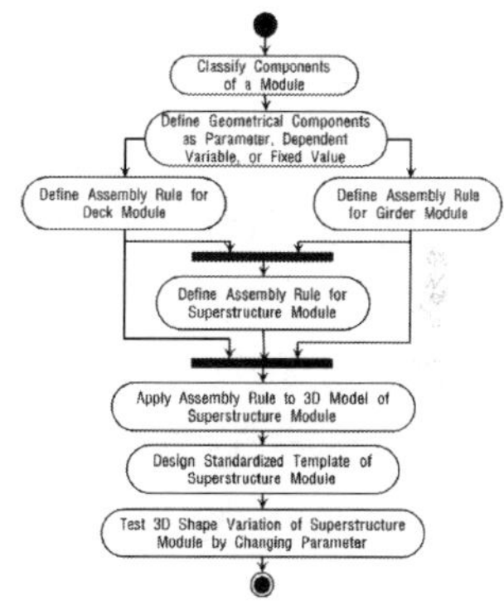

강교 모듈의 파라메틱 조합 프로세스

4) 시공 분야 BIM의 활용

① BIM 기반 가상시공을 통해 공정, 비용 및 품질관리 등 시공계획을 사전 검토 및 예측하고 자
재조달의 최적화에 활용할 수 있다.

② 2차원 설계 도면으로 불가능한 입체적인 간섭 및 공법 검토 등 품질 확인에 활용할 수 있다.

③ BIM은 시공과정과 공법 등을 가시화하여 위험 작업 예측과 안전대책 수립에 기여할 수 있다.

④ 시공 상태의 시각화를 통해 예측되는 민원 발생 등에 효율적 사전대응이 가능하다.

⑤ BIM을 계측기기와 연계하여 시공관리 및 검측의 가시화와 설계변경에 활용할 수 있다.

단계별 인양하중 검토

장비운영 시뮬레이션

작업자 동선 등 안전검토

5) 유지관리 분야 BIM의 활용

① BIM 데이터를 활용하여 시설물·건축물 등의 안전상태를 입체공간에서 실시간으로 감시하고, 유지관리 대상 시설의 열화 및 성능을 평가하며, 보수보강에 대한 공법을 결정하는 등 입체적·선제적인 유지관리 및 보수보강 의사결정에 활용할 수 있다.

② BIM은 GIS 등의 정보시스템과 연계하여 각 건설단계(조사, 설계, 시공)에서 작성된 각종 데이터(공간 및 속성정보 등)를 유지관리 및 보수보강 업무의 통합 관리에 활용할 수 있다.

③ 기존 유지관리 데이터와 BIM을 결합하여 관계자 간 데이터 공유를 통해 데이터를 검색·취득·재가공할 수 있으며, 효율적인 자산관리가 가능하다.

6) 스마트 건설에서의 BIM 활용

① BIM 설계 데이터를 기반으로 빅데이터 구축 및 인공지능 학습을 통해 설계 자동화에 활용할 수 있다.

② 정확한 BIM 데이터를 기반으로 구조물의 공장제작, 현장조립 등 제작 및 시공 장비 등과 연동하여 조립식 공법(Prefabrication), 모듈화 공법(Modularization), 탈현장건설공법(OSC; Off-Site Construction), 3D프린팅, 시공 자동화 등에 활용할 수 있다.

③ 유지관리의 효율성을 높일 수 있는 IoT(Internet of Things)와 연계한 디지털트윈의 구축과 건설 디지털 데이터 통합 도구로 활용할 수 있다.

스마트 기술

실제 건설기술에서 적용할 수 있는 다양한 스마트 기술들의 정의와 건설분야 활용 예시에 대하여 각각 항목별로 구분하여 설명하시오.

풀 이

▶ 개요

"스마트건설기술"이란 공사기간 단축, 인력투입 절감, 현장 안전 제고 등을 목적으로 전통적인 건설기술에 로보틱스, AI, BIM, IoT 등의 첨단 디지털 기술을 적용함으로써 건설공사의 생산성, 안전성, 품질 등을 향상시키고, 건설공사 모든 단계의 디지털화, 자동화, 공장제작 등을 통한 건설산업의 발전을 목적으로 개발된 공법, 장비, 시스템 등을 말한다.

▶ 단계별 스마트 건설기술

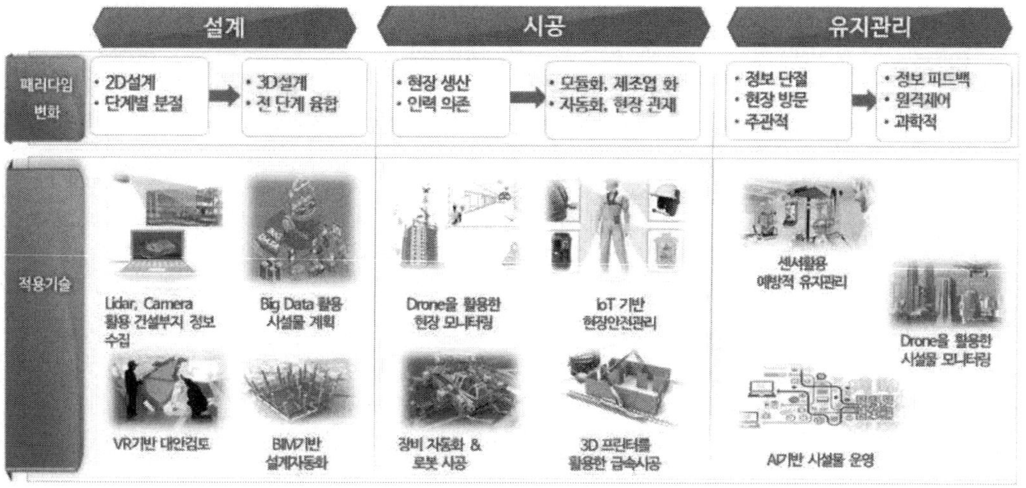

국토부 건설 생산성 혁신 및 안전성 강화를 위한 스마트 건설기술 로드맵('18.10)

1) 설계단계

① (조사) 카메라, 레이저스캔, 비파괴 조사장비, 센서 등을 이용한 지형정보를 디지털화하고 3차원 지형 및 지질 형태화하여 활용

② (측량) 드론, 무인항공기 등 측량기술을 활용해 3차원 디지털 지형정보 구축

③ (3차원 설계) BIM, 디지털 트윈 등을 이용해 시설물의 특성을 반영 3D 입체 설계, AI기반 BIM 설계 자동화와 제약조건 및 발주자 요구사항 등을 반영한 최적화된 설계안 도출

2) 시공단계

① (자동화시공) 건설장비에 센서, 제어기, GPS 등을 통해 자동화 시공, 조립 및 시공 시 부재 위치를 정밀 제어하고 접합부 자동 시공하는 등 시공 정밀제어 기술 개발, 로봇·드론 등 취등정보와 연계해 조립시공 기술

② (운영관제기술) 건설현장 내 건설기계의 실시간 통합 관리·운영, 센서 및 IoT를 통해 현장의 실시간 공사정보 공유, AI를 활용하여 최적 공사계획 수립 및 건설기계 통합 운영

③ (건설공정) 로봇·드론 등을 활용한 3차원 공정관리, AI를 활용한 공사 공정 및 품질관리

3) 유지관리 단계

① (유지관리) IoT센서 기반 시설물 모니터링, 드론·로보틱스 기반 시설물 상태 진단, 시설물 정보 빅데이터 통합 및 표준화, AI기반 유지관리 최적 의사결정

② (안전관리) ICT활용 취약공종과 근로자 위험요인에 대한 정보, 드론·로보틱스 기반 안전사고 예방, 스마트 착용장비, 센서 등을 통해 취득한 정보로 장비·작업자·자재 등의 상태와 위치 등 분석

건설사업정보화

건설사업정보화(CALS)의 도입 배경과 활용 효과에 대하여 설명하시오.

풀 이

▶ 도입배경

건설사업정보화는 건설사업 과정의 정보화를 촉진하고 그 성과를 효율적으로 이용하기 위해 도입
되었으며 5년 단위의 법정 기본계획을 수립해 추진 중에 있다. 건설사업의 전 과정에서 발생되는
건설정보를 상호 교환 및 공유하기 위해 도입되었으며 현재는 5종의 건설사업정보 단위시스템이
개발되어 운영 중이다.
① 건설사업정보시스템(5종) : 건설사업관리, 시설물 유지관리, 건설인허가, 용지보상, 건설사업
    정보포탈시스템
② 건설사업표준(6종) : 전자도면작성표준, 도면정보교환표준, 전자문서표준, 건설정보분류체계
    적용기준, 디지털수량산출정보 교환표준, 건설정보모델(BIM) 작성 및 납품 공통기준
③ 건설기술정보시스템(2종) : 건설기술정보 DB, 해외건설기술정보 DB

▶ 활용효과

① 건설정보의 공유 및 재활용을 통한 건설산업의 경쟁력 강화
② 기획·설계·시공·유지관리 등 건설사업 수행단계의 디지털화를 통한 생산성 향상 및 관리비용
    절감
③ 건설정보 표준의 활용을 통한 설계 및 준공도서의 효율적인 관리 및 비용절감
④ 건설사업 전 단계의 정보공유를 통한 공공 및 민간 건설공사의 품질향상과 부실공사 근절

BIM

건설산업 BIM 시행지침(설계자편, 2022.07)에서 BIM을 활용할 때 다음의 사항들을 설계단계, 시공단계, 유지관리 단계로 구분하여 설명하시오.
(1) 개념 및 패러다임 변화
(2) 적용 가능한 기술범위

풀 이

▶ BIM 활용 개념 및 패러다임 변화

BIM 활용은 기본적으로 각 설계단계에서 요구하는 상세수준에 맞는 통합모델을 구축하고 통합모델을 기반으로 사업성/설계 품질검토, 시공성 검토 등에 활용할 수 있다. 사업성/ 설계품질 검토의 경우 노선검토, 설계 VE 지원, 사업환경 및 영향검토, 타당성 분석, 개략사업비 산출, 개략공사비 산출, 간섭검토, 설계오류 검토, 분야별 설계검토 등에 활용할 수 있다. 또한 시공성 검토의 경우 4D 시뮬레이션을 활용한 공정관리, BIM 기반 수량 산출, 주행성 검토 등 각종 시뮬레이션 및 시각화에 활용할 수 있다.

BIM 활용 개념도

➤ BIM 적용가능한 기술범위

각 설계단계의 요구 상세수준에 따라 통합모델을 구축하고 통합모델을 기반으로 설계 검토, 시공성 검토, 시각화 등 각종 업무에 BIM 데이터의 적용·활용이 가능하다. 발주처의 요구사항과 사업 특성에 따라 활용 분야가 달라질 수 있으며, 과업의 목적에 따라 선택적으로 적용할 수 있다.

분야	활용사례	주요내용
공통	설계 오류 검토	BIM 기술 적용을 통한 설계오류 검토
	설계 대안 검토	BIM 형상 정보를 바탕으로 한 설계 대안의 사전 검토
	설계 변경	BIM 형상 정보를 바탕으로 한 설계변경 전후 사전 검토
	설계 VE 지원	BIM 기술을 활용한 주요시설물의 대안 평가 및 분석 지원
	경관 및 환경성 검토	BIM 형상 정보를 통한 주변 경관 및 환경성 사전 검토
	현장의 장비 운영성 검토	건설 현장 장비 운용에 대한 작업 반경 및 안전성 검토
	디지털 목업	실제 샘플 구조물 목업을 통한 디테일링 검토
	공사비 산정	BIM 데이터를 활용한 계략 공사비 산정
	시공성 검토	BIM 데이터를 활용한 시공 현장에서 발생할 수 있는 문제점 사전 분석 및 시공성 사전 검토
	공정시뮬레이션	공정계획정보를 반영한 공정 진행상의 문제점 파악 및 대처
건축	스페이스 프로그램 분석	설계안에 대한 공간 분석
	에너지 분석	에너지 효율성 검토
	간섭검토	BIM 형상 데이터를 통한 공종 간의 간섭 검토
	디자인 검토	BIM 데이터를 활용한 시설물의 디자인 검토
토목	주행성 검토(교차로, 교통분석)	BIM 형상 정보를 바탕으로 시설물에 대한 주행 또는 교통량 분석 및 검토
	하천수위 검토	3차원 지형을 활용한 하천의 확폭 또는 수위 검토

BIM

BIM(Building Information Modeling)을 활용한 교량계획 시 고려할 내용을 BIM 데이터의 상세수준(LOD; Level of Detail)별 적용단계와 연계하여 설명하시오.

풀 이

▶ 개요

BIM의 모델상세수준은 BIM 적용업무에 대하여 요구되는 정보의 범위와 상세 수준은 형상정보 요구수준과 속성정보 요구수준으로 구성된다. 통상 상세수준은 100~500의 6단계로 구성된다.

상세수준	적용단계	적용내용
상세수준 100	기본계획 단계	면적, 높이, 볼륨, 위치 및 방향 표현
상세수준 200	기본설계 단계	기본(계획)설계 단계에서 필요한 형상 표현
상세수준 300	실시설계 단계	실시설계(낮음) 단계에서 필요한 모든 부재의 존재 표현
상세수준 350	실시설계 단계	실시설계(높음) 단계에서 필요한 모든 부재의 존재 표현
상세수준 400	시공단계	시공단계에서 활용 가능한 모든 부재의 존재 표현
상세수준 500	유지관리 단계	유지관리단계 등에서의 활용 가능한 내용

▶ 단계별 모델 상세 수준

1) 단계별 모델 상세수준

모델의 상세 수준(LOD; Level of Detail 혹은 Level of Development)은 3차원 BIM 모델의 용도와 사업 단계에 따라 설정해야 한다. LOD는 모델의 주된 활용 목적인 수량 산출, 3차원 조정 작업 및 계획에 따라 특정 상세나 정보가 모델에 어느 수준으로 표현되는지를 결정하는 것이다.

① 상세수준 LOD 100 : 개념 모델 수준(LOD 200을 만족하지 못하는 수준의 그래픽 표현만 가능한 수준)

② 상세수준 LOD 200 : 개략 형상 모델 수준(개략적인 수량, 크기, 형상, 위치를 갖고 모델이 구성되는 수준)

③ 상세수준 LOD 300 : 정밀 형상 모델 수준(치수와 관련한 주요 사항이 모두 반영되는 수준으로 그래픽 정보 이외의 정보가 연계될 수 있음)

④ 상세수준 LOD 350 : 정밀 형상과 연계정보 모델 수준(LOD 300 수준에 타 시스템과의 연계 정보가 추가된 모델 수준)

⑤ 상세수준 LOD 400 : 제작 모델 수준(상세나 조합, 설치 정보가 포함되어 제작 도면이나 기계 가공이 가능한 모델 수준)

⑥ 상세수준 LOD 500 : 준공 모델(현장에서 검증된 모델로 크기, 형상, 위치, 수량 및 방향 정보

가 포함되고 추가 정보가 연계될 수 있는 수준)

2) 중요도를 고려한 최소한의 모델 범위와 수준

설계 단계별로 특정 수준의 LOD를 모든 구성 요소에 적용하기보다는 발주자가 모델의 활용성과 투입 비용 및 시간을 고려하여 중요도가 높은 최소한의 모델 범위와 수준을 설정하여야 한다. BIM 모델의 상세수준은 설계 단계에서는 주로 2차원 도면 작성과 수량 산출이나 간섭 검토의 활용 목적에 의해 설정될 수 있다. 수량 산출의 경우에는 전체 공사비에서 차지하는 비중이 높거나 경험에 비추어 수량 산출이 3차원 기반으로 수행되어 정확성을 높일 수 있는 경우에 대해서 모델링하도록 요구하고 LOD 수준을 설정하는 것이 바람직하다. 일반적이고 정형화된 구조물의 경우에는 2차원 도면 기반의 수량 산출과 3차원 모델 기반의 수량산출의 결과가 거의 차이가 없기 때문에 높은 상세 수준의 모델링이 요구될 필요가 없다. 모델링에 투여되는 시간이 과도할 수 있는 상세, 철근, 교통 표지판과 같은 수량 단위로 산정이 가능한 시설물 등은 특별히 필요가 없는 경우를 제외하고 설정하는 것이 바람직하다. 다만, 제품단위의 구조물이나 설비는 공급자가 수월하게 BIM 모델을 수준별로 제공할 수 있기 때문에 포함할 수 있다. 간섭 검토의 경우에는 시공성 측면에서 간섭이 우려되는 공종이나 구간에 대해서만 부분적으로 철근, 정착구 등의 모델링 수준을 설정하는 것이 바람직하다.

3) 모델 상세수준의 속성정보

모델의 상세수준에는 비 그래픽적 요소인 관련 정보가 포함될 수 있다. 이는 속성정보 혹은 관련 문서에 대한 연결 정보로 구성될 수 있다. BIM 모델의 상세수준은 형상에 관한 표현 수준뿐 아니라 모델링 과정에서 고려하는 속성이나 관련 정보에 대한 사항도 포함한다. 형상으로 표현되지는 않지만 실제 필요한 연결 상세나 여유 공간 등의 사항은 고려해야 하는 경우가 있다. 또한 수량 산출을 위한 모델링을 위해서도 실제형상 이외에 추가로 모델에 반영해야 하는 사항으로 거푸집 면적 산정을 위한 면 모델에 대한 추가 정의 등이 포함될 수 있다. 유지관리 단계의 활용을 위해서는 시험 성적서 등의 문서 정보에 대한 연결 정보도 모델링의 정보로 포함될 수 있다.

[기초 모델링 LOD]

LOD 100	기초가 다른 모델 요소에 포함되거나 형태나 재료가 판별되지 않는 수준에서의 개념적 요소로 표현	
LOD 200	– 일반적인 벽식 기초 표현 – 지반조사 보고서에 근거하여 지반은 일반적으로 표현	
LOD 300	• 객체 모델이 포함하는 사항 – 전체적인 크기와 기초요소의 형상 – 경사면 – 부재의 외부 치수 – 연관된 정보 속성 – 콘크리트 강도 – 철근 강도 – 지반조사 보고서에 근거한 지층 높이	
LOD 350	• 객체 모델이 포함하는 사항 – 슬리브 이음의 위치 – 타설 조인트 – 습기 지연층 – 다월 – 철근 – 신축이음 – 지반보고서에 근거한 지층	
LOD 400	• 객체 모델이 포함하는 사항 – 갈고리 및 겹이음 포함한 철근 – 다월 – 모따기 및 마무리 상세 – 방수층	

[강재 기둥 모델링 LOD]

LOD 100	공간만 표시하는 수준의 모델	
LOD 200	기둥 단면 형상 표현 수준	
LOD 300	• 객체 모델이 포함하는 사항 – 정확한 방향성을 갖도록 구조부재의 주요 치수 포함 – 연관된 정보 속성 – 구조 강재의 강종 – 연결 상세 – 페인팅 종류 등 마감 내용	
LOD 350	• 객체 모델이 포함하는 사항 – 실제 높이와 연결부 위치 – 거세트 플레이트, 앵커 등 주요 상세를 포함한 요소 – 정확한 방향성을 갖는 부재 – 복부 보강재, 슬리브 관통 등 주요 상세	
LOD 400	• 객체 모델이 포함하는 사항 – 용접 – 캡 플레이트 – 와셔 및 너트 – 모든 연결 요소	

모델 상세수준별 모델링(한국도로공사 EX-BIM 가이드라인)

BIM

BIM(Building Information Modeling) 협업개념에 대하여 설명하시오.

풀 이

➤ 개요

BIM은 시설물, 건축물, 구조물, 지형 및 지반정보 등에 대한 공간, 형상 및 속성정보를 포함해 3차원으로 가시화함으로써 도면을 추출하고 설계 수량을 자동적으로 산출하여 시공 및 유지관리 단계에서 발생할 수 있는 문제점을 설계단계에서 사전 검토할 수 있는 장점을 가진다. BIM 활용의 목적은 건설의 전 생애주기 동안의 업무 목표, 용도 및 효과 등을 고려하여 관련 정보를 생산·수집하고 통합 관리할 수 있도록 하는 것이다. 이를 위해서는 건설단계 간에 정보가 연계되어 활용될 수 있어야 하며 표준화된 방식으로 상호 주체간의 협업이 가능해야 한다.

➤ BIM 협업개념

1) BIM 협업개념

BIM 협업은 다양한 주체가 생성하는 정보를 국제표준에 의한 CDE 적용을 통해 정보를 공유하고, 절차에 따라 업무를 수행하는 것을 의미한다. 협업을 통해 정보의 누락, 중복 등의 문제가 없도록 지원해야 하며, 이슈를 확인하고 설계 조정에 반영하는 등 단계 및 주체 간 종합적 업무 관리에 활용된다. 전 생애주기 동안 생성된 정보의 연계 활용을 위해서 협업이 필요하다. 또한 BIM을 적용하는 사업에서 모델을 효율적으로 운용하기 위해서는 정보를 공유, 관리, 검토 및 승인 등을 통해 협업을 지원해야 한다.

2) BIM 협업 대상 및 범위

BIM 협업의 대상이 되는 주체는 발주자, 건설사업관리자, 수급인이 되며, 기관간 협업, 팀내 구성원 간 협업 체계로 구성된다. 이때, 발주자의 요구사항에 따라 참여하는 주체의 구성을 다르게 수립 하여 협업 대상을 정할 수 있다.

BIM

건설산업 BIM 기본지침(국토교통부, 2020.12.)에서 BIM의 활용이 건설산업에 미치는 기대효과에 대하여 건설단계별로 설명하시오.

풀 이

➤ 개요

BIM 활용은 건설의 전 생애주기 동안의 업무 목표, 용도 및 효과 등을 고려하여 관련 정보를 생산·수집하고 통합 관리할 수 있도록 BIM을 적용하는 것을 의미한다. 또한 건설단계 간에 정보가 연계되어 활용될 수 있어야 하며 표준화된 방식으로 상호 주체 간의 협업이 가능해야 한다.

➤ 건설산업 단계별 기대효과

1) 설계

① BIM은 엔지니어링과 모델링 내용의 가시화를 통해 주체들 간의 신속하고 원활한 협의에 기여할 수 있다.

② 시설물, 건축물, 구조물, 지형 및 지반정보 등에 대한 공간, 형상 및 속성정보를 포함함으로써 도면을 추출하고 설계 수량을 자동적으로 산출할 수 있다.

③ 모델기반의 정보 유통을 통해 고품질의 설계가 가능하고 사전제작 구조물에 대한 시공성 확보를 통해 설계 역량을 증대시킬 수 있다.

④ 3차원 가시화를 통해 시공 및 유지관리 단계에서 발생할 수 있는 문제점을 설계단계에서 사전 검토할 수 있다.

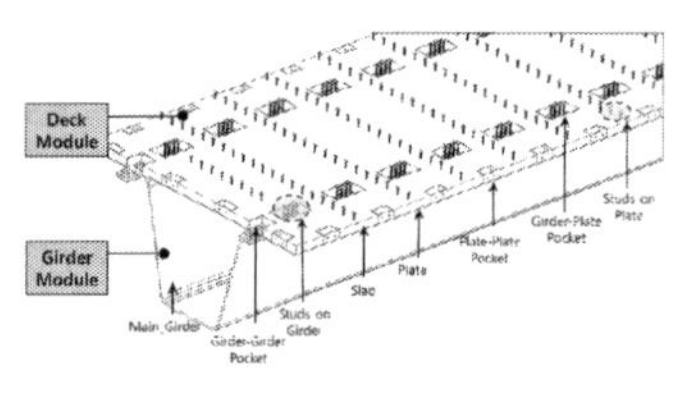

강교의 3차원 모듈러

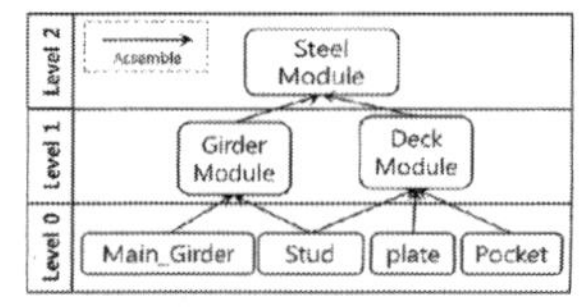

강교의 모듈 조합

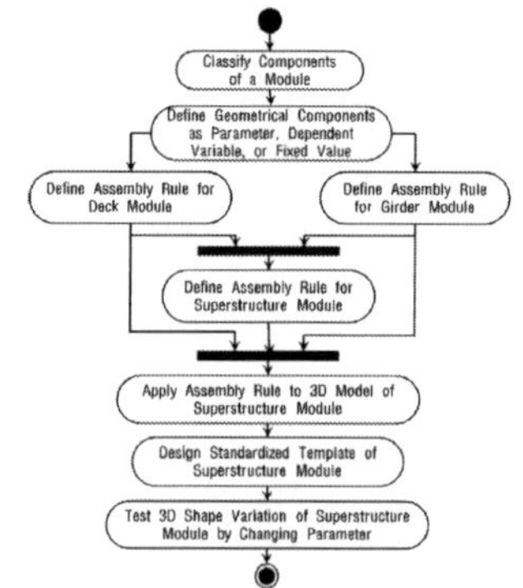

강교 모듈의 파라메틱 조합 프로세스

2) 시공

① BIM 기반 가상시공을 통해 공정, 비용 및 품질관리 등 시공계획을 사전 검토 및 예측하고 자재조달의 최적화에 활용할 수 있다.

② 2차원 설계 도면으로 불가능한 입체적인 간섭 및 공법 검토 등 품질 확인에 활용할 수 있다.

③ BIM은 시공과정과 공법 등을 가시화하여 위험 작업 예측과 안전대책 수립에 기여할 수 있다.

④ 시공 상태의 시각화를 통해 예측되는 민원 발생 등에 효율적 사전대응이 가능하다.

⑤ BIM을 계측기기와 연계하여 시공관리 및 검측의 가시화와 설계변경에 활용할 수 있다.

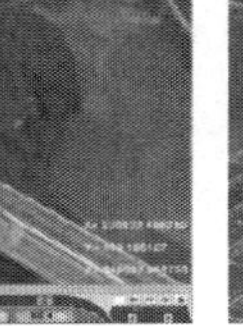

| 단계별 인양하중 검토 | 장비운영 시뮬레이션 | 작업자 동선 등 안전검토 |

3) 유지관리

① BIM 데이터를 활용하여 시설물·건축물 등의 안전상태를 입체공간에서 실시간으로 감시하고, 유지관리 대상 시설의 열화 및 성능을 평가하며, 보수보강에 대한 공법을 결정하는 등 입체적·선제적인 유지관리 및 보수보강 의사결정에 활용할 수 있다.

② BIM은 GIS 등의 정보시스템과 연계하여 각 건설단계(조사, 설계, 시공)에서 작성된 각종 데이터(공간 및 속성정보 등)를 유지관리 및 보수보강 업무의 통합 관리에 활용할 수 있다.

③ 기존 유지관리 데이터와 BIM을 결합하여 관계자 간 데이터 공유를 통해 데이터를 검색·취득·재가공할 수 있으며, 효율적인 자산관리가 가능하다.

4) 스마트 건설에서의 BIM 활용

① BIM 설계 데이터를 기반으로 빅데이터 구축 및 인공지능 학습을 통해 설계 자동화에 활용할 수 있다.

② 정확한 BIM 데이터를 기반으로 구조물의 공장제작, 현장조립 등 제작 및 시공 장비 등과 연동하여 조립식 공법(Prefabrication), 모듈화 공법(Modularization), 탈현장건설공법(OSC; Off-Site Construction), 3D프린팅, 시공 자동화 등에 활용할 수 있다.

③ 유지관리의 효율성을 높일 수 있는 IoT(Internet of Things)와 연계한 디지털트윈의 구축과 건설 디지털 데이터 통합 도구로 활용할 수 있다.

BIM

교량의 유지관리 문제점과 개선대책을 제시하고, 이에 대해 BIM(Building Information Modeling)
활용방안을 설명하시오.

풀 이

▶ 교량 유지관리의 문제점과 BIM

BIM은 초기 설계에서 유지관리 단계에까지 구조물의 전 주기 동안 다양한 분야에서 적용되는 모든 정보를 생산하고 관리하는 기술이라 할 수 있다. 파라메트릭을 적용하여 구조물의 속성을 표현하고 모든 부재들의 특성, 관계, 정보가 모델 데이터를 이용한 시뮬레이션에 반영하여 프로젝트 진행에 있어 신속한 의사결정과 물량, 비용, 일정 및 자재 목록에 대한 정보제공뿐만 아니라 구조 및 환경을 고려한 데이터 분석도 가능하게 한다. 유지관리 단계에서 BIM 적용은 선행단계에서 제대로 모델링된 BIM정보를 활용하면 유지관리업무와 시설물의 성능개선에 많은 도움을 줄 수 있다. 그러나 현행의 관점에서 살펴보면 시공단계 완료 후 납품되는 준공도서에 수록된 정보들이 유지관리 단계에서 요구되는 정보들을 충족시킬 만큼 충분하지 못해서 유지관리 업무 및 보수보강에서의 업무효율성을 저해한다. 또한 유지관리 업무 동안 발생된 수많은 이력정보의 저장 및 활용 제약으로 체계적인 보수보강 업무를 지원하는 데 한계를 갖는다.

▶ 교량 유지관리 개선방안 및 BIM 활용방안

준공도서를 BIM기반의 유지관리 정보로 변환과 관리 기술, Cloud 기반 능동형 전자매뉴얼 구축 기술, BIM-GIS기반 자산관리 체계에 대한 구현 방법론이 개선대책이 될 수 있다. 이러한 BIM 기반 유지관리방법론은 산재된 BIM정보를 통합적으로 운영할 수 있는 정보의 생애주기 관리 효율성을 증대시키며, 시설물의 효율적 성능관리에 기여할 수 있을 것이다.

① BIM 데이터를 활용하여 시설물·건축물 등의 안전상태를 입체공간에서 실시간으로 감시하고, 유지관리 대상 시설의 열화 및 성능을 평가하며, 보수보강에 대한 공법을 결정하는 등 입체적·선제적인 유지관리 및 보수보강 의사결정에 활용할 수 있다.

② BIM은 GIS 등의 정보시스템과 연계하여 각 건설단계(조사, 설계, 시공)에서 작성된 각종 데이터(공간 및 속성정보 등)를 유지관리 및 보수보강 업무의 통합 관리에 활용할 수 있다.

③ 기존 유지관리 데이터와 BIM을 결합하여 관계자 간 데이터 공유를 통해 데이터를 검색·취득·재가공할 수 있으며, 효율적인 자산관리가 가능하다.

BIM

교량 설계단계의 BIM(Building Information Modeling) 검토 내용 및 활용 방안에 대하여 설명하시오.

풀 이

▶ 개요

BIM은 초기 설계에서 유지관리 단계에까지 구조물의 전 주기 동안 다양한 분야에서 적용되는 모든 정보를 생산하고 관리하는 기술이라 할 수 있다. 파라메트릭을 적용하여 구조물의 속성을 표현하고 모든 부재들의 특성, 관계, 정보가 모델 데이터를 이용한 시뮬레이션에 반영하여 프로젝트 진행에 있어 신속한 의사결정과 물량, 비용, 일정 및 자재 목록에 대한 정보제공뿐만 아니라 구조 및 환경을 고려한 데이터 분석도 가능하게 한다. 교량구조물에서는 시공성이 우려되는 부재 및 위치에 대해 상세모델을 통해 부재간 간섭 및 시공성 저해요인을 확인하거나, 시공순서 결정, 장비운영 시뮬레이션 등 여러 분야에서 활용되고 있다.

▶ BIM 검토내용 및 활용방안

1) 3차원 조립설계에 활용

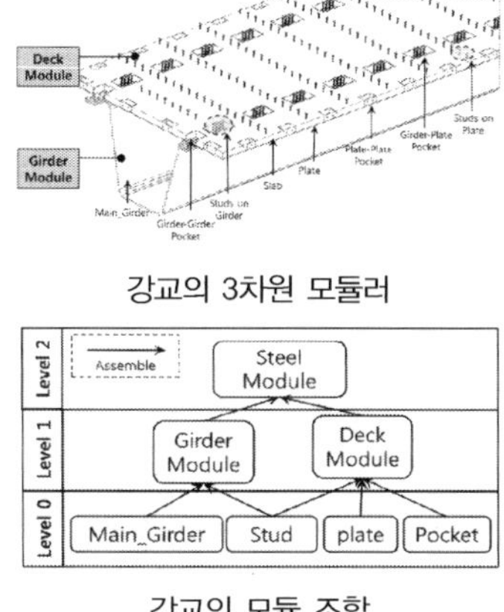

강교의 3차원 모듈러

강교의 모듈 조합

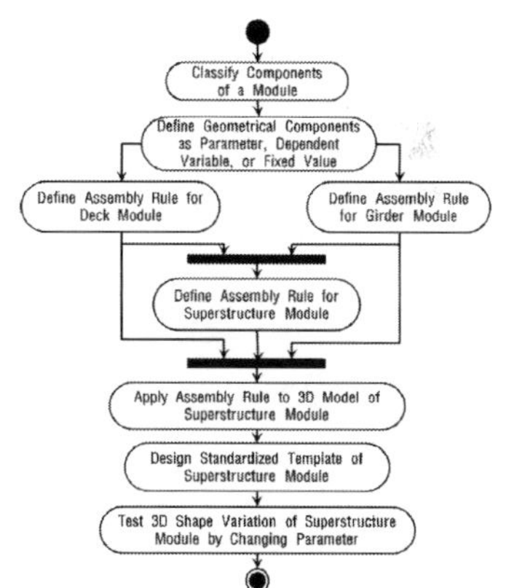

강교 모듈의 파라메틱 조합 프로세스

레고와 같이 사전에 제작된 표준 부재들을 조립하여 전체 교량 시스템을 구성하는 모듈러 교량에 적용이 가능하며 현재 모듈러 교량 기술개발을 위해 강교량 및 콘크리트 교량을 대상으로 표준화된 모듈을 개발을 진행하고 있다. 정보기술을 활용하여 모듈의 파트 라이브러리 제작 및 웹(web)

기반 3차원 조립설계와 시공 시뮬레이션을 지원하기 위한 통합 정보시스템으로 3차원 기반의 구조물 설계가 활성화됨에 따라 기존의 2차원 기반에서는 쉽지 않았던 구조물 설계 시의 구성요소들 간 간섭체크나 가상 시뮬레이션 등과 같은 시각적 효과 제공이 보다 용이해지고 있으며, 이를 통하여 설계오류를 줄이고 시공성을 향상시켜 건설 프로젝트에서 많은 경제적 효과를 보고 있다.

2) 각 단계별 간섭사항 상세 검토

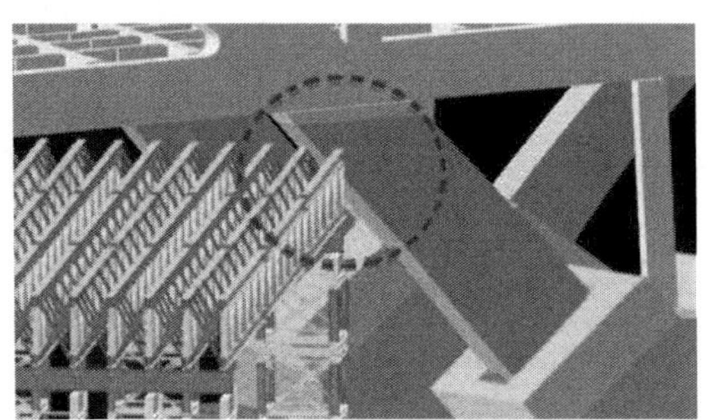

가교와 아치리브의 간섭 검토

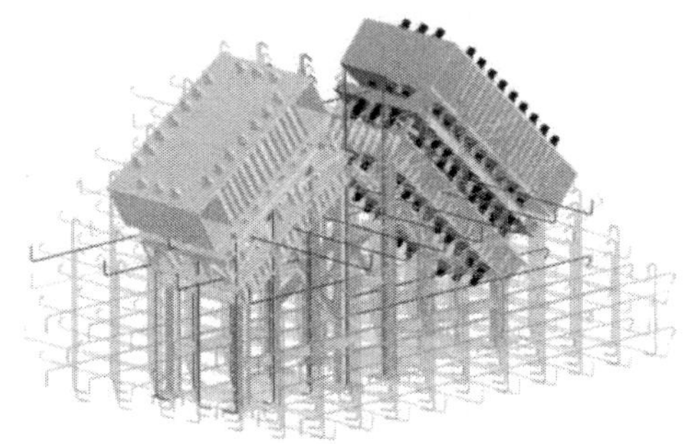

아치 기초부 간섭 검토

기존의 2D 설계도면은 분야별로 각각 설계되며 분야간 인터페이스 협의가 이루어지는 경우가 드물어 구조물끼리의 간섭이 많은 반면 BIM을 통한 3D 모델링은 분야별 구조물 간섭에 대한 즉각적인 검토와 확인이 가능하여 불합리한 설계와 오류를 수정할 수 있어 세부검토와 함께 활용된다.

3) 최적부재 선정

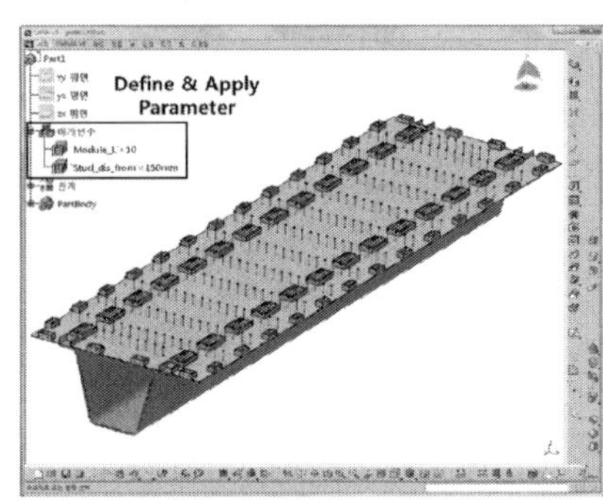

3D 파라메트릭 모델링

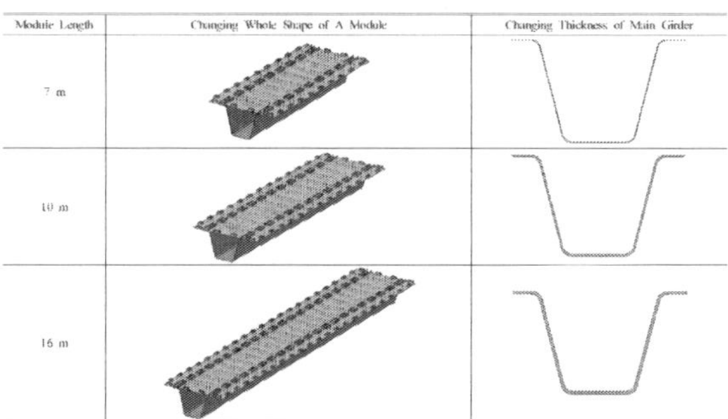

부재변경에 따른 최적부재 선정 검토

부재 간 충돌여부와 간섭사항을 검토하고, 매개변수 변경을 통해 모듈 길이 변경, 스터드의 배치 간격 조정, 주형두께, 포켓홀, 포켓, 스터드의 교축방향 배치수의 변화 등 부재의 최적설계를 검토할 수 있다. 3D 파라메트릭 모델을 통해 단시간에 최적부재를 선정하는 데 활용이 가능하다.

4) 물량산출 및 VE

BIM을 운영하고 활용하는 목적은 3차원 모델을 활용한 시각적 검토와 자동간섭 검토 기능을 통한 시공 전 사전 오류제거 및 정확한 물량산출이다. 또한, 2D를 3D 구조물 모델로 전환설계하면서 설계에 오류가 있는지 검토하고 다른 문제점도 찾아 개선하는 VE(Value Engineering)과정에도 활용하게 된다.

5) 현장 작업 여건과 작업자 안전검토

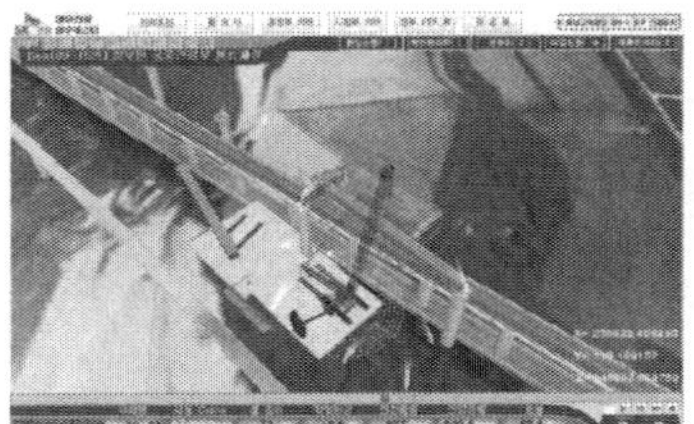

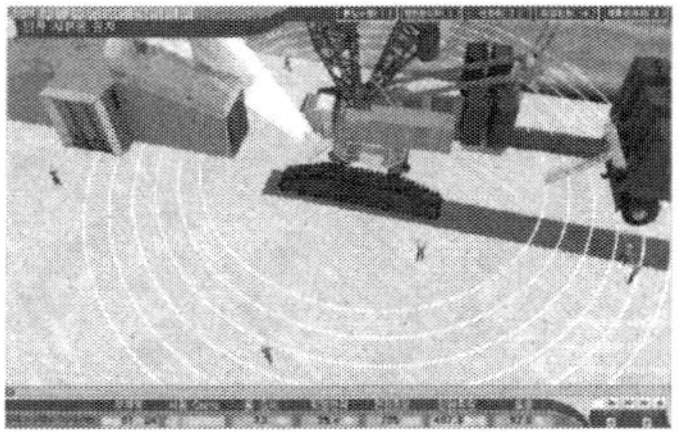

단계별 인양하중 검토	장비운영 시뮬레이션	작업자 동선 등 안전검토

BIM 운영을 통해 강교 등 거취 전 작업상황과 변수들을 예측하고 잠재적 위험요소를 사전에 제거할 수 있다. 시공 시 지반의 기울기, 풍속, 작동상태, 인양물의 조건, 장비상태 등을 시뮬레이션하여 안전성 확보에 함께 작업과정 시뮬레이션을 통해 시공이 난해하거나 장비 운영이 제한된 현장에서 설계단계부터 가설시간 등을 확인이 가능하다.

REFERENCE

1	건설기술진흥법령	
2	산업안전보건법령	
3	중대재해처벌법령	
4	설계 안전성 검토 업무 매뉴얼	국토교통부, 2017
5	VE 업무매뉴얼	국토교통부, 2013
6	건설공사 설계경제성 검토 사례집	서울특별시, 2022
7	스마트 건설 활성화 방안	국토교통부 2022
8	스마트건설기술 현장적용 가이드라인	국토교통부 2021
9	건설산업 BIM 기본지침	국토교통부 2020
10	건설산업 BIM 시행지침	국토교통부 2022
11	EX-BIM 가이드라인	한국도로공사, 2016
12	철도인프라 BIM 가이드라인	한국철도시설공단, 2018
13	LH Civil-BIM 업무지침서	한국토지주택공사, 2018

저자 소개

안시준

• 학력 및 경력

고려대학교 토목환경공학과 학사
고려대학교 구조공학 공학석사
The University of Sheffield 도시공학 공학석사
토목구조기술사(99회, 2013년)

• 활동 조직 및 단체

행정안전부 재난안전관리본부 과학기술서기관
한국토지주택공사 과장
국토교통부 중앙건설기술심의위원
해양수산부 설계심의분과위원
충청남도 · 대전광역시 · 경상북도 · 인천광역시 지방건설기술심의위원
국가철도공단 설계심의분과위원 · 기술자문위원
한국수자원공사 · 경기주택도시공사 기술심의위원 등

최성진

• 학력 및 경력

고려대학교 토목공학과 학사
한양대학교 공학대학원 첨단건설구조 공학석사
토목구조기술사(57회, 1999년)

• 활동 조직 및 단체

한국토지주택공사 신도시계획처장
국토교통부 중앙건설기술심의위원
한국토지주택공사 기술심사평가위원
대한토목학회 편집위원 · 평위원
부산지방국토관리청 기술자문위원
서울시설공단 · 한국수자원공사 · 한국철도공사 기술자문위원
국토안전원 국토안전자문위원
국토교통과학기술진흥원 건설신기술 심사위원 등

토목구조기술사 합격 바이블 7권 제3판

터널 · 지하차도 · 공항 · 항만 · 가시설 · 방재 및 관계 법령

1판 발행	2014년 9월 5일
2판 발행	2017년 2월 1일
3판 발행	2026년 4월 20일

지 은 이	안시준, 최성진
펴 낸 이	김성배
펴 낸 곳	(주)에이퍼브프레스

책임편집	신은미
디 자 인	윤지환 이미애
제 작	김문갑

출판등록	제25100-2021-000115호(2021년 9월 3일)
주 소	(04626) 서울특별시 중구 필동로8길 43(예장동 1-151)
전 화	02-2274-3666(대표) | **팩스** 02-2274-4666
홈페이지	www.apub.kr

I S B N	979-11-94599-24-1 (94530)
	979-11-94599-14-2 (세트)